"101 计划"核心教材
计算机领域

编译方法、技术与实践

许畅 冯洋 郑艳伟 陈鄞 谭添 陈林 编著
蒋宗礼 主审

本书是在教育部计算机领域本科教育教学改革试点工作计划（简称“101 计划”）“编译原理”课程组的组织下编写的理论教材之一。本书从理论和实践两个方面指导与帮助学生深刻理解编译器的工作原理。其中，理论方法的教学使得学生能够理解编译器运行过程中的核心算法，而实践技术则帮助学生掌握理论方法及算法在代码实现层面的设计与编码要点，最后结合实践内容对理论方法与实践技术进行巩固。

本书适合作为高校计算机及相关专业编译原理课程的教材，也适合作为研发人员了解编译技术的参考书。

北京市版权局著作权合同登记　图字：01-2023-5132 号。

图书在版编目（CIP）数据

编译方法、技术与实践 / 许畅等编著 . —北京：机械工业出版社，2024.1
ISBN 978-7-111-74531-0

Ⅰ. ①编…　Ⅱ. ①许…　Ⅲ. ①编译程序 – 程序设计 – 高等学校 – 教材　Ⅳ. ① TP314

中国国家版本馆 CIP 数据核字（2024）第 033611 号

机械工业出版社（北京市百万庄大街 22 号　邮政编码 100037）
策划编辑：朱　劼　　　　　责任编辑：朱　劼　陈佳媛
责任校对：郑　雪　张　征　责任印制：李　昂
河北宝昌佳彩印刷有限公司印刷
2024 年 7 月第 1 版第 1 次印刷
185mm × 260mm · 18.5 印张 · 444 千字
标准书号：ISBN 978-7-111-74531-0
定价：69.00 元

电话服务　　　　　　　　网络服务
客服电话：010-88361066　机　工　官　网：www.cmpbook.com
　　　　　010-88379833　机　工　官　博：weibo.com/cmp1952
　　　　　010-68326294　金　　书　　网：www.golden-book.com
封底无防伪标均为盗版　机工教育服务网：www.cmpedu.com

出版说明

为深入实施新时代人才强国战略，加快建设世界重要人才中心和创新高地，教育部在2021年年底正式启动实施计算机领域本科教育教学改革试点工作（简称“101计划”）。“101计划”以计算机类专业教育教学改革为突破口与试验区，从教育教学的基本规律和基础要素着手，充分借鉴国际先进资源和经验，首批改革试点工作以33所计算机类基础学科拔尖学生培养基地建设高校为主，探索建立核心课程体系和核心教材体系，提高课堂教学质量和水平，引领高校人才培养质量的整体提升。

核心教材体系建设是“101计划”的重要组成部分。“101计划”系列教材基于核心课程体系的建设成果，以计算概论（计算机科学导论）、数据结构、算法设计与分析、离散数学、计算机系统导论、操作系统、计算机组成与系统结构、编译原理、计算机网络、数据库系统、软件工程、人工智能引论这12门核心课程的知识体系为基础，充分调研国际先进课程和教材建设经验，汇聚国内具有丰富教学经验与学术水平的教师，成立本土化“核心课程建设及教材写作团队”，由12门核心课程负责人牵头，组织教材调研、确定教材编写方向以及把关教材内容。工作组成员协同分工，一体化建设教材内容、课程教学资源和实践教学内容，打造了一批具有“中国特色、世界一流、101风格”的精品教材。

在教材内容上，“101计划”系列教材确立了如下的建设思路和特色：坚持思政元素的多元性，积极贯彻《习近平新时代中国特色社会主义思想进课程教材指南》，落实立德树人根本任务；坚持知识体系的系统性，构建核心课程的知识图谱，系统规划教学内容；坚持融合出版的创新性，规划“新形态教材＋网络资源＋实践平台＋案例库”等多种出版形态；坚持能力提升的导向性，借助“虚拟教研室”组织形式、“导教班”培训方式等多渠道开展师资培训，提升课堂教学水平，提高学生综合能力；坚持产学协同的实践性，遴选一批领军企业参与，为教材的实践环节及平台建设提供技术支持。总体而言，“101计划”系列教材将探索适应专业知识快速更新的融合教材，在体现爱国精神、科学精神和创新精神的同时，推进教学理念、教学内容和教学手段方面的有效提升，为构建高质量教材体系提供建设经验。

本系列教材在教育部高等教育司的精心指导下，由高等教育出版社牵头，联合机械工业出版社、清华大学出版社、北京大学出版社等共同完成系列教材出版任务。“101计划”工作组从项目启动实施至今，联合参与高校、教材编写组、参与出版社，经过多次协调研讨，确定了教材出版规划和出版方案。同时，为保障教材质量，工作组邀请23所高校的33位院士和资深专家完成了规划教材的编写方案评审工作，并由21位院士、专家组成了教材主审专家组，对每本教材的撰写质量进行把关。

感谢“101计划”工作组33所成员高校的大力支持，感谢教育部高等教育司的悉心指导，感谢北京大学郝平书记、龚旗煌校长和学校教师教学发展中心、教务部等相关部门对“101计划”从酝酿、启动到建设全过程给予的悉心指导和大力支持。感谢各参与出版社在教材申报、立项、评审、撰写、试用等出版环节的大力投入与支持，也特别感谢 12 位课程建设负责人和各位教材编写教师的辛勤付出。

“101 计划”是一个起点，其目标是探索适合中国本科教育教学的新理念、新体系和新方法。“101 计划”系列教材将作为计算机类专业 12 门核心课程建设的一个里程碑，与“101 计划”建设中的课程体系、知识点教案、课堂提升、师资培训等环节相辅相成，有力推动我国计算机领域本科教育教学改革，全面促进课堂教学效果的进一步提升。

“101 计划”工作组

前　言

本书是在教育部计算机领域本科教育教学改革试点工作计划（简称“101 计划”）“编译原理”课程组的组织下编写的理论教材之一。与其他同类理论教材相比，本书在介绍编译理论和方法的同时，更强调实践技术，并注重编译理论与实践的结合。在内容方面，本书的理论部分涵盖了当前主流编译器编译过程中的核心技术要点，实践部分则引导学生基于理论知识构建一个能够将以类 C 语言编写的源程序编译为 MIPS 目标语言代码的完整编译器。在教学中，教师能够参考本书完整地进行理论教学和实践指导，其内容已经包括了相关资料。

一方面，当前许多“编译原理”课程理论教材以传授理论知识为主，其中的内容离编译器具体实践尚有一定的距离。这可能使学生偏重学习理论和方法，而对编译器实现缺乏更为深刻的理解。另一方面，常规的“编译原理”实践课程大多基于一门相对简易的编程语言，要求学生实现支持该语言语法和语义处理部分的编译器。由于缺乏规范化的实践指导，有时会降低教学要求，不得不允许学生“灵活”（较为随意）地实现编译器的功能；又或者由于教学要求过高，学生在无实践指导的情况下对编译器实现无法下手，而对课程产生较大的抵触心理。针对这些问题，本书面向开设计算机学科的大专院校，提供一门接近实际 C 语言的 C-- 语言，从理论方法的解说到实践指导的进行，引导性地讲解理论知识和编译器的具体实现，并提供充分的测试样例来验证编译器实现的正确性。

整体而言，基于本书介绍的理论方法和实践技术，我们设计了相应的实践内容，系统性地覆盖理论方法和实践技术部分的各个知识点。本书的实践内容具有四个特点：一是接近实际，所采用的语言是 C-- 语言，该语言接近现实中常用的 C 语言，这使得所设计与实现的编译器更为实用，甚至在特定领域可以直接或经过少量修改后使用；二是结合相关的实践技术进行介绍，引导学生完成一个完整编译器的设计与实现，不会使学生出现面对编译器实现要求无从下手或不得不求助于第三方额外资料的情况；三是具备相关的实现验证帮助，我们提供了充分的测试样例来帮助验证编译器实现的正确性，而无须自行设计测试用例；四是难度可调，我们提供了实践内容的多种执行方案，既可以统一难度要求，也可以区分必做内容和选做内容，还可以采用学生分组方案，使得每个组队实现不同的功能组合，激发学生的思考创新能力，并锻炼其合作能力。

下面我们就本书的使用方式、时间安排以及质量控制给出一些建议。

使用方式

本书包含五个核心章（从第 2 章至第 6 章），前后贯穿，分别为词法分析和语法分析、语义分析、中间代码生成、目标代码生成以及中间代码优化。每章的理论和实践内容依赖于前续章，教学需按顺序进行。

在这五章中，除了第 5 章之外，其他章节的实践内容均分为必做部分和选做部分，而选做部分则进一步分为几种不同的要求（第 5 章仅有必做部分）。这五章中的实践内容特别考虑了不同院校的教学要求以及学生之间的能力差异，因而可以采用多种方式教学：

1. 对所有学生要求相同：这是最简单的使用方式，适用于学习编译原理的所有学生都需要通过相同考核要求的情况。具体而言，可进一步划分为下面三种情况：

（1）对所有学生要求最低：完成所有实践的必做部分，即可获得满分。

（2）对所有学生要求最高：完成所有实践的必做部分和选做部分，才可获得满分。

（3）对所有学生要求自选：完成所有实践的必做部分，即可得满分。但若能额外完成实践的选做部分，则可视完成的情况获得额外奖励。

2. 对不同学生要求不同：这种使用方式适用于学习编译原理的学生需要通过不同考核要求的情况。比如强化班和普通班的学生一起上编译原理课程，则要求强化班学生完成所有实践的必做部分和选做部分才可获得满分，而普通班学生完成所有实践的必做部分即可得满分，但若能额外完成实践的选做部分，则可获得额外奖励。

3. 对不同组队要求不同：这是最复杂的使用方式，适用于允许学生自由组队以共同完成实践要求的情况。推荐的组队规模是一至三人，比如，若双人组队则为正常模式，可获得实践满分，若三人组队则为互助模式，需适当减少实践总分（如变为原来满分的 90%），若单人组队则为高手模式，可适当提高实践总分（如变为原来满分的 110%）。在实践要求方面，仍可考虑不同的考核要求而组合不同的必做和选做部分，或者完成指定或随机选择的实践要求。比如，一位强化班学生需要完成所有实践的必做部分和选做部分才可获得满分，他可以单人组队进入高手模式以获得更高的总分，也可以双人组队进入正常模式，以减少实践难度。

时间安排

本书从第 2 章至第 6 章是核心教学内容，一个学期完成教学，预计时长 17 周，每周 2 ～ 3 课时。各章的内容应依顺序进行教学，每完成前一章中理论方法和实践技术部分的教学即可开始后一章中对应部分的教学。实践内容部分作为课程项目布置，可略晚开始，比如，第 2 章的实践内容可从第 2 周开始布置，以保证前期进行了必要的理论方法和实践技术的讲授和准备，而后续章节的实践内容可与教学同步进行。一般而言，如果一个学期时长 17 周，建议第 1 章和第 2 章的教学内容在第 1 ～ 5 周内完成，第 3 章的教学内容在第 6 ～ 9 周内完成，第 4 章的教学内容在第 10 ～ 12 周内完成，第 5 章和第 6 章的教学内容在第 13~17 周内完成，其中第 5 章的理论教学在第 13 周和第 14 周内完成，第 6 章的理论教学内容在第 15 ～ 17 周内完成。下图展示了一个教学计划的安排示例。

第一个月 第二个月 第三个月 第四个月
1 2 3 4 5 6 7 8 9 10 11 12 13 14 15 16 17
第 1、2 章理论教学
第 2 章实践教学
第 3 章理论教学
第 3 章实践教学
第 4 章理论教学
第 4 章实践教学
第 5 章理论教学
第 6 章理论教学
第 5、6 章实践教学

教学安排计划甘特图

需要说明的是，第 5 章和第 6 章实践内容的输入均是中间代码。在我们完成了第 5 章的实践内容之后，基本上就实现了从 C-- 源程序到 MIPS 目标程序的整个编译过程。我们设计第 6 章实践内容的目的是引导学生完成中间代码的优化，让编译器生成更为高效的目标代码。因此，第 6 章的实践内容相对于其他章节较为独立，可以根据教学和实践情况进行取舍。对于学有余力的学生，建议将第 4 章实践内容输出的中间代码，输入至第 6 章实践内容构建的中间代码优化模块中完成优化之后，再输入至第 5 章构建的中间代码到目标代码的翻译器内，完成整个编译过程。基于此，我们建议从第 2 周开始第 2 章词法和语法分析的实践内容，在第 5 周末结束这部分实践内容并开始第 3 章语义分析的实践内容，在第 9 周末结束语义分析的实践内容并开始第 4 章中间代码生成的实践内容，在第 12 周末结束中间代码生成的实践内容并同时开始第 5 章目标代码生成和第 6 章中间代码优化的实践内容。在第 17 周末结束时完成第 5 章和第 6 章的实践内容，内部可以自由分配两者的时间，最终实现整个编译器。如果一个学期的教学时长更短或更长，可做相应微调，比如，在学时更短的情况下，可以适当提前第 2 章实践内容的结束时间（由四周变为三周）。

如果由于教学上的特殊安排或其他原因，导致本书的理论方法和实践技术教学落后于实践内容的安排，也可以推迟部分实践内容的结束时间并同时保证后续实践内容的开始时间来形成更为紧凑的安排。比如，若第 2 章的理论方法和实践技术教学无法在第 5 周完成，那么可以允许第 2 章的实践内容推迟一周结束（即在第 6 周结束），但第 3 章的实践内容仍保持在第 5 周开始（即两者重叠一周时间）。这样既可以帮助部分学生更好地完成第 2 章的实践内容，也可以允许其余学生正常地开始第 3 章的实践内容。

质量控制

编译原理课程实践的质量控制旨在鼓励学生在完成实践内容的过程中增强学习兴趣，提高所实现编译器的质量，以及抑制不良行为（如抄袭代码）的发生。本书的实践内容设计也正有这方面的考虑。

1. 提高实践质量：本书从测试用例方面来提高实践内容的质量。

本书的实践内容部分提供了大量测试样例来帮助学生自检编译器的实现是否符合实践要求，在教学中也可引入更多的测试用例（可根据实践内容的要求和已有的测试样例推导）来进一步测试学生所实现的编译器的质量，这将促使学生考虑更多的细节来更好地实现编译器。对于教师，我们也可提供更多的测试用例。

2. 抑制不良行为：本书从分组实践和克隆检测两方面来抑制不良行为。

（1）分组实践：本书的实践内容设计了必做部分和选做部分，而选做部分又分为不同的要求，它们之间相互独立。在允许学生自由组队来协作完成实践内容的情况下，可进行必做部分和选做部分的随机组合。比如，根据抽签随机决定一组学生必须完成第 2 章实践内容的必做部分和选做部分的要求 2.1，而另一组学生必须完成必做部分和选做部分的要求 2.2，以此类推，后续章节的实践内容也可随机组合。如此可以增强不同组队间所完成内容的差异性，增大抄袭的难度。也可以进一步要求不允许完成其他组队的实践要求，这样也可以抑制不同组队之间的抄袭行为（可以通过测试用例的执行结果区别出是否完成了不允许的实践要求）。但要注意这种做法将与前述使用方式中的“对所有学生要求自选”的情况相抵触。

（2）克隆检测：本书的实践内容设计也允许在不同的学生代码之间进行克隆检测，特别是在分组实践的情况下，学生提交的代码不会完全类似（因为需要实现不同的要求）。为避免代码复制后经过简单变量名和函数名替换后重新提交为新的代码，建议采用基于可执行代码的二进制级克隆检测，并加以源码人工比对确认。采用必要的克隆检测可以进一步抑制学生抄袭代码的行为。

整体而言，本书强调从理论和实践两个方面指导与帮助学生深刻理解编译器的工作原理。其中，理论方法的教学使学生能够理解编译器运行过程中的核心算法，而实践技术则可帮助学生掌握理论方法及算法在代码实现层面的设计与编码要点，最后结合实践内容对理论方法与实践技术进行巩固。同时，本书在设计过程中加入了不同难度的实验要求，教师可以针对实际教学需求，选择不同的教学内容进行授课。

另外，采用本书作为教材的教师可登录 https://g.cmptt.com/8ewcx，注册后加入本书数字教研室，下载教辅和相关教学资源、进行教学交流等。

如果在阅读本书的过程中发现谬误，也请各位读者不吝赐教！

目　　录

第 1 章　概述

程序设计语言是人类用于构造计算机程序的语言，人类通过程序设计语言理解程序语义，运用程序设计语言进行程序开发。机器指令是计算机用于理解和运行计算机程序的语言，计算机通过执行机器指令运行程序，完成开发者赋予程序的任务。通常，开发者通过解释器与编译器将人类语言信息翻译为计算机可以理解并执行的指令信息。其中，解释器将程序设计语言源代码逐一转化为机器指令交由计算机执行，而编译器将程序设计语言源代码转化为包含机器指令的目标程序，计算机执行与源程序相对应的目标程序。

本书介绍用于构建面向多种源语言与目标语言编译器的通用理论、技术、数据结构、算法和思想。现代编译器通常将编译过程分为多个阶段，每一阶段处理不同的程序抽象，完成不同的编译任务。本书各章讨论构成编译器的每一个阶段，涵盖设计编译器的相关理论与核心技术要点，并使用一种类 C 语言说明编译器将源代码编译为目标代码的过程。

在本章中，我们从高层次概述现代编译器的组织架构和编译器的各个组成部分，讨论设计各部分的关键原理与技术，介绍引导读者实现完整编译器所使用的语言与相关工具，为读者学习后面各章奠定基础。

1.1　内容组织

如图 1.1 所示，本书分为七章，除了第 1 章为概述和第 7 章为结束语之外，中间五章重点介绍编译器设计与实现的五个核心阶段，它们分别为：第 2 章词法分析和语法分析、第 3 章语义分析、第 4 章中间代码生成、第 5 章目标代码生成，以及第 6 章中间代码优化。这五章中每章的主要内容分别讨论相关内容的理论方法、实践技术和实践内容。其中，理论方法部分关注编译过程中各个关键步骤的理论知识，介绍相关的核心算法和技术原理；实践技术部分则基于理论知识，介绍编译器实现过程中的技术要点，涵盖当前使用较为广泛的工具，并用代码呼应前面的理论知识和算法；实践内容部分则设计了具有不同难度的编译器实现任务，帮助学生加深理解前面介绍的理论方法和实践技术。同时，从第 2 章至第 6 章的实践内容可形成一个流程完整、现实可用和功能完备的编译器。其中，第 2、3 和 4 章的实践内容前后衔接，逐步完成编译的过程（从源程序到中间代码）。而第 5 章和第 6 章的实践内容，均依赖于第 4 章的实践内容中中间代码生成器的输出。其中，第 5 章的实践内容完成从中间代码到目标代码的翻译，而第 6 章的实践内容则以中间代码为输入，在完成机器无关的优化之后，再输出中间代码，这可以作为第 5 章实践内容的输入，继续完成从中间代码到目标代码的翻译。

在第 2 章词法分析和语法分析中，对于词法分析的理论方法，我们重点介绍正则表达式、有限状态自动机，以及状态最小化算法；对于语法分析的理论方法，我们重点介绍上下文无关文法，并详细讨论自顶向下和自底向上这两种语法分析算法。对应于这些理论方法，在实践技术部分，我们结合当前使用广泛的 Flex 和 Bison 工具，介绍当前编译器实践中常用的实现技术和工具的使用方法。本章的实践内容为基于 Flex 和 Bison 实现面向 C-- 语言的词法分析和语法分析器，该分析器以 C-- 源代码为输入，其输出内容会成为第 3 章语义分析实践内容的输入。

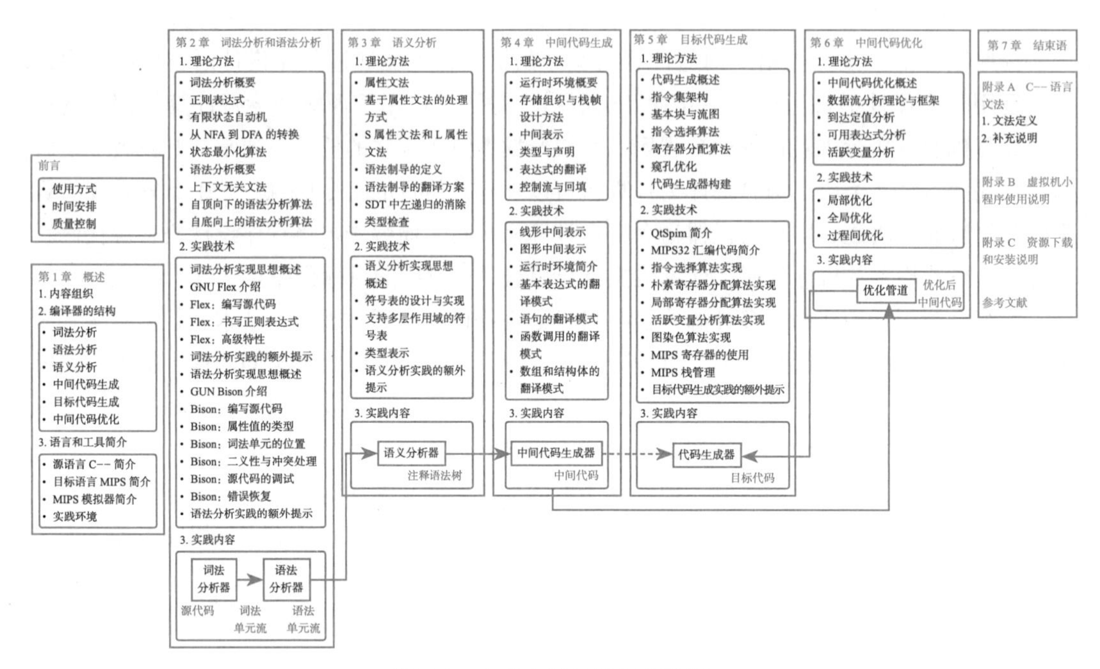

图 1.1 本书内容的组织框架图

在第 3 章语义分析中，我们重点介绍语义分析的理论方法，并结合示例深入讨论上下文相关的分析和语法制导的翻译等内容。在实践技术部分，我们重点讨论属性文法和符号表的设计与实现原理，并介绍支持多层作用域的符号表和语义分析过程中的提示信息实现技术。本章的实践内容是在第 2 章实践内容的基础上构建语义分析器，实现对源代码的语义分析，检测其中的多种类型错误，并反馈错误信息。

在第 4 章中间代码生成中，我们重点介绍中间代码的设计与表示，并详细介绍中间代码的内存模型及其技术原理。在实践技术部分，我们重点介绍中间代码的线形表示和树形表示，以及运行时环境的设计与实现，详细介绍基本表达式、语句、函数调用以及数组和结构体的翻译模式；同时，我们还介绍中间代码生成实践的额外提示实现方法。前面的章节完成了词法和语法分析，并实现了语义分析器，本章的实践内容是根据语义分析的结构，将 C-- 语言书写的源程序翻译为中间代码程序。

在第 5 章目标代码生成中，我们重点介绍目标代码生成的设计，以及目标代码的内存模型设计和管理。同时，为了讨论目标代码生成过程中的寄存器选择问题，我们介绍寄存器分配算法和活跃变量分析算法。最后，我们详细介绍目标代码生成过程中的指令选择问题。基于这些理论方法，我们在实践技术部分详细介绍目标代码的 MIPS 模拟器 QtSpim 的安装与使用，并讨论目标代码 MIPS32 的语法和书写规范。基于对 MIPS32 的讨论，我们进一步介绍指令选择的实现。并且，对应于理论部分的内容，我们也介绍寄存器分配算法和活跃变量分析算法的具体实现。最后，我们介绍代码生成实践的额外提示实现方法。本章的实践内容基于第 4 章实践内容生成的中间代码表示形式，进一步将中间代码翻译为我们的目标语言 MIPS32 汇编代码。

在第 6 章中间代码优化中，主要的理论内容是基于程序分析技术的中间代码优化。我们首先概要性地介绍程序分析技术，并重点介绍基本块的定义和控制流图的构建与分析技术。接着，我们进一步介绍局部分析与优化，详细介绍数据流分析的算法与理论。在完成局部分析的理论介绍之后，我们进一步讨论全局和过程间的分析与优化的方法。基于理论方法的讨论，我们在实践技术部分重点介绍基于三地址码的符号表和有向无环图构造过程中的实现细节。我们也详细讨论了基于迭代的数据流分析算法的实现细节，并进一步讨论全局优化算法的实现。本章的实践内容的输入格式与第 5 章中相同，均基于第 4 章实践内容生成的中间代码表示形式，但本章重点考察基于中间代码的优化，目标是将输入的中间代码经过本章理论方法部分介绍的算法优化之后，以更好的中间代码的形式输出。

1.2　编译器的结构

编译器的任务是将源代码翻译为目标机器上的目标代码。图 1.2 中展示的三段式编译器架构把编译过程分为前端、中端与后端：前端与目标机器无关，其对源代码进行一系列的分析和检查，在保证源代码词法、语法、语义正确性的前提下，将源代码翻译为中间代码；中端进行一系列的静态检查与代码优化，检测并报告程序内部可能存在的缺陷，去除冗余代码；后端将中间代码翻译为目标代码，分配寄存器，进行代码的汇编与链接。设计一门新的程序设计语言时，开发者只需要开发针对语言的前端，复用已有的编译器后端，就能将语言源代码翻译为目标机器的机器指令，大大增强了编译器模块的可复用性。同时，语言设计者不需要掌握后端开发的相关技术，降低了语言设计的难度。

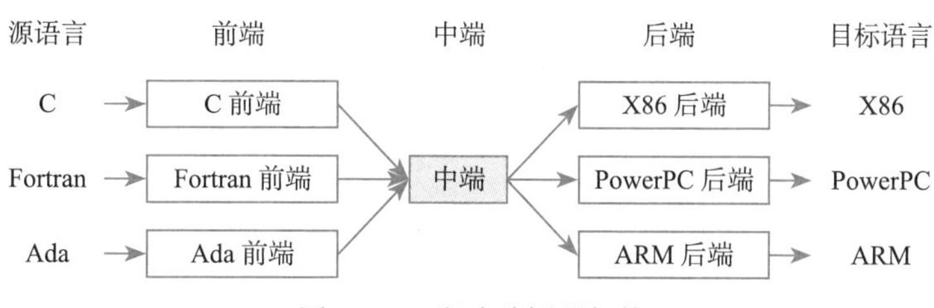

图 1.2　三段式编译器架构

编译的每个阶段中包含了不同的步骤，编译器完成步骤时将代码从一种表示形式转换成另一种表示形式，如图 1.3 所示。通常，编译器前端包含三个步骤：词法分析、语法分析和语义分析。词法分析器将源代码拆成词素，分析每个词素是否满足词法规则，并把词素组合为词法单元流；语法分析器读入词法单元流，基于语言的语法规则推导并构建语法分析树；语义分析器分析程序是否满足语义规则（如变量的类型等）并在语法分析树上添加注释。编译器中端将词法、语法、语义正确的，代表程序的注释语法树翻译为中间代码，部分编译器基于中间代码设计优化管道，进行针对中间代码的优化。编译器后端接受中间代码，将其翻译为目标机器相关的目标代码，并进行针对目标代码的相关优化。

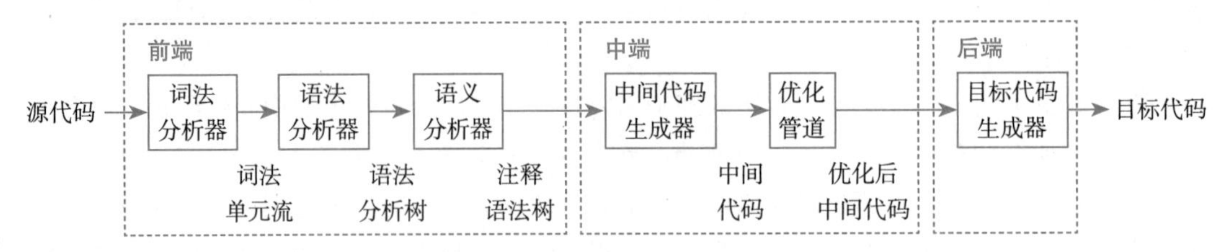

图 1.3 编译器各模块及中间产物

本书使用一种类 C 语言（C-- 语言）来说明编译器如何完成编译过程。

1.2.1 词法分析

词法分析是编译的第一个步骤。词法分析器读入源程序的字符信息，将它们按照一定规则组成词素，并检查每一个词素是否符合词法规则。若所有词素均符合词法规则，词法分析器生成并输出词法单元流。

程序设计语言通常只包含几种有限的词法单元类型，用于表示程序内部的变量、数据结构、运算符、控制流和表达式等。例如，对于我们使用的 C-- 语言，源代码中有如下的赋值语句：

```
int a = 123 + b * c;
```

赋值语句中包含如下的词素：

- int 是一个词素，表示变量的类型，映射为词法单元 TYPE。
- i 是一个词素，表示一个变量，映射为词法单元 ID。
- = 是一个赋值运算符，表示赋值关系，映射为词法单元 ASSIGNOP。
- 123 是一个词素，表示一个整数，映射为词法单元 INT。
- ; 是一个词素，表示一条语句的结束，映射为词法单元 SEMI。

于是，赋值语句所对应的词素可以组成如下的词法单元流：

```
TYPE ID ASSIGNOP INT PLUS ID STAR ID SEMI
```

每个词法单元都有对应的词法规则，如 C-- 词法规则中，能够表示为词法单元 INT 的词素只包含一连串的数字，不能出现其他符号。词法分析器是一个有限状态机，当一个词素不满足当前程序设计语言的所有词法规则时，将输出词法错误报告。

同时，如果一个词素是一个变量，词法分析器会收集变量的符号属性（类型信息等），记录到一个符号表中，符号表中的条目可用于语义分析和中间代码生成。

在第 2 章中，我们将讨论以下内容：

- 使用正则表达式描述词素模式，正则表达式能够精准高效地描述词法规则。
- 使用有限状态自动机进行词法规则匹配。
- 从 NFA（非确定性有限状态自动机）到 DFA（确定性有限状态自动机）的转换算法。
- 状态最小化算法，最终设计构造一个简洁且高效的词法分析器。

1.2.2 语法分析

语法分析是编译的第二个步骤。语法分析器读入词法单元流，基于语言的语法规则推导并构建语法分析树，若输入的词法单元流在语法规则下能够被推导并构建为语法分析树，则认为该程序不包含语法错误，语法分析器输出语法分析树，交予语义分析器进行语义检查。

例如，对于词法分析获得的词法单元流：

```
TYPE ID ASSIGNOP INT PLUS ID STAR ID SEMI
```

其通过语法分析构造的语法分析树如下：

```
VarDec
    ID: i
ASSIGNOP
Exp
    Exp
        INT: 123
    PLUS
    Exp
        Exp
            ID: b
        STAR
        Exp
            ID: c
```

语法分析器分析得知，这条语句是一条赋值语句，首先声明了变量 `i`（`VarDec`），然后给 `i` 赋值为 `123+b*c`。语法推导过程中，符号的归约具有优先级，例如乘法的运算优先级高于加法，乘法应当在加法之前进行计算，因此首先归约 `b*c`，然后归约 `123+b*c`。

在第 2 章中，我们将讨论以下内容：

- 上下文无关文法，几乎所有程序设计语言的语法规则都是通过上下文无关文法来定义的。
- 自顶向下的语法分析算法。
- 自底向上的语法分析算法。

1.2.3 语义分析

语义分析器将语法分析树与词法分析中构造的符号表相关联，检查源程序是否满足语言所定义的语义规则。语义分析器同时提取变量的类型信息，以便于中间代码的生成。语义分析器输出修饰语法树，给语法树赋予了语义信息。

例如，对于语法分析树：

```
VarDec
    ID: i
ASSIGNOP
Exp
    Exp
        INT: 123
    PLUS
    Exp
```

```
        Exp
            ID: b
        STAR
        Exp
            ID: c
```

语义分析器分析等号右端表达式的类型是否与被赋值的变量 i 一致。当 i、b、c 均为 INT 类型时符合语义规则。

语义分析的一个重要工作是做类型检查，语义分析器检查构成表达式的每个运算分量是否具有符合语义规则的类型，如下标应为整数，等号两侧的值类型应当相同等。

在第 3 章中，我们将讨论以下内容：

- 属性文法，属性文法是一种形式化方法，通过在语法分析树上添加属性，并基于添加的属性进行计算和推导，若推导结果有矛盾则存在语义错误。
- 语法制导的定义，语法制导的定义将属性文法和翻译方案结合起来，并能够快速反馈到源代码层面，有助于快速修复源代码中的错误。
- 实现属性文法和语法制导的算法。

1.2.4 中间代码生成

在编译的过程中会生成多种中间表示形式，如语法树、词法单元流等，不同的中间表示形式可满足编译各任务的需要，比如语法分析树有利于在编译过程中进行静态检查。

在完成语义分析后，编译器前端的工作告一段落。编译器将语法分析树转化为更适合代码优化及目标代码生成的形式，这一过程被称为中间代码生成。我们关注一种中间表达形式：三地址码，每个指令具有不多于三个的运算分量，这种形式与机器码中寄存器的读取和计算类似。

例如，对于语法树：

```
VarDec
    ID: i
ASSIGNOP
Exp
    Exp
        INT: 123
    PLUS
    Exp
        Exp
            ID: b
        STAR
        Exp
            ID: c
```

生成的三地址码为：

```
t1 = b * c
t2 = 123 + t1
a = t2
```

中间代码生成器按照表达式的执行顺序（后序遍历语法树），将语法树转化为中间代码。

在第 4 章中，我们将讨论以下内容：

- 中间代码的表示形式，不同的中间代码表示形式及其优劣。
- 类型和声明的相关概念（例如，类型表达式、类型等价、局部变量名的存储布局、类型声明和类型记录等表达式的生成）。
- 表达式翻译策略。

1.2.5　目标代码生成

目标代码生成器将中间代码转化为机器相关的目标代码，并为变量进行寄存器的分配。分配寄存器之后，将目标代码转化为机器指令。完成目标代码生成后，程序从人类能够理解运用的源代码转化为机器能够执行的机器指令。

例如，对于中间代码：

```
t1 = b * c
t2 = 123 + t1
a = t2
```

生成的目标代码为：

```
li $t0, b
sw $t0, 0($sp)
li $t0, c
sw $t0, 4($sp)
lw $t9, 0($sp)
lw $t8, 4($sp)
mul $t0, $t9, $t8
li $t1, 123
add $t2, $t1, $t0
sw $t2, 8($sp)
```

程序依序将变量 b 和 c 的值存储到寄存器中，首先进行乘法的计算，然后进行加法的计算，最后执行赋值语句，存储运行结果。

在第 5 章中，我们将讨论以下内容：

- 寄存器分配算法，寄存器的合理分配和使用是目标代码生成的重要一环。
- 目标代码优化策略。
- 代码生成器构建过程。

1.2.6　中间代码优化

基于中间代码的优化不需要考虑源语言与目标语言之间存在的差异，是独立于前端和后端进行优化的全部过程。一系列连续重写中间代码以消除效率低下和无法轻易转换为机器代码的代码片段的方法或函数构成了编译器的中间代码优化模块。不同编译器对优化管道及优化模块的执行顺序的设计都不同，这也导致了不同的优化效果与时空开销。

例如，对于中间代码：

```
FUNCTION main :
READ t1
```

```
v1 := t1
READ t2
v2 := t2
t3 := v1 + #2
v3 := t3
t4 := v3 + #1
v4 := t4
t5 := v1 + #3
v5 := t5
t6 := v1 + v2
V5 := t6
t7 := v1 + #2
v7 := t7
t8 := v1 + #2
v2 := t8
GOTO L1
```

其进行子表达式消除与无用代码消除后的中间代码为：

```
FUNCTION main :
READ t1
v1 := t1
READ t2
v2 := t2
t3 := v1 + #2
v3 := t3
t4 := v3 + #1
v4 := t4
t6 := v1 + v2
V5 := t5
v7 := t3
v2 := t3
GOTO L1
```

在第 6 章中，我们将讨论以下内容：

- 数据流分析框架，中间代码优化器使用此框架作为优化算法的模板。
- 数据流分析模式，优化器基于分析模式构造优化算法。
- 中间代码优化各模块（常量传播、公共子表达式消除、无用代码消除、循环不变代码外提、归纳变量强度削减等）的实现技术。

1.3 语言和工具简介

本书除了介绍编译技术相关理论方法之外，也会引导实现一个完整的编译器。在实践过程中，我们需要用到若干使用较为广泛的工具，以提升编译器构建效率。现代编译技术通常使用正则表达式（Regular Expression）来描述语言词法中特定词素所对应的模式，使用上下文无关文法（Context-Free Grammar）以描述语言的语法。本书选择使用 Flex 和 Bison，分别作为实现词法分析和语法分析的辅助工具。我们所实现的编译器在完成之后，能够将以一门类 C 语言（即 C-- 语言）书写的源程序完整编译为目标语言 MIPS 的指令序列，并可以在相关 MIPS 模拟器上直接运行。本节将简要介绍本书中所涉及的语言和工具，包括源语言 C--、目标语言 MIPS，以及 MIPS 模拟器，而 Flex 和 Bison 这两项辅助工具将在后续章节中使用到它们时再介绍。

1.3.1　源语言 C-- 简介

为了便于介绍编译器的构建过程，我们基于 C 语言设计了 C-- 语言，作为本书的教学源语言。与 C 语言类似，C-- 也是过程式语言，支持结构化编程和词法作用域，使用静态类型系统。C-- 语言规模较小，高级特性需要借助函数或结构体来实现。C-- 语言中所有的可执行代码都被包含在函数里，其参数传递方式分为值传递和数组传递。C-- 也是自由形式语言，源代码缩进不影响程序功能，以分号作为语句结尾，以大括号表示代码块。具体而言，C-- 语言具有以下特征：

- 基本的数据类型包括所有的 32 位无符号整数和浮点数，整数支持十进制、八进制和十六进制表示，浮点数符合 IEEE 754 单精度标准，并且支持科学记数法。
- 复合数据类型包括数组和结构体，用于实现复杂的数据结构，结构体和数组元素的类型都可以是基本类型和复合类型的组合。
- 程序的基本控制流包括语句块、`if` 条件判断语句和 `while` 循环语句等，语句支持全局和局部变量定义、函数声明和定义，以及函数返回值。
- 表达式包括一元运算符、二元运算符、函数调用、数组元素和结构体成员访问等，运算符的优先级和结合性与 C 语言相同。
- 与 C 语言类似，C-- 语言也支持单行和多行注释。
- C-- 语言具有更少的关键字，语法简单，便于理解与使用。
- C-- 语言的程序分析与编译，相比于 C 语言更加简单，适用于教学。
- C-- 语法简单，易于阅读和理解，C-- 语言只支持 int 和 float 两种基本类型，不依赖于库函数，但是提供了 `read` 和 `write` 等少量内置的输入 / 输出（I/O）函数。

C-- 和 ANSI C 在数据类型和语法上存在一些差异。比如，C-- 支持的基本类型和复合类型较少，而 ANSI C 支持多种基本类型，如 char、void 和 double 等，还支持枚举和联合复合类型。除此之外，C-- 不支持指针，结构体域和数组元素的访问必须通过“.”和下标索引。对于基本类型数据的按位操作和复杂程序流程（如 switch、goto 和 label 定义），C-- 也不支持。对于关键字，C-- 支持 7 个，而 ANSI C 支持 32 个。不过，这些差异不影响 C-- 语言的使用，并在很大程度上简化了语言的设计，也降低了实现的难度。

1.3.2　目标语言 MIPS 简介

计算机主要组件包括 CPU、I/O、存储器和控制器，计算机借助这些组件就可以执行程序，输出结果，完成特定的功能。其中，CPU 能够识别由 0 和 1 组成的指令集合，指令的具体语义和格式由具体的指令集定义，MIPS32 就是一种常见的指令集架构。MIPS（Microprocessor without Interlocked Pipeline Stage），是一种采取精简指令集（Reduced Instruction Set Computer，RISC）的指令集架构（Instruction Set Architecture，ISA），由美国 MIPS 计算机系统公司（现已改名为美普斯科技）开发。MIPS 最初是为通用计算而设计的，在20世纪八九十年代常用于个人计算机、工作站和服务器。MIPS架构极大地影响了后来的精简指令集架构设计，比如Alpha等。如今，MIPS架构已经被广泛用于许多电子产品、网络设备、个人娱乐设备和商业设备。在一些大学和技术院校的计算机架构课程中，通常也会教授MIPS架构。最早的MIPS架构是32位，最新的版本是64位，接下来我们简单介绍32位MIPS架构中的数据类型、寄存器、指令、寻址方式和调用约定，更详细的MIPS介绍我们放在后续章节中。

1. 数据类型

数据是指令操作的主要对象，MIPS32定义了多种指令，每种指令要求的操作数的类型和长度各有不同。MIPS32定义的基本数据类型如下：

- 位（Bit）：长度为1位，是最小的数据单元。
- 字节（Byte）：长度为8位。
- 半字（Half Word）：长度为16位。
- 字（Word）：长度为32位。
- 双字（Double Word）：长度为64位。

除此之外，MIPS32还定义了32位单精度浮点数和64位双精度浮点数等。基于定义的数据类型，指令可以操作数据，实现程序功能。MIPS32架构下数据读写依赖于寄存器，数据通常存放在寄存器内。接下来我们介绍MIPS32架构定义的寄存器。

2. 寄存器

MIPS架构的第一个版本是由MIPS计算机系统公司为其R2000微处理器设计的，这也是MIPS的第一个实现。MIPS采用“加载–存储”架构，即“寄存器–寄存器”架构。除了用于访问计算机存储器的加载/存储指令外，所有其他指令都对寄存器进行操作。MIPS有32个32位通用寄存器（GPR），分别用\$0，\$1，…，\$31表示。其中寄存器\$0被硬编码为零，写入的任何内容都将被丢弃。寄存器\$2和\$3用于存储函数返回值，可以在函数内部使用。除此之外，还有一些寄存器用于存放函数参数，比如寄存器\$4至\$7。寄存器\$31专门用来保存函数的返回地址。因此，我们实际能在目标代码中自由使用的寄存器的数目是很少的，只有寄存器\$8至\$15（别名为\$t0至\$t7）、\$16至\$23（别名为\$s0至\$s7）、\$24至\$25（别名为\$t8至\$t9）以及\$30（别名为\$sp或者\$s8）这19个寄存器。MIPS32架构中定义了3个特殊寄存器，分别为PC（程序计数器）、HI（乘除结果高位寄存器）和LO（乘除结果低位寄存器）。MIPS32的指令长度为32位，因此MIPS的程序计数器PC也是32位的，其中低二位为零。HI和LO主要用于乘法和除法运算，保存运算结果。对于乘法运算，HI保存结果的高32位，LO保存结果的低32位；对于除法运算，HI保存余数，LO保存商。这些寄存器相互协作，支持MIPS32指令对数据的操作。

3. 指令

MIPS支持的CPU指令繁多，比如加法和减法指令、乘法和除法指令，以及分支延迟槽指令等。MIPS架构在演进过程中支持的指令数目不断增多，功能日益强大。整体而言，MIPS32指令可以分为三种类型：R型（Register）、I型（Immediate）和J型（Jump）。这三种类型的指令的高 6 位定义操作码（opcode），而低 26 位的结构和语义差异较大，如图 1.4 所示。

（1）R 型指令用连续三个 5 位二进制码来表示三个寄存器的地址，然后用一个 5 位二进制码来表示移位的位数（对于非移位操作，这 5 位全置为 0），最后 6 位的功能码和操作码共同决定 R 型指令的具体操作方式。

（2）I 型指令用连续两个 5 位二进制码来表示两个寄存器地址，用一个 16 位二进制码来表示一个立即数的二进制码。

（3）J 型指令用 26 位二进制码来表示跳转的目标指令的地址。

类型	指令长度 32 位					
R	指令码（6）	源寄存器编号（5）	源寄存器编号（5）	目的寄存器编号（5）	移位位数（5）	功能码（6）
I	指令码（6）	源寄存器编号（5）	源寄存器编号（5）	立即数（16）		
J	指令码（6）	跳转的目的地址（26）				

图 1.4　MIPS32 不同类型指令的格式

4. 寻址方式

除了指令之外，MIPS32 架构还支持四种寻址方式，包括寄存器寻址、立即数寻址、寄存器相对寻址和 PC 相对寻址，我们以寄存器相对寻址和 PC 相对寻址为例进行介绍。寄存器相对寻址主要用于加载和存储指令，通过对一个 16 位的立即数做符号扩展，然后与指定通用寄存器的值相加，从而得到有效地址；PC 相对寻址主要用于转移指令，转移指令中也有一个 16 位的立即数，将其左移两位并做符号扩展之后与程序计数器 PC 的值相加，从而得到有效地址。

5. 调用约定

除了上述内容，MIPS32 还定义了 32 位平台上的调用约定。MIPS 最常用的 ABI（Application Binary Interface）是 O32 ABI，其严格基于堆栈，只有 \$4 ～ \$7 四个寄存器用于传递参数，被调用者可以用堆栈上保留的空间保存其参数，返回值默认存储在寄存器 \$2 中，第二个返回值可以存储在寄存器 \$3 中。O32 ABI 形成于 1990 年，最后一次更新在 1994 年，更新缓慢。它作为只支持 16 个寄存器的老式浮点模型，正在被不断涌现的功能更加强大的调用约定取代，比如 GCC 创建了一个名为 O64 的 64 位变体，其他的一些调用约定上的改进主要是增加了寄存器的个数以及支持 64 位指令。关于调用约定，后续章节的实践部分还会提及。

1.3.3　MIPS 模拟器简介

作为业界最为经典的精简指令集架构之一，MIPS 在教学、生活和工业界都曾得到广泛关注并诞生了很多模拟器。SPIM Simulator 是一个运行 MIPS32 程序的独立模拟器，其几乎实现了整个 MIPS32 汇编程序扩展指令集，但是省略了大多数浮点比较和舍入模式以及内存系统页表等功能。SPIM Simulator 的正常模拟需要读入符合 MIPS32 汇编代码格式的文本文件（该文件通常以 .s 或者 .asm 作为后缀名），并提供了一个简单的调试器和最小的操作系统服务集。MIPS32 汇编代码通常由若干个以 .text 开头的代码段以及若干个以 .data 开头的数据段组成。在本书介绍的整个编译器构建过程中，我们的目标是在 MIPS 模拟器上正常运行编译生成的代码。

考虑到运行时性能，MIPS32 指令的操作数大部分都来自高访问性能的寄存器，因此编译后的汇编代码需要妥善分配 MIPS32 数量稀少的寄存器。MIPS32 标准给出了一些寄存器使用的约定，除了硬件接地导致永远值为 0 的 $0 寄存器，还有一些为汇编器预留的寄存器（如 $1）。如果在汇编代码中强制使用这些预留的寄存器，SPIM Simulator 会报错。除了指令翻译之外，C-- 代码编译为 MIPS32 汇编代码时，还需要合理分配寄存器。现有的寄存器分配算法包括朴素寄存器分配方法、局部寄存器分配算法、图染色算法和活跃变量分析等（我们在后续章节中会介绍），这些算法可以降低 MIPS32 汇编代码生成的难度，并且可减少汇编代码的规模。当空余寄存器无法满足指令使用时，我们需要将寄存器中暂时用不到的数据保存到栈中，需要时再将其加载回寄存器。

C-- 语法简单，因而其对应汇编代码的生成相比于 C 语言难度较低。SPIM Simulator 还提供了调试器用于查看代码段和数据段，以便定位缺陷。通过将 C-- 源代码一步步翻译为 MIPS32 指令序列并在 SPIM 上执行，有助于学生理解编译器的工作原理和计算机的运行方式，实现理论与实践的有机结合。

1.3.4 实践环境

本书讨论的编译器构建过程所涉及的代码，均假设将在如下环境中被编译并运行：

- GNU Linux Release: Ubuntu 20.04, kernel version 5.13.0-44-generic
- GCC version 7.5.0
- GNU Flex version 2.6.4
- GNU Bison version 3.5.1
- QtSpim version 9.1.9

建议读者在阅读后续章节之前，先准备好以上编译环境，以便开展后续的实践内容。需要说明的是，在不影响核心功能的前提下，软件版本略有差异不会造成很大的影响。

第 2 章　词法分析和语法分析

【引言故事】

词法分析和语法分析是对语言语义进行理解的基础。自古以来，中国以文字、音韵和训诂为主导的语言文字，一直是古代人文学术的重要内容。汉字从甲骨文开始的演化过程，逐渐形成了较为系统的“表意”特点，每个字都是音、形与义的综合表示。

虽然我国的汉语言未能如西方语言那样，较早地形成以语言中词法及语法组织结构为研究对象的系统性的语法学，但是，中国古代也有着严肃语法观念。中国语言学史上的语法研究早已在经典文献中得到启示。《尚书》和《周礼》等文献中，已经提及了名词和实际事物之间的关系。《论语》和《孟子》中探讨了词义的多义性和上下文的影响，而《说文解字》深入研究了汉字的构成和意义。这些文献中所包含的语法分析，也许就是中国古代语法学的雏形。在古汉语中，语法主要依赖于语序和虚词进行构建。时间先后是汉语语序中的一个重要规则，而虚词则用于表达实词之外的语法意义。在唐宋时期，中国的语法研究不仅来源于梵文佛典，还受到了阿拉伯语和波斯语语法学的影响。汉语学者们通过对这些语法理论的研究和比较，逐渐形成了自己的语法学体系。清朝时期，学者们提出语法学概念，并对句法结构有了清晰的认识，明确了根据句法结构进行训诂考据的方法。例如，基于句法规则来校勘古籍。这样的语法分析方法，使得中国的语法研究从零散走向系统。直到 1957 年，林守翰教授发表的《汉语语法》标志着汉语语法学的现代化，开创了汉语语法学的新时代。

语音、词汇和语法构成了对古汉语辨析的三要素[㊀]。其中，语法是组词成句的结构规律与约束，分析语法能够探求词义。而词性则不同，在不同语句中同一个词所表达的意思可能完全不同。根据上下文的语义环境和句法特点，来准确地辨析词性，将有助于准确理解语句。例如：设酒杀鸡食（出自《桃花源记》），这里的“食”为名词，意为“饭”；杀鸡为黍而食之（出自《论语·微子》），这里的“食”则为使役动词，意为“使（子路）食”。另外，词语在句子中一般都具有句法功能，而不同的句法功能，则对应着不同的词义。例如：李斯上书说，乃止逐客令（出自《秦始皇本纪》），这里的“客”充当宾语，意为“外来的人”；齐将田忌善而客待之（出自《孙子吴起列传》），这里的“客”充当状语，意为“像上宾般款待”。句法结构的分析着重于句中各部分之间的关系。即，如何通过虚词和词序这些语法手段来构成各种不同的句式。此外，在古汉语中往往存在这样的情况，几个语句所用的某些词语相同，但因句法不同而导致词义不同；而有些特殊结构的句法，更使某些词语显示出特殊的含义。例如：或王命急宣，有时朝发白帝，暮到江陵（出自《三峡》），这里的“或”，意为“如或”；为医或在齐，或在赵，在赵者名扁鹊（出自《史记·扁鹊列传》[㊁]），这里的

㊀ 古代中国的语法观，《光明日报》，2020 年 6 月 20 日，11 版。

㊁ 司马迁，《史记》，中华书局，2019。

“或”，则意为“或者”。

闻一多先生曾在《诗经通义》的“匏有苦叶”条中提到：“背儒无语法观念，其致误往往若是”。这正说明了语法分析对确定词义的重要性。语言是一个整体，语法也不是简单的结构规律，对词性、词义和句法的辨析是对古汉语文献理解的重要组成部分。

同样地，在编译原理的学习当中，词法分析和句法分析（即语法分析）是程序编译过程中不可或缺的重要步骤，是后续语义理解和代码生成的基础。软件开发人员使用高级编程语言编写程序，使人类能够相对容易地理解程序，但计算机无法直接理解。因此，我们引入编译器将程序源代码转换为机器可以理解的形式是必要的一步，而如何分析程序源代码的词法和语法则是编译过程中的第一个步骤。

【本章要点】

词法分析是编译器工作流程中的第一个关键步骤。在该步骤中，编译器将源代码从字符流转换为词法单元序列，并输入至语法分析器中。而语法分析的主要目标是检验源代码是否符合语法规范。本章内容主要涵盖了在编译过程中进行词法分析和语法分析的过程以及关键算法。其中，重点讨论了词法分析中正则表达式的基本概念和原理，并分析了非确定的有限状态自动机和确定的有限状态自动机之间的转化和技术特点。在语法分析部分，本章介绍了上下文无关文法，以及自顶向下和自底向上两大类语法分析算法，以形成完整的编译器词法和语法分析步骤。

此外，本章中也讨论了对应的技术实践内容，在所提供的技术指导下，编写一个程序对使用 C-- 语言书写的源代码进行词法分析和语法分析（C-- 语言文法参见附录 A)，并打印出相应的分析结果。该实践任务要求使用词法分析工具 GNU Flex 和语法分析工具 GNU Bison，并使用 C 语言来完成。在这两个强大工具的帮助下，结合本章前面介绍的理论方法，编写一个能进行合理词法分析和语法分析的程序将是一件轻松愉快的事情。

需要注意的是，由于在后面的实践内容中还会用到本章中已经写好的代码，因此保持良好的代码风格、系统地设计代码结构和各模块之间的接口对于整个编译实践来讲是相当重要的。

【思维导图】

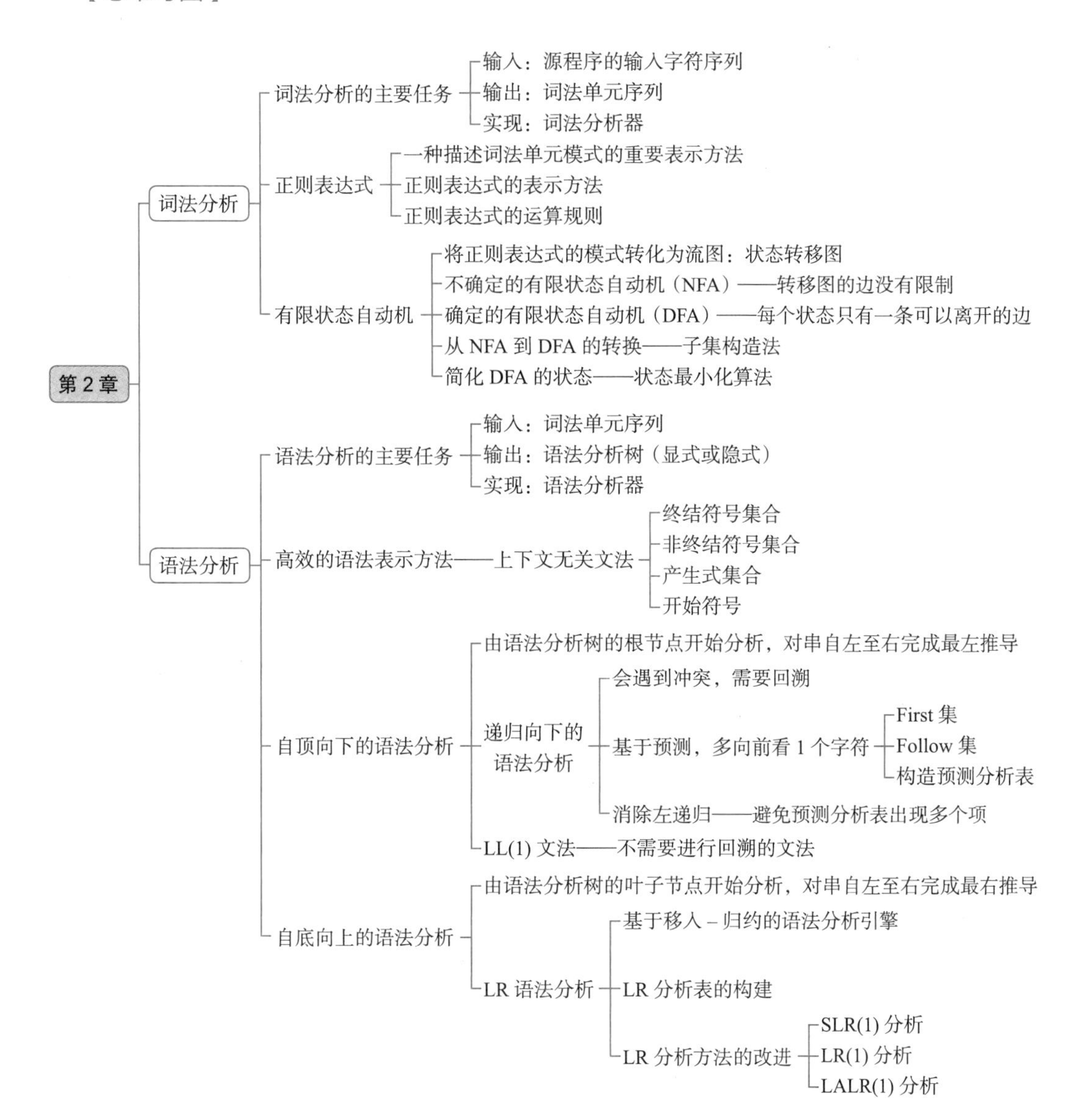
第 2 章
词法分析
词法分析的主要任务
输入：源程序的输入字符序列
输出：词法单元序列
实现：词法分析器
正则表达式
一种描述词法单元模式的重要表示方法
正则表达式的表示方法
正则表达式的运算规则
有限状态自动机
将正则表达式的模式转化为流图：状态转移图
不确定的有限状态自动机（NFA）——转移图的边没有限制
确定的有限状态自动机（DFA）——每个状态只有一条可以离开的边
从 NFA 到 DFA 的转换——子集构造法
简化 DFA 的状态——状态最小化算法
语法分析
语法分析的主要任务
输入：词法单元序列
输出：语法分析树（显式或隐式）
实现：语法分析器
高效的语法表示方法——上下文无关文法
终结符号集合
非终结符号集合
产生式集合
开始符号
自顶向下的语法分析
由语法分析树的根节点开始分析，对串自左至右完成最左推导
递归向下的语法分析
会遇到冲突，需要回溯
基于预测，多向前看 1 个字符
First 集
Follow 集
构造预测分析表
消除左递归——避免预测分析表出现多个项
LL(1) 文法——不需要进行回溯的文法
自底向上的语法分析
由语法分析树的叶子节点开始分析，对串自左至右完成最右推导
LR 语法分析
基于移入 – 归约的语法分析引擎
LR 分析表的构建
LR 分析方法的改进
SLR(1) 分析
LR(1) 分析
LALR(1) 分析

2.1 词法分析和语法分析的理论方法

编译器的主要功能是将程序从一种语言翻译到另一种语言；为此，编译器需要将源程序进行拆分，解析其中的结构和意义，再将这些成分用另一种合理的方式组合起来。源程序的成分解析主要由编译器的前端完成，通常包含三个关键步骤：词法分析、语法分析和语义分析，其中词法分析步骤主要是将源程序分解成独立的词法单元，语法分析步骤则以词法分析器输出的词法单元序列作为输入，进一步分析程序的语法结构，而语义分析步骤则主要是解析程序中各个符号的具体含义。在本章中，我们将介绍词法分析与语法分析步骤的理论方法。

2.1.1 词法分析概要

本节我们主要讨论如何构建一个词法分析器。词法分析是编译的第一阶段，词法分析器的主要任务是读入源程序的字符信息，根据词法规则将它们组成**词素**，生成并输出一个**词法单元（Token）**序列，每个词法单元对应于一个词素。词法分析器通过解析字符信息获得的词法单元序列被输出到语法分析器进行语法分析。词法分析器还要和**符号表**进行交互。当词法分析器发现了一个标识符的词素时，它需要将这个词素添加到符号表中。

图 2.1 展示了这种交互过程。通常，交互是由语法分析器调用词法分析器来实现的。图中的语法分析器调用 *getNextToken* 使得词法分析器从它的输入中不断读取字符，直到它识别出下一个词素为止。词法分析器根据这个词素生成下一个词法单元并返回给语法分析器。

词法分析器在编译器中主要负责源程序的读取与词素的识别，除此之外，它还会完成其他任务。例如，一个重要任务是过滤掉源程序中的注释和空白（空格、换行符、制表符以及在输入中用于分隔词法单元的其他字符）；而另一个任务是将编译器生成的错误消息与源程序的位置联系起来，反馈给开发者。例如，词法分析器可以负责记录遇到的换行符的个数，以便给每条出错消息赋予一个行号。在某些编译器中，词法分析器会建立源程序的一个副本，并将出错消息插入到适当的位置。同时，如果源程序中使用了一个宏预处理器，则宏的扩展也可以由词法分析器完成。

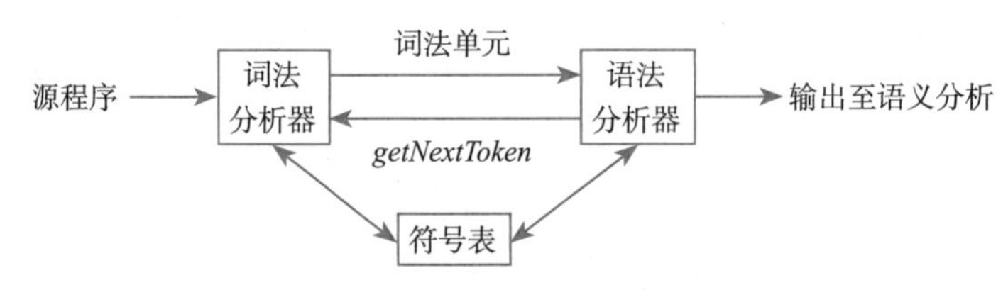

图 2.1 词法分析器与语法分析器之间的交互

一般而言，词法分析器的工作流程可以分成两个主要阶段。

（1）**扫描阶段**：主要负责处理在词法单元字符生成阶段不需要的字符，比如删除注释和将多个连续的空白字符压缩成一个字符。

（2）**词法分析**：主要负责处理扫描阶段的输出并生成词法单元，它是词法分析器中的核心部分。

在讨论词法分析时，我们使用以下三个相关术语。

词法单元：由一个词法单元名和一个可选的属性值组成。词法单元名是一个表示某种词法单元的符号，比如一个特定的关键字，或者代表一个标识符的输入字符序列。

模式：描述了一个词法单元的词素可能具有的形式。当词法单元是一个关键字时，它的模式就是组成这个关键字的字符序列。对于标识符和其他词法单元，模式则是一个更加复杂的结构，它可以和很多符号串匹配。

词素：源程序中的一个字符序列，它和某个词法单元的模式匹配，并被词法分析器识别为该词法单元的一个实例。

表 2.1 给出了一些常见的词法单元和它们非正式的描述模式，并给出了一些示例词素。

表 2.1　词法单元的例子⊖

词法单元	非正式描述模式	词素示例
if	字符 i，f	if
else	字符 e，l，s，e	else
comparison	< 或 > 或 <= 或 >= 或 == 或 !=	<=，!=
id	字母开头的字母 / 数字串	pi，score，D2
number	任意数字常量	3.14159，0.602
literal	在“”之间，除“”以外的任何字符	“core dumped”

在很多程序设计语言中，下面的类别覆盖了大部分词法单元：

（1）表示关键字的词法单元，其模式就是关键字本身的字符序列。

（2）表示运算符的词法单元，其模式可以是单个运算符，也可以是一类运算符。

（3）表示标识符的词法单元，其模式通常由若干字符或数字序列构成。

（4）表示常量的词法单元，比如数字和字面值字符串，其模式就是常量本身。

1. 词法单元的属性

如果有多个词素可以与一个模式匹配，那么词法分析器必须向编译器的后续阶段提供有关被匹配词素的附加信息。例如，0 和 1 都能与词法单元 number 的模式匹配，但是对于代码生成器而言重要的是知道在源程序中找到了哪个词素。因此，在很多情况下，词法分析器不仅仅向语法分析器返回一个词法单元名字，还会返回一个描述该词法单元的词素的属性值。词法单元的名字将影响语法分析过程中的决定，而这个属性则会影响语法分析之后对这个词法单元的翻译。

我们假设一个词法单元至多有一个相关的属性值，当然这个属性值可能是一个组合了多种信息的结构化数据。一般来说，与一个标识符有关的信息（例如它的词素、类型、第一次出现的位置等）都保存在符号表中。因此，一个标识符的属性值可以是一个指向符号表中该标识符对应条目的指针。

2. 词法错误的处理

如果没有其他组件的帮助，词法分析器很难发现源代码中的错误。比如，当词法分析器在 C 程序片段：`fi(a==f(x))` 中第一次遇到 `fi` 时，它无法指出 `fi` 究竟是关键字 `if` 的

⊖ 该例子来源于《编译原理》，Alfred V. Aho 等著，赵建华等译，机械工业出版社，第 69 页，2009 年。

误写还是一个未声明的函数标识符。由于 `fi` 是函数标识符的一个合法词素，因此词法分析器必须向语法分析器返回这个词法单元，而让编译器的另一个阶段（在这个例子里是语法分析器）去处理这个错误。然而，假设出现所有词法单元的模式都无法与剩余输入的某个前缀相匹配的情况，此时词法分析器就不能继续处理输入。当出现这种情况时，最简单的错误恢复策略是恐慌模式（Panic）恢复。我们从剩余的输入中不断删除字符，直到词法分析器能够在剩余输入的开头发现一个正确的词法单元为止。这种恢复技术可能会给语法分析器带来混乱，但是在交互计算环境中，这种技术已经足够了。

2.1.2 正则表达式

正则表达式（Regular Expression）是一种用来描述词素模式的重要表示方法。虽然表达式无法表达出所有可能的模式，但是它们已经能够高效地描述在处理词法单元时要用的模式类型。在介绍正则表达式之前，我们首先介绍一下字母表、串和语言等相关的概念。

字母表（Alphabet）是一个有限的符号集合。常见的符号包括字母、数位和标点符号等。常见的字母表有只包含两个符号的二进制字母表 {0，1}、用于多种软件系统的 ASCII 字母表，以及包含了大约 10 万个世界各地字符的 Unicode 字母表等。字母表上的一个串（String）是该字母表中符号的一个有穷序列。在语言理论中，术语“句子”和“字”也常常当作“串”的同义词。串 s 的长度，记作 |s|，是指 s 中符号出现的次数。空串（Empty String）是长度为 0 的串，通常用 ε 表示。语言（Language）是某个给定字母表上一个任意的可数的串的集合。这个宽泛的定义使得空集 ∅ 和仅包含空串的集合 {ε} 也都是语言。

下面列出一些与串相关的常用术语：

- 串 s 的前缀（Prefix）是从 s 的尾部删除 0 个或多个符号后得到的串。例如 ε、app 和 apple 都是 apple 的前缀。
- 串 s 的后缀（Suffix）是从 s 的开始处删除 0 个或多个符号后得到的串。例如 ple、apple 和 ε 都是 apple 的后缀。
- 串 s 的子串（Substring）是删除 s 的某个前缀和后缀之后得到的串。例如 ppl、ple 和 ε 都是 apple 的子串。
- 串 s 的真前缀、真后缀、真子串分别是 s 的不等于 ε 和本身的前缀、后缀和子串。
- 串 s 的子序列（Subsequence）是从 s 中删除 0 个或多个符号后得到的串，删除的符号可以不相邻。例如，ale 是 apple 的一个子序列。

如果 a 和 b 是串，那么 a 和 b 的连接（Concatenation）是把 b 附加到 a 后面形成的串。空串是连接运算的单位元，对于任何串 s 都有 sε=εs=s。如果把串的连接看作串的“乘积”，那么就可以定义串的“指数”运算：定义 $s^0=\varepsilon$，并且对于 $i>0$，$s^i=s^{i-1}s$。由 εs=s 可知，$s^1=s$，$s^2=ss$，$s^3=sss$，依次类推。

在词法分析中，最重要的语言上的运算是并、连接和闭包运算，如表 2.2 所示。语言间的连接就是以各种可能的方式，从第一个语言中任取一个串，从第二个语言中任取一个串，然后将它们连接得到所有串的集合。一个语言 L 的 Kleene 闭包（Closure）记为 L^*，即 L 自身连接 0 次或者多次后得到的串集。其中，L 连接 0 次的集合 L^0 被定义为 {ε}。同理，L^i 可以被归纳地定义为 $L^{i-1}L$。L 的正闭包和 Kleene 闭包基本相同，记为 L^+，但是不包含 L^0。

因为正则表达式可以描述所有通过对某个字母表上的符号应用这些运算符而得到的语言，我们可以用正则表达式这一种表示方法描述语言，如表 2.2 所示。正则表达式可以由较小的正则表达式按照递归的方式构建。每个正则表达式 re 表示一个语言 L(re)，这个语言本身也是根据 re 的子表达式所表示的语言递归定义的。下面的规则定义了某个字母表 Σ 上的正则表达式以及这些表达式所表示的语言。

表 2.2　正则表达式运算符号及其意义

符号	意义
a	一个表示字符本身的原始字符
ε	空字符串
X | Y	可选，在 X 和 Y 之间选择
X Y	连接，X 之后跟随 Y
X *	重复（0 次或 0 次以上）
X +	重复（1 次或 1 次以上）
X ?	选择，X 的 0 次或 1 次出现
[a－zA－Z]	字符集
.	句点表示除换行符之外的任意单个字符
"a.*+"	引号，引号中的字符串表示文字字符串本身

正则表达式构建的归纳基础包含如下两个基本规则：

（1）ε 是一个正则表达式，且 L(ε) = {ε}，同时该语言只包含空串。

（2）如果 x 是 Σ 上的一个符号，那么 x 是一个正则表达式，并且 L(x)={x}。该语言包含一个长度为 1 的符号串 x。

正则表达式的归纳可以看作是由较小的正则表达式按照一定的规则进行递归构建较大正则表达式的过程。假定 x 和 y 都是较小的正则表达式，其语言分别为 L(x) 和 L(y)，那么，归纳规则可以表示为：

（1）(x) | (y) 是一个正则表达式，表示语言 L(x) ∪ L(y)。

（2）(x) (y) 是一个正则表达式，表示语言 L(x)L(y)。

（3）(x)* 是一个正则表达式，表示语言 (L(x))*。

（4）(x) 是一个正则表达式，表示语言 L(x)，表达式两边加上括号不影响其所表示的语言。

根据上面的定义，正则表达式可能包含一些冗余的括号。如果我们按照如下的约定，就可以删减一些不必要的括号：

（1）一元运算符 * 具有最高的优先级，并且是左结合的。

（2）连接具有次高的优先级，并且是左结合的。

（3）| 的优先级最低，也是左结合的。

应用这个约定，我们可以将 (x) | (y) * (z) 改写为 x|y*z。这两个表达式都表示相同的串集合，其中的元素要么是单个 x，要么是由 0 个或多个 y 后面再跟一个 z 组成的串。表 2.3 给出了一些对于任意正则表达式都成立的代数定律。

表 2.3　正则表达式的代数定律

定律	描述
r | s = s | r	| 是可以交换的
r | (s | t) = (r | s) | r	| 是可结合的
r (s t) = (r s) t	连接是可结合的
r | (s | t) = r s | r t；(s | t) r = s r | t r	连接对 | 是可分配的
εr = rε= r	ε 是连接的单位元
r * = (r | ε) *	闭包中一定包含 ε
r ** = r *	* 具有幂等性

可以用一个正则表达式定义的语言叫作正则语言（Regular Language）。如果两个正则表达式 x 和 y 表示同样的语言，则称 x 和 y 等价（Equivalent）。比如 a|b=b|a。正则表达式遵守一些代数定律，每个定律都断言两个具有不同形式的表达式等价。为了方便表示，我们可以给某些正则表达式命名，并在之后的表达式中像使用符号一样使用这些名字。如果 Σ 是基本符号的集合，那么一个正则定义（Regular Definition）是具有如下形式的定义序列：

$\mathtt{def}_1 \rightarrow \mathtt{re}_1$
$\mathtt{def}_2 \rightarrow \mathtt{re}_2$
...
$\mathtt{def}_n \rightarrow \mathtt{re}_n$

其中，每个 $\mathtt{def}_i$ 都是一个不在字母表 Σ 中的新符号，并且各不相同；每个 $\mathtt{re}_i$ 都是字母表 $\Sigma \cup \{\mathtt{def}_1, \mathtt{def}_2, \cdots, \mathtt{def}_{i-1}\}$ 上的正则表达式。

我们限制每个 $\mathtt{re}_i$ 中只含有 Σ 中的符号和在它之前定义的各个 $\mathtt{def}_j$，因此避免了递归定义的问题，并且我们可以为每个 $\mathtt{re}_i$ 构造出只包含 Σ 中符号的正则表达式。我们可以先将 $\mathtt{re}_2$（不使用 $\mathtt{def}_1$ 之外的任何 def）中的 $\mathtt{def}_1$ 替换为 $\mathtt{re}_1$，然后将 $\mathtt{re}_3$ 中的 $\mathtt{def}_1$ 和 $\mathtt{def}_2$ 替换为 $\mathtt{re}_1$ 和（替换之后的）$\mathtt{re}_2$，依次类推。最后，我们将 $\mathtt{re}_n$ 中的 $\mathtt{def}_i(i=1, 2,\cdots, n-1)$ 替换为 $\mathtt{re}_i$ 的替换后的版本。这些版本中都只包含 Σ 中的符号。

自从 Kleene 在 20 世纪 50 年代提出了带有基本运算符并、连接和 Kleene 闭包的正则表达式之后，已经出现了很多针对正则表达式的扩展，它们被用来增强正则表达式描述串模式的能力。在这里，我们介绍一些早期的可以用在词法分析器归约中的扩展表示法，如表 2.4 所示。

表 2.4　单词的正则表达式示例⊖

正则表达式	符号意义
if	匹配“if”文本
[a-z][a-z0-9]*	标识符
[0-9]+	自然数
([0-9]+"."[0-9]*)|([0-9]*"."[0-9]+)	实数
("--"[a-z]*"\n")|(" "|"\n"|"\t")+	空白 / 注释
.	报错

（1）运算符 + 表示前一个元素出现一次或多次，例如，ab+c 匹配“abc”“abbc”“abbbc”，但不匹配 ac。

（2）运算符 ? 表示前一个元素出现零次或一次，例如，ab?c 匹配“ac”和“abc”。

（3）运算符 * 表示前面的元素出现零次或多次。例如，ab*c 匹配“ac”“abc”“abbc”“abbbc”等。

（4）一个正则表达式 $c_1|c_2|\cdots|c_n$ 可以缩写为 $[c_1c_2\cdots c_n]$。如果 c_1、c_2、…、c_n 形成一个逻辑上连续的序列，比如大写字母、小写字母或数字时，我们可以将它们表示成 c_1-c_n。我们只需要写出第一个和最后一个符号，中间用连字符隔开。因此，我们可以用 [xyz] 作为 x|y|z 的缩写，而用 [a-z] 作为 a|b|…|z 的缩写。

⊖ 该例子来源于《现代编译原理》，Andrew W.Appel 等著，赵克佳等译，人民邮电出版社，第 13 页，2006 年。

2.1.3　有限状态自动机

正则表达式可以用来表示一个模式，我们可以将这个模式转换成具有特定风格的流图，称为“状态转移图”。**状态转移图**（State Transition Diagram）有一组称为“**状态**”（State）的节点或圆圈。词法分析器在扫描输入串的过程中寻找与某个模式匹配的词素，而转换图中的每一个状态代表一个可能在这个过程中出现的情况。状态图中的**边**（Edge）从图的一个状态指向另一个状态，每条边上的标号包含了一个或多个符号。对于某个状态 s，如果下一个输入符号是 x，那么我们应该寻找一条从 s 离开且标号为 x 的边。如果找到这样的一条边，那么就可以进入状态转移图中该边所指的状态，如图 2.2 所示。一些关于状态转移图的重要约定如下。

（1）有一个状态被指定为**开始状态**，也称为**初始状态**，该状态由一条没有入边的标号为“start”的边指明。在读入任何输入符号之前，状态转移图总是位于它的开始状态。

（2）某些状态称为**接受状态**或者**最终状态**，这些状态表明已经找到了一个词素。我们用双层的圈表示一个接受状态，并且如果该状态要执行一个动作（通常是向语法分析器返回一个词法单元和相关属性值），那么我们将把这个动作附加到该接受状态上。

（3）如果需要回退一个位置（即相应的词素并不包含那个在最后一步使我们到达接受状态的符号），那么我们将在该接受状态的附近加上一个 *。

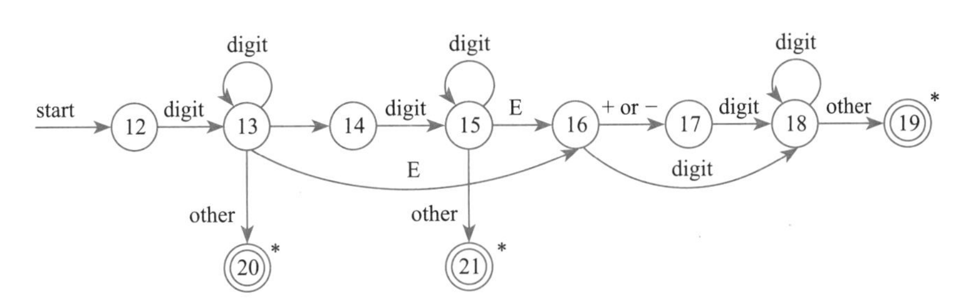

图 2.2　无符号数字的状态转移图

状态转移图可以识别正则表达式表示的模式，在实际中，我们在词法分析过程中使用一种与状态转移图类似的图，称为**有限状态自动机**（Finite State Automata）。但是有限状态自动机和状态转移图之间也有以下不同：

（1）有限状态自动机是**识别器**（Recognizer），它们只能对每个可能的输入串简单地回答“是”或“否”。

（2）有限状态自动机分为两类：

1）**非确定性有限状态自动机**（Nondeterministic Finite Automata，NFA）对其中的边没有任何限制，可以存在以同一个符号作为标号的离开同一个状态的多条边，并且空串 ε 也可以作为离开状态的边，如图 2.3 所示。

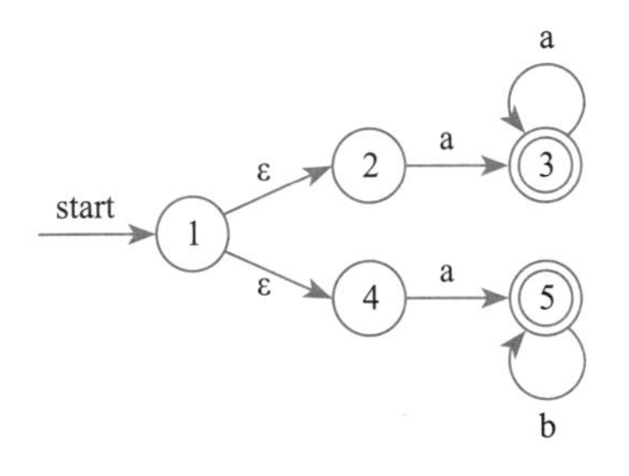

图 2.3　接受 aa* | bb* 的 NFA

2）**确定性有限状态自动机**（Deterministic Finite Automata，DFA）对其中的边有较为严格的限制，对于其中的每个状态及自动机输入字母表中的每个符号而言，有且只有一条以该符号为标号的边离开该状态；且 DFA 中不存在空串 ε 作为标号的边。

理论上讲，DFA 是 NFA 的一个特例，我们可以看到，与 NFA 相比，DFA 具有如下特点：

（1）没有输入 ε 之上的转换动作。

（2）对于每一个状态 s 和每个输入符号 x，有且仅有一条标号为 x 的边离开状态 s。

DFA 与 NFA 能够识别的语言集合是相同的。事实上，这些语言的集合正好是能够用正则表达式描述的语言的集合。这个集合称为正则集合（Regular Set），而其对应的语言，即正则语言。

一般地，一个 NFA 由以下几部分组成：

（1）一个有限状态的集合 S。

（2）一个输入符号集合 Σ，即输入字母表（Input Alphabet）。我们假设代表空串的 ε 不是 Σ 中的元素。

（3）一个转换函数（Transition Function），它为每个状态和 $\Sigma \cup \{\varepsilon\}$ 中的每个符号都给出了相应的后续状态（Next State）的集合。

（4）S 中的一个状态 s_0 被指定为开始状态，或者说初始状态。

（5）S 的一个子集 F 被指定为接受状态（或者说最终状态）集合。

不管是 NFA 还是 DFA，我们都可以将其表示为一张转换图（Transition Graph）。图中的节点是状态，带有标号的边表示自动机的转换函数。从状态 s 到状态 t 存在一条标号为 a 的边当且仅当状态 t 是状态 s 在输入 a 上的后继状态之一。这个图和我们前面介绍的状态转移图十分类似，其不同点在于：

（1）同一个符号可以标记从同一个状态触发到达多个目标状态的多条边。

（2）一条边的标号不仅可以是输入字母表中的符号，也可以是空符号串 ε。

我们也可以将一个 NFA 表示为一张转换表（Transition Table），表的各行对应于各个状态，各列对应于输入符号和 ε。对应于一个给定状态和给定输入的表项是将 NFA 的转换函数应用于这些参数后得到的值。如果转换函数没有给出对应于某个状态 – 输入对的信息，我们就把 ∅ 放入对应的表项中。

表 2.5 列出了图 2.4 中的 NFA 的转换表。转换表的优点是我们很容易确定与一个给定状态和一个输入符号相对应的转换。但是它的缺点是：如果输入字母表很大，且部分状态在大多数输入字符上没有转换时，转换表需要占用大量空间。一个 NFA 接受（Accept）输入字符串 x，当且仅当对应的转换图中存在一条从开始状态到某个接受状态的路径，使得该路径中各条边上的标号组成字符串 x。路径中的 ε 标号将被忽略，因为空串不会影响到根据路径构建得到的符号串。由一个 NFA 定义（或接受）的语言是从开始状态到某个接受状态的所有路径上的标号串的集合，如图 2.5 所示。

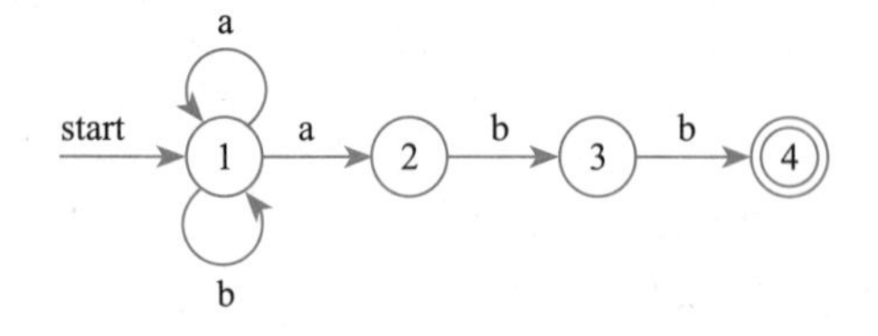

图 2.4 接受 (a|b)*abb 的 NFA

表 2.5 对应于图 2.4 的 NFA 的转换表

状态	a	b	ε
1	{1,2}	{1}	∅
2	∅	{3}	∅
3	∅	{4}	∅
4	∅	∅	∅

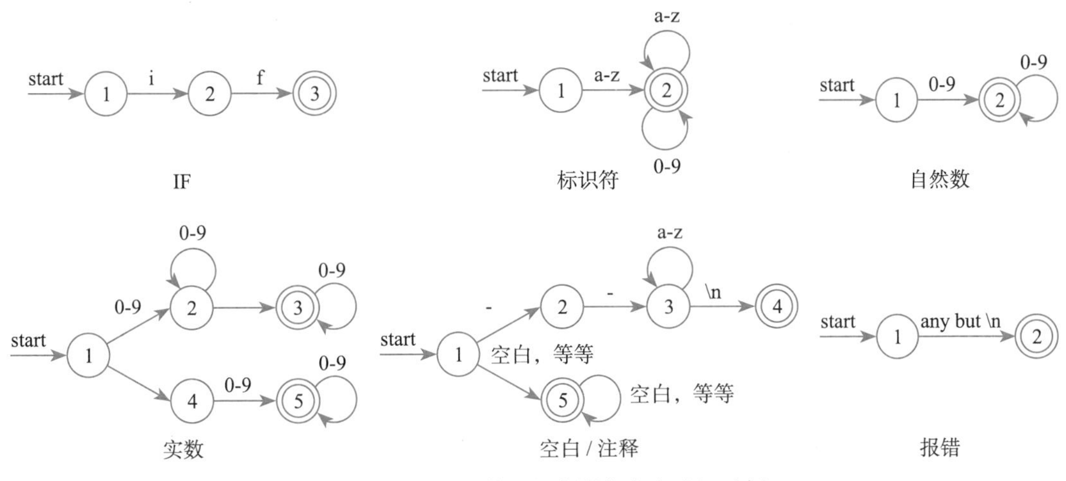

图 2.5　一些词法单元的有限状态自动机示例

如果我们使用转换表来表示一个 DFA，那么表中每一个表项就是一个状态。因此，我们可以不使用花括号，直接写出这个状态，因为花括号只是用来说明表项内容是一个集合。NFA 抽象地表示了用来识别某个语言中的串的算法，而相应的 DFA 则是一个简单具体的识别串的算法。在构造词法分析器的时候，我们真正实现或者模拟的是 DFA。每个正则表达式和每个 NFA 都可以被转换成一个接受相同语言的 DFA。

我们注意到，图 2.5 中展示的 6 个有限状态机均是独立的，而我们通常需要把它们合并为一个有限自动机从而实现词法分析器。我们将其中关于 IF、标识符、自然数以及报错的表达式都转换成 NFA，然后合并这些 NFA，将每一个表达式的开始汇合成一个新的初始结点，将表达式的结束用不同单词类型标记成终态结点，得到的结果如图 2.6 所示。也就是说，我们设置一个初始结点，即图 2.6 中的结点 1，该结点为所有表达式的公共初始结点，当初始结点接收到不同的输入时会进入不同的表达式分支，直到不再接收新的输入时表达式结束，到达 NFA 的终态结点，即图中的 IF、标识符、自然数以及报错对应的结点 3、8、13 和 15。

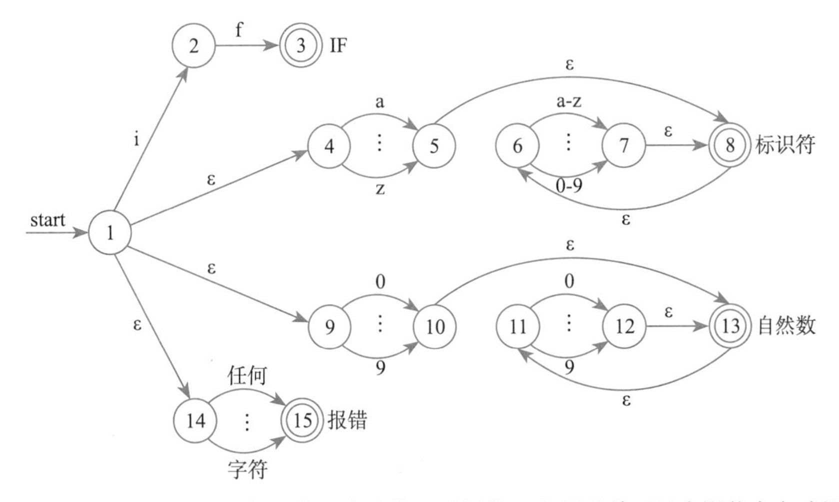

图 2.6　基于图 2.5 中的 IF、标识符、自然数以及报错四个词法单元的有限状态自动机合并而成的 NFA

2.1.4 从 NFA 到 DFA 的转换

当前，词法分析器的实现一般模拟 DFA 或 NFA 的执行。由于 NFA 对于一个输入符号可以选择不同的状态转换，使得需要其他的信息以明确转换到的状态。同时，它还可以支持输入 ε 上的转换，因此对 NFA 模拟更加烦琐，不如对 DFA 的模拟更加简洁。因此，通常情况下，对 DFA 的模拟较为常见。然而，从逻辑上，我们构造一个 NFA 会更加直观便捷，所以，我们一般是先根据正则表达式构建 NFA，然后将 NFA 转换为一个识别相同语言的 DFA。

子集构造法（Subset Construction）可用于将 NFA 转换为 DFA，其基本思想较为简明：让构造得到的 DFA 的每个状态对应于 NFA 的一个状态集合，DFA 再读入 $c_1c_2\cdots c_n$ 之后到达的状态分别对应于相应 NFA 从开始状态出发，沿着以 $c_1c_2\cdots c_n$ 为标号的路径能够到达的状态的集合。

一般情况下，识别相同语言的 DFA 的状态数有可能是 NFA 状态数的指数倍，在这种情况下，我们试图实现 DFA 时会十分困难。然而，基于自动机的词法分析方法的处理能力源于如下的事实：对于一个真实的语言，它的 NFA 和 DFA 的状态数量大致相同，状态数量呈指数关系的情形尚未在实践中出现过。因此，我们可以采用**子集构造**算法实现从 NFA 到 DFA 的转换。

由 NFA 构造 DFA 的**子集构造**算法包含如下内容：

输入：一个 NFA *N*。

输出：一个接受同样语言的 DFA *D*。

方法：我们的算法为 *D* 构造一个转换表 D_{tran}。*D* 的每一个状态是一个 NFA 状态集合，我们将构造 D_{tran}，使得 *D* 可以并行地模拟 *N* 在遇到一个给定输入串时可能执行的所有动作。我们面对的第一个问题是正确处理 *N* 的 ε 转换。在表 2.6 中可以看到一些函数的定义。这些函数描述了一些需要在这个算法中执行的 *N* 的状态集上的基本操作。其中，*s* 表示 *N* 的单个状态，而 *T* 代表 *N* 的一个状态子集。

表 2.6 NFA 状态集上的操作

操作	描述
ε-closure(*s*)	能够从 NFA 的状态 *s* 开始只通过 ε 转换到达的 NFA 状态集合
ε-closure(*T*)	能够从 *T* 中某个 NFA 状态 *s* 开始只通过 ε 转换到达的 NFA 状态集合，即 $\cup_{s\in T}$ ε-closure(*s*)
move(*T*, *a*)	能够从 *T* 中某个状态 *s* 出发通过标号为 *a* 的转换到达的 NFA 状态的集合

我们必须找出当 *N* 读入了某个输入串之后可能位于的所有状态的集合。首先，我们定义 s_0 是 *N* 的开始状态，在读入第一个输入符号之前，*N* 可以位于集合 ε-closure(s_0) 中的任何状态上。下面我们进行归纳，假定 *N* 在读入输入串 *x* 之后可以位于集合 *T* 中的任何状态上。如果下一个输入符号是 *a*，那么 *N* 可以移动到集合 move(*T*, *a*) 中的任何状态。然而，*N* 可以在读入 *a* 后再执行 ε 转换，因此 *N* 在读入 *xa* 之后可位于 ε-closure(move(*T*, *a*)) 中的任何状态上。根据这个思想，我们可以得到图 2.7 显示的方法，该方法构造了 *D* 的状态集合 D_{states} 和 *D* 的转换函数 D_{tran}。

D 的开始状态是 ε-closure(s_0)，*D* 的接受状态是所有至少包含了 *N* 的一个接受状态的状态集合。我们只需要解决对 NFA 的任何状态集合 *T* 计算 ε-closure(*T*)，就可以获得完整的子集。这个计算过程如图 2.7 所示，其基本思想是将 NFA 的每个状态看作 DFA 的一个状态，NFA 的每个状态集合看作 DFA 的一个状态集合，并根据 NFA 的转移函数构造 DFA 的转移函数。图 2.8 对应于图 2.6 中的 NFA 转换成的 DFA[⊖]。

⊖ 该例子来源于《现代编译原理》，Andrew W.Appel 等著，赵克佳等译，人民邮电出版社，第 15 页，2006 年。

```
开始时，ε-closure(s0) 是 Dstates 中的唯一状态，且它未加标记；
while ( 在 Dstates 中有一个未标记状态 T) {
    给 T 加上标记；
    for ( 每个输入符号 a) {
    U = ε-closure(move(T, a));
    if (U 不在 Dstates 中 )
        将 U 加入到 Dstates 中，且不加标记；
        Dtran[T, a] = U;
    }
}
```

图 2.7　子集构造算法

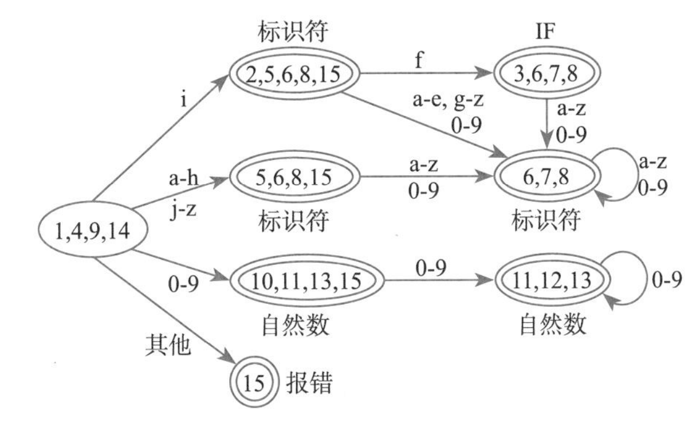

图 2.8　基于图 2.6 所示的 NFA 转换成的 DFA

2.1.5　状态最小化算法

对于同一个语言，可以存在多个识别此语言的 DFA。这些 DFA 状态的名字和个数可能都不相同。如果使用 DFA 来实现词法分析器，我们总是希望使用的 DFA 的状态数量尽可能少，因为描述词法分析器的转换表需要为每个状态分配条目。状态的名字是次要的，如果我们只需要改变状态名字就可以将一个自动机转换为另一个自动机，我们称这两个自动机是**同构的**。实际上，任何正则语言都有一个唯一的（不计同构）状态数目最少的 DFA。而且，从任意一个接受相同语言的 DFA 出发，通过分组合并等价的状态，我们总是可以构建得到这个状态数最少的 DFA。接下来，我们将给出一个将任意 DFA 转换为等价的状态最少的 DFA 的算法。该算法首先创建输入 DFA 的状态结合的划分。为了理解这个算法，我们需要了解输入串时如何区分各个状态。如果分别从状态 s 和 t 出发，沿着标号为 x 的路径到达的两个状态中只有一个是接受状态，我们就说串 x 区分了状态 s 和 t。如果存在某个能够区分状态 s 和 t 的串，那么它们就是**可区分的（Distinguishable）**。

DFA 状态最小化算法的工作原理是将一个 DFA 的状态集合划分成多个组，每个组中的各个状态之间不可区分，然后将每个组中的状态合并成状态最少的 DFA。算法在执行过程中维护了状态集合的一个划分，划分中的每个组内的各个状态不能区分，但是来自不同组的任意两个状态是可以区分的。当任意一个组都不能再被分解为更小的组时，这个划分就不能再进一步简化，此时我们得到了状态最少的 DFA。

具体而言，我们首先将状态划分为两个组，即接受状态组和非接受状态组。算法的基本步骤是从当前划分中选一个状态组，比如 $A=\{s_1, s_2, \cdots, s_k\}$，并选定某个输入符号 a，检查 a 是否可以用于区分 A 中的某些状态。我们检查 s_1，s_2，…，s_k 在 a 上的转换，如果这些转换到达的状态落入当前划分的两个或者多个组中，我们就将 A 分割成为多个组。我们认为两个状态 s_i 和 s_j 在同一组中当且仅当它们在 a 上的转换都能到达同一个组的状态。我们重复这个分割过程，直到无法根据某个输入符号对任意组进行分割为止。我们将这个算法思想描述在下面的算法中。

输入：一个 DFA D，其状态集合为 S，输入字母表为 Σ，开始状态为 s_0，接受状态集为 F。

输出：一个 DFA D'，它和 D 接受相同的语言，且状态数最少。

方法：

（1）构造包含两个组 F 和 $S-F$ 的初始划分 Π，这两个组分别是 D 的接受状态组和非接受状态组。

（2）应用图 2.9 中的过程，构造新的划分 Π_{new}。

```
最初，令 Π_new=Π;
for (Π 中每一个组 G) {
将 G 划分为更小的组，两个状态 s 和 t 在同一个小组中当且仅当对于所有的输入符号 a，状态 s 和 t 在 a 上的转换都到达 Π 中的同一组；
    /* 在最坏的情况下，每个状态各自组成一个组 */
    在 Π_new 中将 G 替换为对 G 进行划分得到的小组；
}
```

图 2.9 DFA 状态最小化过程中新划分 Π_{new} 的构造算法

（3）如果 $\Pi_{new}=\Pi$，令 $\Pi_{final}=\Pi$ 并执行步骤 4；否则用 Π_{new} 替换 Π 并重复步骤 2。

（4）在划分 Π_{final} 的每个组中选取一个状态作为该组的代表。这些代表构成了状态最少的 DFA D' 的状态。D' 的其他部分按照如下步骤构建：

1）D' 的开始状态是包含了 D 的开始状态的组的代表。

2）D' 的接受状态是那些包含了 D 的接受状态的组的代表。其中，每个组要么只包含接受状态，要么只包含非接受状态，因为我们一开始就将这两类状态分开了，而图 2.9 中的过程总是通过分解已经构造得到的组来得到新的组。

令 s 是 Π_{final} 中某个组 G 的代表，并令 D 中在输入 a 上离开 s 的转换到达状态 t。令 r 为 t 所在组 H 的代表。那么在 D' 中存在一个从 s 到 r 在输入 a 上的转换。在 D 中，组 G 中的每一个状态必然在输入 a 上进入组 H 中的某个状态，否则组 G 应该已经被图 2.9 的过程分割成更小的组了。

2.1.6 语法分析概要

在常见的编译器模型中，语法分析器从词法分析器中获得一个由词法单元组成的序列，并验证这个序列符合源语言约定的文法。如图 2.10 所示，我们期望语法分析器能够以易于理解的方式报告语法错误，并且能够从常见的错误中恢复并处理程序的其余部分。从概念上讲，如果认为一个程序不含有语法错误或可诊断的语义错误，我们则认为该程序是良构的程序。对于良构的程序，语法分析器能够构造出一棵语法分析树，并把它传递到编译器的其他部分进一步处理。但实际上，我们并不需要显式地构造这棵语法分析树，因为在实践中，对源程序的检查和翻译动作可以与语法分析过程交错完成。因此，语法分析器和编译器前端的其他部分可以用同一个模块来实现。

编译器中常用的语法分析方法可以分为自顶向下和自底向上的。顾名思义，自顶向下的方法从语法分析树的顶部（根节点）开始向底部（叶子节点）构造语法分析树，而自底向上的方法则从叶子节点开始，逐渐向根节点方向构造。在这两种分析方法中，语法分析器的输入总是按照从左到右的方式被扫描，每次扫描一个符号。

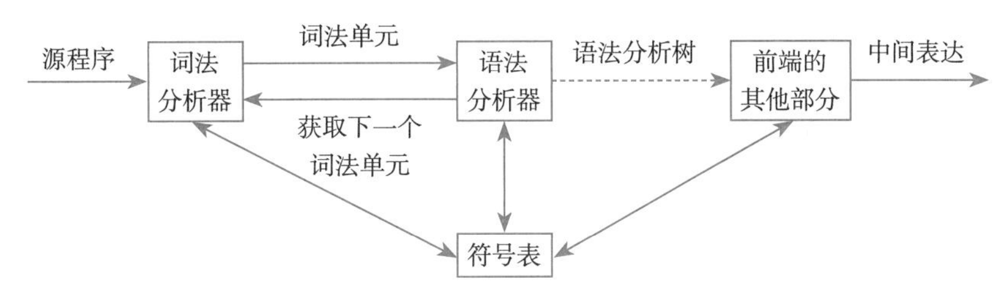

图 2.10　编译器工作流程中语法分析器的位置

在语法分析中，自顶向下和自底向上是两种常见的方法。不过它们只能处理某些文法子类，如 LL 文法和 LR 文法。不过这两个子类的表达能力已经足够描述现代程序设计语言的大部分语法构造了。一般手工实现的语法分析器会选择自顶向下的分析方法，如预测语法分析方法，用以处理 LL 文法。而处理较为复杂的 LR 文法类的语法分析器则通常使用自动化工具进行构造。在本章中我们假设语法分析器的输出是语法分析树的某种表现形式，该语法分析树对应于来自词法分析器的词法单元流。

1. 示例文法介绍

在本节中我们将给出一些文法示例[⊖]，这些示例主要关注表达式。因为运算符的结合性和优先级的原因，表达式的处理更具有挑战性。

以下文法指明了运算符的结合性和优先级。E 表示一组以 + 号分隔的项所组成的表达式，T 表示由一组以 * 号分隔的因子所组成的项，而 F 表示因子，它可能是括号括起来的表达式或标识符。

$E \to E + T \mid T$

$T \to T * F \mid F$

$F \to (E) \mid id$

该文法属于 LR 文法类，适用于自底向上的语法分析技术。这个文法经过修改可以处理更多的运算符和更多的优先级层次。然而，它不能用于自顶向下的语法分析，因为它是左递归的。我们将在本章后续的部分介绍左递归的消除技术。在此为了讲解方便，我们直接给出该表达式文法的无左递归版本，该版本将被用于自顶向下的语法分析。

⊖ 这些例子来源于《编译原理》，Alfred V. Aho 等著，赵建华等译，机械工业出版社，第 122 页，2009 年。

$E \rightarrow TE'$

$E' \rightarrow + TE \mid \varepsilon$

$T \rightarrow FT'$

$T' \rightarrow * FT' \mid \varepsilon$

$F \rightarrow (E) \mid id$

2. 文法错误的处理

现代编译器实现中采用的LL和LR语法分析方法的一个优点是能够在第一时间精准地发现语法错误，也就是说，当来自词法分析器的词法单元流不能根据该源语言的文法进一步分析时，语法分析器就会发现错误。更精确地讲，一旦它们发现输入的某个前缀不能够通过添加一些符号而形成这个语言的串，就可以立刻检测到语法错误。语法分析器中的错误处理程序的目标说起来很简单，但实现起来却很有挑战性，具体而言，我们需要做到清晰精确地报告出现的错误；很快地从各个错误中恢复，以继续检测后面的错误；尽可能少地增加处理正确程序时的开销。

幸运的是，常见的语法错误都很简单，使用相对直接的错误处理机制就足以达到目标。实践中，一个常用而有效的策略就是打印出有问题的那一行，然后用一个指针指向检测到错误的地方。

另外一个需要考虑的问题是，当检测到一个错误时，语法分析器应该如何恢复呢？虽然还没有一个普遍接受的策略，但有一些方法的适用范围很广。其中最简单的方法是让语法分析器在检测到第一个错误时给出错误提示信息，然后退出。如果语法分析器能够把自己恢复到某个状态，且有理由预期从那里开始继续处理输入将提供有意义的诊断信息，那么它通常会发现更多的错误。但是如果错误太多，那么最好让编译器在超过某个错误数量上界之后停止分析。这样做要比让编译器产生大量恼人的“可疑”错误信息更有用。

2.1.7 上下文无关文法

在形式语言的理论研究中，文法是一种用于描述程序设计语言语法的表示方法，可以表示大多数程序设计语言的层次化语法结构。文法定义了语言中字符串的产生式规则，这些规则描述了如何用语言的字母表生成符合语言语法的字符串。当前，学术界通常将形式语言的文法分为四类，包括无限制文法、上下文有关文法、上下文无关文法和正则文法。现代几乎所有程序设计语言都是通过上下文无关文法来定义的，主要原因在于上下文无关文法拥有足够强的表达力来表示大多数程序设计语言的语法，又提供了足够简明的机制使得我们可以构造高效的检验算法来判定字符串的有效性。

一个上下文无关文法（Context-Free Grammar，CFG）通常由四个元素组成：

- **终结符号**集合，也被称为“**词法单元**”集合，包含了该文法定义的语言基本符号。当前常见的文法中一般使用小写字母、运算符号、标点符号和数字等表示终结符号。
- **非终结符号**集合，也被称为“**语法变量**”集合，包含了该文法定义的非终结符号。每一个非终结符号表示一个终结符号串的集合，用于定义由文法生成的程序设计语言。当前常见的文法中一般使用大写字母和小写的希腊字母等表示非终结符号。

- **产生式集合**，包含了该文法定义的产生式，产生式主要用于表示某个构造的某种书写形式。一个产生式包含一个产生式头（或者称为**左部**）的非终结符号，推导符（通常通过箭头表示），以及一个产生式体（或者称为**右部**）的由终结符号和非终结符号组成的序列。
- **开始符号**，通常是一个非终结符号，出现在第一个产生式的头部。开始符号表示的串集合就是文法生成的语言。

一个直线式程序文法示例如表 2.7 所示，此例中的终结符号集合为：{*id*, *print*, *num* , +, (,), :=, ;}，非终结符集合为：{*S*, *E*, *L*}，开始符号是 *S*。文法包含了终结符号和非终结符号构成的九条产生式。

表 2.7　一个直线式程序的文法样例[㊀]

文法	描述
$S \to E$	*S* 是文法开始符号
$S \to id := E$	*id* 是文法终结符号，*E* 是文法非终结符号
$S \to print\ (L)$	*print* ( ) 是文法终结符号，*L* 是文法非终结符号
$E \to id$	*id* 表示直线式程序的标识符
$E \to num$	*num* 是文法终结符号，表示数字
$E \to E+E$	+ 是文法终结符号，产生式体表示程序中的加法语句
$E \to (S,E)$	，是文法终结符号
$L \to E$	产生式体表示 *L* 可以用 *E* 替换
$L \to L,E$	产生式体表示用逗号分隔的 *L* 和 *E* 表示的终结符号

对于产生式 $S \to E$，其中 *S* 是文法 *G* 的开始符号，*E* 是 *G* 的一个**句型**（Sentential Form）。句型可能同时包含终结符号和非终结符号，也可能是空串。文法 *G* 的一个**句子**（Sentence）是不包含非终结符号的句型。文法能够表示的所有句子的集合就是一个文法生成的语言。可以由上下文无关文法生成的语言被称为**上下文无关语言**（Context-Free Language）。如果两个文法生成的语言相同，我们就可以认为这两个文法等价。

在语法分析过程中，如果将产生式看作是重写规则，即不断地将某个非终结符号替换为该非终结符号的某个产生式体，则可以从推导的角度描述构造语法分析树的方法。语法分析树是推导过程的图形化表示，它忽略了推导过程中对非终结符号应用产生式的顺序。语法分析树中每个内部节点表示一个产生式的应用，内部节点的编号是此产生式中的非终结符号。这个节点的子节点标号从左到右组成了在推导过程中替换这个非终结符号的产生式体，如图 2.11 所示。

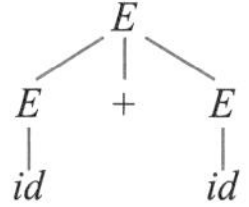

图 2.11　*id*+*id* 的语法分析树

整个推导过程，就是从开始符号出发，每一个重写步骤把一个非终结符号替换为它的某个产生式体。比如对于表 2.7 中的产生式 $E \to id$ 和 $E \to E+E$，重写步骤可以将 *E* 替换为产生式体中的 *id*，因此就可以生成 $id + id$。推导的思想对应于自顶向下构造语法分析树的过程，但是其概念中所包含的精确性也可以用于讨论自底向上的语法分析过程。自底向上语法分析与“最右”推导相关，此推导每一步重写的都是最右边的非终结符号。为了给出推导的一般性

㊀ 该例子来源于《现代编译原理》，Andrew W.Appel 等著，赵克佳等译，人民邮电出版社，第 29 页，2006 年。

定义，考虑一个文法符号序列中间的非终结符号 A，比如 $\alpha A\beta$，其中 α 和 β 表示任意的文法符号串。对于产生式 $A\rightarrow\omega$，可以写作 $\alpha A\beta\Rightarrow\alpha\omega\beta$，其中 $\Rightarrow$ 表示“一步推导出”。当一个推导序列 $\beta_1\Rightarrow\beta_2\Rightarrow\cdots\Rightarrow\beta_n$ 将 β_1 替换为 β_n，则认为是从 β_1 推导出 β_n。更一般地，对于经过“零步或者多步推导出”，可以使用符号 $\overset{*}{\Rightarrow}$ 表示这种推导关系。因此，可以得出：

对于任意串 α, $\alpha\Rightarrow\alpha$，并且 $\alpha\Rightarrow\beta$ 且 $\beta\Rightarrow\omega$，那么 $\alpha\Rightarrow\omega$。类似地，符号 $\overset{+}{\Rightarrow}$ 还可以表示“一步或者多步推导出”关系。对于给定的产生式集合，推断出其生成的特定的语言是十分有用的。当研究一个复杂的构造时，可以写出该结构的一个简洁、抽象的文法，并研究其生成的语言。

如果一个文法能够推导出具有两棵不同语法树的句子，则该文法是二义性的（Ambiguous）。例如，表 2.7 所示的文法就是具有二义性的，对于句子 $id := id + id + id$，其可以推导出两棵语法树，如图 2.12 所示。大部分语法分析器都要求文法是无二义性的，否则不能唯一确定一个句子的语法分析树。

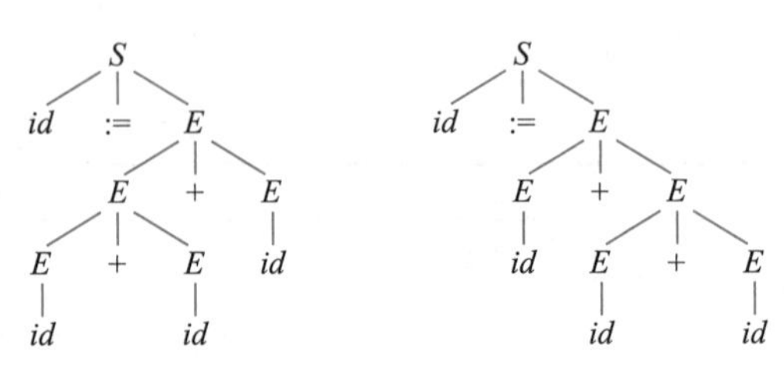

图 2.12　$id := id + id + id$ 的两棵语法树

2.1.8　自顶向下的语法分析算法

由语法分析树的根节点开始进行语法分析的方法称为自顶向下的语法分析（Top-down Parsing）算法。相较于后文所述的自底向上的语法分析，自顶向下的语法分析较为直观简单，便于理解。自顶向下的语法分析可以看成是寻找输入的语法串的最左推导（总是推导符号串的最左非终结符号）的过程，以下是一个自顶向下的语法分析的示例：

对于文法：

$S\rightarrow \mathrm{a}B$

$S\rightarrow \mathrm{g}$

$B\rightarrow \mathrm{c}B\mathrm{d}$

$B\rightarrow \mathrm{t}$

那么，当我们输入串 acctdd，自顶向下的推导过程如图 2.13 所示。

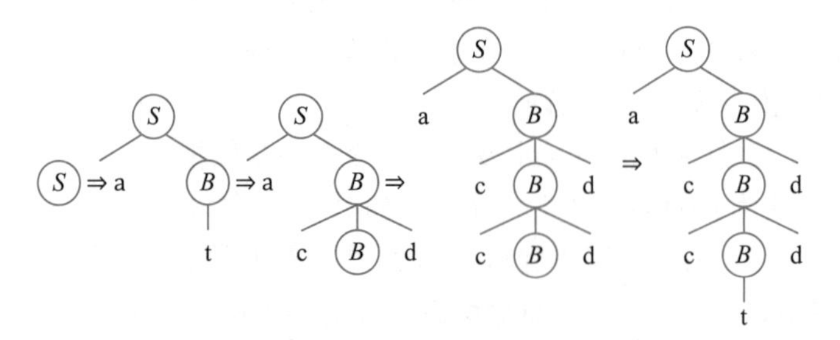

图 2.13　串 acctdd 自顶向下的推导过程

在一个自顶向下的语法分析的过程中，关键的问题是对于一个非终结符号，我们应当采用哪一种产生式，使得剩余的字符串能够与产生式的终结符号相匹配。自顶向下的语法分析可以使用一种称为递归下降的语法分析算法进行推导。

1. 递归下降的语法分析

在一些文法中，采取了递归下降（Recursive Descent）的语法分析算法，进行文法产生式的推导。递归下降算法将每一个文法产生式都转化为递归函数的一个子句。但在实际转化时会经常遇到冲突，不知道该使用哪个产生式。例如对图 2.13 中的节点 B 进行转化时，会面临对产生式 $B \rightarrow \mathrm{c}B\mathrm{d}$ 和 $B \rightarrow \mathrm{t}$ 的抉择。为了避免抉择失败而反复回溯所产生的时间和空间成本，我们通常采用一种基于预测的递归下降的语法分析，该方法通常采用 First 和 Follow 两种函数来实现。两种函数在产生式上运算生成的 First 集合和 Follow 集合，使得我们可以根据下一个输入的符号来辅助选择应用哪一个产生式，充分利用了每个表达式第一个终结符号所提供的信息。

（1）First 函数：First(x) 被定义为当前的符号为 x 时，所有可以推导得到的串的第一个终结符号的集合。如果 x 也可以推导得到 ε，那么将 ε 也加入 First(x) 中。

（2）Follow 函数：Follow(x) 被定义为当前的符号为 x 时，所有可直接跟随于 x 后的终结符号的集合。

我们可以简单地举一个计算 First 和 Follow 函数的例子，对于先前所述的文法构造 First 集合与 Follow 集合（见表 2.8）。

在每次迭代式地读取产生式后，我们可以获得以下结果（见表 2.9）。

表 2.8　First 与 Follow 集合的文法构造

	S	***B***
Nullable（可空）	no	no
First		
Follow		

表 2.9　迭代式地读取产生式后所得结果

	S	***B***
Nullable（可空）	no	no
First	a, g	c, t, $
Follow		d, $

基于 First 和 Follow 函数，我们可以生成预测分析表，并且根据这张预测分析表构造一个预测分析器，用于辅助递归下降的语法分析器进行语法分析。例如，我们可以基于上述这张表构造预测分析表（见表 2.10）。

表 2.10　预测分析表

	a	**c**	**d**	**g**	**t**
S	$\mathrm{S} \rightarrow \mathrm{a}B$			$S \rightarrow \mathrm{g}$	
B		$\mathrm{B} \rightarrow \mathrm{c}B\mathrm{d}$			$B \rightarrow \mathrm{t}$

这张表的首行和首列分别由非终结符号集合 X 和终结符号集合 Y 构成。在构造时，对于每个 $T \in \mathrm{First}(\gamma)$，在表的第 X 行第 T 列，填入产生式 $X \rightarrow \gamma$。此外，如果 γ 是可空的，则对于每个 $T \in \mathrm{Follow}(X)$，在表的第 X 行第 T 列，也填入该产生式。

使用这张预测分析表，我们可以完成对输入 acctdd 的如下推导（见表 2.11）。

表 2.11　对输入 acctdd 进行预测分析时执行的推导步骤

已匹配	**栈**	**输入**	**动作**
	$S$$	acctdd$	
	a$B$$	acctdd$	输出 $S \rightarrow \mathrm{a}B$

（续）

已匹配	栈	输入	动作
a	$B$$	cctdd$	匹配 a
a	cBd$	cctdd$	输出 $B \rightarrow$ cBd
ac	Bd$	ctdd$	匹配 c
ac	cBdd$	ctdd$	输出 $B \rightarrow$ cBd
acc	Bdd$	tdd$	匹配 c
acc	tdd$	tdd$	输出 $B \rightarrow$ t
acct	dd$	dd$	匹配 t
acctd	d$	d$	匹配 d
acctdd	$	$	匹配 d

2. 消除左递归

在部分预测分析表中，可能存在双重定义的情况，即预测分析表的某个单元格可能出现不止一个产生式。在这种情况下，当前的预测无法确定需要在多个产生式中选取哪一个。以如下的文法为例：

$E \rightarrow E + T$

$E \rightarrow T$

这样的一个文法能够使得任何属于 First(T) 的符号同时也属于 First(E+T)，这种情况被称为存在左递归。存在左递归会使得我们的语法分析在推导时无法确定应当选择的产生式。

如果我们有左递归文法：

$A \rightarrow A$a | b

使用若干次 Aa 替换 A，则可推导出句型：Aaaaaa...，而要推导出一个有限长度的句子，我们一定会使用产生式 $A \rightarrow$ b，因此生成的句子必然以 b 开头。

因此，我们可以用产生式 $A \rightarrow$ bA’ 来替代原先的句子。

文法可被改写为：

$A \rightarrow$ bA’

A’ $\rightarrow$ aA’| ε

从而将左递归消除，这种简单的改写规则已足以处理大多数文法。

3. LL(1) 语法分析技术

LL(1) 语法分析技术是一种不需要回溯的递归下降语法分析技术；其中，第一个 L 表示从左到右地扫描输入，第二个 L 表示产生最左推导，1 则表示每次推导中只向前看一个符号来决定分析动作。LL(1) 语法分析技术是 LL(k) 文法分析技术的一个特例。理论上，k 可以设定为任意正整数，即使得我们在进行语法分析的时候，可以向前看 k 个符号来决定对产生式的选择；但是在实践中，绝大多数文法，设定 k 为 1 就可以确定分析过程中选择哪个产生式用以推导。

能够使用 LL(1) 语法分析技术进行确定的自顶向下分析的文法需要满足以下条件。

对于所有的非终结符 A 和 B，若存在 $S \rightarrow A \mid B$，则

（1）First(A) ∩ First(B) = ∅。

（2）如果 A 能够推导出 ε，那么 First(B) ∩ Follow(A) = ∅。

满足以上条件，只向前看一个符号，也不会同时存在多个满足条件的产生式。

在满足条件后，基于上文所述计算 First 集合与 Follow 集合，构造预测分析表，然后基于预测分析表就能够构造递归下降的语法分析算法，进行高效的语法分析与推导。

2.1.9　自底向上的语法分析算法

一个自底向上的语法分析过程对应于为一个输入串构造语法分析树的过程，它从叶子节点（底部）开始逐渐向上到达根节点（顶部）。将语法分析描述为语法分析树的构造过程会比较方便，虽然编译器前端实际上不会显式地构造出语法分析树，而是直接进行翻译。图 2.14 的分析树构造过程演示了按照下列文法对词法单元序列 *id***id* 进行自底向上语法分析的过程。

$E \rightarrow E + T \mid T$

$T \rightarrow T * F \mid F$

$F \rightarrow (E) \mid id$

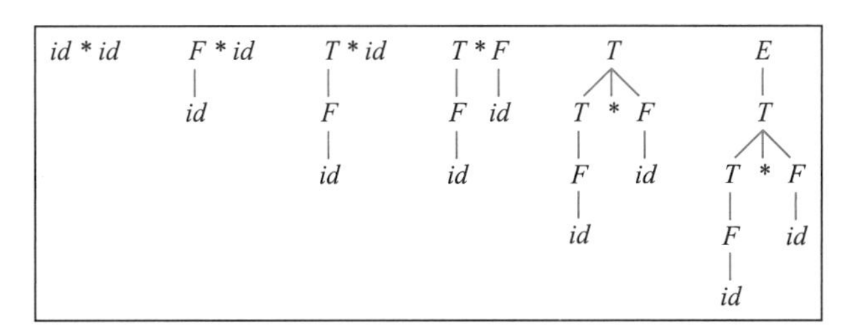

图 2.14　*id***id* 自底向上的语法分析过程

本节将介绍一个基于移入–归约语法分析的自底向上语法分析方法，即 LR 分析方法，并构造出高效的 LR 分析器。

1. LR 语法分析方法

LR(k) 中的 L、R、k 分别表示从左至右分析、最右推导、向前查看 k 个单词（Left-to-right Parse、Rightmost-Derivation、k-token Lookhead）。从直觉上看，使用最右推导似乎有些奇怪，它如何与从左至右的分析过程保持一致呢？表 2.12 举例[㊀]说明了使用表 2.7 中的文法（增加了一个新的产生式 $S' \rightarrow S\$$）对下面这个程序进行的 LR 分析。

```
a := 7 ;
b := c + (d := 5 + 6, d)
```

表 2.12　对句子进行移入–归约分析的过程，栈列的数字下标是 DFA 的状态符号

栈	输入	动作
|	a:=7;b:=c+(d:=5+6,d)$	移入
| id_4	:=7;b:=c+(d:=5+6,d)$	移入
| $id_4 :=_6$	7;b:=c+(d:=5+6,d)$	移入
| $id_4 :=_6 num_{10}$	;b:=c+(d:=5+6,d)$	归约 $E \rightarrow num$

㊀ 该例子来源于《现代编译原理》，Andrew W.Appel 等著，赵克佳等译，人民邮电出版社，第 39 页，2006 年。

（续）

栈	输入	动作
$\mid id_4 :=_6 E_{11}$	`;b:=c+(d:=5+6,d)$`	归约 $S \to id := E$
$\mid S_2$	`;b:=c+(d:=5+6,d)$`	移入
$\mid S_2\ ;_3$	`b:=c+(d:=5+6,d)$`	移入
$\mid S_2\ ;_3\ id_4$	`:=c+(d:=5+6,d)$`	移入
$\mid S_2\ ;_3\ id_4 :=_6$	`c+(d:=5+6,d)$`	移入
$\mid S_2\ ;_3\ id_4 :=_6 id_{20}$	`+(d:=5+6,d)$`	归约 $E \to id$
$\mid S_2\ ;_3\ id_4 :=_6 E_{11}$	`+(d:=5+6,d)$`	移入
$\mid S_2\ ;_3\ id_4 :=_6 E_{11} +_{16}$	`(d:=5+6,d)$`	移入
$\mid S_2\ ;_3\ id_4 :=_6 E_{11} +_{16} (_8$	`d:=5+6,d)$`	移入
$\mid S_2\ ;_3\ id_4 :=_6 E_{11} +_{16} (_8\ id_4$	`:=5+6,d)$`	移入
$\mid S_2\ ;_3\ id_4 :=_6 E_{11} +_{16} (_8\ id_4 :=_6$	`5+6,d)$`	移入
$\mid S_2\ ;_3\ id_4 :=_6 E_{11} +_{16} (_8\ id_4 :=_6 num_{10}$	`+6,d)$`	归约 $E \to num$
$\mid S_2\ ;_3\ id_4 :=_6 E_{11} +_{16} (_8\ id_4 :=_6 E_{11}$	`+6,d)$`	移入
$\mid S_2\ ;_3\ id_4 :=_6 E_{11} +_{16} (_8\ id_4 :=_6 E_{11} +_{16}$	`6,d)$`	移入
$\mid S_2\ ;_3\ id_4 :=_6 E_{11} +_{16} (_8\ id_4 :=_6 E_{11} +_{16} num_{10}$	`,d)$`	归约 $E \to num$
$\mid S_2\ ;_3\ id_4 :=_6 E_{11} +_{16} (_8\ id_4 :=_6 E_{11} +_{16} E_7$	`,d)$`	归约 $S \to E + E$
$\mid S_2\ ;_3\ id_4 :=_6 E_{11} +_{16} (_8\ id_4 :=_6 E_{11}$	`,d)$`	归约 $S \to id := E$
$\mid S_2\ ;_3\ id_4 :=_6 E_{11} +_{16} (_8\ S_{12}$	`,d)$`	移入
$\mid S_2\ ;_3\ id_4 :=_6 E_{11} +_{16} (_8\ S_{12}\ ,_{18}$	`d)$`	移入
$\mid S_2\ ;_3\ id_4 :=_6 E_{11} +_{16} (_8\ S_{12}\ ,_{18}\ id_{20}$	`)$`	归约 $E \to id$
$\mid S_2\ ;_3\ id_4 :=_6 E_{11} +_{16} (_8\ S_{12}\ ,_{18}\ E_{21}$	`)$`	移入
$\mid S_2\ ;_3\ id_4 :=_6 E_{11} +_{16} (_8\ S_{12}\ ,_{18}\ E_{21}\ )_{22}$	`$`	归约 $S \to (S, E)$
$\mid S_2\ ;_3\ id_4 :=_6 E_{11} +_{16} E_{17}$	`$`	归约 $S \to E + E$
$\mid S_2\ ;_3\ id_4 :=_6 E_{11}$	`$`	归约 $S \to id := E$
$\mid S_2\ ;_3\ S_5$	`$`	归约 $S \to S ; S$
$\mid S_2$	`$`	接受

该分析器有一个栈和一个输入，输入中的前 k 个单词为提前查看的符号。根据栈的内容和超前查看的符号，分析器将执行移入 – 归约两种动作。

（1）移入：将第一个输入单词压入至栈顶。

（2）归约：选择一个文法规则 $X \to ABC$，依次从栈顶弹出 C、B 和 A，然后将 X 压入栈中。

开始时栈为空，分析器位于输入的开始。移进文件终结符 S 的动作称为**接受**，它导致分析过程成功结束。表 2.12 列出了在每一个动作之后的栈和输入，也指明了所执行的是什么动作。将栈和输入合并起来形成的一行总是构成一个最右推导。事实上，表 2.12 自下而上地给出了对输入字符串的最右推导过程。可以发现，LR 语法分析过程也是通过表格驱动的，这与前文提到的 LL 语法分析很相似。

2. LR 语法分析器

那么 LR 语法分析器该如何进行移入和归约呢？答案是通过确定的有穷状态自动机（DFA），这种 DFA 不是作用于输入（因为有限自动机太弱而不适合上下文无关文法），而是作用于栈。DFA 的边是用可以出现在栈中的符号（终结符号和非终结符号）来标记的。

表 2.13 是前面文法（表 2.7）的转换表。

表 2.13　表 2.7 所示文法的 LR 分析表

	id	*num*	*print*	;	,	+	:=	(	)	$	*S*	*E*	*L*
1	s4		s7								g2		
2				s3						a			
3	s4		s7								g5		
4							s6						
5				r1	r1					r1			
6	s20	s10						s8				g11	
7								s9					
8	s4		s7								g12		
9												g15	g14
10				r5	r5	r5			r5	r5			
11				r2	r2	s16				r2			
12				s3	s18								
13				r3	r3					r3			
14					s19				s13				
15					r8				r8				
16	s20	s10						s8				g17	
17				r6	r6	s16			r6	r6			
18	s20	s10						s8				g21	
19	s20	s10						s8				g23	
20				r4	r4	r4			r4	r4			
21									s22				
22				r7	r7	r7			r7	r7			
23					r9	s16			r9				

这个转换表中的元素标有下面四种类型的动作：

- s*n* 表示移入状态 *n*。
- g*n* 表示转换到状态 *n*。
- r*k* 表示用规则 *k* 归约。
- a 表示接受。

如果有错误，就用表中的空项目来表示。

为了使用该表进行分析，要将移入和归约动作看成 DFA 的边，并查看栈的内容。例如，若栈为 *id* := *E*，则 DFA 将从状态 1 依次转换到状态 4、6 和 11。若下一个输入单词是一个分号，状态 11 的“;”所在列则指出将根据规则 2 进行归约，因为文法的第二个规则是 $S \rightarrow id := E$。于是栈顶的 3 个符号被弹出，同时 *S* 被压入栈顶。

对于每个符号，分析器不是重新扫描栈，而是记住每个栈元素所到达的状态，算法如图 2.15 所示。

3. 更强大的 LR 分析方法

表 2.12 对应的分析过程是一种最简单的 LR 分析方法，即 LR(0) 分析方法，在使用分析器时无须提前查看输入的前 *N* 个单词。可以使用 LR(0) 分析的文法，表达性通常会很弱。对

于此类文法，只需要查看栈就可以进行分析，它的移入或归约不需要超前查看。但对于其他更加复杂的文法，程序输入在解析到不同的状态时会面临选择冲突。例如在处理某个符号时，分析器既可以选择归约到一个状态，也可以选择移入另一个状态。此时需要一些处理能力更强大的分析算法，这些算法大多在 LR(0) 的基础上进行改进，根据处理冲突能力的不同又有 SLR、LR(1) 和 LALR 等分析方法，我们在此对这类方法进行简要概述。

```
    查看栈顶状态和输入符号，从而得到对应的动作：
    如果动作是
    移入 (n)：前进至下一个单词，将 n 压入栈。
    归约 (k)：从栈顶依次弹出单词，弹出单词的次数与规则 k 的右部符号个
数相同；
    令 X 是规则 k 的左部符号；
    在栈顶现在所处的状态下，查看 X 得到动作“转换到 n”；
    将 n 压入栈顶。
    接收：停止分析，报告成功。
    错误：停止分析，报告失败。
```

图 2.15 LR 分析表使用的算法

（1）SLR（Simple LR）分析：SLR 分析器的构造方法基本与 LR(0) 相同，但它规定只在 Follow 集指定的地方放置归约动作，即寻找可行前缀：要把 a 归约成为 *A*，后面的输入必须是 Follow(*A*) 中的终结符号，否则只能移入。

（2）LR(1) 分析：LR(1) 比 LR(0) 多向前看一个符号，因此 LR(1) 中的项可以利用包含的信息来消除一些归约动作，相当于分裂一些 LR(0) 项中的状态，更精确地指明应当何时归约，但面临更多的状态处理。

（3）LALR（Look-Ahead LR）分析：LALR 基于 LR(0) 项集，但是每个项都带有向前看符号。分析能力强于 SLR 方法，且分析表的规模和 SLR 分析表规模相同。LALR 分析方法已经可以处理大多数现实场景的程序设计语言了。

2.2 词法分析和语法分析的实践技术

词法分析和语法分析这两部分内容是当前编译器研究中被自动化得最好的部分。也就是说，即使没有任何理论基础，在掌握了相应工具的用法之后，也应该可以在短时间内做出功能完备的词法分析和语法分析程序。当然这并不意味着，词法分析和语法分析部分的理论基础不重要。恰恰相反，这一部分被认为是计算机理论在工程实践中最成功的应用之一。希望读者将本节中对工具的介绍与前面介绍的理论方法相结合，深刻理解编译器在实现词法分析和语法分析过程中的要点。

本节是本书讨论的编译器构造技术的第一部分实践内容，完成实践内容一不需要太多的理论基础，只要看完并掌握了前面介绍的理论内容即可。本节将分别介绍词法分析工具 GNU Flex 和语法分析工具 GNU Bison 的使用。需要提醒的是，虽然本节介绍的内容是对于工具的使用，但其中重点在于研究和理解前面介绍的基于正则表达式和有限状态自动机的词法分析技术的实现细节，以及前面讨论的自顶向下和自底向上语法分析算法的实现细节。

2.2.1　词法分析实现思想概述

词法分析程序的主要任务是将输入文件中的字符流组织成为词法单元流，在某些字符不符合程序设计语言词法规范时它也要有能力报告相应的错误。词法分析程序是编译器所有模块中唯一读入并处理输入文件中每一个字符的模块，它使得后面的语法分析阶段能在更高抽象层次上运作，而不必纠结于字符串处理这样的细节问题。

高级程序设计语言大多采用英文作为输入方式，而英文有个非常好的性质，就是它比较容易断词：相邻的英文字母一定属于同一个词，而字母与字母之间插入任何非字母的字符（如空格、运算符等）就可以将一个词断成两个词。判断一个词是否符合语言本身的词法规范也相对简单，一个直接的办法是：我们可以事先建一张搜索表，将所有符合词法规范的字符串都存放在表中，每次我们从输入文件中断出一个词之后，通过查找这张表就可以判断该词究竟合法还是不合法。

正因为词法分析任务的难度不高，在实用的编译器中它常常是手工写成的，而并非使用工具生成。例如，我们下面要介绍的这个工具 GNU Flex 原先就是为了帮助 GCC 进行词法分析而被开发出来的，但在 4.0 版本之后，GCC 的词法分析器已经一律改为手写了。不过，本书中实践内容一要求使用工具来做，而词法分析程序生成工具所基于的理论基础，是计算理论中最入门的内容：正则表达式和有限状态自动机。

一个正则表达式由特定字符串构成，或者由其他正则表达式通过以下三种运算得到：

- **并运算**：两个正则表达式 r 和 s 的并记作 r | s，意为 r 或 s 都可以被接受。
- **连接运算**：两个正则表达式 r 和 s 的连接记作 rs，意为 r 之后紧跟 s 才可以被接受。
- **Kleene 闭包**：一个正则表达式 r 的 Kleene 闭包记作 r*，它表示：ε | r | rr | rrr | …。

有关正则表达式的内容在本书的理论部分讨论过。正则表达式之所以被广泛应用，一方面是因为它在表达能力足够强（基本上可以表示所有的词法规则）的同时还易于书写和理解；另一方面是因为判断一个字符串是否被一个特定的正则表达式接受可以做到非常高效（在线性时间内即可完成）。比如，我们可以将一个正则表达式转换为一个 NFA，然后将这个 NFA 转换为一个 DFA，再将转换好的 DFA 进行化简，之后我们就可以通过模拟这个 DFA 的运行来对输入串进行识别了。具体的 NFA 和 DFA 的含义，以及如何进行正则表达式、NFA 及 DFA 之间的转换等，请参考本书的理论部分。这里我们仅需要知道，前面所述的所有转换和识别工作，都可以由工具自动完成。而我们所需要做的，仅仅是为工具提供作为词法规范的正则表达式。

2.2.2　GNU Flex 介绍

Flex 的前身是 Lex。Lex 是 1975 年由 Mike Lesk 和当时还在 AT&T 做暑期实习的 Eric Schmidt 共同完成的一款基于 UNIX 环境的词法分析程序生成工具。虽然 Lex 很出名并被广泛使用，但它的低效和诸多问题也使其颇受诟病。后来伯克利实验室的 Vern Paxson 使用 C 语言重写 Lex，并将这个新的程序命名为 Flex（意为 Fast Lexical Analyzer Generator）。无论在效率还是在稳定性上，Flex 都远远好于它的前辈 Lex。我们在 Linux 下使用的是 Flex 在 GNU License 下的版本，称作 GNU Flex。

GNU Flex 在 Linux 下的安装非常简单。其官方网站提供了安装包，不过在基于 Debian

的 Linux 系统下，更简单的安装方法是直接在命令行敲入如下命令：

```
sudo apt-get install flex
```

虽然版本不一样，但 GNU Flex 的使用方法与本书介绍的 Lex 基本相同。首先，我们需要自行完成包括词法规则等在内的 Flex 代码。至于如何编写这部分代码我们在后面会提到，现在先假设这部分写好的代码名为 lexical.l。随后，我们使用 Flex 对该代码进行编译：

```
flex lexical.l
```

编译好的结果会保存在当前目录下的 lex.yy.c 文件中。该文件是一份 C 语言的源代码。这份源代码里目前对我们有用的函数只有 yylex()，该函数的作用就是读取输入文件中的一个词法单元。我们可以再为它编写一个 main 函数：

```
 1  int main(int argc, char** argv) {
 2    if (argc > 1) {
 3      if (!(yyin = fopen(argv[1], "r"))) {
 4        perror(argv[1]);
 5        return 1;
 6      }
 7    }
 8    while (yylex() != 0);
 9    return 0;
10  }
```

这个 main 函数通过命令行读入若干个参数，取第一个参数为其输入文件名并尝试打开该输入文件。如果文件打开失败则退出，如果成功则调用 yylex() 进行词法分析。其中，变量 yyin 是 Flex 内部使用的一个变量，表示输入文件的文件指针，如果我们不去设置它，那么 Flex 会将它自动设置为 stdin（即标准输入，通常连接到键盘）。注意，如果我们将 main 函数独立设为一个文件，则需要声明 yyin 为外部变量：extern FILE* yyin。

将这个 main 函数单独放到文件 main.c 中（也可以直接放入 lexical.l 中的用户自定义代码部分，这样就可以不必声明 yyin；甚至可以不写 main 函数，因为 Flex 会自动配一个，但不推荐这么做），然后编译这两个 C 源文件。我们将输出程序命名为 scanner：

```
gcc main.c lex.yy.c -lfl -o scanner
```

注意编译命令中的“-lfl”参数不可缺少，否则 GCC 会因为缺少库函数而报错。之后我们就可以使用这个 scanner 程序进行词法分析了。例如，想要对一个测试文件 test.cmm 进行词法分析，只需要在命令行输入：

```
./scanner test.cmm
```

这样就可以得到我们想要的结果了。

2.2.3 Flex：编写源代码

以上介绍的是使用 Flex 创建词法分析程序的基本步骤。在整个创建过程中，最重要的文件无疑是所编写的 Flex 源代码，它完全决定了词法分析程序的一切行为。接下来我们介绍如何编写 Flex 源代码。

Flex 源代码文件包括三个部分，由“%%”隔开，如下所示：

```
1  {definitions}
2  %%
3  {rules}
4  %%
5  {user subroutines}
```

第一部分为定义部分，实际上就是给某些后面可能经常用到的正则表达式取一个别名，从而简化词法规则的书写。定义部分的格式一般为：

```
name   definition
```

其中 name 是名字，definition 是任意的正则表达式（正则表达式该如何书写后面会介绍）。例如，下面的这段代码定义了两个名字：digit 和 letter，前者代表 0 到 9 中的任意一个数字字符，后者则代表任意一个小写字母、大写字母或下划线：

```
1  ...
2  digit   [0-9]
3  letter   [_a-zA-Z]
4  %%
5  ...
6  %%
7  ...
```

Flex 源代码文件的第二部分为规则部分，它由正则表达式和相应的响应函数组成，其格式为：

```
pattern   {action}
```

其中 pattern 为正则表达式，其书写规则与前面的定义部分的正则表达式相同。而 action 则为将要进行的具体操作，这些操作可以用一段 C 代码表示。Flex 将按照这部分给出的内容依次尝试每一个规则，尽可能匹配最长的输入串。如果有些内容不匹配任何规则，Flex 默认只将其复制到标准输出，想要修改这个默认行为只需要在所有规则的最后加上一条“.”（即匹配任何输入）规则，然后在其对应的 action 部分书写想要的行为即可。

例如，下面这段 Flex 代码在遇到输入文件中包含一串数字时，会将该数字串转化为整数值并打印到屏幕上：

```
1  ...
2  digit   [0-9]
3  %%
4  {digit}+   { printf("Integer value %d\n", atoi(yytext)); }
5  ...
6  %%
7  ...
```

其中变量 yytext 的类型为 char*，它是 Flex 为我们提供的一个变量，里面保存了当前词法单元所对应的词素。函数 atoi() 的作用是把一个字符串表示的整数转化为 int 类型。

Flex 源代码文件的第三部分为用户自定义代码部分。这部分代码会被原封不动地复制到 lex.yy.c 中，以方便用户自定义所需要执行的函数（之前我们提到过的 main 函数也可以写在这里)。值得一提的是，如果用户想要对这部分所用到的变量、函数或者头文件进行声明，可以在前面的定义部分(即Flex源代码文件的第一部分)之前使用“%{”和“%}”符号将要声明的内容添加进去。被“%{”和“%}”所包围的内容也会一并复制到lex.yy.c的最前面。

下面通过一个简单的例子来说明Flex源代码该如何书写[⊖]。我们知道UNIX/Linux下有一个常用的文字统计工具wc，它可以统计一个或者多个文件中的(英文)字符数、单词数和行数。利用Flex我们可以快速地写出一个类似的文字统计程序：

```
1  %{
2    /* 此处省略#include部分 */
3    int chars = 0;
4    int words = 0;
5    int lines = 0;
6  %}
7  letter  [a-zA-Z]
8  %%
9  {letter}+  { words++; chars+= yyleng; }
10 \n  { chars++; lines++; }
11 .  { chars++; }
12 %%
13 int main(int argc, char** argv) {
14   if (argc > 1) {
15     if (!(yyin = fopen(argv[1], "r"))) {
16       perror(argv[1]);
17       return 1;
18     }
19   }
20   yylex();
21   printf("%8d%8d%8d\n", lines, words, chars);
22   return 0;
23 }
```

其中yyleng是Flex为我们提供的变量，可以将其理解为strlen(yytext)。我们用变量chars记录输入文件中的字符数、words记录单词数、lines记录行数。上面这段程序很好理解：每遇到一个换行符就把行数加一，每识别出一个单词就把单词数加一，每读入一个字符就把字符数加一。最后在main函数中把chars、words和lines的值全部打印出来。需要注意的是，由于在规则部分中我们没有让yylex()返回任何值，因此在main函数中调用yylex()时可以不套外层的while循环。

真正的wc工具可以一次传入多个参数从而统计多个文件。为了能够让这个Flex程序对多个文件进行统计，我们可以对main函数进行如下修改：

```
1  int main(int argc, char** argv) {
2    int i, totchars = 0, totwords = 0, totlines = 0;
3    if (argc < 2) {  /* just read stdin */
4      yylex();
5      printf("%8d%8d%8d\n", lines, words, chars);
6      return 0;
7    }
8    for (i = 1; i < argc; i++) {
```

⊖ 该例子来源于《flex与bision》，John Levine著，陆军译，东南大学出版社，第29页，2011年。

```
 9      FILE *f = fopen(argv[i], "r");
10      if (!f) {
11        perror(argv[i]);
12        return 1;
13      }
14      yyrestart(f);
15      yylex();
16      fclose(f);
17      printf("%8d%8d%8d %s\n", lines, words, chars, argv[i]);
18      totchars += chars; chars = 0;
19      totwords += words; words = 0;
20      totlines += lines; lines = 0;
21    }
22    if (argc > 1)
23      printf("%8d%8d%8d total\n", totlines, totwords, totchars);
24    return 0;
25  }
```

其中 yyrestart(f) 函数是 Flex 提供的库函数，它可以让 Flex 将其输入文件的文件指针 yyin 设置为 f（当然也可以像前面一样手动设置令 yyin = f）并重新初始化该文件指针，令其指向输入文件的开头。

2.2.4　Flex：书写正则表达式

Flex 源代码中无论是定义部分还是规则部分，正则表达式都在其中扮演了重要的作用。那么，如何在 Flex 源代码中书写正则表达式呢？下面介绍一些规则。

（1）符号“.”匹配除换行符“\n”之外的任何一个字符。

（2）符号“[”和“]”共同匹配一个字符类，即方括号之内只要有一个字符被匹配上了，那么被方括号括起来的整个表达式就都被匹配上了。例如，[0123456789] 表示 0 ～ 9 中任意一个数字字符，[abcABC] 表示 a、b、c 三个字母的小写或者大写。方括号中还可以使用连字符“-”表示一个范围，例如 [0123456789] 也可以直接写作 [0-9]，而所有小写字母字符也可直接写成 [a-z]。如果方括号中的第一个字符是“^”，则表示对这个字符类取补，即方括号之内如果没有任何一个字符被匹配上，那么被方括号括起来的整个表达式就认为被匹配上了。例如，[^_0-9a-zA-Z] 表示所有的非字母、数字以及下划线的字符。

（3）符号“^”用在方括号之外则会匹配一行的开头，符号“$”用于匹配一行的结尾，符号“<<EOF>>”用于匹配文件的结尾。

（4）符号“{”和“}”含义比较特殊。如果花括号之内包含了一个或者两个数字，则代表花括号之前的那个表达式需要出现的次数。例如，A{5} 会匹配 AAAAA，A{1,3} 则会匹配 A、AA 或者 AAA。如果花括号之内是一个在 Flex 源代码的定义部分定义过的名字，则表示那个名字对应的正则表达式。例如，在定义部分如果定义了 letter 为 [a-zA-Z]，则 {letter}{1,3} 表示连续的 1 ～ 3 个英文字母。

（5）符号“*”为 Kleene 闭包操作，匹配零个或者多个表达式。例如 {letter}* 表示零个或者多个英文字母。

（6）符号“+”为正闭包操作，匹配一个或者多个表达式。例如 {letter}+ 表示一个或者多个英文字母。

（7）符号“?”匹配零个或者一个表达式。例如表达式 -?[0-9]+ 表示前面带一个可选的负号的数字串。无论是 *、+ 还是 ?，它们都只对其最邻近的那个字符生效。例如 abc+ 表示 ab 后面跟一个或多个 c，而不表示一个或者多个 abc。如果要匹配后者，则需要使用小括号“(”和“)”将这几个字符括起来：(abc)+。

（8）符号“|”为选择操作，匹配其之前或之后的任一表达式。例如，faith | hope | charity 表示这三个串中的任何一个。

（9）符号“\”用于表示各种转义字符，与 C 语言字符串里“\”的用法类似。例如，“\n”表示换行，“\t”表示制表符，“*”表示星号，“\\”代表字符“\”等。

（10）符号“"”(英文引号)将逐字匹配被引起来的内容(即无视各种特殊符号及转义字符)。例如，表达式 "..." 就表示三个点而不表示三个除换行符以外的任意字符。

（11）符号“/”会查看输入字符的上下文，例如，x/y 识别 x 仅当在输入文件中 x 之后紧跟着 y，0/1 可以匹配输入串 01 中的 0 但不匹配输入串 02 中的 0。

（12）任何不属于上面介绍过的有特殊含义的字符在正则表达式中都仅匹配该字符本身。

下面我们通过几个例子来练习一下 Flex 源代码里正则表达式的书写：

（1）带一个可选的正号或者负号的数字串，可以这样写：[+–]?[0-9]+。

（2）带一个可选的正号或者负号以及一个可选的小数点的数字串，表示起来要困难一些，可以考虑下面几种写法：

1）[+–]?[0-9.]+ 会匹配太多额外的模式，像 1.2.3.4。

2）[+–]?[0-9]+\.?[0-9]+ 会漏掉某些模式，像 12. 或者 .12。

3）[+–]?[0-9]*\.?[0-9]+ 会漏掉 12.。

4）[+–]?[0-9]+\.?[0-9]* 会漏掉 .12。

5）[+–]?[0-9]*\.?[0-9]* 会多匹配空串或者只有一个小数点的串。

6）正确的写法是：[+−]?([0-9]*\.?[0-9]+|[0-9]+\.)。

（3）假设我们现在做一个汇编器，目标机器的 CPU 中有 32 个寄存器，编号为 0...31。汇编源代码可以使用 r 后面加一个或两个数字的方式来表示某一个寄存器，例如 r15 表示第 15 号寄存器，r0 或 r00 表示第 0 号寄存器，r7 或者 r07 表示第 7 号寄存器等。现在我们希望识别汇编源代码中所有可能的寄存器表示，可以考虑下面几种写法：

1）r[0-9]+ 可以匹配 r0 和 r15，但它也会匹配 r99999，目前世界上还不存在 CPU 能拥有 100 万个寄存器。

2）r[0-9]{1,2} 同样会匹配一些额外的表示，例如 r32 和 r48 等。

3）r([0-2][0-9]?|[4-9]|(3(0|1)?)) 是正确的写法，但其可读性比较差。

4）正确性毋庸置疑并且可读性最好的写法应该是：r0 | r00 | r1 | r01 | r2 | r02 | r3 | r03 | r4 | r04 | r5 | r05 | r6 | r06 | r7 | r07 | r8 | r08 | r9 | r09 | r10 | r11 | r12 | r13 | r14 | r15 | r16 | r17 | r18 | r19 | r20 | r21 | r22 | r23 | r24 | r25 | r26 | r27 | r28 | r29 | r30 | r31，但这样写可扩展性又非常差，如果目标机器上有 128 甚至 256 个寄存器呢？

2.2.5 Flex：高级特性

基于前面介绍的 Flex 内容已足够完成实践内容一的词法分析部分。下面介绍一些 Flex

的高级特性，使用户更方便和灵活地使用 Flex。这部分内容是可选的，跳过也不会对实践内容一的完成产生影响。

1. yylineno 选项

在写编译器程序的过程中，经常需要记录行号，以便在报错时提示输入文件的哪一行出现了问题。为了能记录这个行号，我们可以自己定义某个变量，例如 lines，来记录词法分析程序当前读到了输入文件的哪一行。每当识别出“\n”，我们就让 lines = lines + 1。

实际上，Flex 内部已经为我们提供了类似的变量，叫作 yylineno。我们不必去维护 yylineno 的值，它会在每行结束自动加一。不过，默认状态下它并不开放给用户使用。如果我们想要读取 yylineno 的值，则需要在 Flex 源代码的定义部分加入语句：

```
%option yylineno
```

需要说明的是，虽然 yylineno 会自动增加，但当我们在词法分析过程中调用 yyrestart() 函数读取另一个输入文件时它却不会重新被初始化，因此我们需要自行添加初始化语句 yylineno = 1。

2. 输入缓冲区

课本上介绍的词法分析程序其工作原理都是在模拟一个 DFA 的运行。这个 DFA 每次读入一个字符，然后根据状态之间的转换关系决定下一步应该转换到哪个状态。事实上，实用的词法分析程序很少会从输入文件中逐个读入字符，因为这样需要进行大量的磁盘操作，效率较低。更加高效的办法是一次读入一大段输入字符，并将其保存在专门的输入缓冲区中。

在 Flex 中，所有的输入缓冲区都有一个共同的类型，即 YY_BUFFER_STATE。可以通过 yy_create_buffer() 函数为一个特定的输入文件开辟一块输入缓冲区，例如：

```
1  YY_BUFFER_STATE bp;
2  FILE* f;
3  f = fopen(..., "r");
4  bp = yy_create_buffer(f, YY_BUF_SIZE);
5  yy_switch_to_buffer(bp);
6  ...
7  yy_flush_buffer(bp);
8  ...
9  yy_delete_buffer(bp);
```

其中 YY_BUF_SIZE 是 Flex 内部的一个常数，通过调用 yy_switch_to_buffer() 函数可以让词法分析程序到指定的输入缓冲区中读字符，调用 yy_flush_buffer() 函数可以清空缓冲区中的内容，而调用 yy_delete_buffer() 函数则可以删除一个缓冲区。

如果词法分析程序要支持文件与文件之间的相互引用（例如 C 语言中的 #include），可能需要在词法分析的过程中频繁地使用 yyrestart() 切换当前的输入文件。在切换到其他输入文件再切换回来之后，为了能继续之前的词法分析任务，需要无损地保留原先输入缓冲区的内容，这就需要使用一个栈来暂存当前输入文件的缓冲区。虽然 Flex 也提供了相关的函数来帮助我们做这件事情，但这些函数的功能比较弱，建议最好自己手写。

3. Flex 库函数 input

Flex 库函数 input() 可以从当前的输入文件中读入一个字符，这有助于我们不借助正则表达式来实现某些功能。例如，下面这段代码在输入文件中发现双斜线“//”后，将从当前字符开始一直到行尾的所有字符全部丢弃掉：

```
1  %%
2  "//"  {
3      char c = input();
4      while (c != '\n') c = input();
5    }
```

4. Flex 库函数 unput

Flex 库函数 unput(char c) 可以将指定的字符放回输入缓冲区中，这对于宏定义等功能的实现是很方便的。例如，假设之前定义过一个宏 #define BUFFER_LEN 1024，当在输入文件中遇到字符串 BUFFER_LEN 时，下面这段代码将该宏所对应的内容放回输入缓冲区：

```
1  char* p = macro_contents("BUFFER_LEN");  // p = "1024"
2  char* q = p + strlen(p);
3  while (q > p) unput(*--q);  // push back right-to-left
```

5. Flex 库函数 yyless 和 yymore

Flex 库函数 yyless(int n) 可以将刚从输入缓冲区中读取的 yyleng−n 个字符放回到输入缓冲区中，而函数 yymore() 可以告诉 Flex 保留当前词素，并在下一个词法单元被识别出来之后将下一个词素连接到当前词素的后面。配合使用 yyless() 和 yymore() 可以方便地处理那些边界难以界定的模式。例如，我们在为字符串常量书写正则表达式时，往往会写成由一对双引号引起来的所有内容 \"[^\"]*\"，但有时候被双引号引起来的内容里面也可能出现跟在转义符号之后的双引号，例如 "This is an \"example\""。那么如何使用 Flex 处理这种情况呢？方法之一就是借助于 yyless 和 yymore：

```
1  %%
2  \"[^\"]*\"  {
3      if (yytext[yyleng - 2] == '\\') {
4        yyless(yyleng - 1);
5        yymore();
6        } else {
7        /* process the string literal */
8      }
9    }
```

6. Flex 宏 REJECT

Flex 宏 REJECT 可以帮助我们识别那些互相重叠的模式。当我们执行 REJECT 之后，Flex 会进行一系列的操作，这些操作的结果相当于将 yytext 放回输入之内，然后去试图匹配当前规则之后的那些规则。例如，考虑下面这段 Flex 源代码：

```
1  %%
2  pink  { npink++; REJECT; }
3  ink  { nink++; REJECT; }
```

```
4  pin   { npin++; REJECT; }
```

这段代码会统计输入文件中所有的 pink、ink 和 pin 出现的个数，即使这三个单词之间互有重叠。

Flex 还有更多的特性，感兴趣的读者可以参考其用户手册。

2.2.6　词法分析实践的额外提示

为了完成实践内容一，首先需要阅读 C-- 语言文法（见附录 A），包括其文法定义和补充说明。除了 INT、FLOAT 和 ID 这三个词法单元需要自行为其书写正则表达式之外，剩下的词法单元都没有难度。

阅读完 C-- 语言文法，对 C-- 的词法有大概的了解之后，就可以开始编写 Flex 源代码了。在输入所有的词法之后，为了能检验词法分析程序是否工作正常，可以暂时向屏幕打印当前的词法单元的名称，例如：

```
1  %%
2  "+"   { printf("PLUS\n"); }
3  "-"   { printf("SUB\n"); }
4  "&&"   { printf("AND\n"); }
5  "||"   { printf("OR\n"); }
6  ...
```

为了能够报告错误类型 A，可以在所有规则的最后增加类似于这样的一条规则：

```
1  %%
2  ...
3  .  {
4       printf("Error type A at Line %d: Mysterious characters \'%s\'\n",
5         yylineno, yytext);
6     }
```

完成 Flex 源代码的编写之后，使用前面介绍过的方法将其编译出来，就可以自己书写一些小规模的输入文件来测试所编写的词法分析程序了。一定要确保词法分析程序的正确性！如果词法分析这里出了问题没有检查出来，到了后面语法分析发现了前面的问题再回头调试，那将增加许多不必要的麻烦。为了在编写 Flex 源代码时少走弯路，给出以下几条建议：

- 留意空格和回车的使用。如果不注意，有时很容易让本应是空白符的空格或者回车变成正则表达式的一部分，有时又很容易让本应是正则表达式一部分的空格或回车变成 Flex 源代码里的空白符。
- 永远不要在正则表达式和其所对应的动作之间插入空行。
- 如果对正则表达式中的运算符优先级有疑问，那就不要吝啬使用括号来确保正则表达式的优先级确实是我们想要的。
- 使用花括号括起每一段动作，即使该动作只包含一行代码。
- 在定义部分我们可以为许多正则表达式取别名，这一点要好好利用。别名可以让后面的正则表达式更容易阅读、扩展和调试。

在正则表达式中引用之前定义过的某个别名（例如 digit）时，时刻谨记该别名一定要用花括号“{”和“}”括起来。

2.2.7 语法分析实现思想概述

词法分析的下一阶段是语法分析。语法分析程序的主要任务是读入词法单元流、判断输入程序是否匹配程序设计语言的语法规范，并在匹配规范的情况下构建起输入程序的静态结构。语法分析使得编译器的后续阶段看到的输入程序不再是一串字符流或者单词流，而是一个结构整齐、处理方便的数据对象。

语法分析与词法分析有很多相似之处：它们的基础都是形式语言理论，它们都是计算机理论在工程实践中最成功的应用，它们都能被高效完成，它们的构建都可以被工具自动化完成。不过，由于语法分析本身要比词法分析复杂得多，手写一个语法分析程序的代价太大，所以目前绝大多数实用的编译器在语法分析这里都是使用工具帮助完成的。

正则表达式难以进行任意大的计数，所以很多在程序设计语言中常见的结构（例如匹配的括号）无法使用正则文法进行表示。为了能够有效地对常见的语法结构进行表示，人们使用了比正则文法表达能力更强的上下文无关文法。然而，虽然上下文无关文法在表达能力上要强于正则语言，但在判断某个输入串是否属于特定 CFG 的问题上，时间效率最好的算法也要 $O(n^3)$[㊀]，这样的效率让人难以接受。因此，现代程序设计语言的语法大多属于一般 CFG 的一个足够大的子集，比较常见的子集有 LL(*k*) 文法以及 LR(*k*) 文法。判断一个输入是否属于这两种文法都只需要线性时间。

上下文无关文法 *G* 在形式上是一个四元组：终结符号（也就是词法单元）集合 *T*、非终结符号集合 *NT*、初始符号 *S* 以及产生式集合 *P*。产生式集合 *P* 是一个文法的核心，它通过产生式定义了一系列的推导规则，从初始符号出发，基于这些产生式，经过不断地将非终结符号替换为其他非终结符号以及终结符号，即可得到一串符合语法归约的词法单元。这个替换和推导的过程可以使用树形结构表示，称作语法树。事实上，语法分析的过程就是把词法单元流变成语法树的过程。尽管在之前曾经出现过各式各样的算法，但目前最常见的构建语法树的技术只有两种：自顶向下方法和自底向上方法。我们下面将要介绍的工具 Bison 所生成的语法分析程序就采用了自底向上的 LALR(1) 分析技术（通过一定的设置还可以让 Bison 使用另一种被称为 GLR 的分析技术，不过对该技术的介绍已经超出了本书的讨论范围）。而其他的某些语法分析工具，例如基于 Java 语言的 JTB[㊁]生成的语法分析程序，则是采用了自顶向下的 LL(1) 分析技术。当然，具体的工具采用哪一种技术这种细节，对于工具的使用者来讲都是完全屏蔽的。与词法分析程序的生成工具一样，工具的使用者所要做的仅仅是将输入程序的程序设计语言的语法告诉语法分析程序生成工具，虽然工具本身不能直接构造出语法树，但我们可以通过在语法产生式中插入语义动作这种更加灵活的形式，来实现一些甚至比构造语法树更加复杂的功能。

2.2.8 GUN Bison 介绍

Bison 的前身为基于 UNIX 的 Yacc。令人惊讶的是，Yacc 的发布时间甚至比 Lex 还要

㊀《自动机理论、语言和计算导论》，John E. Hopcroft 等著，刘田、姜晖和王捍贫译，机械工业出版社，中信出版社，第 209 页，2004 年。

㊁ http://compilers.cs.ucla.edu/jtb/。

早。Yacc 所采用的 LR 分析技术的理论基础早在 50 年代就已经由 Knuth 逐步建立了起来，而 Yacc 本身则是贝尔实验室的 S.C. Johnson 基于这些理论在 1975 ～ 1978 年写成的。到了 1985 年，当时在 UC Berkeley 的一位研究生 Bob Corbett 在 BSD 下重写了 Yacc，后来 GNU Project 接管了这个项目，为其增加了许多新的特性，于是就有了我们今天所用的 GNU Bison。

GNU Bison 在 Linux 下的安装非常简单，可以去它的官方网站上下载安装包自行安装，基于 Debian 的 Linux 系统下更简单的方法同样是直接在命令行敲入如下命令：

```
sudo apt-get install bison
```

虽说版本不一样，但 GNU Bison 的基本使用方法和课本上所介绍的 Yacc 没有什么不同。首先，我们需要自行完成包括语法规则等在内的 Bison 源代码。如何编写这份代码后面会提到，现在先假设这份写好的代码名为 syntax.y。随后，我们使用 Bison 对这份代码进行编译：

```
bison syntax.y
```

编译好的结果会保存在当前目录下的 syntax.yy.c 文件中。打开这个文件就会发现，该文件本质上就是一份 C 语言的源代码。事实上，这份源代码里目前对我们有用的函数只有 yyparse()，该函数的作用就是对输入文件进行语法分析，如果分析成功没有错误则返回 0，否则返回非 0。不过，只有这个 yyparse() 函数还不足以让我们的程序运行起来。前面说过，语法分析程序的输入是一个个的词法单元，那么 Bison 通过什么方式来获得这些词法单元呢？事实上，Bison 在这里需要用户为它提供另外一个专门返回词法单元的函数，这个函数正是 yylex()。

函数 yylex() 相当于嵌在 Bison 里的词法分析程序。这个函数可以由用户自行实现，但因为我们之前已经使用 Flex 生成了一个 yylex() 函数，能不能让 Bison 使用 Flex 生成的 yylex() 函数呢？答案是肯定的。

仍以 Bison 源代码文件 syntax.y 为例。首先，为了能够使用 Flex 中的各种函数，需要在 Bison 源代码中引用 lex.yy.c：

```
#include "lex.yy.c"
```

随后在使用 Bison 编译这份源代码时，我们需要加上“-d”参数：

```
bison -d syntax.y
```

这个参数的含义是，将编译的结果分拆成 syntax.tab.c 和 syntax.tab.h 两个文件，其中 .h 文件里包含着一些词法单元的类型定义之类的内容。得到这个 .h 文件之后，下一步是修改我们的 Flex 源代码 lexical.l，增加对 syntax.tab.h 的引用，并且让 Flex 源代码中规则部分的每一条 action 都返回相应的词法单元，如下所示：

```
1  %{
2    #include "syntax.tab.h"
3    ...
4  %}
5  ...
6  %%
```

```
 7  "+"  { return PLUS; }
 8  "-"  { return SUB; }
 9  "&&"  { return AND; }
10  "||"  { return OR; }
11  ...
```

其中，返回值 PLUS 和 SUB 等都是在 Bison 源代码中定义过的词法单元（如何定义它们后文会提到）。由于我们刚刚修改了 lexical.l，需要重新将它编译出来：

```
flex lexical.l
```

接下来重写 main 函数。由于 Bison 会在需要时自动调用 yylex()，我们在 main 函数中也就不需要调用它了。不过，Bison 是不会自己调用 yyparse() 和 yyrestart() 的，因此仍需要在 main 函数中显式地调用这两个函数：

```
 1  int main(int argc, char** argv)
 2  {
 3    if (argc <= 1) return 1;
 4    FILE* f = fopen(argv[1], "r");
 5    if (!f)
 6    {
 7      perror(argv[1]);
 8      return 1;
 9    }
10    yyrestart(f);
11    yyparse();
12    return 0;
13  }
```

现在我们有了 3 个 C 语言源代码文件：main.c、lex.yy.c 以及 syntax.tab.c，其中 lex.yy.c 已经被 syntax.tab.c 引用了，因此我们最后要做的就是把 main.c 和 syntax.tab.c 放到一起进行编译：

```
gcc main.c syntax.tab.c -lfl -ly -o parser
```

其中“-lfl”不要省略，否则 GCC 会因缺少库函数而报错，但一般情况下可以省略“-ly”。现在我们可以使用这个 parser 程序进行语法分析了。例如，想要对一个输入文件 test.cmm 进行语法分析，只需要在命令行输入：

```
./parser test.cmm
```

就可以得到想要的结果了。

2.2.9 Bison：编写源代码

前面介绍了使用 Flex 和 Bison 联合创建语法分析程序的基本步骤。在整个创建过程中，最重要的文件无疑是所编写的 Flex 源代码和 Bison 源代码文件，它们完全决定了所生成的语法分析程序的行为。

同 Flex 源代码类似，Bison 源代码也分为三个部分，其作用与 Flex 源代码大致相同。第一部分是**定义部分**，所有词法单元的定义都可以放到这里；第二部分是**规则部分**，其中包括具体的语法和相应的语义动作；第三部分是**用户函数部分**，这部分的源代码会被原封不动地复制到 syntax.tab.c 中，以方便用户自定义所需要的函数（main 函数也可以写在这里，不过不推荐这么做）。值得一提的是，如果用户想要对这部分所用到的变量、函数或者头文件进行声明，可以在定义部分（也就是 Bison 源代码的第一部分）之前使用“%{”和“%}”符号将要声明的内容添加进去。被“%{”和“%}”所包围的内容也会被一并复制到 syntax.tab.c 的最前面。

下面我们通过一个例子来对 Bison 源代码的结构进行解释。一个在控制台运行可以进行整数四则运算的小程序，其语法如下所示（这里假设词法单元 INT 代表 Flex 识别出来的一个整数，ADD 代表加号 +，SUB 代表减号 -，MUL 代表乘号 *，DIV 代表除号 /）：

```
Calc → ε
| Exp
Exp → Factor
| Exp ADD Factor
| Exp SUB Factor
Factor → Term
| Factor MUL Term
| Factor DIV Term
Term → INT
```

这个小程序的 Bison 源代码为：

```
 1  %{
 2    #include <stdio.h>
 3  %}
 4
 5  /* declared tokens */
 6  %token INT
 7  %token ADD SUB MUL DIV
 8
 9  %%
10  Calc :  /* empty */
11    | Exp  { printf("= %d\n", $1); }
12    ;
13  Exp : Factor
14    | Exp ADD Factor  { $$ = $1 + $3; }
15    | Exp SUB Factor  { $$ = $1 - $3; }
16    ;
17  Factor : Term
18    | Factor MUL Term  { $$ = $1 * $3; }
19    | Factor DIV Term  { $$ = $1 / $3; }
20    ;
21  Term : INT
22    ;
23  %%
24  #include "lex.yy.c"
25  int main() {
26    yyparse();
27  }
28  yyerror(char* msg) {
29    fprintf(stderr, "error: %s\n", msg);
30  }
```

这段 Bison 源代码以“%{”和“%}”开头，被“%{”和“%}”包含的内容主要是对 stdio.h 的引用。接下来是一些以 %token 开头的词法单元（终结符号）定义，如果需要采用 Flex 生成的 yylex()，那么在这里定义的词法单元都可以作为 Flex 源代码里的返回值。与终结符号相对的，所有未被定义为 %token 的符号都会被看作非终结符号，这些非终结符号要求必须在任意产生式的左边至少出现一次。

第二部分是书写产生式的地方。第一个产生式左边的非终结符号默认为初始符号（也可以通过在定义部分添加 %start X 来将另外的某个非终结符号 X 指定为初始符号）。产生式里的箭头在这里用冒号“:”表示，一组产生式与另一组之间以分号“;”隔开。产生式里无论是终结符号还是非终结符号都各自对应一个属性值，产生式左边的非终结符号对应的属性值用 $$ 表示，右边的几个符号的属性值按从左到右的顺序依次对应为 $1、$2、$3 等。每条产生式的最后可以添加一组以花括号“{”和“}”括起来的语义动作，这组语义动作会在整条产生式归约完成之后执行，如果不明确指定语义动作，那么 Bison 将采用默认的语义动作 { $$ = $1 }。语义动作也可以放在产生式的中间，例如 A → B { ... } C，这样的写法等价于 A → BMC，M → ε{ ... }，其中 M 为额外引入的一个非终结符号。需要注意的是，在产生式中间添加语义动作在某些情况下有可能会在原有语法中引入冲突，因此使用的时候要特别谨慎。

在这里可能存在疑问：每一个非终结符号的属性值都可以通过它所产生的那些终结符号或者非终结符号的属性值计算出来，但是终结符号本身的属性值该如何得到呢？答案是：在 yylex() 函数中得到。因为我们的 yylex() 函数是由 Flex 源代码生成的，因此要想让终结符号带有属性值，就必须回头修改 Flex 源代码。假设在我们的 Flex 源代码中，INT 词法单元对应着一个数字串，那么我们可以将 Flex 源代码修改为：

```
 1  ...
 2  digit  [0-9]
 3  %%
 4  {digit}*  {
 5      yylval = atoi(yytext);
 6      return INT;
 7    }
 8  ...
 9  %%
10  ...
```

其中 yylval 是 Flex 的内部变量，表示当前词法单元所对应的属性值。我们只需将该变量的值赋成 atoi(yytext)，就可以将词法单元 INT 的属性值设置为它所对应的整数值了。

回到之前的 Bison 源代码中。在用户自定义函数部分我们写了两个函数：一个是只调用了 yyparse() 的 main 函数，另一个是没有返回类型并带有一个字符串参数的 yyerror() 函数。yyerror() 函数会在语法分析程序每发现一个语法错误时被调用，其默认参数为“syntax error”。默认情况下 yyerror() 只会将传入的字符串参数打印到标准错误输出上，而我们也可以自己重新定义这个函数，从而使它打印一些其他内容，例如上例中我们就在该参数前面多打印了“error: ”的字样。

现在，编译并执行这个程序，先在控制台输入 10−2+3，然后按下回车键，最后按下组合键 Ctrl+D 结束，会看到屏幕上打印出了计算结果 11。

2.2.10　Bison：属性值的类型

在上面的例子中，每个终结符号或非终结符号的属性值都是 int 类型。但在我们构建语法树的过程中，我们希望不同的符号对应的属性值能有不同的类型，而且最好能对应任意的类型而不仅仅是 int 类型。下面我们介绍如何在 Bison 中解决这个问题。

第一种方法是对宏 YYSTYPE 进行重定义。Bison 里会默认所有属性值的类型以及变量 yylval 的类型都是 YYSTYPE，默认情况下 YYSTYPE 被定义为 int。如果在 Bison 源代码的“%{”和“%}”之间加入 #define YYSTYPE float，那么所有的属性值就都被定义 float 类型。如何使不同的符号对应不同的类型呢？可以将 YYSTYPE 定义成一个联合体类型，这样就可以根据符号的不同来访问联合体中不同的域，从而实现多种类型的效果。

这种方法虽然可行，但在实际操作中还是稍显麻烦，因为每次对属性值的访问都要自行指定哪个符号对应哪个域。实际上，在 Bison 中已经内置了其他的机制来方便用户对属性值类型进行处理，一般而言我们还是更推荐使用这种方法而不是上面介绍的那种。

我们仍然还是以前面的四则运算小程序为例，来说明 Bison 中的属性值类型机制是如何工作的。原先这个四则运算程序只能计算整数值，现在我们加入浮点数运算的功能。修改后的代码如下所示：

```
Calc → ε
| Exp
Exp → Factor
| Exp ADD Factor
| Exp SUB Factor
Factor → Term
| Factor MUL Term
| Factor DIV Term
Term → INT
| FLOAT
```

在这份语法中，我们希望词法单元 INT 能有整型属性值，而 FLOAT 能有浮点型属性值，为了简单起见，我们让其他的非终结符号都具有双精度型的属性值。这份语法以及类型方案对应的 Bison 源代码如下：

```
1  %{
2    #include <stdio.h>
3  %}
4
5  /* declared types */
6  %union {
7    int type_int;
8    float type_float;
9    double type_double;
10 }
11
12 /* declared tokens */
13 %token <type_int> INT
14 %token <type_float> FLOAT
15 %token ADD SUB MUL DIV
16
```

```
17  /* declared non-terminals */
18  %type <type_double> Exp Factor Term
19
20  %%
21  Calc :  /* empty */
22    | Exp  { printf("= %lf\n, $1); }
23    ;
24  Exp : Factor
25    | Exp ADD Factor  { $$ = $1 + $3; }
26    | Exp SUB Factor  { $$ = $1 - $3; }
27    ;
28  Factor : Term
29    | Factor MUL Term  { $$ = $1 * $3; }
30    | Factor DIV Term  { $$ = $1 / $3; }
31    ;
32  Term : INT  { $$ = $1; }
33    | FLOAT  { $$ = $1; }
34    ;
35
36  %%
37  ...
```

首先，我们在定义部分的开头使用 %union{...} 将所有可能的类型都包含进去。接下来，在 %token 部分我们使用一对尖括号 <> 把需要确定属性值类型的每个词法单元所对应的类型括起来。对于那些需要指定其属性值类型的非终结符号而言，我们使用 %type 加上尖括号的办法确定它们的类型。当所有需要确定类型的符号的类型都被定下来之后，规则部分里的 $$、$1 等就自动地带有了相应的类型，不再需要我们显式地为其指定类型了。

2.2.11 Bison：词法单元的位置

实践要求中需要输出每一个语法单元出现的位置。我们当然可以自己在 Flex 中定义每个行号和列号，并在每个动作中维护这个行号和这个列号，同时将它们作为属性值的一部分返回给语法单元。这种做法需要我们额外编写一些维护性的代码，这非常不方便。Bison 有没有内置的位置信息供我们使用呢？答案是肯定的。

前面介绍过在 Bison 中每个语法单元都对应了一个属性值，在语义动作中这些属性值可以使用 $$、$1 和 $2 等进行引用。实际上除了属性值之外，每个语法单元还对应了一个位置信息，在语义动作中这些位置信息同样可以使用 @$、@1、@2 等进行引用。位置信息的数据类型是 YYLTYPE，其默认的定义是：

```
1  typedef struct YYLTYPE {
2    int first_line;
3    int first_column;
4    int last_line;
5    int last_column;
6  }
```

其中的 first_line 和 first_column 分别是该语法单元对应的第一个词素出现的行号和列号，而 last_line 和 last_column 分别是该语法单元对应的最后一个词素出现的行号和列号。有了这些内容，输出所需的位置信息就比较方便了。但应注意，如果直接引用 @1、@2 等将每个语法单元的 first_line 打印出来，会发现打印出来的行号全都是 1。

为什么会出现这种问题呢？主要原因在于，Bison 并不会主动替我们维护这些位置信息，我们需要在 Flex 源代码文件中自行维护。不过只要稍加利用 Flex 中的某些机制，维护这些信息并不需要编写大量代码。我们可以在 Flex 源文件的开头部分定义变量 yycolumn，并添加宏定义 YY_USER_ACTION：

```
1  %locations
2  ...
3  %{
4    /* 此处省略 #include 部分 */
5    int yycolumn = 1;
6    #define YY_USER_ACTION \
7      yylloc.first_line = yylloc.last_line = yylineno; \
8      yylloc.first_column = yycolumn; \
9      yylloc.last_column = yycolumn + yyleng - 1; \
10     yycolumn += yyleng;
11 %}
```

其中 yylloc 是 Flex 的内置变量，表示当前词法单元所对应的位置信息；YY_USER_ACTION 宏表示在执行每一个动作之前需要先被执行的一段代码，默认为空，而这里我们将其改成了对位置信息的维护代码。除此之外，最后还要在 Flex 源代码文件中做的更改，就是在发现了换行符之后对变量 yycolumn 进行复位：

```
1  ...
2  %%
3  ...
4  \n  { yycolumn = 1; }
```

这样就可以实现在 Bison 中正确打印位置信息。

2.2.12　Bison：二义性与冲突处理

二义性是文法设计时的常见问题。Bison 有一个非常好用但也很恼人的特性：对于一个有二义性的文法，它有自己的一套隐式的冲突解决方案（一旦出现归约 / 归约冲突，Bison 总会选择靠前的产生式；一旦出现移入 / 归约冲突，Bison 总会选择移入）从而生成相应的语法分析程序，而这些冲突解决方案在某些场合可能并不是我们所期望的。因此，我们建议在使用 Bison 编译源代码时要留意它所给的提示信息，如果提示文法有冲突，那么请一定对源代码进行修改，尽量处理完所有的冲突。

前面那个四则运算的小程序，如果它的语法变成这样：

```
Calc → ε
| Exp
Exp → Factor
| Exp ADD Exp
| Exp SUB Exp
...
```

虽然看起来好像没什么变化（Exp → Exp ADD Factor | Exp SUB Factor 变成了 Exp → Exp ADD Exp | Exp SUB Exp），但实际上前面之所以没有这样写，是因为这样做会引入二

义性。例如，如果输入为 1 - 2 + 3，语法分析程序将无法确定先算 1 - 2 还是 2 + 3。语法分析程序在读到 1 - 2 的时候可以归约（即先算 1 - 2）也可以移入（即先算 2 + 3），但由于 Bison 默认移入优先于归约，语法分析程序会继续读入 + 3 然后计算 2 + 3。

为了解决这里出现的二义性问题，要么重写语法（Exp → Exp ADD Factor | Exp SUB Factor 相当于规定加减法为左结合），要么显式地指定运算符的优先级与结合性。一般而言，重写语法是一件比较麻烦的事情，而且会引入不少像 Exp → Term 这样除了增加可读性之外没任何实质用途的产生式。所以更好的解决办法还是考虑优先级与结合性。

在 Bison 源代码中，我们可以通过“%left”“%right”和“%nonassoc”对终结符号的结合性进行规定，其中“%left”表示左结合，“%right”表示右结合，而“%nonassoc”表示不可结合。例如，下面这段结合性的声明代码主要针对四则运算、括号以及赋值号：

```
1  %right ASSIGN
2  %left ADD SUB
3  %left MUL DIV
4  %left LP RP
```

其中 ASSIGN 表示赋值号，LP 表示左括号，RP 表示右括号。此外，Bison 也规定任何排在后面的运算符其优先级都要高于排在前面的运算符。因此，这段代码实际上还规定括号优先级高于乘除、乘除高于加减、加减高于赋值号。在实践内容一所使用的 C-- 语言里，表达式 Exp 的语法便是冲突的，因此，需要模仿前面介绍的方法，根据 C-- 语言的文法补充说明中的内容为运算符规定优先级和结合性，从而解决掉这些冲突。

另外一个在程序设计语言中很常见的冲突就是嵌套 if-else 所出现的冲突（也被称为悬空 else 问题）。考虑 C-- 语言的这段语法：

```
Stmt → IF LP Exp RP Stmt
| IF LP Exp RP Stmt ELSE Stmt
```

假设我们的输入是：`if (x > 0) if (x == 0) y = 0; else y = 1;`，那么语句最后的这个 else 是属于前一个 if 还是后一个 if 呢？标准 C 语言规定在这种情况下 else 总是匹配距离它最近的那个 if，这与 Bison 的默认处理方式（移入 / 归约冲突时总是移入）是一致的。因此即使我们不在 Bison 源代码里对这个问题进行任何处理，最后生成的语法分析程序的行为也是正确的。但如果不处理，Bison 总是会提示我们该语法中存在一个移入 / 归约冲突。有没有办法把这个冲突去掉呢？

显式地解决悬空 else 问题可以借助于运算符的优先级。Bison 源代码中每一条产生式后面都可以紧跟一个 %prec 标记，指明该产生式的优先级等同于一个终结符号。下面这段代码通过定义一个比 ELSE 优先级更低的 LOWER_THAN_ELSE 运算符，降低了归约相对于移入 ELSE 的优先级：

```
1  ...
2  %nonassoc LOWER_THAN_ELSE
3  %nonassoc ELSE
4  ...
5  %%
6  ...
7  Stmt : IF LP Exp RP Stmt  %prec LOWER_THAN_ELSE
```

```
8    | IF LP Exp RP Stmt ELSE Stmt
```

这里 ELSE 和 LOWER_THAN_ELSE 的结合性其实并不重要，重要的是当语法分析程序读到 IF LP Exp RP 时，如果它面临归约和移入 ELSE 这两种选择，它会根据优先级自动选择移入 ELSE。通过指定优先级的办法，我们可以避免 Bison 在这里报告冲突。

前面我们通过优先级和结合性解决了表达式和 if-else 语句里可能出现的二义性问题。事实上，有了优先级和结合性的帮助，我们几乎可以消除语法中所有的二义性，但我们不建议使用它们解决除了表达式和 if-else 之外的任何其他冲突。原因很简单：只要是 Bison 报告的冲突，都有可能成为语法中潜在的一个缺陷，这个缺陷很可能源于一些我们没有意识到的语法问题。我们敢使用优先级和结合性的方法来解决表达式和二义性的问题，是因为我们对冲突的来源非常了解，除此之外，只要是 Bison 认为有二义性的语法，大部分情况下我们也能看出语法存在二义性。此时要做的不是掩盖这些语法上的问题，而是仔细对语法进行修订，发现并解决语法本身的问题。

2.2.13　Bison：源代码的调试

以下这部分内容是可选的，跳过不会对实践内容一的完成产生影响。

在使用 Bison 进行编译时，如果增加 -v 参数，那么 Bison 会在生成 .yy.c 文件的同时帮我们多生成一个 .output 文件。例如，执行 `bison -d -v syntax.y` 命令后，会在当前目录下发现一个新文件 syntax.output，这个文件中包含 Bison 所生成的语法分析程序对应的 LALR 状态机的一些详尽描述。如果在使用 Bison 编译的过程中发现自己的语法里存在冲突，但无法确定冲突出现在何处，就可以阅读这个 .output 文件，里面对于每一个状态所对应的产生式、该状态何时进行移入何时进行归约、语法有多少冲突，以及这些冲突在哪里等都有十分完整的描述。

例如，如果我们不处理前面提到的悬空 else 问题，.output 文件的第一句就会是：

```
State 112 conflicts: 1 shift/reduce
```

继续向下翻，找到状态 112，.output 文件对该状态的描述为：

```
1  State 112
2
3  36 Stmt : IF LP Exp RP Stmt .
4  37    | IF LP Exp RP Stmt . ELSE Stmt
5
6  ELSE shift, and go to state 114
7
8  ELSE [reduce using rule 36 (Stmt)]
9  $default reduce using rule 36 (Stmt)
```

这里我们发现，状态 112 在读到 ELSE 时既可以移入又可以归约，而 Bison 选择了前者，将后者用方括号括了起来。知道是这里出现了问题，我们就可以以此为线索修改 Bison 源代码或者重新修订语法了。

对于一个有一定规模的语法规范（如 C-- 语言）而言，Bison 所产生的 LALR 语法分析程序可以有一百甚至几百个状态。即使将它们都输出到了 .output 文件里，在这些状态里逐个寻找潜在的问题也是挺费劲的。另外，有些问题（例如语法分析程序在运行时刻出现“Segmentation fault”等）很难从对状态机的静态描述中发现，必须要在动态、交互的环境下才容易看出问题所在。为了达到这种效果，在使用 Bison 进行编译的时候，可以通过附加 -t 参数打开其诊断模式（或者在代码中加上 #define YYDEBUG 1）：

```
bison -d -t syntax.y
```

在 main 函数调用 yyparse() 之前我们加一句：yydebug = 1;，然后重新编译整个程序。之后运行这个程序就会发现，语法分析程序现在正像一个自动机一样，一个一个状态地在进行转换，并将当前状态的信息打印到标准输出上，以方便用户检查自己的代码哪里出现了问题。以前面的那个四则运算小程序为例，在打开诊断模式之后运行程序，屏幕上会出现如下字样：

```
1  Starting parse
2  Entering state 0
3  Reading a token:
```

如果我们输入 4，会明显地看到语法分析程序出现了状态转换，并将当前栈里的内容打印出来：

```
 1  Next token is token INT ()
 2  Shifting token INT ()
 3  Entering state 1
 4  Reducing stack by rule 9 (line 29):
 5    $1 = token INT ()
 6  → $$ = nterm Term ()
 7  Stack now 0
 8  Entering state 6
 9  Reducing stack by rule 6 (line 25):
10    $1 = nterm Term ()
11  → $$ = nterm Factor ()
12  Stack now 0
13  Entering state 5
14  Reading a token:
```

继续输入其他内容，我们可以看到更进一步的状态转换。

注意，诊断模式会使语法分析程序的性能下降不少，建议在不使用时不要随便打开。

2.2.14 Bison：错误恢复

当输入文件中出现语法错误的时候，Bison 总是会让它生成的语法分析程序尽早地报告错误。当语法分析程序从 yylex() 得到了一个词法单元，如果当前状态并没有针对这个词法单元的动作，那 Bison 就会认为输入文件里出现了语法错误，此时它默认进入如下错误恢复模式：

（1）调用 yyerror("syntax error")，该函数默认会在屏幕上打印出 syntax error 的字样。

（2）从栈顶弹出所有还没有处理完的规则，直到语法分析程序回到了一个可以移入特殊符号 error 的状态。

（3）移入 error，然后对输入的词法单元进行丢弃，直到找到一个能够跟在 error 之后的符号为止（该步骤也被称为再同步）。

（4）如果在 error 之后能成功移入三个符号，则继续正常的语法分析；否则，返回第 2 步。

这些步骤看起来似乎很复杂，但实际上需要我们做的事情只有一件，即在语法里指定 error 符号应该放到哪里。不过，需谨慎考虑放置 error 符号的位置：一方面，我们希望 error 后面跟的内容越多越好，这样再同步就会更容易成功，这提示我们应该把 error 尽量放在高层的产生式中；另一方面，我们又希望能够丢弃尽可能少的词法单元，这提示我们应该把 error 尽量放在底层的产生式中。在实际应用中，人们一般把 error 放在例如行尾、括号结尾等地方，本质上相当于让行结束符“;”以及括号“{”“}”“(”“)”等作为错误恢复的同步符号：

```
Stmt → error SEMI
CompSt → error RC
Exp → error RP
```

以上几个产生式仅仅是示例，并不意味着把它们照搬到 Bison 源代码中就可以让语法分析程序满足实践内容一的要求。需要进一步思考如何书写包含 error 的产生式才能够检查出输入文件中存在的各种语法错误。

2.2.15　语法分析实践的额外提示

想要做好一个语法分析程序，第一步要仔细阅读并理解 C-- 语法规范。C-- 的语法要比它的词法更复杂，如果缺乏对语法的理解，在调试和测试语法分析程序时将感到无所适从。另外，如果没弄懂 C-- 语法中每条产生式背后的具体含义，则无法在后面的实践内容二中去分析这些产生式的语义。

接下来，我们建议先写一个包含所有语法产生式但不包含任何语义动作的 Bison 源代码，然后将它和修改以后的 Flex 源代码、main 函数等一块编译出来先看看效果。对于一个没有语法错误的输入文件而言，这个程序应该什么也不输出；对于一个包含语法错误的输入文件而言，这个程序应该输出 syntax error。如果我们的程序能够成功地判别有无语法错误，再去考虑优先级与结合性该如何设置以及如何进行错误恢复等问题；如果程序输出的结果不对，或者说程序根本无法编译，那我们需要重新阅读前文并仔细检查哪里出了问题。好在此时代码并不算多，借助于 Bison 的 .output 文件以及诊断模式等，要查出错误并不是太难的事情。

再下一步需要考虑语法树的表示和构造。语法树是一棵多叉树，因此为了能够建立它需要实现多叉树的数据结构。我们需要专门写函数完成多叉树的创建和插入操作，然后在 Bison 源代码文件中修改属性值的类型为多叉树类型，并添加语义动作，将产生式右边的每一个符号所对应的树节点作为产生式左边的非终结符号所对应的树节点的子节点逐个进行插入。这棵多叉树的数据结构怎么定义，以及插入操作怎么完成等问题完全取决于我们自己的设计，在设计过程中有一点需要注意：在后续实践内容中我们还会在这棵语法树上进行一些其他的操作，所以现在的数据结构设计会对后面的语义分析产生一定的影响。

构造完这棵树之后，下一步就是按照实践内容一要求中提到的缩进格式将它打印出来，同时要求打印的还有行号以及一些相关信息。为了能打印这些信息，需要写专门的代码对生成的语法树进行遍历。由于要求打印行号，因此在之前生成语法树的时候就需要将每个节点第一次出现时的行号都记录下来（使用位置信息 @n、使用变量 yylineno，或者自己维护这个行号均可以）。这段负责打印的代码仅是为了实践内容一而写，后面的实践不会再用，所以我们建议将这些代码组织到一起或者写成函数接口的形式，以方便日后对代码进行调整。

2.3 词法分析和语法分析的实践内容

本节主要介绍具体的实践内容。实践要求来自 2.1 节中的理论基础，例如完成基本的词法分析和语法分析功能，这包括词法单元流的生成（2.1.1 节至 2.1.5 节）、语法分析树的生成（2.1.6 节至 2.1.9 节），以及基本的错误处理等。

在完成相应实践内容时可以参考 2.2 节中的实践技术指导部分，基于 Flex（2.2.2 节至 2.2.5 节）完成词法分析部分，基于 Bison（2.2.8 节至 2.2.14 节）完成语法分析部分，并根据具体的实践要求进行额外的设计与改进。

2.3.1 实践要求

实践中所需要编写的程序要能够查出 C-- 源代码中可能包含的下述几类错误。

（1）词法错误（错误类型 A）：出现 C-- 词法中未定义的字符以及任何不符合 C-- 词法单元定义的字符。

（2）语法错误（错误类型 B）：出现不符合 C-- 语法中定义语法规则的语句。

除此之外，程序可以选择完成以下部分或全部的要求：

（1）要求 2.1：识别八进制数和十六进制数。若输入文件中包含符合词法定义的八进制数（如 0123）和十六进制数（如 0x3F），程序需要得出相应的词法单元；若输入文件中包含不符合词法定义的八进制数（如 09）和十六进制数（如 0x1G），程序需要给出输入文件有词法错误（即错误类型 A）的提示信息。八进制数和十六进制数的定义参见附录 A。

（2）要求 2.2：识别指数形式的浮点数。若输入文件中包含符合词法定义的指数形式的浮点数（如 1.05e-4），程序需要得出相应的词法单元；若输入文件中包含不符合词法定义的指数形式的浮点数（如 1.05e），程序需要给出输入文件有词法错误（即错误类型 A）的提示信息。指数形式的浮点数的定义参见附录 A。

（3）要求 2.3：识别“//”和“/*…*/”形式的注释。若输入文件中包含符合定义的“//”和“/*…*/”形式的注释，程序需要能够滤除这样的注释；若输入文件中包含不符合定义的注释（如“/*…*/”注释中缺少“/*”），程序需要给出由不符合定义的注释所引发的错误的提示信息。注释的定义参见附录 A。

程序在输出错误提示信息时，需要输出具体的错误类型、出错的位置（源程序行号）以及相关的说明文字。

2.3.2 输入格式

程序的输入是一个包含 C-- 源代码的文本文件，程序需要能够接收一个输入文件名作为参数。例如，假设程序名为 cc、输入文件名为 test1、程序和输入文件都位于当前目录下，那么在 Linux 命令行下运行 ./cc test1 即可获得以 test1 作为输入文件的输出结果。

2.3.3 输出格式

实践内容一要求通过标准输出打印程序的运行结果。对于那些包含词法或者语法错误的输入文件，只要输出相关的词法或语法有误的信息即可。在这种情况下，注意不要输出任何与语法树有关的内容。要求输出的信息包括错误类型、出错的行号以及说明文字，其格式为：

```
Error type [ 错误类型 ] at Line [ 行号 ]: [ 说明文字 ].
```

说明文字的内容没有具体要求，但是错误类型和出错的行号一定要正确，因为这是判断输出的错误提示信息是否正确的唯一标准。请严格遵守实践要求中给定的错误分类（即词法错误为错误类型 A，语法错误为错误类型 B），否则将影响评分。注意，输入文件中可能会包含一个或者多个错误（但输入文件的同一行中保证不出现多个错误），程序需要将这些错误全部报告出来，每一条错误提示信息在输出中单独占一行。

对于那些没有任何词法或语法错误的输入文件，程序需要将构造好的语法树按照先序遍历的方式打印每一个节点的信息，这些信息包括：

（1）如果当前节点是一个语法单元并且该语法单元没有产生 ε（即空串），则打印该语法单元的名称以及它在输入文件中的行号（行号被括号所包围，并且与语法单元名之间有一个空格）。某个语法单元在输入文件中的行号是指该语法单元产生出的所有词素中的第一个在输入文件中出现的行号。

（2）如果当前节点是一个语法单元并且该语法单元产生了 ε，则无须打印该语法单元的信息。

（3）如果当前节点是一个词法单元，则只要打印该词法单元的名称，而无须打印该词法单元的行号。

1）如果当前节点是词法单元 ID，则要求额外打印该标识符所对应的词素。

2）如果当前节点是词法单元 TYPE，则要求额外打印说明该类型是 int 还是 float。

3）如果当前节点是词法单元 INT 或者 FLOAT，则要求以十进制的形式额外打印该数字所对应的数值。

4）词法单元所额外打印的信息与词法单元名之间以一个冒号和一个空格隔开。

每一条词法或语法单元的信息单独占一行，而每个子节点的信息相对于其父节点的信息来说，在行首都要求缩进 2 个空格。具体输出格式可参见后续的样例。

2.3.4 验证环境

所编写的程序将在如下环境中被编译并运行：

- GNU Linux Release: Ubuntu 20.04, kernel version 5.13.0-44-generic
- GCC version 7.5.0
- GNU Flex version 2.6.4

- GNU Bison version 3.5.1

一般而言，只要避免使用过于冷门的特性，使用其他版本的 Linux 或者 GCC 等，也基本上不会出现兼容性方面的问题。注意，实践内容一的检查过程中不会去安装或尝试引用各类方便编程的函数库（如 glib 等），因此请不要在程序中使用它们。

2.3.5 提交要求

实践内容一要求提交如下内容：

（1）Flex、Bison 以及 C 语言的可被正确编译运行的源程序。

（2）一份 PDF 格式的实验报告，内容包括：

1）你的程序实现了哪些功能？简要说明如何实现这些功能。清晰的说明有助于助教对你的程序所实现的功能进行合理的测试。

2）你的程序应该如何被编译？可以使用脚本、makefile 或逐条输入命令进行编译，请详细说明应该如何编译程序。无法顺利编译将导致助教无法对程序所实现的功能进行任何测试，从而丢失相应的分数。

3）实验报告的长度不得超过三页！所以实验报告中需要重点描述的是程序中的亮点，是开发人员认为最个性化、最具独创性的内容，而相对简单的、任何人都可以做的内容则可不提或简单地提一下，尤其要避免大段地向报告里贴代码。实验报告中所出现的最小字号不得小于 5 号字（或英文 11 号字）。

2.3.6 样例（必做部分）

实践内容一的样例包括必做部分与选做部分，分别对应于实践要求中的必做内容和选做要求。请仔细阅读样例，以加深对实践要求以及输出格式要求的理解。这节列举必做内容样例。

【样例 1】

- 输入（行号是为标识需要，并非样例输入的一部分）

```
1  int main()
2  {
3    int i = 1;
4    int j = ~i;
5  }
```

- 输出

这个程序存在词法错误。第 4 行中的字符“~”没有在我们的 C-- 词法中被定义过，因此程序可以输出如下的错误提示信息：

```
Error type A at Line 4: Mysterious character "~".
```

【样例 2】

- 输入

```
1  int main()
2  {
```

```
3    float a[10][2];
4    int i;
5    a[5,3] = 1.5;
6    if (a[1][2] == 0) i = 1 else i = 0;
7  }
```

- 输出

这个程序存在两处语法错误。其一，虽然我们的程序中允许出现方括号与逗号等字符，但二维数组正确的访问方式应该是 a[5][3] 而非 a[5,3]。其二，第 6 行的 if-else 语句在 else 之前少了一个分号。因此程序可以输出如下的两行错误提示信息：

```
Error type B at Line 5: Missing "]".
Error type B at Line 6: Missing ";".
```

【样例 3】

- 输入

```
1  int inc()
2  {
3    int i;
4    i = i + 1;
5  }
```

- 输出

这个程序非常简单，也没有任何词法或语法错误，因此你的程序需要输出如下的语法树节点信息：

```
1   Program (1)
2     ExtDefList (1)
3       ExtDef (1)
4         Specifier (1)
5           TYPE: int
6         FunDec (1)
7           ID: inc
8           LP
9           RP
10        CompSt (2)
11          LC
12          DefList (3)
13            Def (3)
14              Specifier (3)
15                TYPE: int
16              DecList (3)
17                Dec (3)
18                  VarDec (3)
19                    ID: i
20              SEMI
21          StmtList (4)
22            Stmt (4)
23              Exp (4)
24                Exp (4)
25                  ID: i
```

```
26                ASSIGNOP
27                Exp (4)
28                  Exp (4)
29                    ID: i
30                  PLUS
31                  Exp (4)
32                    INT: 1
33              SEMI
34          RC
```

【样例 4】

- 输入

```
1  struct Complex
2  {
3    float real, image;
4  };
5  int main()
6  {
7    struct Complex x;
8    y.image = 3.5;
9  }
```

- 输出

这个程序虽然包含了语义错误（即使用了未定义的变量 y），但不存在任何词法或语法错误，因此程序不能报错而是要输出相应的语法树节点信息。至于把该语义错误检查出来的任务，我们则放到实践内容二中去做。本样例输入所对应的正确输出应为：

```
1  Program (1)
2    ExtDefList (1)
3      ExtDef (1)
4        Specifier (1)
5          StructSpecifier (1)
6            STRUCT
7            OptTag (1)
8              ID: Complex
9            LC
10           DefList (3)
11             Def (3)
12               Specifier (3)
13                 TYPE: float
14               DecList (3)
15                 Dec (3)
16                   VarDec (3)
17                     ID: real
18                 COMMA
19                 DecList (3)
20                   Dec (3)
21                     VarDec (3)
22                       ID: image
23               SEMI
24           RC
25       SEMI
26     ExtDefList (5)
```

```
27        ExtDef (5)
28          Specifier (5)
29            TYPE: int
30          FunDec (5)
31            ID: main
32            LP
33            RP
34          CompSt (6)
35            LC
36            DefList (7)
37              Def (7)
38                Specifier (7)
39                  StructSpecifier (7)
40                    STRUCT
41                    Tag (7)
42                      ID: Complex
43                DecList (7)
44                  Dec (7)
45                    VarDec (7)
46                      ID: x
47                SEMI
48            StmtList (8)
49              Stmt (8)
50                Exp (8)
51                  Exp (8)
52                    Exp (8)
53                      ID: y
54                    DOT
55                    ID: image
56                  ASSIGNOP
57                  Exp (8)
58                    FLOAT: 3.500000
59                SEMI
60            RC
```

2.3.7 样例（选做部分）

本节列举选做要求样例。

【样例 1】

- 输入

```
1  int main()
2  {
3    int i = 0123;
4    int j = 0x3F;
5  }
```

- 输出

如果程序需要完成要求 2.1，该样例输入不包含任何词法或语法错误，其对应的输出为：

```
1  Program (1)
2    ExtDefList (1)
3      ExtDef (1)
```

```
4        Specifier (1)
5          TYPE: int
6        FunDec (1)
7          ID: main
8          LP
9          RP
10       CompSt (2)
11         LC
12         DefList (3)
13           Def (3)
14             Specifier (3)
15               TYPE: int
16             DecList (3)
17               Dec (3)
18                 VarDec (3)
19                   ID: i
20                 ASSIGNOP
21                 Exp (3)
22                   INT: 83
23             SEMI
24           DefList (4)
25             Def (4)
26               Specifier (4)
27                 TYPE: int
28               DecList (4)
29                 Dec (4)
30                   VarDec (4)
31                     ID: j
32                   ASSIGNOP
33                   Exp (4)
34                     INT: 63
35               SEMI
36         RC
```

【样例2】

- 输入

```
1  int main()
2  {
3    int i = 09;
4    int j = 0x3G;
5  }
```

- 输出

如果程序需要完成要求2.1，该样例程序中的“09”为错误的八进制数，其会因被识别为十进制整数“0”和“9”而引发语法错误；同样，“0x3G”为错误的十六进制数，其也会因被识别为十进制整数“0”和标识符“x3G”而引发语法错误。因此程序可以输出如下的错误提示信息：

```
Error type B at Line 3: Missing ";".
Error type B at Line 4: Missing ";".
```

程序也可以直接将“09”和“0x3G”分别识别为错误的八进制数和错误的十六进制数，此时程序也可以输出如下的错误提示信息：

```
Error type A at Line 3: Illegal octal number '09'.
Error type A at Line 4: Illegal hexadecimal number '0x3G'.
```

【样例 3】

● 输入

```
1  int main()
2  {
3    float i = 1.05e-4;
4  }
```

● 输出

如果程序需要完成要求 2.2，该样例程序不包含任何词法或语法错误，其对应的输出为：

```
 1  Program (1)
 2    ExtDefList (1)
 3      ExtDef (1)
 4        Specifier (1)
 5          TYPE: int
 6        FunDec (1)
 7          ID: main
 8          LP
 9          RP
10        CompSt (2)
11          LC
12          DefList (3)
13            Def (3)
14              Specifier (3)
15                TYPE: float
16              DecList (3)
17                Dec (3)
18                  VarDec (3)
19                    ID: i
20                  ASSIGNOP
21                  Exp (3)
22                    FLOAT: 0.000105
23              SEMI
24          RC
```

【样例 4】

● 输入

```
1  int main()
2  {
3    float i = 1.05e;
4  }
```

● 输出

如果程序需要完成要求 2.2，该样例程序中的"1.05e"为错误的指数形式的浮点数，其会因被识别为浮点数"1.05"和标识符" e"而引发语法错误。因此程序可以输出如下的错误提示信息：

```
Error type B at Line 3: Syntax error.
```

程序也可以直接将“1.05e”识别为错误的指数形式的浮点数，此时程序也可以输出如下的错误提示信息：

```
Error type A at Line 3: Illegal floating point number "1.05e".
```

【样例 5】

- 输入

```
1  int main()
2  {
3     // line comment
4     /*
5    block comment
6     */
7     int i = 1;
8  }
```

- 输出

如果程序需要完成要求 2.3，该样例程序不包含任何词法或语法错误，其对应的输出为：

```
 1  Program (1)
 2    ExtDefList (1)
 3      ExtDef (1)
 4        Specifier (1)
 5          TYPE: int
 6        FunDec (1)
 7          ID: main
 8          LP
 9          RP
10        CompSt (2)
11          LC
12          DefList (7)
13            Def (7)
14              Specifier (7)
15                TYPE: int
16              DecList (7)
17                Dec (7)
18                  VarDec (7)
19                    ID: i
20                  ASSIGNOP
21                  Exp (7)
22                    INT: 1
23              SEMI
24          RC
```

注意，助教检查程序的时候，所使用的测试用例中“//”注释的范围与“/*...*/”注释的范围不会重叠（以减少问题的复杂性），因此程序不需要专门处理“//”注释的范围与“/*...*/”注释的范围相重叠的情况。

【样例 6】

- 输入

```
1  int main()
2  {
```

```
 3    /*
 4    comment
 5    /*
 6    nested comment
 7    */
 8    */
 9    int i = 1;
10  }
```

- 输出

样例输入中，程序员主观上想使用嵌套的“/*...*/”注释，但 C-- 语言不支持嵌套的“/*...*/”注释。如果程序需要完成要求 2.3，该样例输入中第 8 行的“*/”会因被识别为乘号“*”和除号“/”而引发语法错误（只需要为每行报告一个语法错误），程序可以输出如下的错误提示信息：

```
Error type B at Line 8: Syntax error.
```

2.4　本章小结

本章介绍了编译器工作流程中的前两个关键步骤，即词法分析和语法分析。词法分析将源代码从字符流转换为词法单元序列。语法分析则负责检验该词法单元序列是否符合语法规范。在词法分析的理论部分，我们重点讨论了正则表达式的基本概念和原理，并分析了非确定的有限状态机和确定的有限状态机之间的转换和技术特点。在语法分析的理论部分，我们介绍了上下文无关文法，以及自顶向下和自底向上两大类语法分析算法，以形成完整的编译器词法和语法分析步骤。此外，本章中也讨论了对应的技术实践内容，通过对该部分的学习，可以编写一个程序对使用 C-- 语言书写的源代码进行基本的词法分析和语法分析，并打印出相应的分析结果。

习题

2.1　将下列正则表达式转换成 NFA 和 DFA：

（1）$(a^* \mid b^*)b(ba)^*$

（2）$(a^*b)^*ba(a \mid b)^*$

2.2　构造表示“标识符”的正则表达式，其中标识符的定义为：以字母开头的字母数字串，标识符可以有后缀，其后缀是用“-”或者“.”隔开的字母数字串。将所构造的正则表达式转换成 DFA，画出相应的转换图。

2.3　假设“标识符”的定义如下：小写字母开头的（大小写）字母数字串，并且不包含连续的大写字母。设计一个接受该“标识符”的 DFA（转换图形式）。

2.4　对下面的文法 G：

$T \rightarrow FT'$

$T' \rightarrow T \mid \varepsilon$

$F \rightarrow PF'$

$F' \to *F' \mid \varepsilon$

$P \to (T) \mid a \mid b \mid \Lambda$

（1）计算这个文法的每个非终结符的 FIRST 集合和 FOLLOW 集合。

（2）证明这个文法是 LL(1) 的。

2.5 为下面的文法构造预测分析表。你可能先要对文法进行提取左公因子或消除左递归的操作，并计算各文法的 First 集合和 Follow 集合。

$S \to (L) \mid a\ S \mid a$

$L \to L,\ S \mid S$

2.6 某语言的增广文法 G′ 为：

（1）$S' \to T$

（2）$T \to aBd \mid \varepsilon$

（3）$B \to Tb \mid \varepsilon$

证明 G 不是 LR(0) 文法而是 SLR(1) 文法，请给出 SLR(1) 分析表。

2.7 给定文法 G[S]：$S \to (S) \mid a$（知识拓展）

（1）构造识别文法 G[S] 可行前缀的 LR(1) 项目的 DFA。

（2）构造 LR(1) 分析表。

（3）构造 LALR(1) 分析表。

第3章 语义分析

【引言故事】

在编译器的工作流程中，语义分析阶段是通过形式化的方法分析语义，并将抽象语法转换成适合于中间代码生成的表示的过程。我国文字的发展过程与之类似。我国的文字发展不是直接形成了“字正方圆”的风格，而是由多种象形文字逐渐演变而来的[一]。象形文字具有“形”（形式化）和“意”（语义）相统一的特点。例如甲骨文是商代时期的一种文字，主要出现在龟甲和兽骨上。甲骨文的特点是形状独特、纹路清晰、刀刻粗犷[二]。甲骨文中的象形文字数量很多，如“人”“马”“虎”“鱼”等。这些象形文字具有明显的形象化特点，可以直观地表达事物的外形和属性。金文是西周时期的一种文字，主要出现在青铜器上[三]。金文的特点是笔画粗犷、铸造工艺精湛、字形复杂。金文中的象形文字数量逐渐减少，但是代表性的象形文字如“日”“月”“水”“火”“山”“川”等仍然存在。小篆是秦汉时期的一种文字，是中国历史上第一种统一的规范化文字[四]。小篆的特点是笔画流畅、字形规整、形制完美。虽然小篆中的象形文字数量进一步减少，但是代表性的象形文字如“口”“手”“目”“田”“木”等仍然保留。随着时间的推移，汉字不断发展和演变。在汉朝时期，出现了许多新的字形，如“日”和“月”组成的“明”等。这些新的字形通过外形组合表达语义，逐渐丰富了汉字的表达能力，同时也反映了汉语语言的演变。

从汉字的演变过程中可以看到，汉字的演变和编译器的语义分析过程有一定的相似性。在汉字的演变过程中，由于人们对事物的认识不断深入，对汉字的需求也不断提高，汉字的形态和含义也在不断变化。这与编译器中的语义分析过程有些类似。汉字的演变过程也反映了人们对事物的认识和表达方式的不断改进和提高。汉字从最初的象形文字逐渐演化为具有抽象含义的文字，这为人们的交流和表达提供了更加灵活和精准的工具。

同样，编译器的语义分析算法的不断改进也为程序的编写和解析提供了更加高效和准确的手段。语义分析过程由语法分析过程驱动，通过形式上的检查，达到理解源代码语义并将源代码翻译为中间代码的目的。编译器在对程序进行语义分析的过程中，可以识别一些语义上的错误，比如类型不匹配、变量未定义等，这些问题都是通过语法分析的形式发现的；同时，一些特定形式触发特定的动作，这些动作完成记录符号表、生成中间代码等操作。

[一] 洪飏，杜超月．古文字字形理据重构分类考论 [J]. 辽宁师范大学学报（社会科学版），2020，43(06)：122-128.DOI:10.16216/j.cnki.lsxbwk.202006122。

[二] 吴盛亚．甲骨文字构形理论与系统的建构——一百二十年来甲骨文字构形研究述评 [J]. 出土文献，2023，No.14(02)：60-76+156。

[三] 邓凯．金文字形构件断代法初探 [J]. 殷都学刊，2015，36(01)：103-108.

[四] 朱明月．小篆形成及演变初探 [J]. 中国民族博览，2015，(06)：58-60.

【本章要点】

语义分析是编译器在词法分析和语法分析之后的关键步骤。在该步骤中，将标识符的含义与使用相关联，从而检查每一个表达式是否拥有正确的类型，进而将抽象语法转换成更简单的、适合于生成中间代码的表示。本章介绍了形式语义学中较为常见的三种理论方法：通过上下文无关文法、属性和语义规则相结合的属性文法；在属性文法基础上增加副作用的语法制导的定义；语法制导的定义进一步增加语义动作得到的语法制导的翻译方案。语法制导的定义在属性文法和语法制导的翻译方案之间提供了一个平衡点，既能够支持属性文法的无副作用性，也能够支持翻译方案的顺序求值和任意程序片段的语义动作。

此外，本章中也讨论了对应的技术实践内容。因为实现语法制导的翻译方案，还需要有一些辅助的容器和模型：符号表和类型系统。语法制导翻译本质上是把程序转化为产生式和语义规则，语义规则的产物之一就是符号表。符号表中一个重要的内容是类型，而类型系统用于实现类型检查，类型检查是编译器尝试发现程序语义中类型错误的关键过程。

【思维导图】

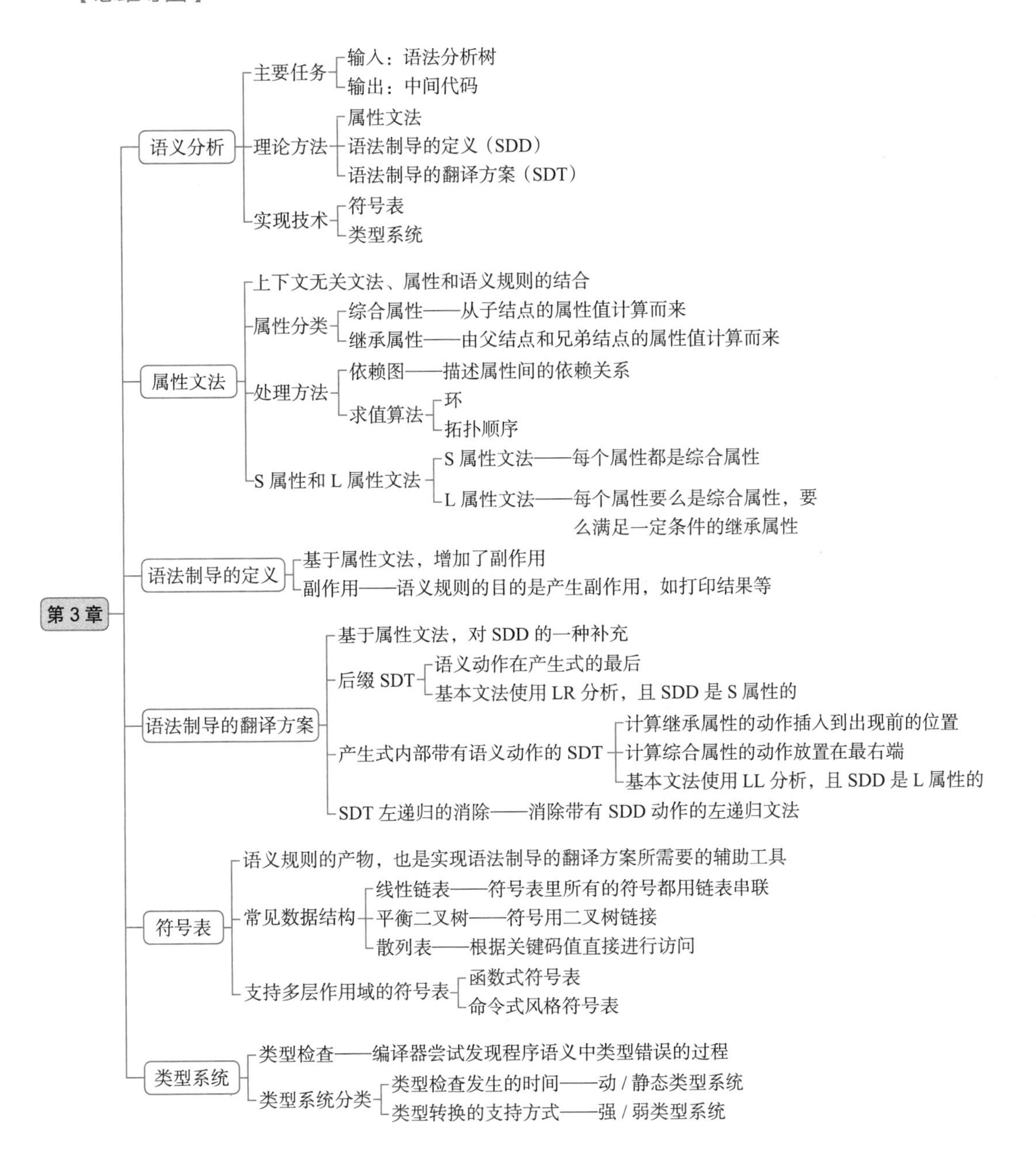
第 3 章
语义分析
主要任务
输入：语法分析树
输出：中间代码
理论方法
属性文法
语法制导的定义（SDD）
语法制导的翻译方案（SDT）
实现技术
符号表
类型系统
属性文法
上下文无关文法、属性和语义规则的结合
属性分类
综合属性——从子结点的属性值计算而来
继承属性——由父结点和兄弟结点的属性值计算而来
处理方法
依赖图——描述属性间的依赖关系
求值算法
环
拓扑顺序
S 属性和 L 属性文法
S 属性文法——每个属性都是综合属性
L 属性文法——每个属性要么是综合属性，要么满足一定条件的继承属性
语法制导的定义
基于属性文法，增加了副作用
副作用——语义规则的目的是产生副作用，如打印结果等
语法制导的翻译方案
基于属性文法，对 SDD 的一种补充
后缀 SDT
语义动作在产生式的最后
基本文法使用 LR 分析，且 SDD 是 S 属性的
产生式内部带有语义动作的 SDT
计算继承属性的动作插入到出现前的位置
计算综合属性的动作放置在最右端
基本文法使用 LL 分析，且 SDD 是 L 属性的
SDT 左递归的消除——消除带有 SDD 动作的左递归文法
符号表
语义规则的产物，也是实现语法制导的翻译方案所需要的辅助工具
常见数据结构
线性链表——符号表里所有的符号都用链表串联
平衡二叉树——符号用二叉树链接
散列表——根据关键码值直接进行访问
支持多层作用域的符号表
函数式符号表
命令式风格符号表
类型系统
类型检查——编译器尝试发现程序语义中类型错误的过程
类型系统分类
类型检查发生的时间——动 / 静态类型系统
类型转换的支持方式——强 / 弱类型系统

3.1 语义分析的理论方法

代码通过语法分析判断为符合语法规范之后，还需要通过进一步的语义分析来明确语言各个符号的含义。编译器在语义分析阶段的主要任务是将标识符的含义与具体使用含义相关联，从而检查每一个表达式是否拥有正确的类型，进而将抽象语法转换成更简单的、适合于生成中间代码的表示。虽然**形式语义学**（如指称语义学、公理语义学、操作语义学等）的研究已取得了许多重大的进展，但目前在实际应用中比较常见的语义描述和语义处理方法主要还是**属性文法**（Attribute Grammar）和**语法制导的翻译方案**（Syntax-Directed Translation，SDT）。

3.1.1 属性文法

属性文法也称为**属性翻译文法**，是一个上下文无关文法、属性和规则的结合体。属性文法是由 Knuth 在 1968 年首先提出的，是一种形式化方法，用于描述形式语言结构。属性文法通过与文法产生式相关联的语义规则来描述属性值，是对上下文无关文法的推广：将每个文法符号与一个语义属性的集合相关联；将每个产生式与一组语义规则相关联，这些规则用于计算该产生式中各文法符号的属性值。

属性文法设计的核心思想是，为上下文无关文法中的每一个终结符与非终结符赋予一个或多个属性值。举个例子，假设 X 是一个符号，a 是 X 的一个属性，那么我们用 $X.a$ 来表示 a 在某个标号为 X 的语法分析树节点上的值。如果我们使用对象来实现这个语法分析树的节点，那么 X 的属性可以被实现为代表 X 的节点的对象的一个数据字段。这些属性可以代表符号所包含的各种信息，如数值、布尔值和字符串等。属性中的字符串可能会变得非常长，例如，当它们表示编译器使用的中间语言代码序列时。属性就像变量一样，可以进行计算和传递，而属性计算的过程就是语义处理的过程。

简单来说，属性文法是一种用于计算语法结构属性值的形式化工具，其中每个产生式都带有一组**语义规则**，用于计算产生式中各个符号的属性值，并且这个计算过程依赖于产生式右部符号的属性值。

属性可以分成不相交的两类：**综合属性**（Synthesized Attribute）和**继承属性**（Inherited Attribute）。在语法分析树上，一个节点 N 的综合属性值是由其自身的属性和子节点的属性值计算而来的，用于“自下而上”传递信息；而综合属性的语法规则，则是根据产生式右部符号的属性计算左部被定义符号的综合属性。

考虑如下产生式：

产生式	语义规则
$E \rightarrow E_1 + T$	$E.val = E_1.val + T.val$

根据语义规则可以看出，E 的 val 属性值是由 E_1 和 T 的 val 值来定义的，因此 val 是 E 的综合属性。注意，在上述产生式和语义规则中，我们在其左部与右部均用到了同一个非终结符 E，为了指代与表述清晰，我们通过添加下标的形式，以表示不同位置的非终结符 E。例如，上述表示中，$E.val$ 表示非终结符 E 在产生式左边时的属性 val，而 $E_1.val$ 表示非终结符 E 在产生式右边时的属性 val。本章及后续内容中均遵循这一表示方式。

类似地，在语法分析树上，一个节点 N 的继承属性值则是由该节点的父节点和兄弟节点的属性值计算而来的，用于“自上而下”传递信息；而继承属性的语法规则，则是根据产生式右部符号自身的属性和产生式左部被定义符号的属性，计算产生式右部符号的继承属性。

考虑如下产生式：

产生式	语义规则
$D \rightarrow T L$	$L.inh = T.type$

根据语义规则可以看出，L 的 *inh* 属性是由其左侧的兄弟节点 T 的 *type* 属性获得的，因此 *inh* 是 L 的继承属性。

终结符只有综合属性没有继承属性，其综合属性值是由词法分析器提供的词法值，终结符没有继承属性是因为终结符在语法树是叶子节点，不存在向下传递语义信息的需求。非终结符既可有综合属性也可有继承属性，文法开始符号的所有继承属性作为属性计算前的初始值。

3.1.2　基于属性文法的处理方式

基于属性文法的处理过程一般分为两个阶段：语法分析和语义计算。在语法分析阶段，程序会根据输入字符串构建一棵语法分析树，树中的每个节点表示一个语法单元。在语义计算阶段，程序会对语法分析树进行遍历，并在每个节点上按照语义规则进行计算。处理流程如图 3.1 所示。

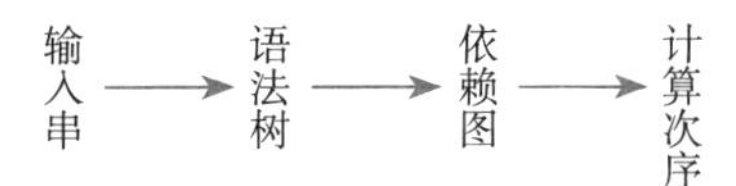

图 3.1　基于属性文法的处理过程

1. 依赖图

在属性文法中，对于输入的字符串，我们需要使用语义规则来计算对应语法分析树上每个节点的属性值。语义规则定义了属性之间的依赖关系，因此在计算节点的属性值之前，必须先计算它所依赖的所有属性值，以确保计算的正确性和一致性。

属性之间的依赖关系可以表示为语义规则之间的**依赖图**。依赖图描述语法分析树中的属性实例之间的信息流，它可以确定一棵给定的语法分析树中各个属性实例的求值顺序。依赖图中的节点表示属性，边表示语义规则所定义的计算约束，从一个属性节点到另一个属性节点的边表示计算后一个属性节点时需要前一个属性节点的值。语法分析树中每个标号为 X 的节点的每个属性 a 都对应依赖图中的一个节点。如果属性 $X.a$ 的值依赖于属性 $Y.b$ 的值，则依赖图中有一条从 $Y.b$ 的节点指向 $X.a$ 的节点的有向边。

考虑如表 3.1 所示的产生式和语义规则[⊖]：

⊖ 该例子来源于《编译原理》，Alfred V. Aho 等著，赵建华、郑滔和戴新宇译，机械工业出版社，第 202 页，2009 年。

结合语法制导定义，我们可以在符号属性的计算过程中，在语法分析的基础上，对语法分析树上的各个节点进行属性值标注，我们称标注了属性值的语法分析树为**注释分析树**（**或注释语法分析树**）。图 3.2 所示为输入语句 int x, y, z 在表 3.1 的语法制导定义中产生的注释分析树所对应的依赖图。在这个依赖图中，注释分析树中的每一个属性，都对应着依赖图中的一个节点。我们将继承属性放在语法分析树中对应节点的左侧，将综合属性放在右侧。例如，*type* 是 T 的一个综合属性，所以放在 T 节点的右侧，*inh* 是 L 的继承属性，放在 L 节点的左侧。根节点表示对第一个产生式的应用，根据语义规则，L 的 *inh* 属性依赖于 T 的 *type* 属性，因此在依赖图中有一条从 T 的 *type* 属性指向 L 的 *inh* 属性的边。节点⑤表示的是对表 3.1 中第四个产生式的第一个语义规则的应用。根据产生式的第一条语义规则可以看出子节点的 *inh* 属性依赖于父节点的 *inh* 属性。因此在依赖图中，有一条从父节点的 *inh* 属性指向子节点的 *inh* 属性的有向边。第四条产生式的第二个语义规则是副作用，即在**符号表**（**Symbol Table**）中将 *id.lexeme* 所代表的标识符的类型设置为 *L.inh* 所代表的类型。我们可以将其看作用来定义产生式左部的非终结符 L 的一个虚综合属性的规则。因此，我们在依赖图中为 L 设置一个虚节点⑥，L 的这个虚综合属性用到了子节点的 *lexeme* 属性和它自身的 *inh* 属性。因此，在依赖图中，分别从 L 的 *inh* 属性节点和 id 的 *lexeme* 属性节点引出了一条指向 L 的这个虚属性节点的有向边。

表 3.1　简单类型声明的语法制导定义

产生式	语义规则
$D \rightarrow T\,L$	$L.inh = T.type$
$T \rightarrow$ int	$T.type =$ **int**
$T \rightarrow$ real	$T.type =$ **real**
$L \rightarrow L_1$, **id**	$L_1.inh = L.inh$
	$Addtype(id.lexeme, L.inh)$
$L \rightarrow$ **id**	$Addtype(id.lexeme, L.inh)$

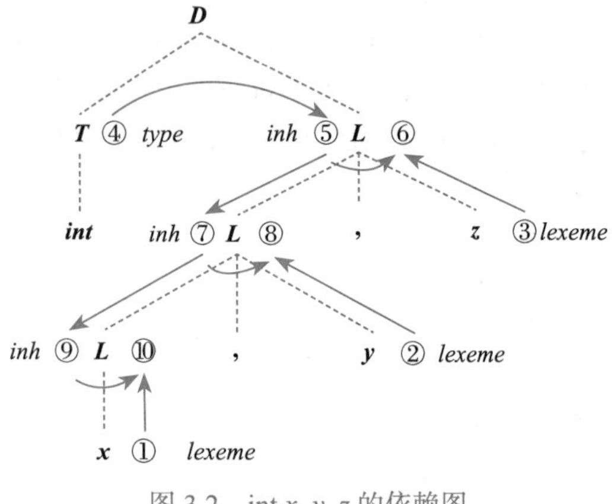

图 3.2　int x, y, z 的依赖图

2. 属性求值的顺序

有了依赖图我们就可以设计属性值的计算顺序，如果依赖图中有一条从节点 M 到节点 N 的边，那么要先对 M 对应的属性求值，然后再对 N 对应的属性求值。因此，所有可行的求值顺序就是满足下列条件的节点顺序 $N_1, N_2,\cdots, N_k$：如果有一条从节点 N_i 到 N_j 的依赖图的边，那么 $i < j$。这样的排序就将一个有向图变成了一个线性排序，这个线性排序称为这个图的**拓扑排序**（**Topological Sort**）。

如图 3.2 所示，依赖图中的标号①到⑩就是一个拓扑排序。首先可以计算①、②、③和④这四个节点对应的属性，然后⑤的属性依赖于④的属性，⑥的属性依赖于⑤和③的属性，⑦的属性依赖于⑤的属性，⑧的属性依赖于⑦和②的属性，⑨的属性依赖于⑦的属性，⑩的属性依赖于⑨和①的属性。依赖者的序号都大于被依赖者的序号。也就是说，在计算依赖者属性的时候，被依赖者的属性值都需要先被计算出来。

在拓扑排序中，通常会存在多种可能的节点排序方式，具体取决于节点之间的依赖关系。除了已经提到的拓扑排序以外，还可以出现以下情况：比如①、②、③和④这四个节点互不依赖，因此这四个节点的顺序可以任意调换。另外⑥和⑦的节点互不依赖，它们的顺序可以调换。⑧和⑨的节点互不依赖，它们的顺序也可以任意调换。在实际应用中，不同的排序方式可能会对性能产生影响。因此，在进行拓扑排序时，还需要结合实际应用场景考虑，选择出最优的排序方式。

对于只具有综合属性的文法，可以按照任何自底向上的顺序计算它们的值。对于同时具有继承属性和综合属性的文法，不能保证存在一个顺序来对各个节点上的属性进行求值。比如，考虑非终结符号 X 和 Y，它们分别具有综合属性 $X.s$ 和继承属性 $Y.i$。同时它们的产生式和语义规则如下：

产生式	语义规则
$X \rightarrow Y$	$X.s = Y.i + 1$
	$Y.i = X.s - 2$

在该产生式中，由第一条语义规则可得 X 的 s 属性依赖于 Y 的 i 属性，Y 的 i 属性依赖于 X 的 s 属性，其依赖图存在一个环，两个属性是循环定义的。不可能首先求出节点 N 上的 $X.s$ 或 N 的子节点上的 $Y.i$ 中的任何一个值，然后再求出另一个值。

如果构建的依赖图中存在环路，那么这个图就不能进行拓扑排序。也就是说，在这种情况下，无法使用拓扑排序在语法分析树上对相应的属性求值。相反，如果依赖图中没有环路，那么总是至少存在一个拓扑排序。这是因为如果没有环路，那么必然存在至少一个没有入边的节点。假设不存在这样的节点，那么我们可以从一个前驱节点一直走到另一个前驱节点，直到回到已经访问过的节点，形成一个环路。所以我们可以将没有入边的节点作为拓扑排序的第一个节点，并从依赖图中删除这个节点，重复上述过程，直到形成一个拓扑排序。因此，在图 3.2 中，由于依赖图没有环路，因此总是存在至少一个拓扑排序。

3.1.3　S 属性文法和 L 属性文法

文法的具体实现过程不一定完全按图 3.1 的流程，在某些情况下可用一遍扫描实现属性文法的语义规则计算，即在语法分析的同时完成语义规则的计算，无须显式地构造语法树或构造属性之间的依赖图。一遍扫描的实现能够达到较高的编译效率，这种方法是在语法分析的同时计算属性值，而不是构造语法分析之后再进行属性的计算，所以采用一遍扫描的方法可以不构造实际的语法树，且当一个属性值不再用于计算其他属性值时，编译程序可以不再保留这个属性值。

一遍扫描处理方法的实现与所采用的语法分析方法和属性的计算次序密切相关。

接下来介绍两种可用一遍扫描实现的文法：S 属性文法（S-Attribute Grammar）可用于一遍扫描的自下而上分析，而 L 属性文法（L-Attribute Grammar）可用于一遍扫描的自上而下分析。

1. S 属性文法

只含有综合属性的文法称为 S 属性文法。如果一个文法是 S 属性的，我们可以按照语法分析树节点的任何自底向上的顺序来计算它的各个属性值。对语法分析树进行后序遍历并对属性求值常常会非常简单，当遍历最后一次离开某个节点 N 时，计算出 N 的各个属性值。

S 属性的定义可以在自底向上语法分析的过程中实现，因为一个自底向上的语法分析过程对应于一次后序遍历。特别地，后序顺序精确地对应于一个 LR 分析器将一个产生式体归约成为产生式头的过程，这个过程不会显式地创建语法分析树的节点。

表 3.2 是一个加法计算的 S 属性文法的例子。其中的每个属性都是综合属性。

表 3.2　加法计算的 S 属性文法示例

产生式	语义规则
$E \to E_1 + T$	$E.val = E_1.val + T.val$
$E \to T$	$E.val = T.val$
$T \to (E)$	$T.val = E.val$
$T \to$ digit	$T.val =$ digit.$lexval$

2. L 属性文法

L 属性文法的直观含义：在一个产生式所关联的各属性之间，依赖图的边可以从左到右，但不能从右到左（因此称为 L 属性文法，即 Left 属性文法）。

一个文法是 L 属性的当且仅当它的每个属性要么是一个综合属性，要么是满足如下条件的继承属性。假设存在一个产生式 $A \to X_1 X_2 \cdots X_n$，其右部符号 $X_i (1 \leqslant i \leqslant n)$ 的继承属性仅依赖于下列属性：（1）父节点 A 的继承属性；（2）产生式中 X_i 左边的符号 $X_1 X_2 \cdots X_{i-1}$ 的属性；（3）X_i 本身的属性，但 X_i 的全部属性不能在依赖图中形成环。

由 L 属性文法的定义我们可以得出结论：每个 S 属性文法都是 L 属性文法。

表 3.3 是一个加法计算的 L 属性文法的例子。

其中的第一条规则定义继承属性 $R.inh$ 时只使用了 $T.val$，且 T 在相应产生式中出现在 R 的左部，因此满足 L 属性的要求。第二条规则定义 $R_1.inh$ 时使用了与产生式头部相关联的继承属性 $R.inh$ 及 $T.val$，其中 T 在这个产生式中出现在 R_1 的左边。后面三个语义规则则是对综合属性的计算，符合 L 属性文法的要求。同时，从语法分析树的角度看，在每一种情况下，当这些规则被应用于某个节点时，它所使用的信息都来自“上边或左边”的语法树节点，因此满足 L 属性文法的要求。

表 3.3　加法计算的 L 属性文法示例

产生式	语义规则
$E \to T R$	$R.inh = T.val$
	$E.val = R.syn$
$R \to + T R_1$	$R_1.inh = R.inh + T.val$
	$R.syn = R_1.syn$
$R \to \varepsilon$	$R.syn = R.inh$
$T \to (E)$	$T.val = E.val$
$T \to$ digit	$T.val =$ digit.$lexval$

3.1.4　语法制导的定义

语法制导的定义（Syntax-Directed Definition，SDD）也是一种语义分析技术，用于在编译器或解释器中将源代码转换为目标代码或执行程序。SDD 在属性文法和语法制导的翻译方案之间提供了一个平衡点，既能够支持属性文法的无副作用性，也能够支持翻译方案的顺序求值和任意程序片段的语义动作。

具体而言，属性文法是一种规定了语法规则和相关属性计算的形式化语言，它没有副作用，并支持与依赖图一致的求值顺序。而语法制导的翻译方案则是一种在产生式体中嵌入了语义动作的上下文无关文法。

将源代码转换为目标代码或执行程序的过程，要求按照从左到右的顺序求值，并允许语义动作包含任何程序片段。

SDD 将属性文法和翻译方案结合起来，实现了对源代码的分析和转换。通过在属性文法中引入语义动作，并在分析过程中按照翻译方案中的顺序求值，SDD 可以生成目标代码或执行程序。SDD 的主要优点是能够提高编译器或解释器的性能和可维护性，同时还可以在语法分析和代码生成之间建立一座桥梁，实现更加灵活和高效的编程语言处理。

在 SDD 的使用过程中，需要进行一般属性值计算外的操作，以提升计算效率或完成某些检查等功能。我们把这些一般属性值计算外的操作称为 SDD 中的**副作用**（Side Effect）。一些语义规则的设计目的是产生**副作用**。例如，一个桌上计算器可能需要打印出计算结果，或者一个代码生成器需要将一个标识符的类型加入符号表中。没有副作用的 SDD 我们也称为**属性文法**。

为了控制 SDD 中的副作用，我们可以采用以下方法之一：

（1）支持那些不会对属性求值产生约束的附带副作用。换句话说，如果按照依赖图的任何拓扑顺序进行属性求值时都可以产生正确的翻译结果，我们就允许这样的副作用存在。

（2）对允许的求值顺序添加约束，使得以任何允许的顺序求值都会产生相同的翻译结果。这些约束可以被看作隐含加入依赖图中的边。

如下为一个带有副作用的例子，实现打印计算的结果。

产生式	语义规则
$L \rightarrow E$ n	*print*(*E.val*)

像 *print*(*E.val*) 这样的语义规则的设计目的就是执行它的副作用。这个经过修改的 SDD 在任何拓扑顺序下都能产生相同的值，因为这个打印语句在结果被计算到 *E.val* 中之后才会被执行。

3.1.5　语法制导的翻译方案

属性文法衍生出一种非常强大的翻译模式，我们称之为**语法制导的翻译方案**（Syntax-Directed Translation，SDT）。语法制导的翻译方案 SDT 是 SDD 的一种重要补充。在 SDT 中，把属性文法中的属性文法规则用计算属性值的语义动作来表示，并用花括号“{”和“}”括起来，它们可被插入到产生式右部的任何合适的位置上，这是一种语法分析和语义动作交错的表示法。

SDT 可以看作是 SDD 的具体实施方案。在这里我们主要关注如何使用 SDT 来实现两类重要的 SDD，因为在这两种情况下，SDT 可以在语法分析过程中实现。具体而言，主要分为如下两种情况。

（1）基本文法可以用 LR 技术分析，并且是 S 属性的。

将一个 S 属性文法转换为 SDT 的方法：将每个语义动作都放在产生式的最后。所有动作都在产生式最右端的 SDT 称为**后缀 SDT**。如表 3.2 所示的加法计算的 S 属性文法中，所有的语义规则都是用来计算综合属性的，因为此 SDD 的基本文法是 LR 的，并且这个 SDD 是 S 属性的，所以这些动作可以与语法分析器的归约步骤一起正确地执行。在这种情况下，我们把所有的语义规则直接放到产生式右部的末尾即可，表 3.4 为表 3.2 所示的加法计算对应的后缀 SDT。

如果一个 S 属性文法的基本文法可以使用 LR 分析技术，那么它的 SDT 可以在 LR 语法分析的过程中实现。

（2）基本文法可以用 LL 技术分析，并且是 L 属性的。

将一个 L 属性文法转换为 SDT 的方法：将计算某个非终结符号 *A* 的继承属性的动作插入到产生式右部中紧靠在 *A* 的本次出现之前的位置上，将计算一个产生式左部符号的综合属性的动作放置在这个产生式右部的最右端。如表 3.3 所示的加法计算的 L 属性文法，以第一条产生式为例，我们将其转换为 SDT：第一个语义规则是计算 *R* 的 *inh* 属性，*R* 是产生式右部的符号，因此 *inh* 是 *R* 的继承属性，所以计算这个继承属性的语义规则应该放在 *R* 即将出现的位置，即 *R* 和 *T* 之间的位置；第二个语义规则是计算 *T* 的 *val* 属性，*T* 是产生式左部的非终结符，所以 *val* 是 *T* 的综合属性，根据转换规则，计算综合属性值的语义动作应该追加到产生式右部末尾的位置，即 *T* 的右侧位置。其他产生式的转换方法同第一条产生式，最终我们可以得到如表 3.5 所示的产生式内部带有语义动作的 SDT。

表 3.4　对应表 3.2 的加法计算的后缀 SDT

$E \to E_1 + T$ { $E.val = E_1.val + T.val;$ }
$E \to T$ { $E.val = T.val;$ }
$T \to (E)$ { $T.val = E.val;$ }
$T \to$ digit { $T.val =$ digit.*lexval*; }

表 3.5　加法计算的产生式内部带有语义动作的 SDT

$E \to T$ { $R.inh = T.val;$ } R { $E.val = R.syn;$ }
$R \to + T$ { $R_1.inh = R.inh + T.val;$ } R_1 { $R.syn = R_1.syn;$ }
$R \to \varepsilon$ { $R.syn = R.inh;$ }
$T \to (E)$ { $T.val = E.val;$ }
$T \to$ digit { $T.val =$ digit.*lexval*; }

如果一个 L 属性文法的基本文法可以用 LL 分析技术，那么它的 SDT 可以在 LL 或 LR 语法分析的过程中实现。

理论上，语义动作可以放置在产生式的任何位置上。当一个动作左边的所有符号都被处理过后，则立即执行该语义动作。因此，如果我们有一个产生式 $B \to X\{a\}Y$，那么当我们识别到 *X*（如果 *X* 是终结符号）或者所有从 *X* 推导出的终结符号（如果 *X* 是非终结符号）之后，动作 a 就会被执行。更准确地讲，如果语法分析过程是自底向上的，那么当 *X* 的此次出现位于语法分析栈的栈顶时，我们立刻执行动作 a。如果语法分析过程是自顶向下的，那么我们在试图展开 *Y* 的本次出现（如果 *Y* 是非终结符号）或者在输入中检测 *Y*（如果 *Y* 是终结符号）之前执行语义动作 a。

此外，任何 SDT 都可以按照如下的通用方法实现：

（1）忽略语义动作，对输入进行语法分析，并产生一棵语法分析树。

（2）然后检查语法分析树的每个内部节点 *N*，假设它的产生式是 $A \to \alpha$。将 α 中的各个动作当作 *N* 的附加子节点加入，使得 *N* 的子节点从左到右与 α 中的符号和动作完全一致。

（3）最后对这棵语法分析树进行前序遍历，并且当访问到一个以某个动作为标号的节点时立刻执行这个动作。

3.1.6　SDT 中左递归的消除

在自上而下的翻译中，语义动作是在处于相同位置上的符号被展开或是被匹配的时候执行的。为了构造没有回溯的自顶向下语法分析，必须消除文法中的左递归。在前面我们已经学习了把左递归的上下文无关文法变成非左递归的，当消除一个 SDT 的左递归时，不仅要考虑基本文法的左递归消除，同时还要考虑语义动作的处理。

1. 只有综合属性的情况

首先考虑简单的情况，只有综合属性的情况，表 3.4 所示的是一个只计算综合属性的带有左递归的 SDT，该 SDT 用于计算表达式的值，对其消除左递归之后得到如表 3.5 所示的不含左递归的 SDT。具体改写过程如下。

按照已经学习过的知识，首先我们可以把 SDT 的文法部分消除左递归，然后要把原来的文法中的语义动作变成新文法中的语义动作并保持等价性，为此我们对消除文法左递归时引入的非终结符 R 定义两个属性：继承属性 *inh* 和综合属性 *syn*。*R.inh* 存放的是自上而下分析中在 R 分析之前已有的部分表达式的值，*R.syn* 存放的是 R 在分析完之后完成的表达式的值。

首先看表 3.5 第一行文法 $E \rightarrow TR$ 对应的语义规则：把 T 扩展完之后 T 的值就存放在 *T.val* 里面，在扩展 R 之前，需要把 *T.val* 赋值给 R 的继承属性 *inh*，接下来就可以扩展 R，当 R 匹配完了之后 R 的综合属性 *syn* 就有整个表达式计算的结果，即 *R.syn* 应该是 E 的值；所以在语句结束的时候 *E.val* 被赋上 *R.syn* 的值。接下来我们看第二行文法 $R \rightarrow +TR_1$ 对应的语义规则：首先匹配 +，然后匹配 T，T 扩展完了之后，把父节点 R 的继承属性 *inh* 和 *T.val* 的值做加法运算，运算结果送到 $R_1.inh$ 里作为 R_1 匹配之前的继承属性。当 R_1 匹配完之后同第一行的表达式，R_1 的综合属性值就是整个表达式计算之后的结果，即把 $R_1.syn$ 赋值给 *R.syn*。以此类推即可构建不含左递归的 SDT。

2. 普遍情况的推广

接下来我们将情况推广到多个递归、非递归产生式的情况。假设有一个左递归的 SDT[⊖]，我们可以将其抽象成如表 3.6 所示的形式。

这里 $A.a$ 是左递归非终结符号 A 的综合属性，而 X 和 Y 是单个文法符号，分别有综合属性 $X.x$ 和 $Y.y$。因为这个方案在递归的产生式中用任意的函数 g 来计算 $A.a$，而在第二个产生式中用任意函数 f 来计算 $A.a$ 的值，所以这两个符号可以代表由多个文法符号组成的串，每个符号都有自己的属性。在每种情况下，f 和 g 可以把它们能够访问的属性当作它们的参数，只要这个 SDD 是 S 属性的。

消除左递归后的基础文法如表 3.7 所示。

表 3.6　左递归的 SDT

$A \rightarrow A_1\ Y\ \{\ A.a = g(A_1.a,\ Y.y)\ \}$
$A \rightarrow X\ \{\ A.a = f(X.x)\ \}$

表 3.7　消除左递归后的基础文法

$A \rightarrow X R$
$R \rightarrow Y R \mid \varepsilon$

图 3.3 指出了在新文法上的 SDT 必须做的事情。在图 3.3a 中，我们看到的是原文法之上的后缀 SDT 的运行效果。我们将 f 应用一次，此次应用对应于产生式 $A \rightarrow X$ 的使用。然后我们应用函数 g，应用的次数与我们使用产生式 $A \rightarrow AY$ 的次数一样。因为 R 生成了 Y 的

⊖ 该例子来源于《编译原理》，Alfred V. Aho 等著，赵建华、郑滔和戴新宇译，机械工业出版社，第 211 页，2009 年。

一个余部，它的翻译依赖于它左边的串，即一个形如 $XYY\cdots Y$ 的串。对产生式 $R \to YR$ 的每次使用都导致对 g 的一次应用。对于 R，我们使用一个继承属性 $R.i$ 来累计从 $A.a$ 的值开始不断应用 g 所得到的结果。

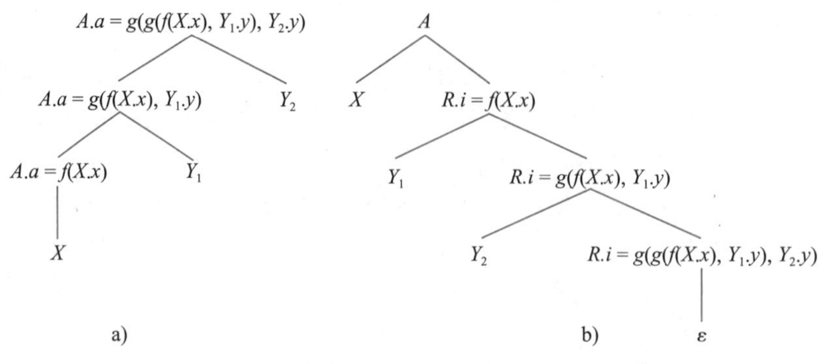

图 3.3　消除一个后缀 SDT 中的左递归

除此之外，R 还有一个没有在图 3.3 中显示的综合属性 $R.s$。当 R 不再生成文法符号 Y 时才开始计算这个属性的值，这个时间点是以产生式 $R \to \varepsilon$ 的使用为标志的。然后 $R.s$ 沿着树向上复制，最后它就可以变成对应于整个表达式 $XYY\cdots Y$ 的 $A.a$ 的值。从 A 生成 XYY 的情况显示在图 3.3 中，我们看到在图 3.3a 中的根节点上的 A.a 的值使用了两次 g 函数，而在图 3.3b 的底部的 $R.i$ 也使用了两次 g 函数，而正是这个节点上的 $R.s$ 的值被沿着树向上复制。

为了完成这个翻译，我们使用如表 3.8 所示的 SDT。

请注意，继承属性 $R.i$ 在产生式中 R 的使用之前完成求值，而综合属性 $A.a$ 和 $R.s$ 在产生式的结尾完成求值。因此，计算这些属性时需要的任何值都已经在左边计算完成，变成了可用的值。

表 3.8　消除左递归后的 SDT

$A \to X\ \{\ R.i = f(X.x)\ \}\ R\ \{\ A.a = R.s\ \}$
$R \to Y\ \{\ R_1.i = g(R.i, Y.y)\ \}\ R_1\ \{\ R.s = R_1.s\ \}$
$R \to \varepsilon\ \{\ R.s = R.i\ \}$

3.1.7　类型检查

在语义分析中，另外一项重要的任务，是确保程序符合语义规范，而语言的类型系统则从根本上定义了程序中变量函数等的行为约束。在计算机程序设计语言中，“类型”包含两个要素：一组值，以及在这组值上的一系列操作。当我们在某组值上尝试去执行其不支持的操作时，类型错误就产生了。编译器尝试去发现输入程序语义中的类型错误的过程被称为是类型检查（Type Checking）。为了进行类型检查，我们首先需要介绍类型系统（Type System）。

1. 类型系统

一个典型程序设计语言的类型系统应该包含如下四个部分：

（1）一组基本类型。C-- 语言包括 int 和 float 两种基本类型。

（2）从一组已有类型构造新类型的规则。在 C-- 语言中，可以通过定义数组和结构体来构造新的类型。

（3）判断两个类型是否等价的机制。在 C-- 语言中，默认要求实现名等价，如果程序需要完成后续实践内容的要求 3.3，则需要实现结构等价。

（4）从变量的类型推断表达式类型的规则。

根据不同的标准，程序设计语言的类型系统根据类型检查发生的时间可以分为两类，即静态类型系统（Static Type System）和动态类型系统（Dynamic Type System）。静态类型系统是指在编译时就确定了变量的类型，并且在运行时不会发生改变。在静态类型系统中，编译器会检查代码中变量的类型是否匹配，从而避免一些常见的类型错误。静态类型系统要求变量在声明时必须指定其类型，而且一旦指定类型，就不能再改变它的类型。常见的采用静态类型系统的程序设计语言包括 Java、C++、C#、Rust、Go 等。动态类型系统是指在运行时才确定变量的类型，变量的类型也可以随时发生改变。在动态类型系统中，通常不需要声明变量的类型，而是通过赋值来确定变量的类型。动态类型系统的优点是代码更加灵活，但也容易出现一些类型错误。常见的采用动态类型系统的程序设计语言包括 Python、Ruby、JavaScript、PHP 等。

另外，根据类型检查的严格程度，可以将类型系统分为强类型系统和弱类型系统。强类型系统要求变量在使用之前必须被明确定义，并且不能进行隐式类型转换。在强类型系统中，必须显式地进行类型转换才能将一个类型转换为另一个类型。强类型系统可以在编译时发现类型错误，可以避免一些常见的类型错误，但也会增加代码的复杂性。常见的强类型语言包括 Python、Java、C++、C#、Rust、Go 等。弱类型系统允许变量在使用时可以自动转换，不需要显式地进行类型转换。在弱类型系统中，变量的类型可以隐式转换为另一种类型，而且变量的类型也可以在运行时动态地改变，这增加了代码的灵活性，但也会增加出错的风险。常见的弱类型语言包括 JavaScript、Ruby、PHP 等。

有了类型信息，语义分析就可以执行类型检查，检查每个运算符是否具有匹配的运算分量。类型检查验证一种结构的类型是否匹配其上下文要求。例如，下标只能用于数组；调用用户定义的函数或过程时，实参的个数和类型要与形参一致等。

2. 类型检查分类

与类型系统的分类相对应，我们也可以把程序设计语言的类型检查进行分类：根据类型检查发生的时间可以分为两类，即静态类型检查（Static Type Checking）和动态类型检查（Dynamic Type Checking）。静态类型检查在编译时进行，通过对程序中的变量和表达式进行类型分析，检查是否符合类型规则，如果存在类型错误，则编译器会在编译时报告错误。静态类型检查可以提前发现类型错误，减少程序运行时出错的可能性，但也可能会增加编程的难度和开发周期。动态类型检查是在程序运行时进行类型检查，通过对程序中的变量和表达式进行类型分析，检查是否符合类型规则。动态类型检查可以在程序运行时发现类型错误，并提供更好的灵活性，但也可能会导致运行时性能下降和难以调试。

根据是否允许隐式类型转换可以分为两类，即强类型检查（Strong Type Checking）和弱类型检查（Weak Type Checking）。强类型检查要求类型转换必须显式地进行，从而保证类型安全。在强类型检查语言中，不同类型之间不能隐式转换，如果需要进行类型转换，必须进行显式转换。弱类型检查允许变量在使用时自动进行类型转换，不需要显式地进行类型转换。在弱类型检查语言中，变量的类型可以隐式转换为另一种类型，而且变量的类型也可以在运行时动态地改变。

对于什么类型系统更好，学界进行了长期、激烈而又没有结果的争论。动态类型检查语言更适合快速开发和构建程序原型（因为这类语言往往不需要指定变量的类型[⊖]），而使用静态类型检查语言写出来的程序通常错误更少（因为这类语言往往不允许多态）。强类型系统语言更加健壮，而弱类型系统语言在编程开发方面更加高效。总之，不同的类型系统特点不一，目前还没有哪种选择在所有情况下都比其他选择来得更好。

3.2 语义分析的实践技术

本节是本书讨论的编译器构造技术的第二部分实践内容。完成实践内容二需要在词法分析和语法分析程序的基础上编写一个程序，对C-- 源代码进行语义分析和类型检查，并打印分析结果。与实践内容一不同的是，实践内容二不再借助已有的工具，所有的任务都必须手写代码来完成。另外，虽然语义分析在整个编译器实现中并不是难度最大的任务，但却是最细致、琐碎的任务。因此需要用心地设计诸如符号表、变量类型等数据结构的实现细节，从而正确、高效地实现语义分析的各种功能。

3.2.1 语义分析实现思想概述

除了词法和语法分析之外，编译器前端所要进行的另一项工作就是对输入程序进行语义分析。进行语义分析的原因很简单：一段语法上正确的源代码仍可能包含严重的逻辑错误，这些逻辑错误可能会对编译器后续阶段的工作产生影响。首先，我们在语法分析阶段所借助的理论工具是上下文无关文法，从名字上就可以看出上下文无关文法没有办法处理一些与输入程序上下文相关的内容（例如变量在使用之前是否已经被定义过，一个函数内部定义的变量在另一个函数中是否允许使用等）。这些与上下文相关的内容都会在语义分析阶段得到处理，因此也有人将这一阶段叫作**上下文相关分析**（Context-sensitive Analysis）。其次，现代程序设计语言一般都会引入类型系统，很多语言甚至是强类型的。引入类型系统可以为程序设计语言带来很多好处，例如，它可以提高代码在运行时刻的安全性，增强语言的表达力，还可以使编译器为其生成更高效的目标代码。对于一个具有类型系统的语言来说，编译器必须要有能力检查输入程序中的各种行为是否都是类型安全的，因为类型不安全的代码出现逻辑错误的可能性很高。最后，为了后续阶段能够顺利进行，编译器在面对一段输入程序时不得不从语法之外的角度进行理解。比如，假设输入程序中有一个变量或函数 x，那么编译器必须要提前确定：

（1）如果 x 是一个变量，那么变量 x 中存储的内容是什么？是一个整数值、浮点数值，还是一组整数值或其他自定义结构的值？

（2）如果 x 是一个变量，那么变量 x 在内存中需要占用多少字节的空间？

⊖ 对于那些对变量没有类型限制的语言，有一种生动形象的说法是，这类语言采用了鸭子类型（duck typing）系统：如果一个东西走起来像一只鸭子，叫起来也像一只鸭子，那么它就是一只鸭子（if it walks like a duck and quacks like a duck, it's a duck）。

（3）如果 x 是一个变量，那么变量 x 的值在程序的运行过程中会保留多长时间？什么时候应当创建 x，而什么时候又应该消亡它？

（4）如果 x 是一个变量，那么谁该负责为 x 分配存储空间？是用户显式地进行空间分配，还是由编译器生成专门的代码来隐式地完成这件事？

（5）如果 x 是一个函数，那么这个函数要返回什么类型的值？它需要接受多少个参数，这些参数又都是什么类型？

以上这些与变量或函数 x 有关的信息几乎所有都无法在词法或语法分析过程中获得，即输入程序能为编译器提供的信息要远超过词法和语法分析能从中挖掘出的信息。

从编程实现的角度看，语义分析可以作为编译器里单独的一个模块，也可以并入前面的语法分析模块或者并入后面的中间代码生成模块。不过，由于其牵扯到的内容较多而且较为繁杂，我们还是将语义分析单独作为一块内容。下面我们对 C-- 编译中的符号表和类型表示这两大重点内容进行讨论，然后提出帮助顺利完成实践内容二的一些建议。

3.2.2 符号表的设计与实现

在编译过程中，编译器使用符号表来记录源程序中各种标识符在编译过程中的特性信息。“标识符”包括：程序名、过程名、函数名、用户定义类型名、变量名、常量名、枚举值名、标号名等。“特性信息”包括：上述标识符的种类、具体类型、维数、参数个数、数值及目标地址（存储单元地址）等编译过程中的关键信息。

符号表上的操作包括填表（Fill）和查表（Lookup）。当分析到程序中的说明或定义语句时，应将说明或定义的名字，以及与之有关的特性信息填入符号表中，这便是填表操作。查表操作的使用场景则更加丰富，例如，填表前查表，包括检查在输入程序的同一作用域内名字是否被重复定义，对于那些类型要求更强的语言，则要检查表达式中各变量的类型是否一致等；此外生成目标指令时，也需要查表以取得所需要的地址或者寄存器编号等。符号表有多种组织方式，可以将程序中出现的所有符号组织成一张表，也可以将不同种类的符号组织成不同的表（例如，所有变量名组织成一张表，所有函数名组织成一张表，所有临时变量组织成一张表，所有结构体定义组织成一张表，等等）。可以针对每个语句块、每个结构体都新建一张表，也可以将所有语句块中出现的符号全部插入同一张表中。符号表可以仅支持插入操作而不支持删除操作（此时如果要实现作用域则需要将符号表组织成层次结构），也可以组织一张既可以插入又可以删除的、支持动态更新的表。不同的组织方式各有利弊，可仔细思考并为实践内容二做出决定。

语法制导翻译方案的实现，需要有一些辅助的容器和模型。符号表是其中最重要的容器，因为语法制导翻译方案本质上是把程序转化为产生式和语义规则，语义规则实现的核心媒介之一就是符号表。符号表也称为环境（Environment），其核心作用是通过标识符映射获得其在编译过程中所需要记录的类型与存储位置等信息。在处理类型、变量和函数的声明时，标识符便与其在符号表中的编译信息相绑定。每当发现标识符的使用（即非声明性出现）时，便可以在符号表中查看它们在对应作用域中的相关信息。

符号表有各种各样的数据结构实现形式，不同的数据结构有不同的时间和空间复杂度，下面讨论几种常见的选择。

1. 线性链表

线性链表（Linear linked list）由一系列节点组成，每个节点包含两个成员：数据和指向下一个节点的指针。节点的数据可以是任意类型的，指针则指向下一个节点，最后一个节点的指针为空（null）。由于每个节点都只有一个指针，所以这种数据结构称为线性链表。

用线性链表实现的符号表，表里所有的符号（假设有 n 个，下同）都用一条链表串起来，插入一个新的符号只需要将该符号放在链表的表头，其时间复杂度是 $O(1)$。在链表中查找一个符号需要对其进行遍历，时间复杂度是 $O(n)$。删除一个符号只需要将该符号从链表里摘下来，不过在摘之前由于我们必须要执行一次查找操作以找到待删除的节点，因此时间复杂度也是 $O(n)$。

链表的最大问题是它的查找和删除效率太低，一旦符号表中的符号数量较大，查表操作将变得十分耗时。不过，使用链表的好处也是显而易见的，它的结构简单，编程容易，可以被快速实现。如果能够确定表中的符号数目较少（例如，在结构体定义中或在面向对象语言的一些短方法中），链表是一个非常不错的选择。

2. 平衡二叉树

平衡二叉树（Balanced Binary Tree）是一种二叉搜索树，它的左子树和右子树的高度差不超过 1。也就是说，它是一种保证在最坏情况下，树的高度为 $O(\log n)$ 的二叉搜索树。相对于只能执行线性查找的链表而言，在平衡二叉树上进行查找就是二分查找。在一个典型的平衡二叉树实现（如 AVL 树、红黑树或伸展树[⊖]等）上查找一个符号的时间复杂度是 $O(\log n)$。插入一个符号需要找到插入的位置，相当于进行一次失败的查找，时间复杂度也是 $O(\log n)$。删除一个符号可能需要做更多的维护操作，但其时间复杂度仍然维持在 $O(\log n)$ 的级别。

平衡二叉树相对于其他数据结构而言具有很多优势，例如较高的搜索效率（在绝大多数应用中 $O(\log n)$ 的搜索效率已经完全可以接受）以及较好的空间效率（它所占用的空间随树中节点的增多而增长）。平衡二叉树的缺点是编程难度高，成功写完并调试出一棵较好的红黑树需要较多的时间。

3. 散列表

散列表也称为哈希表（Hash Table），是根据关键码值对（Key Value）而直接进行访问的数据结构。散列表通过哈希函数将键映射到一个桶中，每个桶中存储一个或多个键值对。当需要访问一个键值对时，先通过哈希函数计算该键所对应的桶，然后在桶中查找对应的值。一个好的散列表实现可以让插入、查找和删除的平均时间复杂度都达到 $O(1)$。同时，与红黑树等操作复杂的数据结构不同，散列表在代码实现上也很简单：申请一个大数组，计算一个散列函数的值，然后根据该值将对应的符号放到数组相应下标的位置即可。对于符号表来说，一个最简单的散列函数（即 hash 函数）可以把符号名中的所有字符相加，然后对符号表的大小取模。也可以寻找更好的 hash 函数，这里我们提供一个不错的选择，由 P.J.

⊖ 《数据结构与算法分析——C 语言描述》，Mark Allen Weiss 著，冯舜玺译，机械工业出版社，第 80、351 和 89 页，2004 年。

Weinberger[⊖]提出：

```
1  unsignedinthash_pjw(char* name)
2  {
3    unsignedint val = 0, i;
4    for (; *name; ++name)
5    {
6      val = (val << 2) + *name;
7      if (i = val & ~0x3fff) val = (val ^ (i >> 12)) & 0x3fff;
8    }
9    return val;
10 }
```

需要注意的是，此处代码第7行的常数（0x3fff）确定了符号表的大小（即16384），我们在实现中可根据实际需要调整此常数以获得大小合适的符号表。如果散列表出现冲突，则可以通过在相应数组元素下面挂一个链表的方法[即闭合地址法（Closed Addressing），也称为链接法（Chaining）]来解决问题。这种方法在哈希表中为每个桶分配一个链表，当出现哈希冲突时，新的元素可以插入到相应桶的链表末尾。也可以通过再次计算散列函数的值而为当前符号寻找另一个槽的方式[即开放地址法（Open Addressing），也称为探测法（Probing）]来解决冲突问题。这种方法在哈希表中为每个桶分配一个探测序列（Probing Sequence），当出现哈希冲突时，新的元素可以通过探测序列的方式依次尝试放入相邻的位置，直到找到一个空的位置为止。或使用一些更酷的技术，使散列表中的元素分布更加平均一些，如乘法哈希函数（Multiplicative Hash Function），其基本思想是将关键字乘以一个常数因子，然后取结果的小数部分作为哈希值；通用哈希函数（Universal Hash Function）其设计原则是，对于任意给定的关键字集合，都应该能够设计出一个哈希函数族，使得每个哈希函数在这个关键字集合上的哈希冲突概率都很小。散列表在搜索效率和编程难度上的优异表现，使它成为符号表的实现中最常被采用的数据结构。

至于符号表里应该填些什么，这与不同程序设计语言的特性相关，更取决于编译器的设计者本身。只要是为了实现更好地生成目标代码，可以向符号表里填任何内容，因为符号表就是为了支持编写编译器而设置的。就实践内容二而言，对于变量，符号表至少要记录变量名及其类型；对于函数，符号表至少要记录其返回类型、参数个数以及参数类型这些信息。

3.2.3 支持多层作用域的符号表

如果编译器不需要支持变量的作用域（即不需要实现后续实践内容中的要求3.2），那可以跳过本节内容，不会对实践内容二的完成产生负面的影响。如果编译器需要支持变量的作用域，在现实中有函数式风格和命令式风格两种选择。考虑下面这段代码：

```
1  ...
2  int f()
3  {
4    int a, b, c;
5    ...
6    a = a + b;
```

⊖ http://en.wikipedia.org/wiki/Peter_J._Weinberger。

```
 7     if (b > 0)
 8     {
 9       int a = c * 2;
10       b = b - a;
11     }
12     ...
13   }
14   ...
```

函数 f 中定义了变量 a，在 if 语句中也定义了一个变量 a。如果要支持作用域，那么第一，编译器不能在“int a = c * 2;”这个地方报错；第二，语句“a = a + b;”中的 a 的值应该取外层定义中 a 的值，语句“b = b – a;”中的 a 的值应该是 if 语句内部定义的 a 的值，而这两个语句中 b 的值都应该取外层定义中“int a, b, c;”中 b 的值。为了使符号表支持这样的行为，可采用以下的方法。

1. 函数式风格（Functional Style）

第一种方法是维护一个符号表栈。假设当前函数 f 有一个符号表，表里有 a、b、c 这三个变量的定义。当编译器发现函数中出现了一个被“{”和“}”包含的语句块（在 C-- 语言中就相当于发现了 CompSt 语法单元）时，它会将 f 的符号表压栈，然后新建一个符号表，这个符号表里只有变量 a 的定义。当语句块中出现任何表达式使用到某个变量时，编译器先查找当前的符号表，如果找到就使用这个符号表里的该变量，如果找不到则顺着符号表栈向下逐个符号表进行查找，使用第一个查找成功的符号表里的相应变量。如果查遍所有的符号表都找不到这个变量，则报告当前语句出现了变量未定义的错误。每当编译器离开某个语句块时，会先销毁当前的符号表，然后从栈中弹出一个符号表作为当前的符号表。这种符号表的维护风格被称为函数式风格。该维护风格最多会申请 d 个符号表，其中 d 为语句块的最大嵌套层数。这种风格比较适合于采用链表或红黑树数据结构的符号表实现。假如符号表采用的是散列表数据结构，申请多个符号表无疑会占用大量的空间。

2. 命令式风格（Imperative Style）

命令式风格不会申请多个符号表，而是自始至终在单个符号表上进行动态维护。假设编译器在处理到当前函数 f 时符号表里有 a、b、c 三个变量的定义。当编译器发现函数中出现了一个被“{”和“}”包含的语句块，而在这个语句块中又有新的变量定义时，它会将该变量插入 f 的符号表。当语句块中出现任何表达式使用某个变量时，编译器就查找 f 的符号表。如果查找失败，则报告一个变量未定义的错误；如果查找成功，则返回查到的变量定义；如果出现了变量既在外层又在内层被定义的情况，则要求符号表返回最近的那个定义。每当编译器离开某个语句块时，会将这个语句块中定义的变量全部从表中删除。

命令式风格对符号表的数据结构有一定的要求。图 3.4 是一个满足要求的基于十字链表和 open hashing 散列表的命令式风格的符号表设计。这种设计的初衷很简单：除了散列表本身为了解决冲突问题所引入的链表之外，它从另一维度也引入链表将符号表中属于同一层作用域的所有变量都串起来。在图中，a、x 同属最外层定义的变量，i、j、var 同属中间一层定义的变量，i、j 同属最内层定义的变量。其中 i、j 这两个变量有同名情况，被分配到散列表的同一个槽内。每次向散列表中插入元素时，总是将新插入的元素放到该槽下挂的链表以及该层所对应的链表的表头。每次查表时如果定位到某个槽，则按顺序遍历这个槽下挂的链表并返回这个槽中符合条件的第一个变量，如此一来便可以保证：如果出现了变量既在外层又在内层被定义的情况，符号表能够返回最内层的那个定义（当然最内层的定义不一定在当前这一层，因此我们还需要符号表能够为每个变量记录一个深度信息）。每次进入一个语句块，需要为这一层语句块新建一个链表用来串联该层中新定义的变量；每次离开一个语句块，则需要顺着代表该层语句块的链表将所有本层定义变量全部删除。

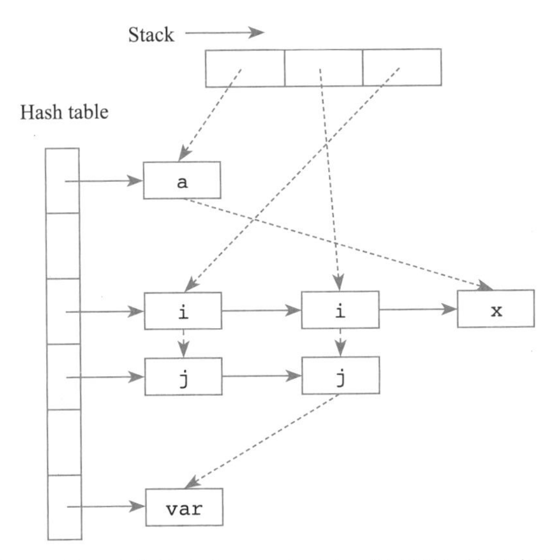

图 3.4　基于十字链表和 open hashing 散列表的符号表设计

如何处理作用域是语义分析的一大重点也是难点。考虑到实现难度，实践内容二并没有对作用域做过多要求，但现实世界中的动态作用域将更难实现，某些与作用域相关的问题甚至涉及代码生成与运行时刻环境。

3.2.4　类型表示

如果整个语言中只有基本类型，那么类型的表示将会极其简单：我们只需要用不同的常数代表不同的类型即可。但是，在引入了数组（尤其是多维数组）以及结构体之后，类型的表示就不那么简单了。

如果某个数组的每一个元素都是结构体类型，而这个结构体中又有某个域是多维数组，那么最简单的表示方法还是链表。多维数组的每一维都可以作为一个链表节点，每个链表节点保存两类内容：数组元素的类型，以及数组的大小。例如，`int a[10][3]` 可以表示为图 3.5 所示的形式。

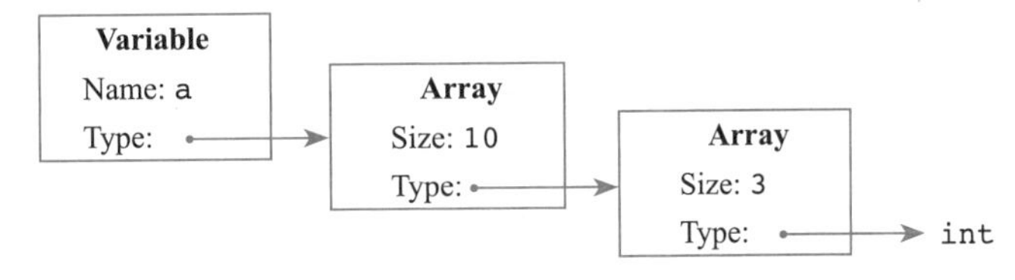

图 3.5　多维数组的链表表示示例

结构体同样也可以使用链表保存。例如，结构体 `struct SomeStruct { float f; float array[5]; int array2[10][10]; }` 可以表示为图 3.6 所示的形式。

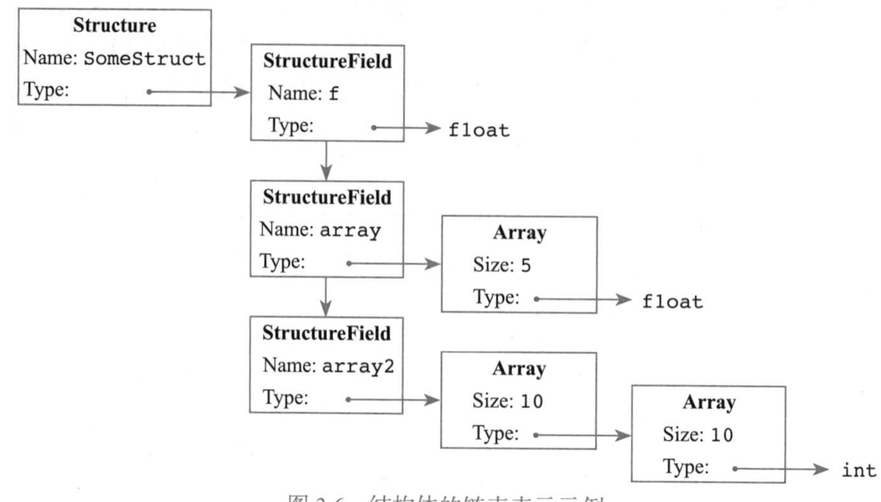

图 3.6 结构体的链表表示示例

在代码实现上，可以使用如下定义的 Type 结构来表示 C-- 语言中的类型。

```
1  typedef struct Type_* Type;
2  typedef struct FieldList_* FieldList;
3
4  struct Type_
5  {
6    enum { BASIC, ARRAY, STRUCTURE } kind;
7    union
8    {
9      // 基本类型
10     int basic;
11     // 数组类型信息包括元素类型与数组大小构成
12     struct { Type elem; int size; } array;
13     // 结构体类型信息是一个链表
14     FieldList structure;
15   } u;
16 };
17
18 struct FieldList_
19 {
20   char* name;  // 域的名字
21   Type type;  // 域的类型
22   FieldList tail;  // 下一个域
23 };
```

同作用域一样，类型系统也是语义分析的一个重要的组成部分。C-- 语言属于强类型系统，并且进行静态类型检查。当我们尝试着向 C-- 语言中添加更多的性质，例如引入指针、面向对象、显式 / 隐式类型转换、类型推断等机制时，会发现实现编译器的复杂程度会陡然上升。一个严谨的类型检查机制需要通过将类型规则转化为形式系统，并在这个形式系统上进行逻辑推理。为了控制实践内容的难度，我们不要求完成这些复杂的机制，但需要明白的是，实用的编译器内部的类型检查要复杂得多。

3.2.5　语义分析实践的额外提示

后续的实践内容二需要在实践内容一的基础上完成，特别是需要在实践内容一所构建的语法树上完成。实践内容二仍然需要对语法树进行遍历以进行符号表的相关操作以及类型的构造与检查。可以模仿 SDT 在 Bison 代码中插入语义分析的代码，但我们更推荐的做法是，Bison 代码只用于构造语法树，而把和语义分析相关的代码都放到一个单独的文件中去。如果采用前一种做法，所有语法节点的属性值请尽量使用综合属性；如果采用后一种做法，就没有这些限制。

每当遇到语法单元 ExtDef 或者 Def，就说明该节点的子节点们包含了变量或者函数的定义信息，这时候应当将这些信息通过对子节点们的遍历提炼出来并插入到符号表里。每当遇到语法单元 Exp，说明该节点及其子节点会使用变量或者函数，这个时候应当查符号表以确认这些变量或者函数是否存在以及它们的类型是什么。具体如何进行插入与查表，取决于符号表和类型系统的实现。实践内容二要求检查的错误类型较多，因此代码需要处理的内容也较复杂，请仔细完成。还有一点值得注意，在发现一个语义错误之后不要立即退出程序，因为实践内容要求中有说明需要程序有能力查出输入程序中的多个错误。

实践内容要求的必做内容共有 17 种语义错误需要检查，大部分只涉及查表与类型操作，不过有一个错误例外，那就是有关左值的错误。简单地说，左值代表地址，它可以出现在赋值号的左边或者右边；右值代表数值，它只能出现在赋值号的右边。变量、数组访问以及结构体访问一般既有左值又有右值，但常数、表达式和函数调用一般只有右值而没有左值。例如，赋值表达式 `x=3` 是合法的，但 `3=x` 是不合法的；`y=x+3` 是合法的，但 `x+3=y` 是不合法的。简单起见，可以只从语法层面来检查左值错误：赋值号左边能出现的只有 ID、Exp LB、Exp RB 以及 Exp DOT ID，而不能是其他形式的语法单元组合。最后 5 种语义错误都与结构体有关，如前所述，结构体可以使用链表来表示。

实践要求 3.1 与函数声明有关，函数声明需要在语法中添加产生式，并在符号表中记录每个函数当前的状态：是被实现了，还是只被声明未被实现。实践要求 3.2 涉及作用域，作用域的实现方法前文已经讨论过。实践要求 3.3 为实现结构等价，对于结构等价来说，只需要在判断两个类型是否相等时不是直接去比较类型名，而是针对结构体中的每个域逐个进行类型比较即可。

3.3　语义分析的实践内容

3.3.1　实践要求

在本次实践内容中，我们对 C-- 语言做如下假设，可以认为这些就是 C-- 语言的特性（注意，假设 3、假设 4 和假设 5 可能因后面的不同选做要求而有所改变）。

（1）假设 1：整型（int）变量不能与浮点型（float）变量相互赋值或者相互运算。

（2）假设 2：仅有 int 型变量才能进行逻辑运算或者作为 if 和 while 语句的条件；仅有 int 型和 float 型变量才能参与算术运算。

（3）假设 3：任何函数只进行一次定义，无法进行函数声明。

（4）假设 4：所有变量（包括函数的形参）的作用域都是全局的，即程序中所有变量均不能重名。

（5）假设 5：结构体间的类型等价机制采用名等价（Name Equivalence）的方式。

（6）假设 6：函数无法进行嵌套定义。

（7）假设 7：结构体中的域不与变量重名，并且不同结构体中的域互不重名。

以上七个假设也可视为要求，违反即会导致各种语义错误，不过我们只对后面讨论的 17 种错误类型进行考察。此外，可以安全地假设输入文件中不包含注释、八进制数、十六进制数，以及指数形式的浮点数，也不包含任何词法或语法错误（除了特别说明的针对选做要求的测试）。

程序需要对输入文件进行语义分析（输入文件中可能包含函数、结构体、一维和高维数组）并检查如下类型的错误：

（1）错误类型 1：变量在使用时未经定义。

（2）错误类型 2：函数在调用时未经定义。

（3）错误类型 3：变量出现重复定义，或变量与前面定义过的结构体名字重复。

（4）错误类型 4：函数出现重复定义（即同样的函数名出现了不止一次定义）。

（5）错误类型 5：赋值号两边的表达式类型不匹配。

（6）错误类型 6：赋值号左边出现一个只有右值的表达式。

（7）错误类型 7：操作数类型不匹配或操作数类型与操作符不匹配（例如整型变量与数组变量相加减，或数组（或结构体）变量与数组（或结构体）变量相加减）。

（8）错误类型 8：`return` 语句的返回类型与函数定义的返回类型不匹配。

（9）错误类型 9：函数调用时实参与形参的数目或类型不匹配。

（10）错误类型 10：对非数组型变量使用“[…]”（数组访问）操作符。

（11）错误类型 11：对普通变量使用“(…)”或“()”（函数调用）操作符。

（12）错误类型 12：数组访问操作符“[…]”中出现非整数（例如 a[1.5]）。

（13）错误类型 13：对非结构体型变量使用“.”操作符。

（14）错误类型 14：访问结构体中未定义过的域。

（15）错误类型 15：结构体中域名重复定义（指同一结构体中），或在定义时对域进行初始化（例如 `struct A {int a=0;}`）。

（16）错误类型 16：结构体的名字与前面定义过的结构体或变量的名字重复。

（17）错误类型 17：直接使用未定义过的结构体来定义变量。

其中，要注意三点：一是关于数组类型的等价机制，同 C 语言一样，只要数组的基类型和维数相同我们即认为类型是匹配的，例如 `int a[10][2]` 和 `int b[5][3]` 属于同一类型；二是我们允许类型等价的结构体变量之间的直接赋值（见后面的测试样例），这时的语义是，对应的域相应赋值（数组域也如此，按相对地址赋值直至所有数组元素赋值完毕或目标数组域已经填满）；三是对于结构体类型等价的判定，每个匿名的结构体类型我们认为均具有一个独有的隐藏名字，以此进行名等价判定。

除此之外，程序可以选择完成以下部分或全部的要求：

（1）要求 3.1：修改前面的 C-- 语言假设 3，使其变为“函数除了在定义之外还可以进行声明”。函数的定义仍然不可以重复出现，但函数的声明在相互一致的情况下可以重复出现。任一函数无论声明与否，其定义必须在源文件中出现。在新的假设 3 下，程序还需要检查两类新的错误和增加新的产生式：

1）错误类型 18：函数进行了声明，但没有被定义。

2）错误类型 19：函数的多次声明互相冲突（即函数名一致，但返回类型、形参数量或者形参类型不一致），或者声明与定义之间互相冲突。

3）由于 C-- 语言文法中并没有与函数声明相关的产生式，因此需要先对该文法进行适当修改。对于函数声明来说，我们并不要求支持像“`int foo(int, float)`”这样省略参数名的函数声明。在修改的时候要留意，改动应该以不影响其他错误类型的检查为原则。

（2）要求 3.2：修改前面的 C-- 语言假设 4，使其变为“变量的定义受可嵌套作用域的影响，外层语句块中定义的变量可在内层语句块中重复定义（但此时在内层语句块中就无法访问到外层语句块的同名变量），内层语句块中定义的变量到了外层语句块中就会消亡，不同函数体内定义的局部变量可以相互重名”。在新的假设 4 下，完成错误类型 1 至 17 的检查。

（3）要求 3.3：修改前面的 C-- 语言假设 5，将结构体间的类型等价机制由名等价改为结构等价（Structural Equivalence）。例如，虽然名称不同，但两个结构体类型 `struct a {int x; float y;}` 和 `struct b {int y; float z;}` 仍然是等价的类型。注意，在结构等价时不要将数组展开来判断，例如 `struct A {int a; struct {float f; int i;} b[10];}` 和 `struct B {struct {int i; float f;} b[10]; int b;}` 是不等价的。在新的假设 5 下，完成错误类型 1 至 17 的检查。

3.3.2　输入格式

程序的输入是一个包含 C-- 源代码的文本文件，该源代码中可能会有语义错误。程序需要能够接收一个输入文件名作为参数。例如，假设程序名为 cc、输入文件名为 test1、程序和输入文件都位于当前目录下，那么在 Linux 命令行下运行 `./cc test1` 即可获得以 test1 作为输入文件的输出结果。

3.3.3　输出格式

实践内容二要求通过标准输出打印程序的运行结果。对于那些没有语义错误的输入文件，程序不需要输出任何内容。对于那些存在语义错误的输入文件，程序应当输出相应的错误信息，这些信息包括错误类型、出错的行号以及说明文字，其格式为：

```
Error type [错误类型] at Line [行号]: [说明文字].
```

说明文字的内容没有具体要求，但是错误类型和出错的行号一定要正确，因为这是判断输出的错误提示信息是否正确的唯一标准。请严格遵守实践内容要求中给定的错误分类，否则将影响实践内容评分。

输入文件中可能包含一个或者多个错误（但每行最多只有一个错误），程序需要将它们全部检查出来。当然，有些时候输入文件中的一个错误会产生连锁反应，导致别的地方出现多个错误（例如，一个未定义的变量在使用时由于无法确定其类型，会使所有包含该变量的表达式产生类型错误），我们只会去考察程序是否报告了本质错误（如果难以确定哪个错误是本质错误，建议报告所有发现的错误）。但是，如果源程序里有错而程序没有报错或报告的错误类型不对，又或者源程序里没有错但程序却报错，都会影响实践内容评分。

3.3.4 验证环境

程序将在如下环境中被编译并运行（同实践内容一）：

- GNU Linux Release: Ubuntu 20.04, kernel version 5.13.0-44-generic
- GCC version 7.5.0
- GNU Flex version 2.6.4
- GNU Bison version 3.5.1

一般而言，只要避免使用过于冷门的特性，使用其他版本的 Linux 或者 GCC 等，也基本上不会出现兼容性方面的问题。注意，实践内容二的检查过程中不会去安装或尝试引用各类方便编程的函数库（如 glib 等），因此请不要在程序中使用它们。

3.3.5 提交要求

实践内容二要求提交如下内容（同实践内容一）：

（1）Flex、Bison 以及 C 语言的可被正确编译运行的源程序。

（2）一份 PDF 格式的实践内容报告，内容包括：

1）程序实现了哪些功能？简要说明如何实现这些功能。清晰的说明有助于助教对程序所实现的功能进行合理的测试。

2）程序应该如何被编译？可以使用脚本、makefile 或逐条输入命令进行编译，请详细说明应该如何编译提交的程序。无法顺利编译将导致助教无法对程序所实现的功能进行任何测试，从而丢失相应的分数。

3）实践内容报告的长度不得超过三页！所以实践内容报告中需要重点描述的是程序中的亮点，是提交者认为最个性化、最具独创性的内容，而相对简单的、任何人都可以做的内容则可不提或简单地提一下，尤其要避免大段地向报告里贴代码。实践内容报告中所出现的最小字号不得小于 5 号字（或英文 11 号字）。

3.3.6 样例（必做部分）

实践内容二的样例包括必做部分与选做部分，分别对应于实践内容要求中的必做内容和选做要求。请仔细阅读样例，以加深对实践内容要求以及输出格式要求的理解。本节列举必做内容样例。

【样例 1】

- 输入

```
1  int main()
2  {
```

```
3    int i = 0;
4    j = i + 1;
5  }
```

● 输出

样例输入中变量“j”未定义，因此程序可以输出如下的错误提示信息：

```
Error type 1 at Line 4: Undefined variable "j".
```

【样例2】

● 输入

```
1  int main()
2  {
3    int i = 0;
4    inc(i);
5  }
```

● 输出

样例输入中函数“inc”未定义，因此程序可以输出如下的错误提示信息：

```
Error type 2 at Line 4: Undefined function "inc".
```

【样例3】

● 输入

```
1  int main()
2  {
3    int i, j;
4    int i;
5  }
```

● 输出

样例输入中变量“i”被重复定义，因此程序可以输出如下的错误提示信息：

```
Error type 3 at Line 4: Redefined variable "i".
```

【样例4】

● 输入

```
 1  int func(int i)
 2  {
 3    return i;
 4  }
 5
 6  int func()
 7  {
 8    return 0;
 9  }
10
11  int main()
```

```
12  {
13  }
```

● 输出

样例输入中函数“func”被重复定义，因此程序可以输出如下的错误提示信息：

```
Error type 4 at Line 6: Redefined function "func".
```

【样例 5】

● 输入

```
1  int main()
2  {
3    int i;
4    i = 3.7;
5  }
```

● 输出

样例输入中错将一个浮点常数赋值给一个整型变量，因此程序可以输出如下的错误提示信息：

```
Error type 5 at Line 4: Type mismatched for assignment.
```

【样例 6】

● 输入

```
1  int main()
2  {
3    int i;
4    10 = i;
5  }
```

● 输出

样例输入中整数“10”出现在了赋值号的左边，因此程序可以输出如下的错误提示信息：

```
Error type 6 at Line 4: The left-hand side of an assignment must be a variable.
```

【样例 7】

● 输入

```
1  int main()
2  {
3    float j;
4    10 + j;
5  }
```

● 输出

样例输入中表达式“10+j”的两个操作数的类型不匹配，因此程序可以输出如下的错误提示信息：

```
Error type 7 at Line 4: Type mismatched for operands.
```

【样例 8】

● 输入

```
1  int main()
2  {
3    float j = 1.7;
4    return j;
5  }
```

● 输出

样例输入中“main”函数返回值的类型不正确，因此程序可以输出如下的错误提示信息：

```
Error type 8 at Line 4: Type mismatched for return.
```

【样例 9】

● 输入

```
1  int func(int i)
2  {
3    return i;
4  }
5
6  int main()
7  {
8    func(1, 2);
9  }
```

● 输出

样例输入中调用函数“func”时实参数目不正确，因此程序可以输出如下的错误提示信息：

```
Error type 9 at Line 8: Function "func(int)" is not applicable for arguments
    "(int, int)".
```

【样例 10】

● 输入

```
1  int main()
2  {
3    int i;
4    i[0];
5  }
```

● 输出

样例输入中变量“i”不是数组型变量，因此程序可以输出如下的错误提示信息：

```
Error type 10 at Line 4: "i" is not an array.
```

【样例 11】

● 输入

```
1  int main()
```

```
2  {
3    int i;
4    i(10);
5  }
```

- 输出

样例输入中变量“i”不是函数，因此程序可以输出如下的错误提示信息：

```
Error type 11 at Line 4: "i" is not a function.
```

【样例 12】

- 输入

```
1  int main()
2  {
3    int i[10];
4    i[1.5] = 10;
5  }
```

- 输出

样例输入中数组访问符中出现了非整型常数“1.5”，因此程序可以输出如下的错误提示信息：

```
Error type 12 at Line 4: "1.5" is not an integer.
```

【样例 13】

- 输入

```
 1  struct Position
 2  {
 3    float x, y;
 4  };
 5
 6  int main()
 7  {
 8    int i;
 9    i.x;
10  }
```

- 输出

样例输入中变量“i”不是结构体类型变量，因此程序可以输出如下的错误提示信息：

```
Error type 13 at Line 9: Illegal use of ".".
```

【样例 14】

- 输入

```
 1  struct Position
 2  {
 3    float x, y;
 4  };
 5
```

```
 6  int main()
 7  {
 8    struct Position p;
 9    if (p.n == 3.7)
10      return 0;
11  }
```

- 输出

样例输入中结构体变量“p”访问了未定义的域“n”，因此程序可以输出如下的错误信息：

```
Error type 14 at Line 9: Non-existent field "n".
```

【样例15】

- 输入

```
1  struct Position
2  {
3    float x, y;
4    int x;
5  };
6
7  int main()
8  {
9  }
```

- 输出

样例输入中结构体的域“x”被重复定义，因此程序可以输出如下的错误信息：

```
Error type 15 at Line 4: Redefined field "x".
```

【样例16】

- 输入

```
 1  struct Position
 2  {
 3    float x;
 4  };
 5
 6  struct Position
 7  {
 8    int y;
 9  };
10
11  int main()
12  {
13  }
```

- 输出

样例输入中两个结构体的名字重复，因此程序可以输出如下的错误信息：

```
Error type 16 at Line 6: Duplicated name "Position".
```

【样例 17】

- 输入

```
1  int main()
2  {
3    struct Position pos;
4  }
```

- 输出

样例输入中结构体“Position”未经定义，因此程序可以输出如下的错误信息：

```
Error type 17 at Line 3: Undefined structure "Position".
```

3.3.7 样例（选做部分）

本节列举选做要求样例。

【样例 1】

- 输入

```
 1  int func(int a);
 2
 3  int func(int a)
 4  {
 5    return 1;
 6  }
 7
 8  int main()
 9  {
10  }
```

- 输出

如果程序需要完成要求 3.1，这个样例输入不存在任何词法、语法或语义错误，因此不需要输出错误信息。

如果程序不需要完成要求 3.1，这个样例输入存在语法错误，因此程序可以输出如下的错误提示信息：

```
Error type B at Line 1: Incomplete definition of function "func".
```

【样例 2】

- 输入

```
1  struct Position
2  {
3    float x,y;
4  };
5
6  int func(int a);
```

```
 7
 8  int func(struct Position p);
 9
10  int main()
11  {
12  }
```

- 输出

如果程序需要完成要求3.1，这个样例输入存在两处语义错误：一是函数“func”的两次声明不一致；二是函数“func”未定义，因此程序可以输出如下的错误提示信息：

```
Error type 19 at Line 8: Inconsistent declaration of function "func".
Error type 18 at Line 6: Undefined function "func".
```

注意，我们对错误提示信息的顺序不做要求。

如果程序不需要完成要求3.1，这个样例输入存在两处语法错误，因此程序可以输出如下的错误提示信息：

```
Error type B at Line 6: Incomplete definition of function "func".
Error type B at Line 8: Incomplete definition of function "func".
```

【样例3】

- 输入

```
 1  int func()
 2  {
 3    int i = 10;
 4    return i;
 5  }
 6
 7  int main()
 8  {
 9    int i;
10    i = func();
11  }
```

- 输出

如果程序需要完成要求3.2，这个样例输入不存在任何词法、语法或语义错误，因此不需要输出错误信息。

如果程序不需要完成要求3.2，样例输入中的变量“i”被重复定义，因此程序可以输出如下的错误信息：

```
Error type 3 at Line 9: Redefined variable "i".
```

【样例4】

- 输入

```
 1  int func()
 2  {
 3    int i = 10;
```

```
 4     return i;
 5   }
 6
 7   int main()
 8   {
 9     int i;
10     int i, j;
11     i = func();
12   }
```

- 输出

如果程序需要完成要求 3.2，样例输入中的变量“i”被重复定义，因此程序可以输出如下的错误提示信息：

```
Error type 3 at Line 10: Redefined variable "i".
```

如果程序不需要完成要求 3.2，样例输入中的变量“i”被重复定义了两次，因此程序可以输出如下的错误提示信息：

```
Error type 3 at Line 9: Redefined variable "i".
Error type 3 at Line 10: Redefined variable "i".
```

【样例 5】

- 输入

```
 1   struct Temp1
 2   {
 3     int i;
 4     float j;
 5   };
 6
 7   struct Temp2
 8   {
 9     int x;
10     float y;
11   };
12
13   int main()
14   {
15     struct Temp1 t1;
16     struct Temp2 t2;
17     t1 = t2;
18   }
```

- 输出

如果程序需要完成要求 3.3，这个样例输入不存在任何词法、语法或语义错误，因此不需要输出错误信息。

如果程序不需要完成要求 3.3，样例输入中的语句“`t1 = t2;`”其赋值号两边变量的类型不匹配，因此程序可以输出如下的错误提示信息：

```
Error type 5 at Line 17: Type mismatched for assignment.
```

【样例 6】

- 输入

```
1  struct Temp1
2  {
3    int i;
4    float j;
5  };
6
7  struct Temp2
8  {
9    int x;
10 };
11
12 int main()
13 {
14   struct Temp1 t1;
15   struct Temp2 t2;
16   t1 = t2;
17 }
```

- 输出

如果程序需要完成要求 3.3，样例输入中的语句“`t1=t2;`”其赋值号两边变量的类型不匹配，因此程序可以输出如下的错误提示信息：

```
Error type 5 at Line 16: Type mismatched for assignment.
```

如果程序不需要完成要求 3.3，应该输出与上述一样的错误提示信息：

```
Error type 5 at Line 16: Type mismatched for assignment.
```

3.4 本章小结

在本章中，我们已经详细讨论了语义分析的理论以及实践技术。语义分析的任务是在代码通过语法分析判断为符合语法规范之后，进一步将标识符的定义与使用相关联，从而检查每一个表达式是否拥有正确的类型，进而将抽象语法转换成更简单的、适合于生成中间代码的表示。

本章首先介绍了形式语义学中目前较流行的三种理论方法：通过上下文无关文法、属性和语义规则相结合的属性文法；在属性文法基础上增加副作用的语法制导的定义；语法制导的定义进一步增加语义动作得到的语法制导的翻译方案。语法制导的定义在属性文法和语法制导的翻译方案之间提供了一个平衡点，既能够支持属性文法的无副作用性，也能够支持翻译方案的顺序求值和任意程序片段的语义动作。

此外，本章中也讨论了对应的技术实践内容，因为实现语法制导的翻译方案，还需要有一些辅助的容器和模型：符号表和类型系统。符号表是其中最重要的容器，因为语法制导翻译本质上是把程序转化为产生式和语义规则，语义规则的产物之一就是符号表。符号表中一个重要的内容是类型，类型系统用于实现类型检查，类型检查是编译器尝试发现程序语义中类型错误的关键过程。

习题

3.1 假设有如下文法：

$S \to id := E$
$\mid$ if B then S
$\mid$ while B do S
$\mid$ begin S ; S end
$\mid$ break

写出一个翻译方案，其任务是：若发现 break 未出现在循环语句中，则报告错误。

3.2 下面文法产生代表正二进制数的 0 和 1 的串集：

$$B \to B\,0 \mid B\,1 \mid 1$$

下面的翻译方案计算这种正二进制数的十进制值：

$$B \to B10\ \{B.val= B1.val*2\}$$
$$B \to B11\{B.val= B1.val*2+1\}$$
$$B \to 1\{B.val= 1\}$$

请消除该基础文法的左递归，再重写一个翻译方案，使得它仍然计算这种正二进制数的十进制值。

3.3 设有 PASCAL 程序：

```
1  PROGRAM p;
2  VAR a,b,c,d,e: real;
3  PROCEDURE a;
4  VAR c,e,f,g: real;
5  BEGIN
6  ...
7  c;
8  ...
9  END;
10 PROCEDURE b;
11 VAR e, d: integer;
12 BEGIN;
13 ...
14 END;
15 PROCEDURE c;
16 VAR h:real;
17 f:ARRAY\[1··10\] OF integer;
18 BEGIN
19 ...
20 END;
21 BEGIN
22 ...
23 END.
```

试给出编译器对此程序建立的可能的符号表（假设一个 integer 型变量的长度为 4 个字节，一个 real 型变量的长度为 8 个字节）。

3.4 设有 PASCAL 程序：

```
 1  PROGRAM p;
 2  VAR a,b,c,d,e: real;
 3  PROCEDURE a;
 4  VAR c,e,f,g: real;
 5  PROCEDURE b;
 6  VAR e, d: integer;
 7  BEGIN
 8  ...
 9  c;
10  ...
11  END;
12  BEGIN;
13  ...
14  END;
15  PROCEDURE c;
16  VAR h:real;
17  f:ARRAY[1··10] OF integer;
18  BEGIN
19  ...
20  END;
21  BEGIN
22  ...
23  END.
```

试给出编译器对此程序建立的可能的符号表（假设一个 integer 型变量的长度为 4 个字节，一个 real 型变量的长度为 8 个字节）。

3.5 假设有如下的 PASCAL 程序段：

```
1  type link= ↑ cell;
2  var next: link;
3       last: link;
4       r: ↑ cell;
5       s,t: ↑ cell;
```

程序段中的 5 个名字：next、last、r、s 和 t，哪些是结构等价？哪些是名字等价？

3.6 给定表 3.1 所示的 SDD，图 3.7 是句子 real id, id 的注释分析树的依赖图。图 3.7 中的全部拓扑顺序有哪些？

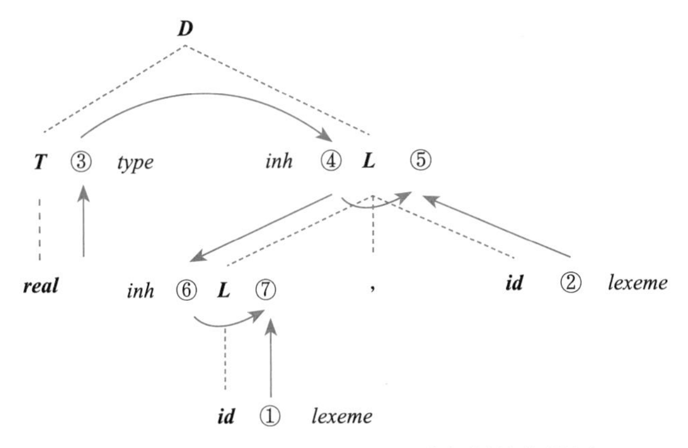

图 3.7 句子 real id, id 的注释分析树的依赖图

3.7 假设有一个产生式 $A \rightarrow BCD$。非终结符 A、B、C、D 各自都有两个属性，一个综合属性 s 和一个继承属性 i。对于下面的每组规则：

(1) $A.s = B.s + D.i$

(2) $A.s = B.i + C.s$

$B.i = C.i + D.s$

(3) $A.s = C.s + D.s$

(4) $A.s = C.s + D.i$

$B.i = A.s$

$C.i = B.s$

$D.i = B.i + C.s$

请指出：

（1）这些规则是否满足 S 属性定义的要求？

（2）这些规则是否满足 L 属性定义的要求？

（3）是否存在和这些规则一致的求值过程？

第 4 章　中间代码生成

【引言故事】

中间代码生成是编译器工作过程中的一个关键阶段，其主要任务是将源代码转换为中间表示形式，以便后续进行机器无关的优化和目标代码生成。结合我国传统文化，我们可以用文言文翻译来类比这个过程。编译器工作过程中的中间代码生成和文言文翻译都需要将某种源语言转化为目标语言，因此二者存在一定的相似性。

在中间代码生成的过程中，源代码作为源语言，是一种高级语言，而中间代码则是目标语言，同时也是一种中级语言。在编译过程中，中间代码是对源代码进行词法分析、语法分析与语义分析等操作之后的中间产物，以便后续阶段进行目标代码生成。与之相似，将文言文翻译为现代汉语，也是一个从源语言到目标语言的翻译过程。文言文翻译也需要对原文进行语法分析、语义分析、翻译校对和修改等操作，以便将其转换为现代汉语或其他目标语言，并且符合正确的表达习惯。另外，翻译的结果只是作为一个中间产物，如果我们想要更好地理解一段文字中蕴含的丰富感情、表达意图以及题材类别，我们还需要将其凝练成最终的相关词汇。这相当于编译过程后期使用中间代码生成目标代码的过程。例如《古文观止》[⊖]中说到《诗经 · 秦风 · 无衣》的“岂曰无衣，与子同裳”翻译为现代汉语是“谁说我没有衣服可穿？与你共穿那战裙”，而更深层次的意思是借助共同穿战裙这件事情表达共御外敌的英雄主义精神。再如诗仙李白的千古名句“床前明月光，疑是地上霜”翻译为现代汉语是“床前明亮的月光，让人误以为地上已经结霜了”。作者借助“结霜”这个比喻，既形容了月光的皎洁，又表达了季节的寒冷，还烘托出诗人漂泊他乡的孤寂凄凉之情。

除此之外，中间代码生成的过程还可以类比成中国传统文化中的书法创作过程。在书法创作的过程中，书法家需要掌握一定的技法和规则，例如笔画线条的粗细、笔画的顺序、毛笔的不同使用技法等，这些技法和规则是书法家可以借鉴和运用的经验与工具。同样地，编译器需要运用一系列的算法和规则，例如词法分析、语法分析和语义分析等，这些算法和规则是编译器生成中间代码时可以借鉴和运用的。类比于书法创作，这个过程则类似于草书的写作，首先书法家需要有一份清晰、准确的草稿，而中间代码生成也需要先有一份正确、完整的源代码；在草书写作过程中，书法家需要对每个字的形状、笔画顺序和排列位置有清晰的认识和把握，才能将草书写得漂亮、流畅。

总之，中间代码是高级语言代码的翻译结果，但它不依赖于任何特定的目标机器，而是依赖于编译器本身的语义规则。编译器的中间代码生成是将源代码转换为目标代码的重要阶段之一。在此阶段，编译器将源代码翻译成中间代码表示形式，以供后续优化和代码生成阶

⊖ 引自《传世经典 · 文白对照　古文观止》由清初吴楚材、吴调侯编定，2014 年由中华书局出版，译者为钟基。

段使用。也就是说，中间代码生成使得编译器的优化更容易，提高了编译器的灵活性，具有承上启下的作用。

【本章要点】

中间代码生成是编译器工作流程中的核心阶段之一，其核心目标是将源代码翻译为对应的中间代码，以便实现后续的机器无关优化和目标代码生成。为了形成完整的中间代码生成步骤，本章将首先介绍编译器中的运行时环境、存储组织，以及栈帧设计方法。然后，从中间代码的层次和表示方式两方面分别介绍中间代码的表示形式。此外，本章还将讨论类型和声明的相关概念（例如，类型表达式、类型等价、局部变量名的存储布局、类型声明和类型记录等）。在表达式翻译部分，本章将重点讨论赋值语句、增量翻译和数组引用的翻译；在控制流与回填部分，本章将着重介绍布尔表达式和控制流语句的翻译，以及布尔表达式和控制流语句的回填理论方法。

此外，本章也将讨论中间代码生成理论方法所对应的技术实践内容，在所提供的技术指导下，编写一个程序为基于 C-- 语言的源代码生成中间代码，并打印出相应的中间代码表示结果。该实践任务要求使用 GNU Flex、GNU Bison，以及 C 语言来实现中间代码的生成，结合本章前面部分介绍的理论方法，编写一个中间代码的生成程序将是一件轻松愉快的事情。

【思维导图】

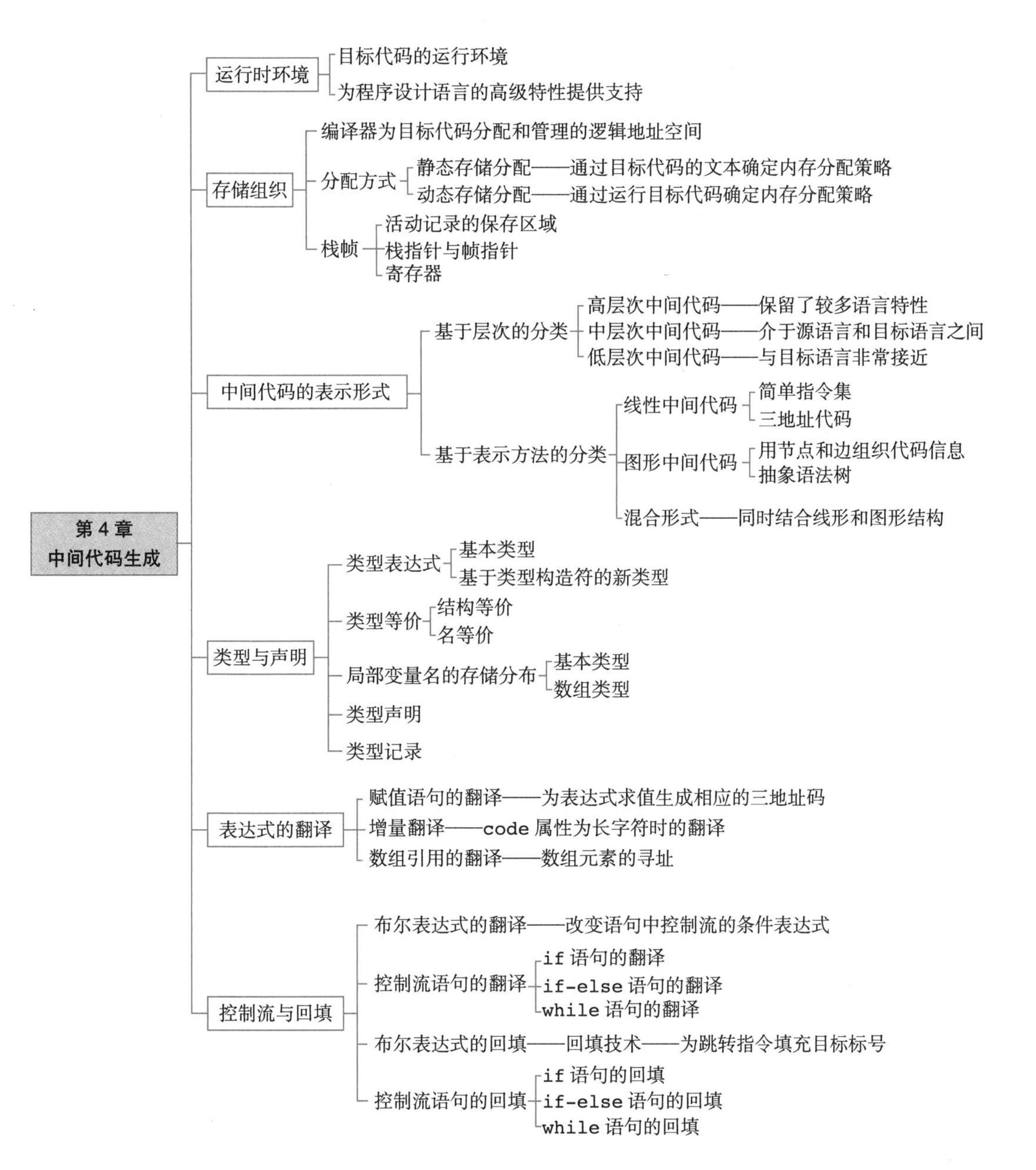
第 4 章
中间代码生成
运行时环境
目标代码的运行环境
为程序设计语言的高级特性提供支持
存储组织
编译器为目标代码分配和管理的逻辑地址空间
分配方式
静态存储分配——通过目标代码的文本确定内存分配策略
动态存储分配——通过运行目标代码确定内存分配策略
栈帧
活动记录的保存区域
栈指针与帧指针
寄存器
中间代码的表示形式
基于层次的分类
高层次中间代码——保留了较多语言特性
中层次中间代码——介于源语言和目标语言之间
低层次中间代码——与目标语言非常接近
基于表示方法的分类
线性中间代码
简单指令集
三地址代码
图形中间代码
用节点和边组织代码信息
抽象语法树
混合形式——同时结合线形和图形结构
类型与声明
类型表达式
基本类型
基于类型构造符的新类型
类型等价
结构等价
名等价
局部变量名的存储分布
基本类型
数组类型
类型声明
类型记录
表达式的翻译
赋值语句的翻译——为表达式求值生成相应的三地址码
增量翻译——code 属性为长字符时的翻译
数组引用的翻译——数组元素的寻址
控制流与回填
布尔表达式的翻译——改变语句中控制流的条件表达式
控制流语句的翻译
if 语句的翻译
if-else 语句的翻译
while 语句的翻译
布尔表达式的回填——回填技术——为跳转指令填充目标标号
控制流语句的回填
if 语句的回填
if-else 语句的回填
while 语句的回填

4.1 中间代码生成的理论方法

4.1.1 运行时环境概要

程序设计语言中通常包括基本类型、数组和结构体、类和对象、函数调用以及作用域等抽象概念。然而，程序运行所基于的底层硬件只能支持有限的抽象概念。现代计算机的底层硬件，只对 32 位或 64 位的整数、IEEE 浮点数、基本算术运算、数值拷贝，以及简单的跳转提供直接支持。为了准确地表示和实现这些抽象层次的概念，编译器创建并管理一个**运行时环境**（Runtime Environment）。通过运行时环境编译出的目标代码运行在该环境中。该环境可以为程序设计语言中的各种高级特性提供支持。例如，为在源代码中命名的对象分配和安排存储位置，确定目标代码访问变量时所使用的机制、参数传递机制、系统调用、输入输出设备与其他代码之间的接口等。我们将在后续的实践技术部分中详细介绍运行时环境如何表示基本类型、数组和结构体以及函数调用这三种抽象概念。

4.1.2 存储组织与栈帧设计方法

1. 存储组织

为了保障目标代码的运行，编译器通常会为目标代码分配和管理一个逻辑地址空间。图 4.1[⊖]展示了运行时存储空间划分的一个示例。一段目标代码在逻辑地址空间中运行时，其存储空间由低到高依次为：代码区、静态区、堆区、空闲内存和栈区。

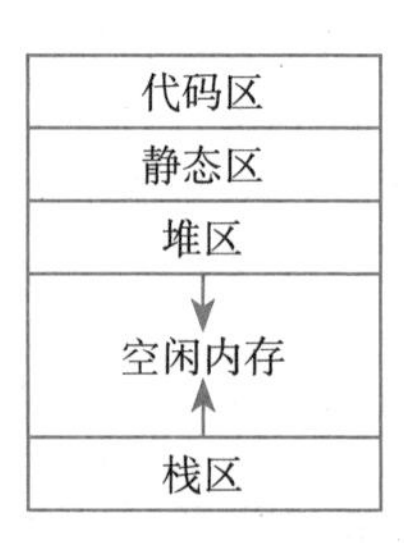

图 4.1 运行时存储空间划分的一个示例（上方是低地址内存区，下方是高地址内存区）

其中，代码区主要用于存储可运行的目标代码，通常位于逻辑地址低端的空间。由于可运行的目标代码的大小在编译时已经确定，因此代码区是一个可被静态确定的区域。同时，静态区还存储目标代码的数据对象，例如，全局变量和编译器生成的数据等。数据对象通常由静态分配，这是因为数据对象的地址可以被编译到目标代码中。堆区和栈区位于剩余的逻辑地址空间中，这两个区域的大小会根据目标代码的运行而改变。当编译器无须运行目标代码，仅通过目标代码的文本即可确定内存分配时，该方式称为**静态存储分配**。当编译器必须通过运行目标代码才能确定内存分配策略时，该方式称为**动态存储分配**。编译器一般通过组合栈式存储和堆式存储两种策略来实现动态存储分配。栈区通常是从高地址位向低地址

⊖ 图片来源于《编译原理》，Alfred V. Aho 等著，赵建华、郑滔和戴新宇译，机械工业出版社，第 275 页，2009 年。

位增长的一块连续内存区域，主要存放函数的参数值、局部变量、返回地址信息，以及调用信息等数据；这些数据信息通常将在函数调用结束时被自动清理释放。而堆区通常处于静态区及栈区中间的区域，目前的常见实现是通过链表索引存储空闲地址；堆区主要用于动态分配内存，与栈区相比，堆区上的内存空间需要程序员手动申请，并且不会在函数调用结束时被自动销毁；在 C/C++ 等语言中，堆上已分配的内存空间需要程序员手动释放，而在 Java/Python 等语言中，则是通过垃圾回收器的运行完成释放。此外，运行时环境中数据位置的布局和分配也是存储组织的关键问题。

2. 栈帧

程序在调用函数时需要进行一系列的配套工作，例如，找到函数的入口地址、传递参数、为局部变量申请空间、保存寄存器现场，以及实现返回值传递和控制流跳转等。栈中用于保存上述信息的区域称为该函数的活动记录（Activation Record）。由于活动记录经常被保存在栈上，因此活动记录又称为栈帧（Stack Frame）。

图 4.2 展示了编译器中一种常见的栈帧结构。该栈帧中局部变量部分存放在栈帧中，部分保存在寄存器中。在当前函数调用其他函数时，可在传出参数空间传递参数。在允许声明嵌套函数的语言中，内层函数可以使用外层函数声明的变量。当调用函数 f 时，f 的活动记录中将保存一个指针，指向程序结构上包含 f 的直接外层函数的活动记录，该指针被称为静态链（Static Link）。静态链的存在可以用于访问函数 f 中用到的非局部变量信息。而动态链（Dynamic Link）是指向调用者活动记录指针，也称为控制链，表示了函数在运行时刻的调用嵌套情况。

临时变量
局部变量
动态链
保护的寄存器
返回地址
形参

图 4.2　栈帧结构（上方是低地址内存区，下方是高地址内存区）

寄存器（Register）主要负责存放函数的局部变量，表达式的中间结果和其他值。通过这种方式，可以快速运行编译生成的代码。一台计算机中通常包含一组寄存器，然而，不同的函数和过程往往需要同时使用寄存器。假设函数 f 调用函数 g，并且两个函数需要使用同一个寄存器 r。在这种情况下，函数 g 在使用寄存器 r 之前必须先将 r 的旧值保护在栈帧中。在函数 g 返回时，将寄存器 r 的旧值恢复。此时，如果必须由调用者 f 来保护和恢复寄存器 r，我们称 r 为调用者保护的寄存器；如果这是由被调用者 g 负责，则称 r 是被调用者保护的寄存器。

栈是一种特殊的数据结构。栈帧包含两个关键的指针：栈指针（Stack Pointer）和帧指针（Frame Pointer）。栈指针用来标识栈的顶端，栈指针之后的所有位置都视为可用存储空间，而位于栈指针之前的所有位置都视为已分配的存储空间。帧指针是一个单独的寄存器，用来标识当前栈帧的起始位置，其位置可通过栈指针减去栈帧长度的方法获取。

返回地址通常情况下通过 call 指令产生，主要负责告知当前函数调用结束后应该返回的正确地址。例如，当函数 f 调用函数 g 时，被调用函数 g 必须知道其在执行完后需要返回的位置，假设 f 调用 g 的 call 指令位于地址 a，则函数 g 的返回位置应位于 call 指令的下一条指令处，即 a+1。该地址则为返回地址（Return Address）。

目前函数调用过程中的参数、返回地址、大部分局部变量和表达式中间结果的传递均需要寄存器实现。然而，仍然存在一些需要将变量存放至栈帧中的情况：变量作为传地址参数时，值太大以至于不能存放至单个寄存器；局部变量和临时变量个数太多，以至于无法全部放入寄存器；过程嵌套时，变量被当前过程内嵌套的过程访问；需要引用其他元素进行地址运算的数组变量；以及存储变量的寄存器有其他特殊用途等。此外，若把数组或结构体作为参数传递，需要采用引用调用（Call by Reference）的参数传递方式，而非普通变量的值调用（Call by Value）。

4.1.3 中间表示

中间表示（Intermediate Representation，IR）是面向目标机器特点的一种抽象表示形式，它主要用于表示目标机器的操作，屏蔽目标机器过多的复杂细节。实践中，IR 可以有多种形式，例如代码形式、树形结构、线形结构等。引入 IR 可以将源代码转为中间代码（Intermediate Code），有利于编译任务的模块化和移植，便于分析与优化程序，易于生成目标机器指令。例如，一个编译器通常包含前端和后端。前端负责进行语法分析、静态检查，以及生成中间代码。后端则将中间代码翻译为目标机器的指令，这种设计可以极大地提升编译器的可移植性。如果没有 IR，当需要编译 N 种不同的源语言，并为 M 台不同的目标机器生成代码时，则需要实现 $N \times M$ 个完整编译器，这将是一项庞大的工程。而如果将源语言翻译成 IR，再将 IR 转换成目标机器语言，则只需要 N 个前端和 M 个后端，大大降低了复杂度。此外，将编译器设计中复杂但相关性不大的任务分别放在前端和后端的各个模块中，不仅可以简化模块内部的处理，而且便于单独对每个模块进行调试与修改而不影响其他模块。接下来我们将分别从 IR 的层次和表示方式两个方面介绍 IR。

1. 基于层次的中间表示分类

在将给定源语言翻译成特定的目标机器语言代码的过程中，一个编译器可能构造一系列 IR。从 IR 所体现出的细节上，我们可以将 IR 分为如下三类：

（1）高层次中间表示（High-level IR 或 HIR）：这种 IR 体现了较高层次的程序细节信息，因此往往与高级语言类似，保留了包括数组和循环在内的源语言的特征。HIR 常在编译器的前端部分使用，并在之后被转换为更低层次的 IR。HIR 常被用于进行相关性分析（Dependence Analysis）和解释执行。例如，Java bytecode、Python bytecode 和目前使用非常广泛的 LLVM IR 等均属于 HIR。

（2）中层次中间表示（Medium-level IR 或 MIR）：这个层次的 IR 在形式上介于源语言和目标语言之间，它既体现了许多高级语言的一般特性，又可以被方便地转换为低级语言的表示。正是由于 MIR 的这个特性，它具有一定的设计难度。在这个层次上，变量和临时变量已经被区分，控制流也可能已经被简化为无条件跳转、有条件跳转、函数调用和函数返回四种操作。另外，对 MIR 可以进行绝大部分的优化处理，例如，公共子表达式消除（Common Subexpression Elimination）、代码移动（Code Motion），以及代数运算简化（Algebraic Simplification）等。

（3）低层次中间表示（Low-level IR，LIR）：LIR 与目标语言非常接近，它在变量的基础上可能会加入寄存器的细节信息。事实上，LIR 中的大部分代码与目标语言中的指令往往存在着一一对应的关系。即便不存在完美的对应关系，二者之间的转换通常通过一趟指令选择就能完成。

2. 基于表示方式的中间表示分类

从 IR 的表示方式来看，可以将 IR 分成如下三类：

（1）线形中间表示（Linear IR）：线形 IR 可以看作一个简单的指令集。这种结构表示简单、处理高效，但指令之间的先后关系有时会模糊整段指令的逻辑。常用的线形 IR 为三地址代码（Three-Address Code）。三地址代码的一般形式为 $x=y\ op\ z$，其中包含三个地址（每个分量代表一个地址）。在三地址代码中，一条指令的右侧不允许出现组合的算术表示式，即最多只有一个运算符。例如，表达式 $x+y*z$ 将被翻译为 $t1=y*z$ 和 $t2=x+t1$，其中 $t1$ 和 $t2$ 是编译器生成的临时名字。常用的三地址代码指令有赋值指令 $x=y\ op\ z$、$x=op\ y$、$x=y$，无条件转移指令 goto L，条件转移指令 if x relop y goto L，过程调用指令 param x 和 call p, n，过程返回指令 return y，索引赋值指令 $x=y[i]$ 和 $x[i]=y$，以及地址和指针处理指令 $x=\&y$、$x=*y$ 和 $*x=y$ 等。

（2）图形中间表示（Graphical IR）：图形 IR 将输入的源代码信息嵌入到一张图中，以节点和边等元素来进行组织。其中各个节点代表了源代码中的构造，一个节点的所有子节点则反映了该节点对应构造的有意义的组成成分。由于图的表示和处理代价会很大，我们经常会使用一些较为特殊的图表示形式，例如树或有向无环图（Directed Acyclic Graph，DAG）。一个典型的基于 DAG 的树形 IR 的例子就是抽象语法树（Abstract Syntax Tree，AST）。抽象语法树中省去了语法分析树里不必要的节点，将输入程序的语法信息以一种更加简洁的形式呈现出来。

（3）混合型中间表示（Hybrid IR）：IR 还可以采用混合图形和线形的表达形式。这种方式可以同时结合这两种形式的优点并避免二者的缺点。例如，可以将中间代码组织成许多基本块，块内部采用线形表示，块与块之间采用图表示，这样既可以简化块内部的数据流分析，又可以简化块与块之间的控制流分析。

4.1.4　类型与声明

1. 类型表达式

类型表达式旨在表示类型的结构，其主要包含以下两种类型：基本类型和基于类型构造算符生成的类型表达式。当前，常见的基本类型通常有 boolean、char、integer、float 等。基于类型构造算符生成的类型表达式一般包含以下五种：

（1）对于数组构造算符 array。当 T 是类型表达式时，则 array(I, T) 表示一个类型表达式（I 是一个整数）。

（2）对于指针构造算符 pointer。当 T 是类型表达式时，pointer(T) 表示一个指针类型的类型表达式。

（3）对于笛卡儿乘积构造算符 ×。当 $T1$ 和 $T2$ 是类型表达式时，笛卡儿乘积 $T1 \times T2$ 是一个类型表达式。

（4）对于函数构造算符→，$T1$，$T2$，…，Tn 和 R 是类型表达式时，则 $T1 \times T2 \times \cdots \times Tn \rightarrow R$ 是一个类型表达式。

（5）对于记录构造算符 record，当有标识符 $N1$，$N2$，…，Nn 与类型表达式 $T1$、$T2$、…、Tn 时，则 record$((N1 \times T1) \times (N2 \times T2) \times \cdots \times (Nn \times Tn))$ 是一个类型表达式。

2. 类型等价

当两个类型表达式满足以下任何一个条件时，我们认为两个类型表达式之间结构等价（Structurally Equivalent）：（1）两个类型是相同的基本类型；（2）两个类型是将相同的类型构造符用于结构等价的类型生成的类型表达式；（3）一个类型是另一个类型的类型表达式的别名。如果类型表达式的名字只代表其自身，那么上述条件中的前两个条件表示类型表达式名等价（Name Equivalent）。

3. 局部变量名的存储布局

类型的宽度是指该类型的一个对象所需的存储单元数量。在编译过程中，编译器可以使用类型的宽度为每个类型名字分配一个相对地址。类型的名字和类型相对地址保存在对应的符号表中。基本类型和数组类型的翻译方案如图 4.3[⊖]所示。其中，*type* 和 *width* 表示类型表达式 T、符号 B 和符号 C 的综合属性。变量 t 和 w 旨在将类型和宽度信息从语法分析树中的节点 B 传递到节点 C。类型表达式 T 的生成包含符号 B 和 C 以及一个动作。B 和 C 之间的动作是将 t 设置为 *B.type*，并将 w 设置为 *B.width*。当解析到 $B \rightarrow int$ 时，*B.type* 则为 *integer*，*B.width* 则为 4。类似地，当解析到 $B \rightarrow float$ 时，*B.type* 则为 *float*，*B.width* 则为 8。C 的产生式体决定了 T 是一个基本类型还是数组类型。例如，当解析到 $C \rightarrow \varepsilon$ 时，t 则为 *C.type*，w 则为 *C.width*。当解析到 $C \rightarrow [num]C_1$ 时，则表示将类型构造算符 array 用于 *num.value* 和 *C1.type*，从而得到 *C.type*。

$T \rightarrow B$	*t=B.type;w=B.width;*
C	*T.type=C.type;T.width=C.width;*
$B \rightarrow int$	*B.type=interger;B.width=4;*
$B \rightarrow float$	*B.type=float;B.width=8;*
$C \rightarrow \varepsilon$	*C.type=t;C.width=w;*
$C \rightarrow [num]C1$	*C.type=array(num.value,C1 .type);* *C.width=num.value*C1.width;*

图 4.3　计算类型和宽度

⊖ 图片来源于《编译原理》，Alfred V.Aho 等著，赵建华、郑滔和戴新宇译，机械工业出版社，第 240 页，2009 年。

4. 类型声明

Java 和 C 语言都可以在语法分析的过程中将所有声明作为一个序列进行处理。为此，可以使用变量 *offset* 来跟踪下一个可用的相对地址。在考虑第一个声明之前，*offset* 被设置为 0。当处理一个变量 *x* 时，*x* 被加入符号表中，它的相对地址被设置为 *offset* 的当前值。随后，*x* 的类型的宽度被加到 *offset* 上。

图 4.4[㊀]展示了声明序列的计算，其中 *T id* 表示一个声明的序列。对于 *D* → *T id*; *D*1 首先需要执行 *ST.Put*(*id.lexeme*, *T.type*, *offset*)，其中 *SymbolTable*（即 *ST*）代表当前的符号表，*ST.Put* 表示为 *id.lexeme* 创建一个符号项，该符号项的数据区中存放了类型 *T.type* 和相对地址 *offset*。

5. 记录类型

类型构造算符 record 可以用于处理记录和类的类型，即 *T* → *record* '{' *D* '}'。图 4.5[㊁]展示了一个记录类型的示例，其中类型表达式包含以下两个动作：

（1）在 *D* 之前，保存 *ST* 所代表的符号表，并赋予 *ST* 新的符号表。这是因为当处理完新符号表中的类型表达式后，编译器可能需要继续处理旧符号表中其他类型的表达式。例如，*Env.push*(*ST*) 表示将 *ST* 所表示的当前符号表压入一个栈中。然后，变量 *ST* 被设置为指向一个新的符号表。类似地，*offset* 被压入名为 *Stack* 的栈中，并且 *offset* 变量被重置为 0。

（2）*D* 的声明会保存记录中所有字段的类型和相对地址，并提供存放所有字段所需的存储空间。例如，将 *T.type* 设为 *record*(*ST*)，并将 *T.width* 设为 *offset*。然后，变量 *ST* 和 *offset* 将被恢复为原先被压入栈中的值，以完成这个记录类型的翻译。

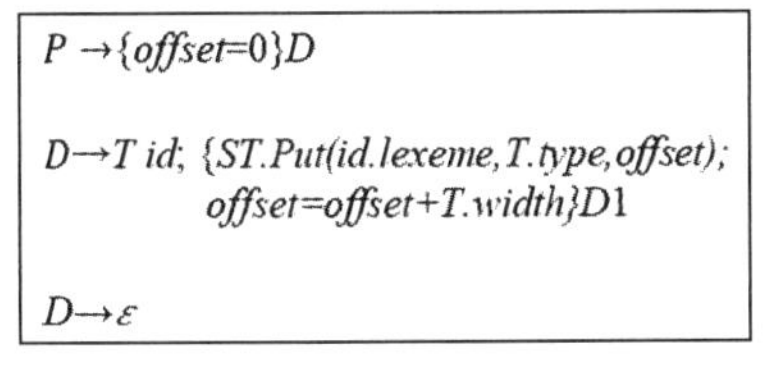

图 4.4　计算声明的序列

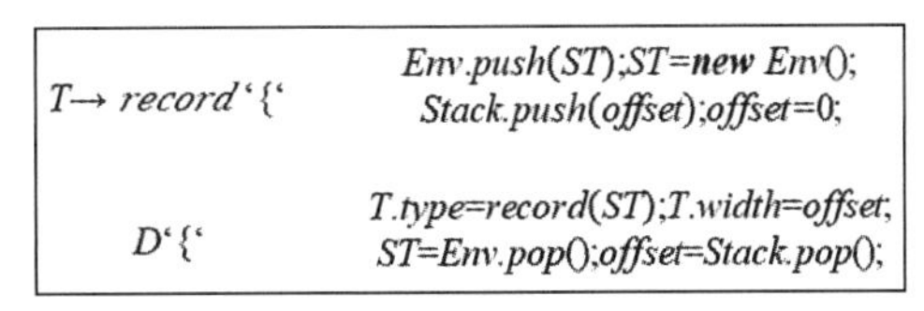

图 4.5　计算记录字段

4.1.5　表达式的翻译

1. 赋值语句的翻译

赋值语句的翻译旨在为表达式求值并生成相应的三地址中间代码，我们将在后续的实践技术部分详细介绍赋值语句翻译的具体实现。这里我们假设 *Statement* 表示语句，*Expression* 表示表达式。*Statement* 的属性包含 *C*（即 *Code*），*Expression* 的属性包含 *A*（即 *Address*）和 *C*（即 *Code*）。*ST.Get*(*id.lexeme*) 表示从符号表 *SymbolTable*（即 *ST*）中获取变量 *id* 所对应的符号信息，*NewTemp*() 表示生成一个新的临时变量名，*Gen*(*code*) 表示生成一条中间代码。图 4.6

㊀ 图片来源于《编译原理》，Alfred V. Aho 等著，赵建华、郑滔和戴新宇译，机械工业出版社，第 241 页，2009 年。

㊁ 图片来源于《编译原理》，Alfred V. Aho 等著，赵建华、郑滔和戴新宇译，机械工业出版社，第 242 页，2009 年。

展示了赋值语句的翻译规则。

```
1. Statement → id = Expression
{
    Statement.C=Expression.C||
    Gen(ST.Get(id.lexeme) ' :=
    'Expression.A);
}

2. Expression → – Expression1
{
    Expression.A = NewTemp();
    Expression.C = Expression1.C
    ||
    Gen(Expression.A ' := '
    ' -' Expression1.A);
}

3. Expression→ (Expression1)
{
    Expression.A = Expression1.A;
    Expression.C = Expression1.C;
}

4. Expression→ id
{
    Expression.A
    =ST.Get(id.lexeme);
    Expression.C = ' ';
}

5. Expression → Num
{
    Expression.A = Num.lexeme;
    Expression.C = ' ';
}

6. Expression→Expression1 + Expression2
{
    Expression.A = NewTemp();
    Expression.C=Expression1.C||Expression2.C||
    Gen(Expression.A' := ' Expression1.A ' + '
    Expression2.A);
}

7. Expression→ Expression1 – Expression2
{
    Expression.A= NewTemp();
    Expression.C=Expression1.C||Expression2.C||
    Gen(Expression.A' := ' Expression1.A ' - '
    Expression2.A);
}

8. Expression→Expression1 * Expression2
{
    Expression.A= NewTemp();
    Expression.C= Expression1.C||Expression2.C||
    Gen(Expression.A' := ' Expression1.A ' * '
    Expression2.A);
}

9. Expression→Expression1 /Expression2
{
    Expression.A = NewTemp();
    Expression.C=Expression1.C||Expression2.C||
    Gen(Expression.A ' := 'Expression1.A ' /
    'Expression2.A);
}

10. Expression →Expression1 % Expression2
{
    Expression.A = NewTemp();
    Expression.C = Expression1.C || Expression2.C ||
    Gen(Expression.A ' := ' Expression1.A ' % '
    Expression2.A);
}
```

图 4.6 赋值语句的翻译规则

对于 *Statement* → *id* = *Expression*，其翻译规则是将一个赋值语句翻译为一个中间代码序列。该序列首先通过符号表获取变量名对应的地址，然后将该地址与右侧表达式的值赋给该变量，最后生成一个赋值语句的中间代码。

对于 *Expression* → − *Expression1*，其翻译规则是将一个取负表达式翻译为一个中间代码序列。该序列先递归地生成右侧表达式的中间代码，然后生成一个新的临时变量并将其赋给新的中间代码行，该行代码会将右侧表达式的值取负，并将其存储在新的临时变量中。

对于 *Expression* → (*Expression1*)，其翻译规则是将一个括号内的表达式翻译为一个中间代码序列。该序列递归地生成括号内表达式的中间代码，然后直接将该表达式的值赋给新的中间代码行，并且不需要再生成新的临时变量。

对于 *Expression* → *id* 和 *Expression* → *Num*，其翻译规则是将一个变量名或常量值翻译为一个中间代码行，分别获取变量名对应的地址和将常量值直接存储在中间代码中。

对于 *Expression* → *Expression1* + *Expression2*，其翻译规则是将一个加法表达式翻译为一个中间代码序列。该序列先递归地生成左侧表达式的中间代码，并且递归地生成右侧表达式的中间代码，然后生成一个新的临时变量并将其赋给新的中间代码行，该行代码会将左侧表达式的值加上右侧表达式的值，并将其存储在新的临时变量中。

对于 *Expression* → *Expression1* − *Expression2*、*Expression* → *Expression1* * *Expression2*、*Expression* → *Expression1* / *Expression2*、*Expression* → *Expression1* % *Expression2*，上述表达式分别对应减法、乘法、除法和求余运算，其翻译规则可以参考加法表达式的翻译规则。

2. 增量翻译

由于属性 *C*（即 *Code*）可能是很长的字符串，赋值语句通常采用增量的方式进行翻译。在增量翻译中，函数 *Gen* 不仅需要生成新的三地址指令，还需要将其添加至目前已生成的指令序列之后。其中，指令序列可以暂时存放在内存中，也可以增量地输出。例如，当采用增量翻译方式翻译赋值语句 *Expression* → *Expression1* + *Expression2* 时，可直接调用函数 *Gen* 来产生一条加法指令。在此之前，增量翻译已经生成指令序列，依次计算 *Expression1* 的值并放入 *Expression1.A*，计算 *Expression2* 的值并放入 *Expression2.A*。图 4.7 展示了常用赋值语句的增量翻译规则。

```
1. Statement → id = Expression
{
    Gen(ST.Get(id.lexeme) ' := 'Expression.A);
}

2. Expression → - Expression1
{
    Expression.A= NewTemp();
    Gen(Expression.A ' := ' '-' Expression 1.A);
}

3. Expression → (Expression1)
{
    Expression.A = Expression1.A;
}

4. Expression→ id
{
    Expression.A= ST.Get(id. lexeme);
}

5. Expression→ Num
{
    Expression.A = Num.lexeme;
}

6. Expression → Expression1 + Expression2
{
    Expression.A = NewTemp();
    Gen(Expression.A ' := 'Expression1.A '+ '
    Expression2.A);
}

7. Expression→ Expression1 - Expression2
{
    Expression.A= NewTemp();
    Gen(Expression.A ' := ' Expression1.A ' - '
    Expression2.A);
}

8. Expression→Expression1 * Expression2
{
    Expression.A= NewTemp();
    Gen(Expression.A ':= ' Expression1.A ' * '
    Expression2.A);
}

9. Expression→Expression1 /Expression2
{
    Expression.A = NewTemp();
    Gen(Expression.A ' := 'Expression1.A ' / '
    Expression2.A);
}

10. Expression →Expression1 % Expression2
{
    Expression.A= NewTemp();
    Gen(Expression.A ' := 'Expression1.A ' % '
    Expression2.A);
}
```

图 4.7　常用赋值语句的增量翻译规则

3. 数组引用的翻译

为了将数组引用翻译成三地址代码，首先需要确定数组元素的存放地址，即数组元素的寻址。因此，在介绍数组引用的翻译前，应先介绍数组元素的寻址。

对于一维数组，假设每个数组元素的宽度是 w，则数组元素 $a[i]$ 的相对地址是 $base+i*w$，其中，*base* 是数组的基地址，*i*w* 是偏移地址。

对于二维数组，假设一行的宽度是 *w1*，同一行中每个数组元素的宽度是 *w2*，则数组元素 *a*[*i1*] [*i2*] 的相对地址是：*base+i1*w1+i2*w2*，其中 *i1*w1+i2*w2* 是偏移地址。

以上二维数组的偏移地址计算可以推广到 *k* 维的情况，对于 *k* 维数组，数组元素 *a*[*i1*] [*i2*]…[*ik*] 的相对地址是 *base+i1*w1+i2*w2+…+ik*wk*，其中 *i1*w1+i2*w2+…+ik*wk* 是偏移地址，*w1* 为 *a*[*i1*] 的宽度，*w2* 为 *a*[*i1*][*i2*] 的宽度，*wk* 是 *a*[*i1*] [*i2*]…[*ik*] 的宽度。

在了解了数组元素的寻址方法后，我们进一步介绍数组引用的翻译规则，如图 4.8 所示。其中，*Statement* 表示语句，*Expression* 表示表达式，*ArrayRef* 表示数组引用。*ArrayRef* 具有以下三种属性：*ArrayRef.T* 表示数组元素的类型；*ArrayRef.A* 表示一个临时变量，该临时变量用于累加公式中的 *ij *wj* 项，从而计算数组引用的偏移量；*ArrayRef.S* 表示数组在符号表中其条目的信息。*ST* 表示符号表 *SymbolTable*，*ST.Get*(*id.lexeme*) 函数表示获取 *id* 对应的符号信息。

```
1. Statement → id = Expression
{
    Gen(ST.Get(id.lexeme):=Expression.A);
{
2. Statement → ArrayRef = Expression
{
    Gen(ArrayRef.S.BA '['ArrayRef.A']' := Expression.A);
{
3. Expression → ArrayRef
{
    Expression.A = NewTemp();
    Gen(Expression.A :=ArrayRef.S.BA '['ArrayRef.A']');
{
4. ArrayRef → id[Expression]
{
    ArrayRef.S = ST.Get(id.lexeme);
    ArrayRef.T = ArrayRef.S.T.ET;
    ArrayRef.A = NewTemp();
    Gen(ArrayRef.A:= ArrayRef.S.BA + Expression.A * W);
{
5. ArrayRef → ArrayRef1[Expression]
{
    ArrayRef.S = ArrayRef1.S;
    ArrayRef.T = ArrayRef1.T.ET;
    ArrayRef.A = NewTemp();
    t = NewTemp();
    Gen(t := Expression.A * ArrayRef.T.W);
    Gen(ArrayRef.A:= ArrayRef1.A+ t);
{
```

图 4.8 数组引用的翻译规则

对于 *Statement* → *ArrayRef* = *Expression*，其翻译规则是将表达式 *Expression* 的值存放在数组引用所对应的内存位置。其中，*ArrayRef.S.BA* 表示数组的基地址，即 0 号元素所对应的地址。*ArrayRef.S.BA*[*ArrayRef.A*] 则表示数组引用的位置，该指令将地址 *Expression.A* 的右值放至内存位置。

对于 *Expression* → *ArrayRef*，其翻译规则将首先生成一个新的临时变量作为该表达式的地址，并用 *Expression.A* 表示。然后，通过 *ArrayRef.S.BA* 和 *ArrayRef.A* 确定数组元素的地址，其中，*ArrayRef.S.BA* 是数组的基地址，而 *ArrayRef.A* 是数组下标对应元素相对于数组起始地址的偏移值。最后，使用 *Gen* 函数生成一条指令，将 *Expression.A* 设置为数组元素的地址。

对于 *ArrayRef* → *id*[*Expression*]，其翻译规则首先通过符号表 *ST.Get* 函数获取到 *id* 对应的数据类型、存储位置等符号信息，并将其存储在 *ArrayRef.S* 中。然后，通过 *ArrayRef.S* 获取该数组元素的数据类型信息，并存储在 *ArrayRef.T* 中。接着，继续生成一个新的临时变量并存储在 *ArrayRef.A* 中，用于存储数组元素相对于数组起始地址的偏移值。最后，根据数组元素的基地址、偏移值，以及数组元素的宽度（即 *ArrayRef.T.W*），计算出数组元素的地址并存储到 *ArrayRef.A* 中。

对于 *ArrayRef* → *ArrayRef1*[*Expression*]，其翻译规则首先将 *ArrayRef1* 的符号表信息赋值给 *ArrayRef.S*。然后，将 *ArrayRef1* 的元素类型赋值给 *ArrayRef.T*，并分别为 *ArrayRef.A* 和 *t* 生成新的临时变量。接着，继续计算当前维度的偏移量。由于数组在内存中是连续存储的，每一维的长度是一维元素个数的乘积，所以需要乘上元素的宽度。最后，计算当前元素在内存中的地址，即前一维的地址加上当前维的偏移量。

我们将在后续的实践技术部分中详细介绍数据和结构体翻译的具体实现技术。

4.1.6　控制流与回填

1. 布尔表达式的翻译

if、if-else 和 while 等控制流语句与布尔表达式通常结合在一起使用。布尔表达式可以用于改变语句中的控制流。例如，对于 if (*BoolExpression*) *Statement*，如果运行至语句 *Statement*，则表示表达式 *BoolExpression* 的取值为真。此外，布尔表达式还可以用于计算逻辑值。布尔表达式的值可以表示为 True 或者 False，然后参考算术表达式的翻译规则。

布尔表达式的翻译规则如图 4.9 所示，其中 *BoolExpression* 和 *Statement* 均包含综合属性 *C*（即 *Code*）。*BoolExpression.T* 和 *BoolExpression.F* 表示存放了 *BoolExpression* 为 True 或者 False 时控制流指令的跳转目标所在的地址。*NewLabel*() 用于生成一个存放标号的新的临时变量。

对于 *BoolExpression* → *BoolExpression1* || *BoolExpression2*，如果 *BoolExpression1* 为真，*BoolExpression* 则为真。因此，*BoolExpression1.T* 和 *BoolExpression.T* 相同。如果 *BoolExpression1* 为假，则需要对 *BoolExpression2* 进行求值。因此，*BoolExpression1.F* 设置为 *BoolExpression2.C* 代码的第一条指令的标号。*BoolExpression2* 的真假目标地址分别等于 *BoolExpression* 的真假目标地址。

对于 *BoolExpression* → *BoolExpression1* && *BoolExpression2*，其翻译与上述翻译规则类似。

对于 *BoolExpression* → !*BoolExpression1*，其翻译规则不需要生成新的代码。通过对换 *BoolExpression* 中的真假目标地址，即可得到 *BoolExpression1* 的真假目标地址。

对于 *BoolExpression* → *Expression1 relop Expression2*，其中 *Expression1 relop Expression2* 是一个关系表达式。*Expression1* 和 *Expression2* 为算术表达式，*relop* 为关系运算符。*relop* 通常包含以下六种：<、<=、>、>=、== 和 !=。

```
1. BoolExpression → BoolExpression1 || BoolExpression2
{
    BoolExpression1.T = BoolExpression.T;
    BoolExpression1.F=NewLabel();
    BoolExpression2.T = BoolExpression.T;
    BoolExpression2.F = BoolExpression.F;
    BoolExpression.C = BoolExpression1.C||
    Label(BoolExpression1.F)||BoolExpression2.C
}
2. BoolExpression → BoolExpression1 && BoolExpression2
{
    BoolExpression1.T =NewLabel();
    BoolExpression1.F= BoolExpression.F;
    BoolExpression2.T = BoolExpression.T;
    BoolExpression2.F = BoolExpression.F;
    BoolExpression.C =
    BoolExpression1.C||Label(BoolExpression1.T)||
    BoolExpression2.C;
}
3. BoolExpression → !BoolExpression1
{
    BoolExpression1.T = BoolExpression.F;
    BoolExpression1.F = BoolExpression.T;
    BoolExpression.C=BoolExpression1.C;
}
4. BoolExpression → Expression1 < Expression2
{
    BoolExpression.C = Expression1.C ||
    Expression2.C
    ||Gen(' if ' + Expression1.A+
    ' < '+Expression2.A+'goto' BoolExpression.T)
    ||Gen('goto' BoolExpression.F);
}
5. BoolExpression → Expression1 <= Expression2
{
    BoolExpression.C = Expression1.C ||
    Expression2.C
    ||Gen(' if ' + Expression1.A+
    ' <=
    '+Expression2.A+'goto' BoolExpression.T)
    ||Gen('goto' BoolExpression.F);
}
6. BoolExpression → Expression1 > Expression2
{
    BoolExpression.C = Expression1.C ||
    Expression2.C
    ||Gen('if' + Expression1.A+ ' > '
    +Expression2.A+'goto' BoolExpression.T)
    ||Gen('goto' BoolExpression.F);
}
7. BoolExpression → Expression1 >= Expression2
{
    BoolExpression.C = Expression1.C ||
    Expression2.C
    ||Gen('if' + Expression1.A+ ' >='
    +Expression2.A+ 'goto' BoolExpression.T)
    ||Gen('goto' BoolExpression.F);
}
8. BoolExpression → Expression1 == Expression2
{
    BoolExpression.C = Expression1.C ||
    Expression2.C
    ||Gen('if' + Expression1.A+ ' == '
    +Expression2.A+ 'goto' BoolExpression.T)
    ||Gen('goto' BoolExpression.F);
}
9. BoolExpression → Expression1 != Expression2
{
    BoolExpression.C = Expression1.C ||
    Expression2.C
    ||Gen('if' + Expression1.A+ ' != '
    +Expression2.A+'goto' BoolExpression.T)
    ||Gen('goto' BoolExpression.F);
}
10. BoolExpression → BoolFactor
{
    BoolExpression.T = BoolFactor.T;
    BoolExpression.F = BoolFactor.F;
    BoolExpression.C = BoolFactor.C;
}
```

图 4.9 布尔表达式的翻译规则

对于 *BoolExpression* → *BoolFactor*，*BoolFactor* 表示常量为 True 或 False 时，目标分别为 *BoolExpression.T* 和 *BoolExpression.F* 的跳转指令。

此外要说明的是，&& 和 || 是左结合的，优先级从高到低依次为：!、&& 和 ||。另外，在跳转代码中，逻辑运算符 &&、|| 和 ! 被翻译成跳转指令，运算符本身不出现在代码中，布尔表达式的值通过代码序列中的位置来表示。

2. 控制流语句的翻译

接下来我们介绍控制流语句的翻译规则，如图 4.10 所示。

```
1. Statement → if (BoolExpression) Statement1
{
    BoolExpression.T =NewLabel();
    BoolExpression.F =Statement1.N=Statement.N;
    Statement.C=BoolExpression.C || Label(BoolExpression.T) || Statement1.C;
}
2. Statement → if (BoolExpression) Statement1 else Statement2
{
    BoolExpression.T = NewLabel();
    BoolExpression.F = NewLabel();
    Statement1.N = Statement2.N= Statement.N;
    Statement.C=BoolExpression.C || Label(BoolExpression.T) || Statement1.C||
                Gen( 'goto' Statement.N) || Label(BoolExpression.F) ||
Statement2.C;
}
3. Statement → while (BoolExpression) Statement1
{
    Begin=NewLabel();
    BoolExpression.T =NewLabel();
    BoolExpression.F=Statement.N;
    Statement1.N=Begin();
    Statement.C=Label(Begin) || BoolExpression.C|| Label(BoolExpression.T) ||
                Statement1.C Gen( 'goto' Begin);
}
4. Statement → Statement1 Statement2
{
    Statement1.N=NewLabel();
    Statement2.N=Statement.N
    Statement.C=Statement1.C || Label(Statement1.N) || Statement2.C
}
```

图 4.10　控制流语句的翻译规则

对于 *Statement* → if (*BoolExpression*) *Statement1*，该语句的翻译规则首先初始化新的标号 *BoolExpression.T*，并将其关联至 *Statement1* 生成的第一条三地址指令。因此，跳转至 *BoolExpression.T* 的指令将转到 *Statement1* 对应的代码位置。此外，为了确保 *BoolExpression* 的值为假时，控制流将跳过 *Statement1* 的代码，*BoolExpression.F* 被设置为 *Statement* 的下一条指令，即 *Statement.N*。

对于 *Statement* → if (*BoolExpression*) *Statement1* else *Statement2*，在初始化新的标号 *BoolExpression.T* 和 *BoolExpression.F* 后，如果 *BoolExpression* 的值为真，则跳转至 *Statement1.C* 的第一条指令；否则跳转至 *Statement2.C* 的第一条指令。然后，控制流将从 *Statement1* 或 *Statement2* 转至 *Statement.C* 之后的三地址指令。此外，*Statement1.C* 之后的 goto *Statement.N* 语句负责将控制流跳过 *Statement2.C*。由于 *Statement2.N* 即 *Statement.N*，因此 *Statement2.C* 不需要额外的 goto 语句。

3. 布尔表达式的回填

回填技术是编译器中负责处理跳转指令的一种技术。回填技术的核心在于允许暂时不指定该跳转指令的目标标号，这样的指令被放入由跳转指令组成的列表中；同一个列表中的所有跳转指令具有相同的目标标号，当可以确定正确的目标标号时，即可填充这些指令的目标标号。例如，在处理 if-else 语句时，编译器可能无法确定 else 语句对应的跳转位置。如果不使用回填技术，编译器可能需要多次遍历代码才能确定 else 语句的跳转位置。但如果采用回填技术，编译器可以先生成占位符，并在确定 else 语句的跳转位置后再回填该地址，从而增加控制流语句处理的灵活性并提升编译效率。

图 4.11 展示了布尔表达式的回填规则，其中 *BoolExpression* 分别包含以下两个综合属性：*BoolExpression.TL* 和 *BoolExpression.FL*，它们分别表示布尔表达式 *BoolExpression* 的跳转指令列表 *TrueList* 和 *FalseList*。*MakeList*(*i*) 函数可创建一个只包含跳转指令 *i* 的列表，并返回指向该新创建列表的指针。*Merge*(*p1*, *p2*) 表示合并 *p1* 和 *p2* 所指向的列表，并返回指向合并后的列表的指针。*BackPatch*(*p*, *i*) 表示将 *i* 作为目标标号插入 *p* 所指列表的各指令中作为其跳转目标。

例如，对于 *BoolExpression* → *BoolExpression1* || *Marker BoolExpression2*，如果 *BoolExpression1* 为真，*BoolExpression* 则为真，此时，*BoolExpression1.TL* 中的跳转指令则成了 *BoolExpression.TL* 的一部分。如果 *BoolExpression1* 的值为假，则 *BoolExpression1.FL* 中的跳转指令的目标为 *BoolExpression2* 代码的起始位置。该位置通过标记符 *Marker* 获取，*Marker* 负责为回填操作提供一个标记位置，以便在需要时确定跳转指令的目标标号。在生成 *BoolExpression2* 代码之前，*Marker* 将生成下一条指令的序号，并存入 *Marker* 的综合属性 *Marker.instruction* 中。其中，*Marker.instruction* = *next_instruction*，而 *next_instruction* 保存了下一条指令的序号。图 4.11 中其他布尔表达式的回填规则与上述表达式类似。

4. 控制流语句的回填

图 4.12 展示了控制流语句的回填规则，其中 *Statement* 和 *StatementList* 分别表示语句与语句列表，*Assignment* 表示赋值语句，*BoolExpression* 表示布尔表达式，*TL* 和 *FL* 分别表示 *TrueList* 与 *FalseList*，*Marker* 表示跳转目标代码的位置，*BoolExpression.TL* 和 *BoolExpression.FL* 分别表示布尔表达式 *BoolExpression* 的跳转指令列表 *TrueList* 与 *FalseList*。*Statement.NL* 或 *StatementList.NL* 包含了所有按运行顺序跳转至 *Statement* 或 *StatementList* 代码之后的指定条件或者无条件跳转指令。

例如，对于 *Statement* → if (*BoolExpression*) then *Marker1 Statement1 NextMarker* else *Marker2 Statement2*，如果 *BoolExpression* 的值为真，则采用 *Marker1.instruction* 回填跳转指令，并

指向 *Statement1* 的起始位置。如果 *BoolExpression* 的值为假，则采用 *Marker2.instruction* 回填跳转指令，并指向 *Statement2* 的起始位置。*Statement.NL* 则包含了所有从 *Statement1* 和 *Statement2* 中跳出的指令。图 4.12 中的其他控制流语句的回填规则与上述语句相似。

```
1. BoolExpression → BoolExpression1 || Marker BoolExpression2
{
    Marker.instruction=next_instruction
    BackPatch(BoolExpression1.FL, Marker.instruction);
    BoolExpression.TL= merge
    (BoolExpression1.TL,BoolExpression2.TL);
    BoolExpression.FL= BoolExpression2.FL;
}
2. BoolExpression → BoolExpression1 && Marker
BoolExpression2
{
    Marker.instruction=next_instruction
    BackPatch( BoolExpression1.TL,Marker.instruction);
    BoolExpression.TL = BoolExpression2.TL;
    BoolExpression.FL= merge( BoolExpression1.FL,
    BoolExpression2.FL);
}
3. BoolExpression → !BoolExpression1
{
    BoolExpression.TL = BoolExpression1.FL;
    BoolExpression.FL= BoolExpression1.TL;
}
4. BoolExpression → (BoolExpression1)
{
    BoolExpression.TL = BoolExpression1.TL ;
    BoolExpression.FL= BoolExpression1.FL;
}
5. BoolExpression → Expression1 < Expression2
{
    BoolExpression.TL = MakeList (next_instruction );
    BoolExpression.FL= MakeList (next_instruction+1 );
    Gen('if' + Expression1.A+'<' + Expression2.A+'goto _');
}
6. BoolExpression→Expression1 <= Expression2
{
    BoolExpression.TL =MakeList (next_instruction);
    BoolExpression.FL=MakeList(next_instruction+1);
    Gen('if' + Expression1.A+'<=' + Expression2.A+'goto _');
}
7. BoolExpression → Expression1 > Expression2
{
    BoolExpression.TL =MakeList (next_instruction );
    BoolExpression.FL=MakeList(next_instruction+1);
    Gen('if' + Expression1.A+'>' + Expression2.A+'goto _');
}
8. BoolExpression → Expression1 >= Expression2
{
    BoolExpression.TL =MakeList (next_instruction);
    BoolExpression.FL=MakeList(next_instruction+1);
    Gen('if' + Expression1.A+'>=' + Expression2.A+'goto _');
}
9. BoolExpression → Expression1 == Expression2
{
    BoolExpression.TL =MakeList (next_instruction);
    BoolExpression.FL=MakeList(next_instruction+1);
    Gen('if' + Expression1.A+'==' + Expression2.A+'goto _');
}
10. BoolExpression → Expression1 != Expression2
{
    BoolExpression.TL =MakeList (next_instruction);
    BoolExpression.FL=MakeList(next_instruction+1);
    Gen('if' + Expression1.A+'!=' + Expression2.A+'goto _' );
}
11. BoolExpression → True
{
    BoolExpression.TL =MakeList(next_instruction);
    Gen('goto _');
}
12. BoolExpression → False
{
    BoolExpression.FL= MakeList (next_instruction);
    Gen('goto _');
}
```

图 4.11　布尔表达式的回填规则

```
1. Statement → if (BoolExpression) then Marker Statement1
{
    Marker.instruction=next_instruction;
    BackPatch(BoolExpression.TL,Marker.instruction);
    Statement.NL=Merge(BoolExpression.FL, Statement1.NL);
}
2. Statement → if (BoolExpression) then Marker1 Statement1 NextMarker
else Marker 2 Statement2
{
    Marker1.instruction=next_instruction1;
    Marker2.instruction=next_instruction2;
    NextMarker.NL ={MakeList(next_instruction);Gen('goto'); }
    BackPatch(BoolExpression.FL, Marker1.instruction);
```

图 4.12　控制流语句的回填规则

```
    BackPatch(BoolExpression.TL, Marker2.instruction);
    temp=Merge (Statement1.NL, NextMarker.NL);
    Statement.NL = Merge (temp,Statement2.NL);
}
3. Statement → while Marker1 (BoolExpression) Marker2 Statement1
{
    Marker1.instruction=next_instruction1;
    Marker2.instruction=next_instruction2;
    BackPatch(Statement1.nextlist, Marker1.instruction);
    BackPatch(B.truelist, Marker2.instruction);
    Statement.NL = BoolExpression.FL;
    Gen('goto' Marker1.instruction);
}
4. Statement → {StatementList}
{
    Statement.NL =StatementList.NL;
}
5. Statement → Assignment Statement
{
    Statement.NL =null;
}
6. StatementList → StatementList1 Marker Statement
{
    BackPatch(StatementList1.NL, Marker1.instruction);
    StatementList.NL =Statement.NL;
}
7. StatementList → Statement
{
    StatementList.NL =Statement.NL;
}
```

图 4.12 控制流语句的回填规则（续）

4.2 中间代码生成的实践技术

4.2.1 线形中间表示

为了实现线形 IR，可以采用四元式、三元式，或者间接三元式来表示三地址指令。我们接下来将分别介绍以上三种三地址指令的表示形式。

四元式的格式为：*op arg1 arg2 result*。其中，*op* 为运算符的内部编码，*arg1*、*arg2* 和 *result* 为地址。例如，对于 $x=y+z$ 而言，*op* 存放 + 操作，*arg1* 为 y，*arg2* 为 z，*result* 为 x。需要注意的是，单目运算符不使用 *arg2*，*param* 运算不使用 *arg2* 和 *result*，条件转移或者非条件转移将目标标号放在 *result* 字段中。三元式的格式为：*op arg1 arg2*。在三元式的表示形式中，三元式的位置将被用来引用三元式的运算结果。间接三元式包含一个指向三元式的指针的列表。通过对列表进行操作，完成优化功能。此外，间接三元式在操作时不需要修改三元式中的参数。

除了这三种表示之外，静态单赋值形式（Static Single Assignment）是一种便于某些代码优化的 IR 形式。静态单赋值形式和三地址代码的主要区别有两点：（1）所有赋值指令都是对不同名字的变量的赋值；（2）对于同一个变量在不同路径中定值的情况，可以使用 φ 函数来合并不同的定值。例如，对于赋值语句 *if* (*temp*) a=100；*else* a=−100；$c=a*b$。基于静态单赋值的表示为 *if* (*temp*) $a1$=100；*else* $a2$=−100；$a3=\varphi\ (a1, a2)$；静态单赋值使用函数 φ 将 a

的两处定值合并，根据到达 φ 的赋值语句的不同控制流路径，φ 返回不同的参数值。例如，如果控制流经过上述赋值语句的真分支，φ $(a1, a2)$ 的值为 $a1$；如果经过假分支，φ $(a1, a2)$ 的值为 $a2$。

4.2.2　图形中间表示

树形结构是使用较为广泛的一种图形 IR 形式。树形结构具有层次的概念，在靠近树根的高层部分的 IR 其抽象层次较高，而靠近树叶的低层部分的 IR 则更加具体。树形的 IR 可以看作一种语法树（或抽象语法树），因此其数据结构以及实现细节与语法树非常类似。为了进一步展示树形 IR，需要对树形 IR 进行（深度优先）遍历，根据当前节点的类型递归地对其各个子节点进行打印。

4.2.3　运行时环境简介

4.1.1 节已对与运行时环境相关的理论内容进行了详细介绍，接下来将具体介绍基本类型、数据组和结构体以及函数调用的表示。

对于基本类型，char、short 和 int 等类型一般会直接对应到底层机器上的一个、两个或四个字节，而 double 类型则会对应到底层机器上的八个字节，这些类型都可以由硬件直接提供支持。底层硬件中没有指针类型，但指针可以用四个字节（32 位机器）或者八个字节（64 位机器）整数表示，其内容即为指针所指向的内存地址。

对于数组类型，各种语言的编译器有不同的设计。在表示一维数组时，C 语言中的数组元素一个挨着一个并占用一段连续的内存空间（如图 4.13[⊖]所示）；Java 语言则将数组长度放在起始位置（如图 4.14 所示）；而 D 语言将采用两个指针表示数组，其中一个指向数组的开头，另一个指向数组的末尾之后，数组的所有信息存在于另外一段内存中（如图 4.15 所示）。多维数组的表示可以看成其中元素是低维数组的数组。结构体的表示与数组类型类似，最常见的办法是将各个域按定义的顺序连续地存放在一起。

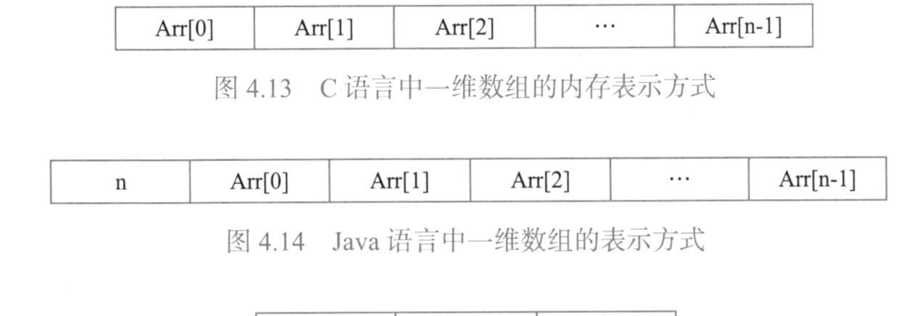

图 4.13　C 语言中一维数组的内存表示方式

图 4.14　Java 语言中一维数组的表示方式

图 4.15　D 语言中结构体的表示方式

对于函数调用的表示，将通过活动记录（栈帧）存放函数调用过程中的各种信息，并需

⊖ 本节中的图片均改自斯坦福大学的编译原理课件：http://www.stanford.edu/class/archive/cs/cs143/cs143.1128/lectures/11/Slides11.pdf。

要压入相应的参数然后调用 call 指令。与活动记录（栈帧）相关的理论内容可参考前面的理论方法部分。

4.2.4 基本表达式的翻译模式

我们将采用语法制导的翻译，为每个主要的语法单元“X”设计相应的翻译函数“translate_X”。其中，对语法树的遍历过程可以看作函数之间互相调用的过程，每种特定的语法结构都对应了固定模式的翻译“模板”。表 4.1 总结了基本表达式的翻译模式。

表 4.1 基本表达式的翻译模式

translate_Exp(Exp, sym_table, place) = case Exp of	
INT	value = get_value(INT) return [place := #value]①
ID	variable = lookup(sym_table, ID) return [place := variable.name]
Exp$_1$ ASSIGNOP Exp$_2$② (Exp$_1$ → ID)	variable = lookup(sym_table, Exp$_1$.ID) t1 = new_temp() code1 = translate_Exp(Exp$_2$, sym_table, t1) code2 = [variable.name := t1] +③ [place := variable.name] return code1 + code2
Exp$_1$ PLUS Exp$_2$	t1 = new_temp() t2 = new_temp() code1 = translate_Exp(Exp$_1$, sym_table, t1) code2 = translate_Exp(Exp$_2$, sym_table, t2) code3 = [place := t1 + t2] return code1 + code2 + code3
MINUS Exp$_1$	t1 = new_temp() code1 = translate_Exp(Exp$_1$, sym_table, t1) code2 = [place := #0 - t1] return code1 + code2
Exp$_1$ RELOP Exp$_2$ NOT Exp$_1$ Exp$_1$ AND Exp$_2$ Exp$_1$ OR Exp$_2$	label1 = new_label() label2 = new_label() code0 = [place := #0] code1 = translate_Cond(Exp, label1, label2, sym_table) code2 = [LABEL label1] + [place := #1] return code0 + code1 + code2 + [LABEL label2]

①用方括号括起来的内容表示新建一条具体的中间代码。

②这里 Exp 的下标只是用来区分产生式 Exp → Exp ASSIGNOP Exp 中多次重复出现的 Exp。

③这里的加号相当于连接运算，表示将两段代码连接成一段。

函数 translate_Exp() 为基本表达式的翻译函数，返回值为一段语法树当前节点及其子孙节点对应的中间代码（或是一个指向存储中间代码内存区域的指针）。该函数的参数分别为语法树的节点 *Exp*、符号表 sym_table，以及一个变量名 *place*。

（1）当表达式 *Exp* 为 INT 时，其翻译模式是为 *place* 变量赋值添加一个“#”。

（2）当表达式 *Exp* 为 ID 时，其翻译模式是为 *place* 变量赋值成 ID 对应的变量名（或该变量对应的中间代码中的名字）。

（3）当表达式 *Exp* 为赋值表达式 *Exp1* ASSIGNOP *Exp2* 时，左值的 *Exp1* 为以下三种情

况之一：单个变量访问、数组元素访问或结构体特定域的访问。关于数组和结构体的翻译模式，将在后文详细介绍。对于 *Exp1* → ID，其翻译模式为通过查表找到 ID 对应的变量，对 *Exp2* 进行翻译（运算结果储存在临时变量 *t1* 中）。然后，将 *t1* 中的值赋给 ID 所对应的变量并将结果再存回 *place*，最后把刚翻译好的这两段代码合并随后返回。

（4）当表达式 *Exp* 为算术运算表达式 *Exp1* PLUS *Exp2* 时，其翻译模式先对 *Exp1* 进行翻译（运算结果存储在临时变量 *t1* 中），再对 *Exp2* 进行翻译（运算结果存储在临时变量 *t2* 中），最后生成一句中间代码 *place*:=*t1*+*t2*，并将刚翻译好的这三段代码合并后返回。

（5）当表达式 *Exp* 为取负表达式 MINUS *Exp1* 时，其翻译模式先对 *Exp1* 进行翻译（运算结果存储在临时变量 *t1* 中），再生成一句中间代码 *place* := #0−*t1* 从而实现对 *t1* 取负，最后将翻译好的这两段代码合并后返回。

4.2.5　语句的翻译模式

我们接下来介绍表达式语句、复合语句、返回语句、跳转语句和循环语句的翻译模式，如表 4.2 所示。

对于循环语句的翻译，由于我们在翻译条件表达式的同时生成条件跳转语句，因此，这部分翻译模式将不包含条件跳转。translate_Cond 函数负责对条件表达式进行翻译。

表 4.2　语句的翻译模式

translate_Stmt(Stmt, sym_table) = case Stmt of	
Exp SEMI	return translate_Exp(Exp, sym_table, NULL)
CompSt	return translate_CompSt(CompSt, sym_table)
RETURN Exp SEMI	t1 = new_temp() code1 = translate_Exp(Exp, sym_table, t1) code2 = [RETURN t1] return code1 + code2
IF LP Exp RP Stmt$_1$	label1 = new_label() label2 = new_label() code1 = translate_Cond(Exp, label1, label2, sym_table) code2 = translate_Stmt(Stmt$_1$, sym_table) return code1 + [LABEL label1] + code2 + [LABEL label2]
IF LP Exp RP Stmt$_1$ ELSE Stmt$_2$	label1 = new_label() label2 = new_label() label3 = new_label() code1 = translate_Cond(Exp, label1, label2, sym_table) code2 = translate_Stmt(Stmt$_1$, sym_table) code3 = translate_Stmt(Stmt$_2$, sym_table) return code1 + [LABEL label1] + code2 + [GOTO label3] + [LABEL label2] + code3 + [LABEL label3]
WHILE LP Exp RP Stmt$_1$	label1 = new_label() label2 = new_label() label3 = new_label() code1 = translate_Cond(Exp, label2, label3, sym_table) code2 = translate_Stmt(Stmt$_1$, sym_table) return [LABEL label1] + code1 + [LABEL label2] + code2 + [GOTO label1] + [LABEL label3]

对于条件表达式的翻译，其翻译模式如表 4.3 所示。这里没有使用回填表示，而是将跳转的两个目标 *label_true* 和 *label_false* 作为继承属性（函数参数）进行处理。表达式内部需要跳转到外面时，跳转目标从父节点通过参数直接填上即可。与回填相关的内容可参考前面的理论方法部分。

表 4.3　条件表达式的翻译模式

translate_Cond(Exp, label_true, label_false, sym_table) = case Exp of	
Exp$_1$ RELOP Exp$_2$	t1 = new_temp() t2 = new_temp() code1 = translate_Exp(Exp$_1$, sym_table, t1) code2 = translate_Exp(Exp$_2$, sym_table, t2) op = get_relop(RELOP); code3 = [IF t1 op t2 GOTO label_true] return code1 + code2 + code3 + [GOTO label_false]
NOT Exp$_1$	return translate_Cond(Exp$_1$, label_false, label_true, sym_table)
Exp$_1$ AND Exp$_2$	label1 = new_label() code1 = translate_Cond(Exp$_1$, label1, label_false, sym_table) code2 = translate_Cond(Exp$_2$, label_true, label_false, sym_table) return code1 + [LABEL label1] + code2
Exp$_1$ OR Exp$_2$	label1 = new_label() code1 = translate_Cond(Exp$_1$, label_true, label1, sym_table) code2 = translate_Cond(Exp$_2$, label_true, label_false, sym_table) return code1 + [LABEL label1] + code2
(other cases)	t1 = new_temp() code1 = translate_Exp(Exp, sym_table, t1) code2 = [IF t1 != #0 GOTO label_true] return code1 + code2 + [GOTO label_false]

4.2.6　函数调用的翻译模式

函数调用的翻译模式通过 translate_Exp 实现，具体如表 4.4 所示。与回填相关的内容可参考前面的理论方法部分。假定需要翻译函数 read 和 write 时，当从符号表中找到 ID 对应的函数名时，不能直接生成函数调用代码，而是应该先判断函数名是否为 read 或 write。对于那些非 read 和 write 的带参数的函数而言，还需要调用 translate_Args 函数将计算实参的代码翻译出来，并构造这些参数所对应的临时变量列表 arg_list。translate_Args 的翻译模式如表 4.5 所示。

表 4.4　函数调用的翻译模式

translate_Exp(Exp, sym_table, place) = case Exp of	
ID LP RP	function = lookup(sym_table, ID) if (function.name == "read") return [READ place] return [place := CALL function.name]
ID LP Args RP	function = lookup(sym_table, ID) arg_list = NULL code1 = translate_Args(Args, sym_table, arg_list) if (function.name == "write") return code1 + [WRITE arg_list[1]] + [place := #0] for i = 1 to length(arg_list) code2 = code2 + [ARG arg_list[i]] return code1 + code2 + [place := CALL function.name]

表 4.5　translate_Args 的翻译模式

translate_Args(Args, sym_table, arg_list) = case Args of	
Exp	t1 = new_temp() code1 = translate_Exp(Exp, sym_table, t1) arg_list = t1 + arg_list return code1
Exp COMMA Args₁	t1 = new_temp() code1 = translate_Exp(Exp, sym_table, t1) arg_list = t1 + arg_list code2 = translate_Args(Args₁, sym_table, arg_list) return code1 + code2

4.2.7　数组和结构体的翻译模式

数组和结构体的翻译模式涉及内存地址的运算。以三维数组为例，假设有数组 int array[7][8][9]，为了访问数组元素 array[3][4][5]，首先需要找到三维数组 array 的首地址（直接对变量 array 取地址即可），然后找到二维数组 array[3] 的首地址［array 的地址加上 3 乘以二维数组的大小（8×9）再乘以 int 类型的宽度 4］，然后找到一维数组 array[3][4] 的首地址［array[3] 的地址加上 4 乘以一维数组的大小（9）再乘以 int 类型的宽度 4］，最后找到整数 array[3][4][5] 的地址（array[3][4] 的地址加上 5 乘以 int 类型的宽度 4）。整个运算过程可以表示为：

$$\mathrm{ADDR}(\mathrm{array}[i][j][k]) = \mathrm{ADDR}(\mathrm{array}) + \sum_{t=0}^{i-1}\mathrm{SIZEOF}(\mathrm{array}[t]) + \sum_{t=0}^{j-1}\mathrm{SIZEOF}(\mathrm{array}[i][t]) + \sum_{t=0}^{k-1}\mathrm{SIZEOF}(\mathrm{array}[i][j])$$

对于结构体，其访问方式与数组非常类似。例如，假设要访问结构体 struct { int x[10]; int y, z; } *st* 中的域 *z*，首先找到变量 *st* 的首地址，然后找到 *st* 中域 *z* 的首地址［*st* 的地址加上数组 *x* 的大小（4 × 10）再加上整数 *y* 的宽度 4］。对于一个有 *n* 个域的结构体，可以将其看成一个有 *n* 个元素的“一维数组”，它与一般一维数组的不同点在于，一般一维数组中的每个元素的大小都是相同的，而结构体的每个域大小可能不同。其地址运算的过程可以表示为：

$$\mathrm{ADDR}(st.field_n) = \mathrm{ADDR}(st) + \sum_{t=0}^{n-1}\mathrm{SIZEOF}(st.field_t)$$

对于同时结合数组和结构体的情况，当一个结构体的元素为数组时，首先根据该数组在结构体中的位置定位到这个数组的首地址，然后再根据数组的下标定位该元素。当一个数组的元素为结构体时，首先根据数组的下标定位要访问的结构体，再根据域的位置寻找要访问的内容。值得注意的是，在上述过程中，需记录并区分在访问过程中代表地址的临时变量和代表内存中的数值的临时变量。

最后，我们将具体的数组和结构体的翻译模式，以及其他语法单元的翻译模式留给大家思考。

4.3　中间代码生成的实践内容

4.3.1　实践要求

本章的实践内容需要在符合以下假设的前提下，将源代码翻译为中间代码。具体假设如下：

（1）假设 1：不会出现注释、八进制或十六进制整型常数、浮点型常数或者变量。

（2）假设 2：不会出现类型为结构体或高维数组（高于一维的数组）的变量。

（3）假设 3：任何函数参数都只能是简单变量，也就是说，结构体和数组都不会作为参数传入函数中。

（4）假设 4：没有全局变量的使用，并且所有变量均不重名。

（5）假设 5：函数不会返回结构体或数组类型的值。

（6）假设 6：函数只会进行一次定义（没有函数声明）。

（7）假设 7：输入文件中不包含任何词法、语法或语义错误（函数也必有 return 语句）。

此外，在翻译为中间代码的过程中，需要符合表 4.6 中的操作规范，具体内容如下：

（1）标号语句 LABEL 用于指定跳转目标，注意 LABEL 与 x 之间、x 与冒号之间都被空格或制表符隔开。

（2）函数语句 FUNCTION 用于指定函数定义，注意 FUNCTION 与 f 之间、f 与冒号之间都被空格或制表符隔开。

（3）赋值语句可以对变量进行赋值操作（注意赋值号前后都应由空格或制表符隔开）。赋值号左边的 x 一定是一个变量或者临时变量，而赋值号右边的 y 既可以是变量或临时变量，也可以是立即数。如果是立即数，则需要在其前面添加“#”符号。例如，如果要将常数 5 赋给临时变量 *t1*，可以写成 *t1*:= #5。

（4）算术运算操作包括加、减、乘、除四种操作（注意运算符前后都应由空格或制表符隔开）。赋值号左边的 x 一定是一个变量或者临时变量，而赋值号右边的 y 和 z 既可以是变量或临时变量，也可以是立即数。如果是立即数，则需要在其前面添加“#”符号。例如，如果要将变量 a 与常数 5 相加并将运算结果赋给 b，则可以写成 *b*:= *a* + #5。

（5）赋值号右边的变量可以添加“&”符号对其进行取地址操作。例如，*b* := &*a* + #8 代表将变量 a 的地址加上 8 然后赋给 b。

（6）当赋值语句右边的变量 y 添加了“*”符号时，代表读取以 y 的值作为地址的那个内存单元的内容，而当赋值语句左边的变量 x 添加了“*”符号时，则代表向以 x 的值作为地址的那个内存单元写入内容。

（7）跳转语句分为无条件跳转和有条件跳转两种。无条件跳转语句 GOTO x 会直接将控制转移到标号为 x 的那一行，而有条件跳转语句（注意语句中变量、关系操作符前后都应该被空格或制表符分开）则会先确定两个操作数 x 和 y 之间的关系（相等、不等、小于、大于、小于等于、大于等于共 6 种），如果该关系成立则进行跳转，否则不跳转而直接将控制转移到下一条语句。

（8）返回语句 RETURN 用于从函数体内部返回值并退出当前函数，RETURN 后面可以跟一个变量，也可以跟一个常数。

（9）变量声明语句 DEC 用于为一个函数体内的局部变量声明其所需要的空间，该空间的大小以字节为单位。这个语句是专门为数组变量和结构体变量这类需要开辟一段连续的内存空间的变量所准备的。例如，如果我们需要声明一个长度为 10 的 int 类型数组 a，则可以写成 DEC a 40。对于那些类型不是数组或结构体的变量，直接使用即可，不需要使用 DEC 语句对其进行声明。变量的命名规范与之前的要求相同。另外，在中间代码中不存在作用域的概念，因此不同的变量一定要避免重名。

（10）与函数调用有关的语句包括 CALL、PARAM 和 ARG 三种。其中 PARAM 语句在每个函数开头使用，对函数中形参的数目和名称进行声明。例如，若一个函数 func 有三个形参 *a*、*b*、*c*，则该函数的函数体内的前三条语句为：PARAM *a*、PARAM *b* 和 PARAM *c*。CALL 和 ARG 语句负责进行函数调用。在调用一个函数之前，我们先使用 ARG 语句传入所有实参，随后使用 CALL 语句调用该函数并存储返回值。仍以函数 func 为例，如果我们需要依次传入三个实参 *x*、*y*、*z*，并将返回值保存到临时变量 *t1* 中，则可分别表述为：ARG *z*、ARG *y*、ARG *x* 和 *t1* := CALL func。注意 ARG 传入参数的顺序和 PARAM 声明参数的顺序正好相反。ARG 语句的参数可以是变量、以 # 开头的常数或以 & 开头的某个变量的地址。注意：当函数参数是结构体或数组时，ARG 语句的参数为结构体或数组的地址（即以传引用的方式实现函数参数传递）。

（11）输入 / 输出语句 READ 和 WRITE 用于与控制台进行交互。READ 语句可以从控制台读入一个整型变量，而 WRITE 语句可将一个整型变量的值写到控制台上。

除以上说明外，注意关键字及变量名都是大小写敏感的。例如，“*abc*”和“*AbC*”会被作为两个不同的变量对待，上述所有关键字（例如 CALL、IF、DEC 等）都必须大写，否则虚拟机小程序会将其看作一个变量名。

表 4.6 中间代码的形式及操作规范

语法	描述
`LABEL x :`	定义标号 x
`FUNCTION f :`	定义函数 f
`x := y`	赋值操作
`x := y + z`	加法操作
`x := y - z`	减法操作
`x := y * z`	乘法操作
`x := y / z`	除法操作
`x := &y`	取 y 的地址赋给 x
`x := *y`	取以 y 值为地址的内存单元的内容赋给 x
`*x := y`	取 y 值赋给以 x 值为地址的内存单元
`GOTO x`	无条件跳转至标号 x
`IF x [relop] y GOTO z`	如果 x 与 y 满足 [relop] 关系则跳转至标号 z
`RETURN x`	退出当前函数并返回 x 值
`DEC x [size]`	内存空间申请，大小为 4 的倍数
`ARG x`	传实参 x
`x := CALL f`	调用函数，并将其返回值赋给 x
`PARAM x`	函数参数声明
`READ x`	从控制台读取 x 的值
`WRITE x`	向控制台打印 x 的值

我们可以考虑在后续实践内容中，需要在符号表中预先添加 read 和 write 这两个预定义的函数。其中 read 函数没有任何参数，返回值为 int 型（即读入的整数值），write 函数包含一个 int 类型的参数（即要输出的整数值），返回值也为 int 型（固定返回 0）。添加这两个函数的目的是让 C-- 源程序拥有可以与控制台进行交互的接口。在中间代码翻译的过程中，read 函数可直接对应 READ 操作，write 函数可直接对应 WRITE 操作。

除此之外，还可以选择完成以下部分或全部的要求：

（1）要求 4.1：修改前面对 C-- 源代码的假设 2 和假设 3，使源代码中：

1）可以出现结构体类型的变量（但不存在结构体变量之间直接赋值）。

2）结构体类型的变量可以作为函数的参数（但函数不会返回结构体类型的值）。

（2）要求 4.2：修改前面对 C-- 源代码的假设 2 和假设 3，使源代码中：

1）一维数组类型的变量可以作为函数参数（但函数不会返回一维数组类型的值）。

2）可以出现高维数组类型的变量（但高维数组类型的变量不会作为函数的参数或返回值）。

4.3.2 输入格式

实践内容要求程序的输入是一个包含 C 源代码的文本文件，即程序需要能够接收一个输入文件名和一个输出文件名作为参数。例如，假设程序名为 cc、输入文件名为 test1、输出文件名为 out1.ir，程序和输入文件都位于当前目录下，在 Linux 命令行下运行 ./cc test1 out1.ir 即可将输出结果写入当前目录下名为 out1.ir 的文件中。

4.3.3 输出格式

运行结果需要输出到文件。输出文件要求每行一条中间代码，每条中间代码的含义如前文所述。如果输入文件包含多个函数定义，则需要通过 FUNCTION 语句将这些函数隔开。FUNCTION 语句和 LABEL 语句的格式类似，具体例子见后面的样例。

4.3.4 验证环境

程序将在如下环境中被编译并运行：

- GNU Linux Release: Ubuntu 20.04, kernel version 5.13.0-44-generic
- GCC version 7.5.0
- GNU Flex version 2.6.4
- GNU Bison version 3.5.1

一般而言，只要避免使用过于冷门的特性，使用其他版本的 Linux 或者 GCC，基本上不会出现兼容性方面的问题。

4.3.5 提交要求

具体提交内容如下：

（1）Flex、Bison 以及 C 语言的可被正确编译运行的源代码程序。

（2）一份 PDF 格式的实践内容报告，内容包括：

1）提交的程序实现了哪些功能？简要说明如何实现这些功能。清晰的说明有助于助教对提交的程序所实现的功能进行合理的测试。

2）提交的程序应该如何被编译？可以使用脚本、makefile 或逐条输入命令进行编译，请详细说明应该如何编译提交的程序。无法顺利编译将导致助教无法对提交的程序所实现的功能进行任何测试，从而丢失相应的分数。

3）报告的长度不得超过三页！所以报告中需要重点描述的是提交的程序中的亮点，是提交者认为最个性化、最具独创性的内容，而相对简单的、任何人都可以做的内容则可不提或简单地提一下，尤其要避免大段地向报告里贴代码。报告中所出现的最小字号不得小于 5 号字（或英文 11 号字）。

4.3.6　样例（必做部分）

本样例包括必做部分与选做部分，分别对应于必做内容和选做要求。请仔细阅读样例，以加深对实践要求以及输出格式要求的理解。本小节列举必做内容样例。

【样例 1】

- 输入

```
1  int main()
2  {
3    int n;
4    n = read();
5    if (n > 0) write(1);
6    else if (n < 0) write(-1);
7    else write(0);
8    return 0;
9  }
```

- 输出

这段程序读入一个整数 n，然后计算并输出符号函数 sgn(n)。它所对应的中间代码可以是这样的：

```
1  FUNCTION main :
2  READ t1
3  v1 := t1
4  t2 := #0
5  IF v1 > t2 GOTO label1
6  GOTO label2
7  LABEL label1 :
8  t3 := #1
9  WRITE t3
10 GOTO label3
11 LABEL label2 :
12 t4 := #0
13 IF v1 < t4 GOTO label4
14 GOTO label5
15 LABEL label4 :
16 t5 := #1
17 t6 := #0 - t5
18 WRITE t6
19 GOTO label6
20 LABEL label5 :
21 t7 := #0
22 WRITE t7
23 LABEL label6 :
24 LABEL label3 :
25 t8 := #0
26 RETURN t8
```

需要注意的是，虽然样例输出中使用的变量遵循着字母后跟一个数字（如 t1、v1 等）的方式，标号也遵循着 label 后跟一个数字的方式，但这并不是强制要求的。也就是说，程序输出完全可以使用其他符合变量名定义的方式而不会影响虚拟机小程序的运行。

可以发现，这段中间代码中存在很多可以优化的地方。首先，我们将 0 这个常数赋给了 t2、t4、t7、t8 这四个临时变量，实际上赋值一次就可以了。其次，对于 t6 的赋值我们可以直接写成 t6 := #-1 而不必多进行一次减法运算。另外，程序中的标号也有些冗余。如果提交的程序足够“聪明”，可能会将上述中间代码优化成这样：

```
1  FUNCTION main :
2  READ t1
3  v1 := t1
4  t2 := #0
5  IF v1 > t2 GOTO label1
6  IF v1 < t2 GOTO label2
7  WRITE t2
8  GOTO label3
9  LABEL label1 :
10 t3 := #1
11 WRITE t3
12 GOTO label3
13 LABEL label2 :
14 t6 := #-1
15 WRITE t6
16 LABEL label3 :
17 RETURN t2
```

【样例 2】

- 输入

```
1  int fact(int n)
2  {
3    if (n == 1)
4      return n;
5    else
6      return (n * fact(n - 1));
7  }
8  int main()
9  {
10   int m, result;
11   m = read();
12   if (m > 1)
13     result = fact(m);
14   else
15     result = 1;
16   write(result);
17   return 0;
18 }
```

- 输出

这是一个读入 m 并输出 m 的阶乘的小程序，其对应的中间代码可以是：

```
1  FUNCTION fact :
2  PARAM v1
```

```
 3  IF v1 == #1 GOTO label1
 4  GOTO label2
 5  LABEL label1 :
 6  RETURN v1
 7  LABEL label2 :
 8  t1 := v1 - #1
 9  ARG t1
10  t2 := CALL fact
11  t3 := v1 * t2
12  RETURN t3
13
14  FUNCTION main :
15  READ t4
16  v2 := t4
17  IF v2 > #1 GOTO label3
18  GOTO label4
19  LABEL label3 :
20  ARG v2
21  t5 := CALL fact
22  v3 := t5
23  GOTO label5
24  LABEL label4 :
25  v3 := #1
26  LABEL label5 :
27  WRITE v3
28  RETURN #0
```

这个样例主要展示如何处理包含多个函数以及函数调用的输入文件。

4.3.7 样例（选做部分）

【样例 1】

- 输入

```
 1  struct Operands
 2  {
 3    int o1;
 4    int o2;
 5  };
 6
 7  int add(struct Operands temp)
 8  {
 9    return (temp.o1 + temp.o2);
10  }
11
12  int main()
13  {
14    int n;
15    struct Operands op;
16    op.o1 = 1;
17    op.o2 = 2;
18    n = add(op);
19    write(n);
20    return 0;
21  }
```

- 输出

样例输入中出现了结构体类型的变量，以及这样的变量作为函数参数的用法。如果程序需要完成要求 4.1，样例输入对应的中间代码可以是：

```
1  FUNCTION add :
2  PARAM v1
3  t2 := *v1
4  t7 := v1 + #4
5  t3 := *t7
6  t1 := t2 + t3
7  RETURN t1
8  FUNCTION main :
9  DEC v3 8
10 t9 := &v3
11 *t9 := #1
12 t12 := &v3 + #4
13 *t12 := #2
14 ARG &v3
15 t14 := CALL add
16 v2 := t14
17 WRITE v2
18 RETURN #0
```

【样例 2】

- 输入

```
1  int add(int temp[2])
2  {
3    return (temp[0] + temp[1]);
4  }
5
6  int main()
7  {
8    int op[2];
9    int r[1][2];
10   int i = 0, j = 0;
11   while(i < 2)
12   {
13     while(j < 2)
14     {
15       op[j] = i + j;
16       j = j + 1;
17     }
18     r[0][i] = add(op);
19     write(r[0][i]);
20     i = i + 1;
21     j = 0;
22   }
23   return 0;
24 }
```

- 输出

样例输入中出现了高维数组类型的变量，以及一维数组类型的变量作为函数参数的用法。如果程序需要完成要求 4.2，样例输入对应的中间代码可以是：

```
1  FUNCTION add :
2  PARAM v1
3  t2 := *v1
4  t11 := v1 + #4
5  t3 := *t11
6  t1 := t2 + t3
7  RETURN t1
8  FUNCTION main :
9  DEC v2 8
10 DEC v3 8
11 v4 := #0
12 v5 := #0
13 LABEL label1 :
14 IF v4 < #2 GOTO label2
15 GOTO label3
16 LABEL label2 :
17 LABEL label4 :
18 IF v5 < #2 GOTO label5
19 GOTO label6
20 LABEL label5 :
21 t18 := v5 * #4
22 t19 := &v2 + t18
23 t20 := v4 + v5
24 *t19 := t20
25 v5 := v5 + #1
26 GOTO label4
27 LABEL label6 :
28 t31 := v4 * #4
29 t32 := &v3 + t31
30 ARG &v2
31 t33 := CALL add
32 *t32 := t33
33 t41 := v4 * #4
34 t42 := &v3 + t41
35 t35 := *t42
36 WRITE t35
37 v4 := v4 + #1
38 v5 := #0
39 GOTO label1
40 LABEL label3 :
41 RETURN
```

如果程序不需要完成要求 4.2，将不能翻译该样例输入，程序可以给出如下的提示信息：

```
Cannot translate: Code contains variables of multi-dimensional array type or
    parameters of array type.
```

4.4 本章小结

本章介绍了编译器中生成中间代码的过程。我们提供了中间代码生成的基础理论，其中包括运行时环境、存储组织、栈帧设计方法、中间代码的层次和表示方式、类型和声明的相关概念、表达式翻译（赋值语句、增量翻译、数组引用）和控制流与回填（布尔表达式、控制流语句）的翻译方法。基于上述理论方法，本章介绍了中间代码的实践技术，其中包含线形和图形的 IR 形式，基本表达式、语句、函数调用、数组和结构体的翻译模式。通过本章的学习，读者可以掌握中间代码生成的完整流程和方法，为后续代码生成和优化提供支持。

习题

4.1 有如下 C 语言代码：

```
void fun(int x, int y)
{
    int a, b, c;
    ...
}
int main()
{
    int i, j;
    fun(i, j);
    ...
    return 0;
}
```

其文法为 $G[S]$：$S \to L, L \to L, id \mid T\ id, T \to int \mid float$。写出调用函数 *fun* 的活动记录栈帧。

4.2 有如下语言代码，其中 *a*、*b*、*c* 是全局变量，*i* 和 *j* 是局部变量。

```
a, b, c : int;
int main()
{
   i, j : int;
   ...
   return 0;
}
```

其文法为 $G[S]$: $S \to id\ L, L \to , id\ L \mid : T, T \to int \mid float$。变量 *a*、*b*、*c*、*i* 和 *j* 各放在哪个数据区？请选择数据区的一个基地址，给出各变量相对基地址偏移量。

4.3 有以下翻译模式：

(1) $P \to MD$　　　$D \to D; D$

(2) $M \to \varepsilon$　　　{*offset*=0;}

(3) $D \to id\ L$　　　{*enter*(*id.name*, *L.type*, *offset*); *offset*=*offset*+*L.width*;}

(4) $L \to id\ L1$　　　{*enter*(*id.name*, *L*1.*type*, *offset*); *offset*=*offset*+*L*1.*width*; *L.type*=*L*1.*type*; *L.width*=*L*1.*width*;}

(5) $L \to :T$　　　{*L.type*=*T.type*; *L.width*=*T.width*;}

(6) $T \to integer$　　　{*T.type*=*integer*; *T.width*=4;}

(7) $T \to real$　　　{*T.type* =*real*; *T.width*=8;}

根据该翻译模式，写出声明语句 *a*, *b*, *c*: *real* 的符号表。

4.4 有以下翻译模式：

(1) $S \to id{=}E$　　　{*gen*(*ST.Get*(*id.lexeme*) ':=' *E.A*) ;}

(2) $E \to E1{+}E2$　　　{*E.A*=*newtemp*; *gen*(*E.A*':='*E*1.*A*'+'*E*2.*A*) ;}

(3) E → E1−E2　　{E.A=newtemp; gen(E.A':='E1.A'−'E2.A) ;}

(4) E → E1*E2　　{E.A=newtemp; gen(E.A':='E1.A'*'E2.A) ;}

(5) E → E1/E2　　{E.A=newtemp; gen(E.A':='E1.A'/'E2.A) ;}

(6) E → −E1　　{E.A=newtemp; gen(E.A':= ' '−'E1.A) ;}

(7) E → id　　{E.A = ST.Get(id.lexeme) ;}

根据该翻译模式翻译句子：$x = (a + b) * -(a + b)$。

4.5　有以下翻译模式：

(1) S → L=E　　{if L.offset=null gen(L.A':='E.A); else gen(L.A[L.offset]':='E.A);}

(2) E → E1+E2　　{E.A=newtemp; gen(E.A':='E1.A'+'E2.A) ;}

(3) E → E1−E2　　{E.A=newtemp; gen(E.A':='E1.A'−'E2.A) ;}

(4) E → E1*E2　　{E.A=newtemp; gen(E.A':='E1.A'*'E2.A) ;}

(5) E → E1/E2　　{E.A=newtemp; gen(E.A':='E1.A'/'E2.A) ;}

(6) E → −E1　　{E.A=newtemp; gen(E.A':= ' '−'E1.A) ;}

(7) E → (E1)　　{E.A=E1.A;}

(8) E → L　　{if L.offset=null　E.A=L.A;

　　else { E.A=newtemp; gen(E.A':='L.A'['L.offset']'); } }

(9) L → [Elist]　　{L.A=newtemp;gen(L.A':='Elist.array);

　　L.offset=newtemp; gen(L.offset':='Elist.A'*'w); } // w 为字宽

(10) L → id　　{L.A=ST.Get(id.lexeme);L.offset=null;}

(11) Elist → Elist1, E　　{t=newtemp; m=Elist.ndim+1;　　// 用一次维度 +1

　　gen(t':='Elist1.A'*'limit(Elist1.array,m)); gen(t':='t'+'E.A);

　　Elist.array=Elist1.array; Elist.A=t; Elist.ndim=m;}

(12) Elist → id[E]　　{Elist.A=E.A; Elist.ndim=1; Elist.array=id.place;}

根据该翻译模式翻译句子：$x = a[i, j]$，其中 a 的两个维度分别为 10 和 20。

4.6　将第 4.4 题的翻译模式中加减乘除的运算修改为：

E → E1 θ E2

{E.A=newtemp;

if E1.type= =integer && E2.type= =integer {gen(E.A':='E1.A'θ'E2.A); E.type=integer; }

else if E1.type= =real && E2.type= =real {gen(E.A':='E1.A'θ'E2.A); E.type=real;}

else if E1.type= =integer && E2.type= =real {u=newtemp; gen(u':='int2real('E1.A));

　　gen(E.A':='u 'θ'E2.A,); E.type=real;}

else if E1.type= =real && E2.type= =integer {u=newtemp; gen(u':='int2real(E2.A));

　　gen(E.A':='E1.A'θ'u); E.type=real;}

else E.type=type_error;}

其中 θ 表示加减乘除运算。根据该翻译模式翻译句子：$b = a * (i + j)$，其中 a、b 为 *real* 类型，i、j 为整型。

4.7　有以下翻译模式：

(1) E → E1 ∨ E2　　{E.A=newtemp; gen(E.A':='E1.A ∨ E2.A);}

(2) $E \rightarrow E1 \wedge E2$ {$E.A$=newtemp; gen($E.A$':='$E1.A \wedge E2.A$);}

(3) $E \rightarrow \neg E1$ {$E.A$=newtemp; gen($E.A$':=¬'$E1.A$);}

(4) $E \rightarrow (E1)$ {$E.A$=$E1.A$;}

(5) $E \rightarrow id$ {$E.A$=ST.Get(id.lexeme);}

(6) $E \rightarrow id1\theta id2$ {$E.A$=newtemp; gen (if (ST.Get(id1.lexeme) 'θ' ST.Get(id2.lexeme)) goto nxq+3)

gen($E.A$':=0'); gen(goto nxq+2); gen($E.A$':=1');}

其中 θ 为关系运算符，nxq 表示将要生成但尚未生成的三地址码代码编号。

根据该翻译模式翻译句子：$x<y \vee s \leqslant t \wedge a$，假设 $nxq = 100$。

4.8 有以下翻译模式：

(1) $E \rightarrow E1 \vee ME2$ {backpatch(E1.falselist,M.quad);

E.truelist=merge(E1.truelist,E2.truelist); E.falselist=E2.falselist;}

(2) $E \rightarrow E1 \wedge ME2$ {backpatch(E1.falselist,M.quad);

E.falselist= merge(E1.falselist,E2.falselist); E.truelist=E2.truelist;}

(3) $M \rightarrow \varepsilon$ {M.quad =nxq;}

(4) $E \rightarrow \neg E1$ {E.truelist=E1.falselist; E.falselist=E1.truelist;}

(5) $\mathrm{E} \rightarrow (E1)$ {E.truelist=E1.truelist; E.falselist=E1.falselist;}

(6) $E \rightarrow id1\theta id2$ {E.truelist=mklist(nxq); E.falselist=mklist(nxq+1);

gen('if' ST.Get(id1.lexeme)'θ'ST.Get(id2.lexeme) 'goto 0'); gen('goto 0');}

(7) $E \rightarrow id$ {E.truelist=mklist(nxq); E.falselist=mklist(nxq+1);

gen('if' ST.Get(id.lexeme)' goto 0'); gen('goto 0');}

(8) $S \rightarrow$ if E then $M1$ $S1$ N else $M2$ $S2$

{backpatch(E.truelist,M1.quad); backpatch(E.falselist,M2.quad);

S.nextlist=merge(S1.nextlist,N.nextlist,S2.nextlist);}

(9) $M \rightarrow \varepsilon$ {M.quad=nxq;}

(10) $N \rightarrow \varepsilon$ {N.nextlist=mklist(nxq);gen('goto 0');}

(11) $S \rightarrow$ if E then M $S1$

{backpatch(E.truelist,M.quad); S.nextlist=merge(E.falselist,S1.nextlist);}

(12) $S \rightarrow$ while $M1$ E do $M2$ $S1$

{backpatch(S1.nextlist,M1.quad);backpatch(E.truelist,M2.quad);

S.nextlist=E.falselist;gen('goto' M1.quad);}

(13) $S \rightarrow$ begin L end {S.nextlist=L.nextlist;}

(14) $S \rightarrow A$ {S.nextlist=mklist(); } // A 是赋值语句

(15) $L \rightarrow L1;MS$ {backpatch(L1.nextlist,M.quad); L.nextlist=S.nextlist;}

(16) $L \rightarrow S$ {L.nextlist=S.nextlist;}

根据该翻译模式翻译句子：if $x<y \wedge b$ then $x=y+z$。

4.9 根据第 4.8 题的翻译模式翻译句子：if $x<y \wedge b$ then $x=y+z$ else $x=y-z$。

4.10 根据第 4.8 题的翻译模式翻译句子：while $x<y \wedge b$ do $x=y+z$。

第 5 章　目标代码生成

【引言故事】

在我们的日常交流中，如果需要将一种方言转化为另外一种方言，通常可以将源方言通过普通话表达给翻译员，然后再由翻译员将普通话转化为目标方言。在这种场景下，普通话就扮演了“中间方言”的角色。这个过程其实与编译器的工作流程类似，当我们获得作为中间表示的普通话时，最后一步就是将它翻译为目标方言（即目标代码）。方言是我们日常交流中最有生机和活力的一部分，但是将普通话转为方言却并不是一件容易的事情。

以前的学者和诗人尝试过使用方言写诗，每个诗人在写作的时候会发出一些自己最习惯的声音，那么使用的声音是哪里的方言，是四川话、闽南话、广东话，还是吴语（苏州话)? 方言对写作是非常重要的，如普通话说“谁”，四川话说的是“哪个”，广东话却说“宾个”。一个人写诗也好写小说也好，如果在叙述一个人物时，不是通过广东话表达，就不会写“宾个”。一般情况下，在写作时一定会不自觉地把表达的意思翻译成普通话，那么实际上笔下的人物就丧失了一种可触摸的、在场的感觉，而作为写作主体的某些特质也可能丧失。由此可见，即使是在普通话与广东话这样同源的语言之间的翻译，也会导致一些语义信息上的变化。

另外，用方言表达的一些意思仅仅能够被特定人群理解。徐志摩诗歌中就曾大量运用过家乡话（海宁硖石方言）来进行创作。他的这类诗大致可以看懂，例如，《一条金色的光痕》开篇写道“得罪那，问声点看”，其中，“得罪那”还听得懂，“问声点看”，就只能勉强知道是问一问的意思。贵州诗人蹇先艾也曾用贵州遵义方言写诗。如《回去》中写道：“哥哥：走，收拾铺盖赶紧回去。”“乱糟遭的年生做人太难。”其中，“年生”一词只有云贵川的人才懂，上海人也好，广东人也好，很难理解“年生”的意思。《回去》中的第三句“想计设方跑起来搞些啥子”中的“搞些啥子”，普通话就会自动地翻译成“搞些什么”，而接下来的一句“这一扒拉整得来多惨道”，“这一扒拉”必然也会使其他方言区的人困惑[⊖]。

与诗歌创作过程中使用的方言必须要考虑目标读者的特点一样，编译器将源代码编译为目标代码的过程，也必须考虑目标机器的架构及指令集等特点。 编译器将中间表示翻译为目标代码时，也可以理解为某种方言到普通话再到另外一种方言的转换。类似于普通话与方言无关一样，中间表示与程序运行的目标机器无关；而目标代码使用特定机器的指令，在 A 机器上执行的目标代码，在指令集不同的 B 机器上就无法执行。编译器将中间表示转为机器所能识别的语言，就是将普通话转为人们日常交流的语言。

⊖ 柏桦，邓月娘 . 柏桦访谈 [J]. 扬子江评论，2016.

【本章要点】

目标代码生成是编译器工作流程中的最后一个关键步骤。在该步骤中，编译器首先为中间表示选择对应目标机器平台上的指令集架构并进行初步翻译。在此基础上，完成寄存器分配并尝试进行目标代码优化等工作。本章内容主要涵盖了在编译过程中进行目标代码生成的过程以及其中的关键算法。本章首先重点讨论了基本块和流图的内容和构造算法，并给出了构造的流图示例；在指令选择过程和实现方法部分，本章介绍了线形 IR 和树形 IR 的指令选择算法；在寄存器分配部分，本章介绍了朴素寄存器分配、局部寄存器分配、活跃变量分析和图染色算法；在目标代码优化部分，本章给出了窥孔优化技术，并提供了实施的示例；最后，本章介绍了代码生成器的构建过程及目标代码示例。

此外，本章中也讨论了具体的实践技术内容，在所提供的技术指导下，将中间表示编写的中间代码翻译为 MIPS32 指令序列，并在 SPIM Simulator 上运行。选择 MIPS 作为目标体系结构的原因是，它属于 RISC 范畴，与 x86 等体系结构相比形式简单，便于我们处理。如果对 MIPS 体系结构或汇编语言不熟悉也不用担心，我们会提供详细的参考资料。在相应的工具的帮助下，结合本章前面介绍的理论方法，实现一个目标代码生成器将不再是一件困难的事。

需要注意的是，由于本次实践内容的代码会与之前实践内容中已经写好的代码进行对接，因此保持良好的代码风格、系统地设计代码结构和各模块之间的接口对于整个实践内容来说是相当重要的。

【思维导图】

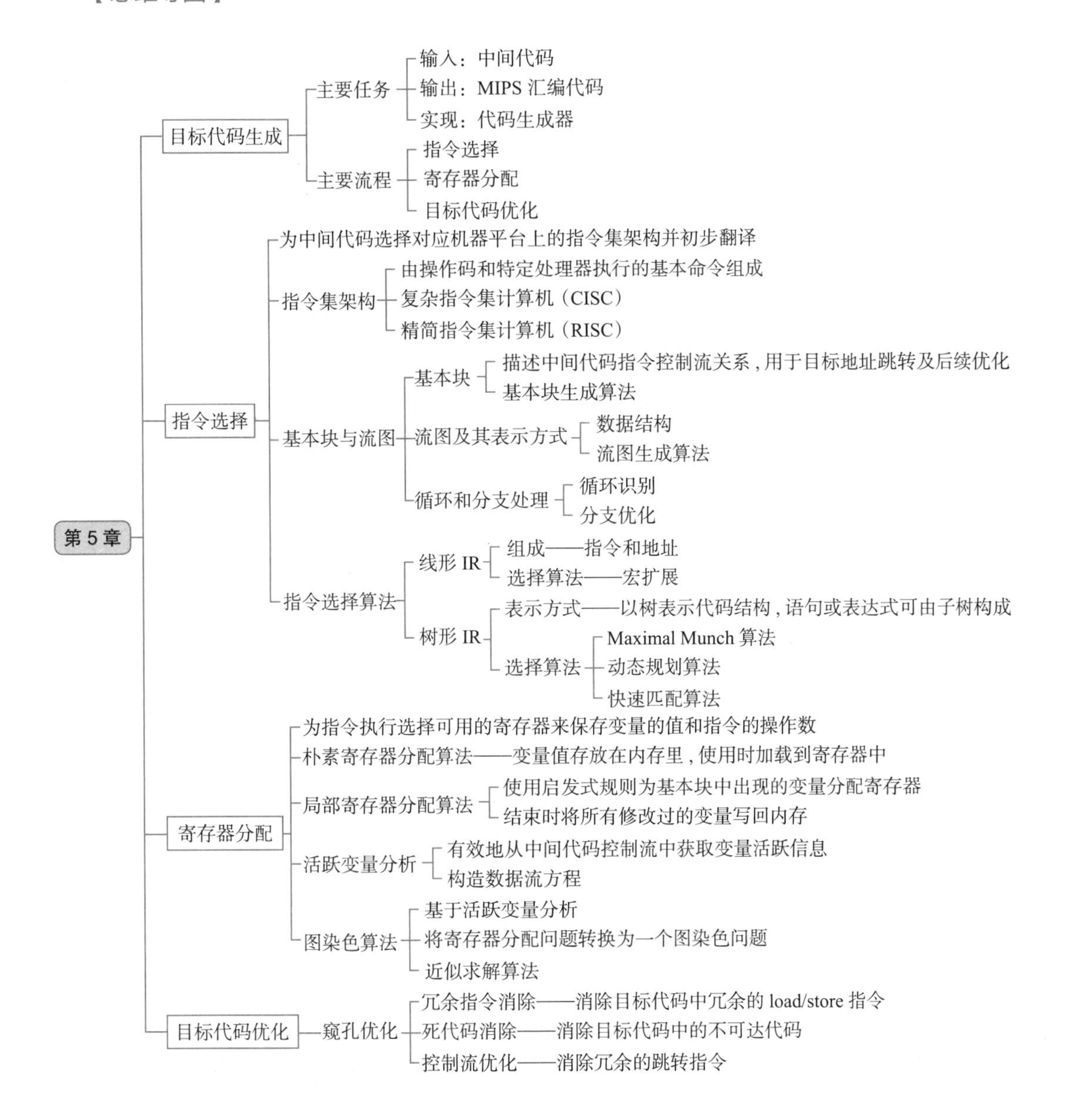
第 5 章
目标代码生成
主要任务
输入：中间代码
输出：MIPS 汇编代码
实现：代码生成器
主要流程
指令选择
寄存器分配
目标代码优化
指令选择
为中间代码选择对应机器平台上的指令集架构并初步翻译
指令集架构
由操作码和特定处理器执行的基本命令组成
复杂指令集计算机（CISC）
精简指令集计算机（RISC）
基本块与流图
基本块
描述中间代码指令控制流关系，用于目标地址跳转及后续优化
基本块生成算法
流图及其表示方式
数据结构
流图生成算法
循环和分支处理
循环识别
分支优化
指令选择算法
线形 IR
组成——指令和地址
选择算法——宏扩展
树形 IR
表示方式——以树表示代码结构，语句或表达式可由子树构成
选择算法
Maximal Munch 算法
动态规划算法
快速匹配算法
寄存器分配
为指令执行选择可用的寄存器来保存变量的值和指令的操作数
朴素寄存器分配算法——变量值存放在内存里，使用时加载到寄存器中
局部寄存器分配算法
使用启发式规则为基本块中出现的变量分配寄存器
结束时将所有修改过的变量写回内存
活跃变量分析
有效地从中间代码控制流中获取变量活跃信息
构造数据流方程
图染色算法
基于活跃变量分析
将寄存器分配问题转换为一个图染色问题
近似求解算法
目标代码优化
窥孔优化
冗余指令消除——消除目标代码中冗余的 load/store 指令
死代码消除——消除目标代码中的不可达代码
控制流优化——消除冗余的跳转指令

5.1 目标代码生成的理论方法

5.1.1 代码生成概述

我们通常使用高级程序设计语言（比如 C、Python 等）编写程序。高级程序设计语言编写的程序由符合语法与语义规范的语句组成，并且更加贴近于自然语言，便于我们对程序进行理解与维护。然而，当前体系结构的计算机只能识别由 0 和 1 二进制码组成的代码序列，即机器语言编写的程序。在计算机发展的早期，程序员直接使用机器语言编写程序。这些程序可以直接被计算机识别，具有较快的运行速度。然而，不同架构的计算机支持的机器语言不同，不同机器语言定义了差异较大的指令与支持的数据格式。因此，使用机器语言编写的程序难以复用与维护，可移植性差。

为了更详细地阐述不同层次的程序设计语言的差异，我们给出一个简单的用于实现 int 类型变量自增的 C 语言程序，如下所示：

```
1  int inc(int a)
2  {
3    int b = a + 1;
4    return b;
5  }
6
7  int main()
8  {
9    int lcVar = 2 * 2;
10   int rtVar = inc(lcVar);
11   return 0;
12  }
```

我们可以将上述 C 语言程序保存到名为 Increment.c 的源代码文件中，然后在 Ubuntu 20.04 x86_64 平台上使用 GCC（7.5.0 版本）编译它。编译命令如下：

```
gcc Increment.c —o Increment
```

其中，GCC 编译 Increment.c 源代码文件生成了**可执行文件** Increment。该可执行文件存储着 C 语言程序所在的 Ubuntu 20.04 x86_64 平台上对应的机器指令以及相关数据，可以在计算机上直接运行。由于机器指令难以理解，为了便于理解，我们将其转换成汇编代码。表 5.1 展示了 inc 函数的机器指令、汇编代码以及 C 语言程序代码的三种不同表示形式。

表 5.1　inc 函数机器指令、汇编代码与 C 语言程序代码三种表示形式

机器指令（十六进制表示形式）	汇编代码	C 语言程序代码

0x55
0x48 0x89 0xe5
0x89 0x7d 0xec
	push %rbp
	mov %rsp, %rbp
	mov %edi, -0x14(%rbp)
		int inc(int a)
		{

0x8b 0x45 0xec
0x83 0xc0 0x01
0x89 0x45 0xfc
	mov -0x14(%rbp), %eax
	add $0x1, %eax
	mov %eax, -0x4(%rbp)
		int b = a + 1;

0x8b 0x45 0xfc	mov -0x4(%rbp), %eax	return b; }
0x5d 0xc3	pop %rbp retq	

表 5.1 的第一列是编译目标机器指令的十六进制表示形式，第二列是机器指令所对应的汇编代码，第三列是 inc 函数的 C 语言程序代码。每一行中的内容都具有相同的语义。

例如，在机器指令中，使用了 3 个字节来表示 inc 函数返回的指令：

```
0x8b 0x45 0xfc
```

这三条指令对应的汇编代码为：

```
mov -0x4(%rbp), %eax
```

而所对应的 C 语言程序语句位于源代码的第 4 行：

```
return b;
```

从表 5.1 中我们可以发现，除了函数声明外，C 语言程序中的 inc 函数体共有两条语句而 inc 函数的机器指令却包含了 21 个字节以及 9 条汇编代码指令。与 inc 函数类似，表 5. 2 展示了 main 函数的 C 语言程序代码及经过编译后生成的机器指令与汇编代码的三种不同表示形式。

表 5.2　main 函数机器指令、汇编代码与 C 语言程序代码三种表示形式

机器指令（十六进制表示形式）	汇编代码	C 语言程序代码

0x55
0x48 0x89 0xe5
0x48 0x83 0xec 0x10
	push %rbp
	mov %rsp, %rbp
	sub 0x10, %rsp
		int main()
		{

0xc7 0x45 0xf8 0x04 0x00 0x00 0x00	movl $0x4, -0x8(%rbp)	int lcVar = 2 * 2;

0x8b 0x45 0xf8
0x89 0xc7
0xe8 0xd2 0xff 0xff 0xff
0x89 0x45 0xfc
	mov -0x8(%rbp), %eax
	mov %eax, %edi
	callq 114a <inc>
	mov %eax, -0x4(%rbp)
		int rtVar = inc(lcVar);

0xb8 0x00 0x00 0x00 0x00	mov $0x0, %eax	return 0; }
0xc9 0xc3 0x66 0x2e 0x0f 0x1f 0x84 0x00 0x00 0x00 0x00 0x00 0x0f 0x1f 0x40 0x00	leaveq retq nopw %cs:0x0(%rax, %rax, 1) nopl 0x0(%rax)	

在表 5.2 中，我们可以看到 inc 函数调用的汇编代码为：

```
callq 114a <inc>
```

其中，callq 指令用于调用其他函数，该指令的操作数为被调用的目标函数的地址。在该指令中，目标函数地址为 114a <inc>，即 inc 函数的地址。114a 表示的是 inc 函数在可执行文件 Increment 中的偏移地址。在可执行文件中的指令装载到内存后，该地址会被转换为 inc 函数在内存中的实际地址，以实现函数调用功能。执行该指令后，程序会跳转到 inc 函数的地址，执行函数中的指令。注意，该指令会将下一条指令的地址保存到栈中，以便函数返回时能够返回到正确的地址。函数调用结束后，程序会继续执行 callq 指令下一条指令的

地址，即：

```
mov   %eax, -0x4(%rbp)
```

与C语言相比，使用汇编语言与机器指令编写程序均较为困难，这会大大降低软件开发与维护的效率。而现代高级程序设计语言相对更容易学习和使用，并且易于阅读理解，能够极大地提高软件开发与维护的效率。因此，现代几乎所有软件开发活动主要使用高级程序设计语言。然而，从计算机的角度来看，计算机只能运行由二进制代码组成的机器指令，无法直接理解高级程序设计语言编写的源代码。因此，我们需要使用编译器将高级程序设计语言编写的源代码自动转换为机器可以识别的机器指令。对我们的C-- 编译器来说，编译器实现的最后一步就是将中间代码翻译为目标机器平台上的指令，以实现在目标平台上运行C-- 程序的功能。

从高级语言到低级语言和机器指令的转换过程中的各个步骤都由相应的编译器组件来完成。高级程序设计语言编写的程序需要经过编译器编译转化为语义相同但较为低级的中间代码，而后编译器再将中间代码转化为目标机器指令序列，这个过程通常被称为**目标代码生成**。目标代码的生成过程通常指的是编译器在进行源程序的词法分析、语法分析和语义分析的基础上，读取编译器前端生成的中间代码和相关的符号表信息，生成语义等价的汇编代码或机器指令，即目标代码。符号表信息可以用于确定符号对应的数据对象在运行时的地址。目标代码生成过程通常实现为编译器后端的代码生成器。在前面的实践内容中，我们已经学会了词法分析、语法分析、语义分析以及中间代码生成。在本章实践内容中，我们将介绍编译器实现的最后一步——目标代码生成的理论和实践技术，并实现自己的代码生成器。通常，我们对代码生成器的要求非常严格。一方面，代码生成器必须保证生成的目标代码与源代码的语义一致；另一方面，代码生成器需要有效地利用目标机器上的可用资源，以确保生成的目标代码具有高效的运行性能。然而，理论上已经证明，为源代码生成最优目标代码是不可判定问题，代码生成过程中的子过程（如指令选择和寄存器分配）处理的计算复杂度很高。因此，在代码生成器的实现中，我们通常使用成熟的启发式技术生成良好但不一定是最优的目标代码，以提高目标代码的生成效率。

目标代码生成主要包括两个步骤：

（1）**指令选择**：指令选择主要关注选择适用于特定平台的目标机器指令。不同平台的机器指令集不同，因此需要在生成目标代码时考虑这一点。

（2）**寄存器分配和指派**：寄存器分配和指派主要涉及将数据适当地分配到寄存器中，以便在执行目标代码时获得最佳性能。寄存器是CPU内用于暂存指令、数据和符号地址的存储器；与内存空间相比，寄存器数量较少，但访问速度较快。选择适当的寄存器存放操作数，能够有效地避免多次从内存加载数据到寄存器的开销，以提升目标代码的运行效率。

代码生成器的设计和实现与IR的形式密切相关，例如线形IR和树形IR的处理方式差异较大。尽管IR形式有很多种，包括三地址表示方式（如三元式、间接三元式、四元式等）、虚拟机表示形式（如字节码和堆栈机代码）、线形表示方式（如后缀表示）以及图形表示形式（如语法树和有向无环图）。针对不同的中间代码形式，代码生成器可能采用不同的翻译模式和算法。在实践中，我们主要考虑线形表示形式中的线形IR（三地址码）和图形表示形式中的树形 IR 的翻译。我们假设代码生成器读入的 IR 已经经过严格的词法、语法和语义分析，不包含错误，按照步骤翻译后的目标代码是正确的。

目标代码

代码生成器的设计目标是将编译器前端生成的中间代码翻译为目标代码。目标代码通常被设计成与目标机器指令较为相似或相同，例如汇编代码或机器指令。这些指令以某种特定的格式存储在**目标文件**（Object File）中。例如，C 语言程序代码通常会被 GCC 编译器编译为 .o 的目标文件（在 Windows 平台下通常被编译为 .obj 目标文件）。目标文件包含目标代码指令以及代码在运行过程中使用的数据信息。目标代码指令的语义和格式与特定的目标机器密切相关，每种目标机器都有其支持的指令集。目标代码执行时使用的数据信息包含变量的初始值以及所占内存空间的大小等。除了考虑目标机器指令集，因为目标代码中的符号代表变量或函数等在内存中的位置，目标代码生成还需要妥善安排目标代码中各个符号的地址。早期的编译技术中，目标代码直接使用绝对地址将代码装载到内存中固定的位置上。虽然这样可以有效提升程序编译和执行速度，但随着程序规模的不断扩大，使用绝对地址的代码需要为每个符号设定唯一的地址，这使得代码难以维护和扩展。为解决绝对地址带来的问题，我们可以生成**可重定位的目标代码**。在这种目标代码中，符号在内存中的装载地址不固定，操作系统会在内存中寻找一块合适大小的空间来装载目标文件符号。这使得各个子程序可以被分别编译，独立链接、加载和运行，从而使得编译过程具有更高的灵活性。但这样做的代价是链接和加载过程较慢，需要重新计算目标代码中符号的内存位置。为了避免目标机器指令集的高复杂性，降低地址计算的难度，我们通常将中间代码转换为汇编指令，再借助汇编器生成目标机器指令。代码生成器的关键目标是生成正确的目标代码指令序列，以确保生成的目标代码的正确性且易于实现、测试和维护。为了实现这一目标，我们必须仔细设计指令选择、寄存器分配、目标代码优化等过程。

5.1.2　指令集架构

在编译器代码生成器的实现过程中，指令选择是目标代码生成的第一步，先于寄存器分配阶段。指令选择是编译器后端将中间代码翻译为特定目标平台上的更低级表示的目标代码的阶段，这一阶段的产出是指令选择器。在指令选择过程中，我们可以假设输出的目标代码中可以使用无限数量的寄存器，只需要关注目标代码生成即可。指令选择可以看作一个模式匹配过程。对于给定的中间代码，我们需要在其中找到特定的模式，然后将这些模式对应到目标代码上。指令选择可以是一个简单的匹配模式然后一一对应的过程，也可以是涉及许多细节处理和计算的复杂过程。这取决于中间代码本身蕴含信息的丰富程度，以及目标机器采用的指令集的种类。指令选择生成的代码通常不是最优的，我们可以在后续过程中使用窥孔优化技术来提高目标代码的质量和执行效率。接下来，我们将首先介绍指令选择中的指令集架构。

指令集架构（Instruction Set Architecture），又称为**指令集体系**。指令集架构通常由操作码以及由特定处理器执行的基本命令组成。具体来说，指令集架构包含了基本数据类型（如一个字节、两个字节、四个字节等不同长度的数据）、指令集、寄存器、寻址模式等。指令集架构可以细分为复杂指令集计算机（Complex Instruction Set Computer，CISC）与精简指令集计算机（Reduced Instruction Set Computer，RISC）两大类。CISC 的诞生与当时计算机硬件资源有限有关。20 世纪早期，计算机内存和磁盘存储成本非常高，高级语言代码编译后的目标代码占用空间较大，存储成本也很高。因此，很多计算机架构师尝试设计直接支持高级程序结构的指令集，例如过程调用、循环控制和复杂的寻址模式。这种指令集允许将数据结构和数组访问融合到单个指令中，从而提高代码密度和紧凑性。降低存储成本的代价则是主内存访问速度的降低。CISC 的每条指令可以执行多个操作，将数据读取、存储和计算操作集中在单个指令中。CISC 架构被广泛应用，包括复杂的大型计算机和微控制器。许多著名的微处理器和微控制器都采用了 CISC 架构，例如 System/360、PDP-11 和摩托罗拉 68000 系列以及 Intel 8080 系列。CISC 包含许多应用程序极少使用的特定指令，指令种类繁多，指令长度不固定。计算机执行 CISC 指令时需要花费时间解析指令，可能带来额外的性能负担。CISC 的设计初衷是直接支持高级编程结构，将数据结构和访问融合为单个指令，指令集更加紧凑，访问内存的次数更少，这在早期内存和磁盘资源受限的情况下可以大幅降低存储成本。尽管 CISC 使用更少的指令就能表达高级语言结构，但在某些情况下，使用一系列更简单的指令可以在复杂体系结构的低端版本中获得更好的性能。

随着现代计算机硬件的发展，计算机的存储资源和计算能力大大提升，指令格式相对简单的 RISC 受到了广泛的关注。RISC 架构历史悠久，最早可以追溯到 1964 年 Seymour Cray 设计的 CDC 6600 架构。RISC 最早发展于 20 世纪 70 年代的 IBM 801 项目，该项目也被认为是第一个采用 RISC 架构的系统。然而在当时，RISC 并未立即在业界应用。直到 20 世纪 70 年代后期，801 项目在业界受到了很大的关注，RISC 也开始受到关注。RISC 通常只执行较为常用的指令，大部分指令长度统一，分离了数据加载和存储操作，简化了处理器结构。RISC 每条指令只执行一个功能，结合执行流水线执行方式在单个处理器上实现指令集并行技术，从而提升指令执行速度。与 CISC 计算机相比，RISC 计算机完成相同的任务需要更多的指令。然而，RISC 指令的执行速度平衡了代码中更多指令数目带来的性能开销。RISC 架构中相对于 CISC 架构的“简单”本质上是每条指令所完成的工作量减少了。因此，RISC 较为“简单”。但是，RISC 的“简单”并不是等同于简单地删除了指令。实际上，自诞生以来，RISC 指令集的规模一直扩展。RISC 家族中一些指令集与 CISC 指令集相等甚至更大，例如采用 RISC 处理器 PowerPC 的指令集与 CISC IBM System/370 一样大。

指令集架构中不仅定义了指令的格式和功能，还定义了各种功能不同的寄存器。RISC 目标机器包含了数量众多的寄存器、三地址指令、多种寻址方式以及一个相对简单的指令集体系结构等特点。相反，CISC 目标机器只有数量较少但种类较多的寄存器、两地址指令、更多的寻址方式。此外，CISC 目标机器还支持可变长度指令和一些有副作用的指令。

除了 CISC 和 RISC，许多高级语言编写的源代码也可以在基于栈的虚拟机上直接执行。随着 Java、Python 等语言的广泛应用，基于栈的体系结构受到了更多关注。基于栈的虚拟机提升了程序的可移植性。基于栈的体系结构通常是解释执行源代码，而不是将源代码编译为目标代码后再运行。其运算过程伴随着栈上运算分量的操作，相对来说会更加耗时。在本次实践内容中，我们将重点关注经典编译器的设计与实现，而不涉及虚拟机的设计与实现。我们将介绍精简指令集架构中的 MIPS，该指令集架构是 RISC 指令集架构家族成员之一，第一个版本于 1985 年随着 R2000 微处理器一起发布。MIPS 架构应用广泛，在业界受到广泛关注。接下来，我们将重点介绍 MIPS 架构中定义的 9 类指令。

（1）逻辑操作指令：此类指令共包含 8 条指令，and、andi、or、ori、xor、xori、nor、lui，用于实现逻辑与、或、异或、或非等运算。

（2）移位操作指令：此类指令共包含 6 条指令，sll、sllv、sra、srav、srl、srlv，用于实现逻辑移位、算术移位、循环移位等运算。

（3）移动操作指令：此类指令共包含 6 条指令，movn、movz、mfhi、mthi、mflo、mtlo，用于通用寄存器之间的数据移动和通用寄存器与 HI、LO 寄存器（整数乘法寄存器）之间的数据移动。

（4）算术操作指令：此类指令共包含 21 条指令，add、addi、addiu、addu、sub、subu、clo、clz、slt、slti、sltiu、sltu、mul、mult、multu、madd、maddu、msub、msubu、div、divu，用于实现加法、减法、比较、乘法、乘累加、除法等算术运算。

（5）转移指令：此类指令共包含 14 条指令，jr、jalr、j、jal、b、bal、beq、bgez、bgezal、bgtz、blez、bltz、bltzal、bne，用于实现无条件转移以及条件转移。

（6）加载存储指令：此类指令共包含 14 条指令，lb、lbu、lh、lhu、ll、lw、lwl、lwr、sb、sc、sh、sw、swl、swr，其中以“l”开始的指令是加载指令、以“s”开始的指令是存储指令。这些指令用于从存储器中读取数据或者向存储器中写入数据。

（7）协处理器访问指令：此类指令共包含 2 条指令，mtc0、mfc0，用于读取协处理器 CP0 中某个寄存器的值，或者将数据保存到协处理器 CP0 中的某个寄存器。

（8）异常相关指令：此类指令共包含 14 条指令，其中 12 条为自陷指令，teq、tge、tgeu、tlt、tltu、tne、teqi、tgei、tgeiu、tlti、tltiu、tnei，另外 2 条指令是系统调用指令 syscall 以及异常返回指令 eret。

（9）特殊指令：此类指令共包含 4 条指令，nop、ssnop、sync、pref，其中 nop 是空指令，ssnop 是一种特殊类型的空指令，sync 用于保证加载、存储操作的顺序，pref 指令用于缓存预取。

除了上述 9 类 MIPS 机器指令，我们将在实践技术中详细介绍 MIPS32 汇编代码及相关内容。

5.1.3　基本块与流图

代码生成器将中间代码翻译成语义上等价的目标代码。目标代码包含逻辑操作指令、算术操作指令等，这些指令通常比较直观，翻译策略较为简单。然而，对于条件转移与函数调用指令，我们需要明确获知控制发生转移时的目的地址或者下一条指令的地址。例如，条件分支指令可能在条件成立时直接跳转到目的地址，为了确定目标代码中转移指令的目的地址，我们首先需要分析中间代码的控制流（Control Flow），从而确定指令生成和执行的顺序。生成的目标代码中的控制流不考虑数据与算术运算，只关心指令执行的顺序。我们需要在控制流中考虑指令转移到的所有目的地址，构建完整的流图。因此，我们需要将中间代码中所有对条件转移无关的指令集中在一个基本块（Basic Block，BB）中，以形成流图（Flow Graph）中的节点。流图中的边指明了基本块之间执行的顺序。构建好流图后，我们可以遍历流图，生成每个基本块对应的目标代码。

1. 基本块

在目前的编译器构建中，基本块是指满足以下条件的最大的连续中间代码指令序列：

（1）基本块只有一个入口点，控制流只能通过基本块中的第一条指令进入基本块。

（2）除了基本块入口点，转移指令无法跳转到基本块中间的指令。

（3）基本块只有一个退出点，即基本块中的最后一条指令执行结束才会停机或者跳转到其他基本块。

基本块中包含一系列按顺序依次执行的指令，并且前部指令支配（Dominate）其后面的指令，不存在非相邻指令间的执行关系。这种高度内聚的指令序列使得基本块分析变得更加容易。编译器通常在中间代码分析阶段将中间代码分解为若干基本块，并构建流图。为了生成基本块，我们可以先遍历中间代码，找到基本块的首指令、最后一条指令或者转移指令，例如，转移指令及其目的地址就是基本块的边界位置。具体而言，基于中间代码生成基本块的算法如下：

（1）扫描中间代码指令序列，找到基本块的首指令。首指令表示一个基本块开始的第一条指令。两条首指令之间就定义了一个基本块。首指令通常包括指令序列的第一条指令，无条件或条件转移指令的目的指令，以及跟在一条条件或无条件转移指令之后的指令。

（2）从首指令开始查找当前基本块中的指令，直到找到下一条基本块首指令，两条首指令之间的中间代码都属于当前基本块。

（3）如果基本块最后一条指令不是条件转移指令或函数返回语句，就在这个基本块的末尾增加一条转移到下一个基本块的转移指令。

一旦入口基本块被确定，代码执行结果不会受到基本块的位置顺序的影响。因为每个基本块的末尾都可以转移到唯一正确的位置，所以生成的基本块可以按任意顺序生成或放置。我们可以通过选择适当的基本块位置排列来减少跳转的次数，以更好地优化代码，并保证代码执行结果相同。我们可以将条件不成立时跳转的目标基本块直接跟在条件转移指令之后，这样便可以在条件为假时直接执行下一个基本块的指令，以减少分支跳转次数。另外，我们也可以在无条件转移指令之后直接跟随目的地址所在的基本块，从而删除这些冗余的无条件转移指令，提高编译生成的目标代码的执行速度。

2. 流图及其表示方式

一旦将中间代码划分为基本块，就可以使用流图来表示它们之间的执行顺序流。控制流图（Control Flow Graph，CFG）以图的形式展示程序执行过程中所有可能的路径，这是编译器优化以及程序分析的基础。每个 CFG 顶点都对应一个不包含分支指令的基本块。在 CFG 中，有向边表示分支，基本块 B_i 到基本块 B_j 之间存在一条边，当且仅当 B_j 的第一条指令可能直接跟在 B_i 最后一条指令之后执行。基本块之间的边主要存在以下两种情况：

（1）基本块 B_i 中最后一条指令是无条件或者条件转移语句，跳转的目标是基本块 B_j。

（2）在中间代码指令序列中，基本块 B_j 在基本块 B_i 之后，且基本块 B_i 的最后一条指令不是无条件转移指令。

在这两种情况下，我们可以称基本块 B_i 是基本块 B_j 的前驱（Predecessor），基本块 B_j

是基本块 B_i 的后继 (Successor)。通常，我们会在控制流图中添加两个特殊的基本块，即入口基本块（Entry Block）和出口基本块（Exit Block）。它们不对应中间代码中的任何一条指令，且满足以下特性：

（1）入口基本块是控制流图中第一个可执行节点（即中间代码中第一条指令所在的基本块）的前驱。

（2）如果中间代码的最后一条指令不是无条件转移指令，那么最后一条指令所在的基本块是出口基本块的一个前驱。另外，任何包含可以跳转到中间代码之外的指令或者可能是最后执行指令所在的基本块也是出口的前驱。

例如，对于以下中间代码片段：

```
1  READ v1
2  v2 := #0
3  LABEL label1 :
4  IF v1 > #1 GOTO label2
5  GOTO label5
6  LABEL label2 :
7  t1 := v1 / #2
8  t2 := t1 * #2
9  v2 := v1 - t2
10  IF v2 == #0 GOTO label3
11  GOTO label4
12  LABEL label3 :
13  v1 := v1 / #2
14  GOTO label1
15  LABEL label4 :
16  t3 := #3 * v1
17  v1 := t3 + #1
18  GOTO label1
19  LABEL label5 :
20  RETURN #0
```

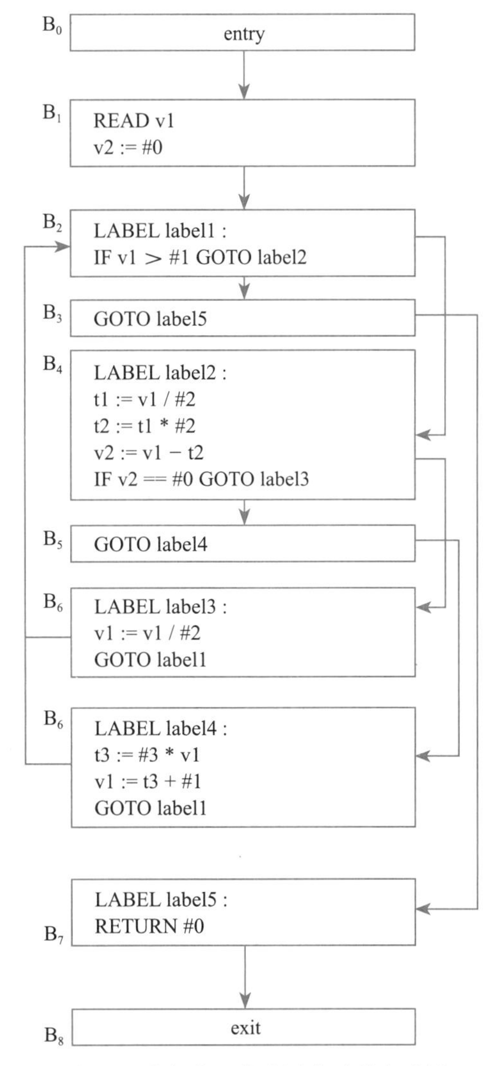

图 5.1　中间代码的流图表示形式示例

我们可以采用基本块划分算法将上述中间代码片段划分为基本块，并且添加入口基本块和出口基本块以构建出控制流图，如图 5.1 所示。

首先，根据基本块生成算法规则（1）可知第一条指令是一条首指令。为了找到其他的首指令，我们要找到跳转指令及其目的地址。在本例中有六条跳转指令（两条条件跳转指令和四条无条件跳转指令），即指令 4、5、10、11、14、18。根据算法规则（1），这些跳转指令的目标是首地址，它们分别是指令 3、6、12、15、19。然后，根据算法规则（1），跟在一条跳转指令后面的每条指令都是首指令，即指令 5、6、11、12、15、19。我们可以得出结论：指令 1、3、5、6、

11、12、15、19 是首指令。每条首指令对应的基本块包括了从它开始直到下一条首指令之前的所有指令。因此，指令 1 的基本块是指令 1 和 2，指令 3 的基本块是指令 3 和 4，指令 5 的基本块是指令 5，指令 6 的基本块包含了从指令 6 到指令 10 的所有指令，指令 11 的基本块是指令 11，指令 12 的基本块是指令 12、13 和 14，指令 15 的基本块包含了从指令 15 到 18 的所有指令。指令 19 的基本块是指令 19 和 20。

3. 循环与分支处理

在源代码中，循环结构通常会使用 while 语句、for 语句等语句表示。相较于一般的线形中间代码指令，循环包含了转移和条件判断，因此执行开销更大。为了优化循环结构的代码执行效率，编译器通常会使用一些代码转换技术。这些技术通常需要先对流图中的“循环”进行识别。一个循环由流图中的一个节点集合构成，且满足以下特性：

（1）节点集合中存在一个循环入口（Loop Entry），循环入口的前驱节点是唯一可能在循环外的节点。从整个流图的入口节点到循环中的任何节点都必须经过该循环入口。循环入口节点不是流图的入口节点，因为流图的入口节点是为了便于分析而添加的概念，并不存在于源代码中。

（2）循环中每一个节点都存在一条到循环入口的非空路径，并且该路径全部在该循环中。

图 5.2 中 $\{B_2、B_3、B_4、B_5\}$ 这四个基本块就构成了一个循环。除了循环结构，分支结构也可以进行优化处理。例如，我们可以重新排序基本块，删除多余的无条件转移指令。对于基本块条件转移指令的条件不成立时跳转的目标基本块，我们可以将其调整到当前基本块之后。调整基本块顺序后，我们就可以删除条件不成立时需要执行的无条件转移指令 5 和 11，以此完成优化。

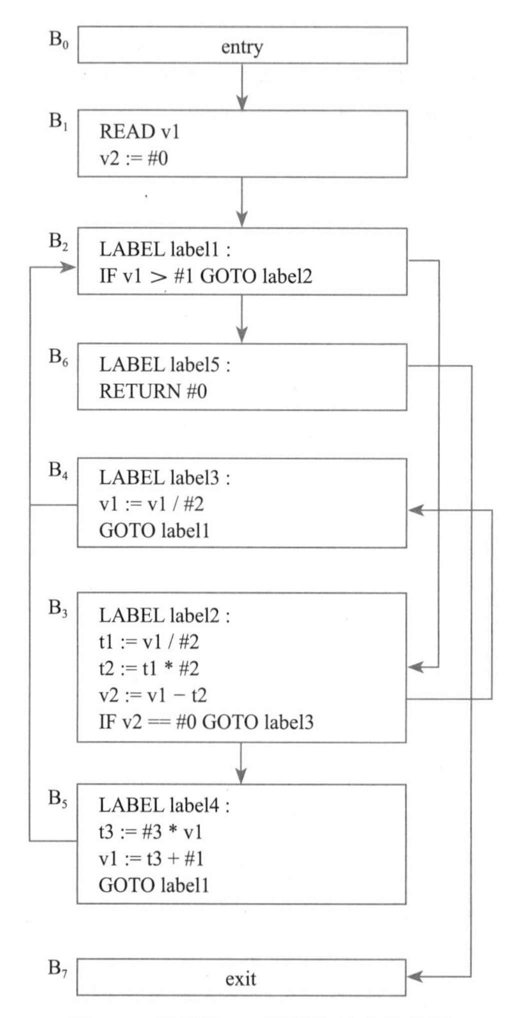

图 5.2 根据图 5.1 示例的基本块重排

5.1.4 指令选择算法

1. 线形 IR 指令选择算法

我们已经介绍了主流的指令集架构以及基本块和流图相关内容，构建好 CFG 后，我们便可以确定目标代码中指令转移指令的目的地址。然后，我们需要按照翻译规则将每一个基本块中的中间代码翻译为目标代码，这一翻译过程就是指令选择阶段的任务。指令选择就是为给定的中间表示生成恰当的目标代码。这一过程与中间表示形式有关，比如线形 IR 的翻译过程通常与树形 IR 不同。因此，接下来我们将介绍线形 IR 和树形 IR 的指令选择算法。线形 IR 通常由指令和地址构成，例如三地址码、四地址码、SSA。如果我们的程序使用了线形 IR，那么最简单的指令选择方式是逐条将中间代码对应到目标代码上。

宏扩展是线形 IR 指令选择算法中最简单的一种方法，指令选择器可以在 IR 上匹配模板来运行，这些模板可以实现为宏扩展器。每种线形 IR 都有自己的特定的语言结构，因此需要实现自己的宏定义。这些宏定义用于在目标机器上生成实现相应语义的汇编代码。在宏匹配成功时，宏扩展器使用匹配的字符串作为参数来执行相应的宏或者函数。宏扩展流程如下：

（1）对于给定的 IR 代码，指令选择器遍历 IR，宏扩展器根据输入的 IR 种类，选择对应的生成模板（模板可以实现为宏定义或者函数）。当找到一个匹配时，一个宏或者函数被执行，匹配的 IR 作为输入。然后，宏或者函数将输出与输入 IR 一致且正确的目标代码。

（2）如果指令选择器无法匹配某些 IR，指令选择器匹配失败并报告错误，目标代码生成失败。

通常，简单的宏扩展生成的目标代码执行效率较低。我们可以结合宏扩展与窥孔优化技术对生成的目标代码进行优化，使用更加高效的等效指令替换简单的指令组合。这个过程可以看作是一个多行的模式匹配，也可以看成用一个滑动窗口（Sliding Window）或一个窥孔（Peephole）滑过中间代码序列并查找可能的优化方案的过程。我们将在后续章节中详细介绍窥孔优化（Peephole Optimization）这种局部代码优化技术。此外，我们将在 5.2.3 节详细介绍线形 IR 指令选择算法的实现。

2. 树形 IR 指令选择算法

树形 IR 以树的形式表示代码的结构，例如抽象语法树是一种常见的树形 IR，源代码中一条语句或表达式可以表示成一棵子树，树中节点之间通过父子关系相连。这种表示形式可以更直观地反映出程序的结构，易于进行代码优化，例如子树替换、基本块识别、循环优化等。同时，树形 IR 也可以很方便地进行语法分析，因为树形结构与语法规则有着自然的对应关系。树形 IR 指令选择算法的目标就是为给定的程序树找出一个恰当的目标代码指令序列。树形 IR 的指令选择可以看成一个“树重写”问题。其中，每一条目标代码表示成树形 IR 的一段树枝（Fragment），也称为树形（Tree Pattern）。树形 IR 的翻译方式类似于线形 IR，也是一个模式匹配的过程。不过，我们需要寻找的模式不再是线形 IR 的种类，而是某种结构的子树。我们可以定义一组树重写规则把输入的树形 IR 归约为单个节点。这个应用树重写规则替换子树的过程称为对该子树的一次覆盖（Tiling）。在某些情况下，可能会出现有多个树重写规则和某个子树匹配，我们需要设计算法找出可以覆盖树形 IR 的对应树形的最小集合。该集合对应于更少数目的目标代码，从而提升代码运行效率。

线形 IR 通常比较简单，也方便阅读，比如我们将 C-- 表达式 `(x-y)/4` 翻译为如下的线形 IR：

```
1  t1 = x - y
2  t2 = t1 / 4
```

图 5.3 所示的树形 IR 就是上述线形 IR 的等价表示，节点中存储了操作符以及变量，比

如 `x-y` 就可以使用三个节点表示并将结果存储在“-”节点中，即线形 IR 中的临时变量 `t1` 中。

同时，为了更好地表征代码运行开销，我们假设每一种指令运行都有其对应的代价，比如运行时间或者指令序列的长度。树形 IR 指令选择算法需要找出树的最优（Optimum）覆盖，即生成的目标代码运行代价最小。除了最优覆盖，树形 IR 指令选择算法还可以生成最佳（Optimal）覆盖，即不存在某个树形可以被拆分为更小组合代价的树形。目前学者们已经提出了一些最佳覆盖和最优覆盖的树形 IR 执行选择算法，比如 Maximal Munch 算法、动态规划算法、快速匹配算法等。下面我们对这些算法进行概要性的介绍。

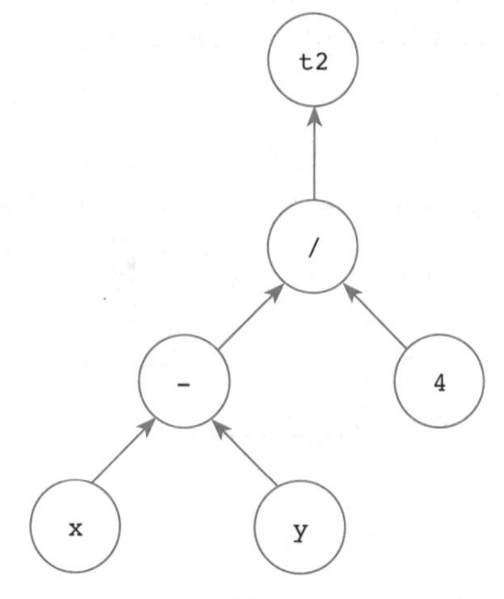

图 5.3 树形 IR 示例

Maximal Munch 算法是一种最佳覆盖算法，算法的核心流程如下：

（1）从树形 IR 根节点开始，寻找覆盖树的最大的树形。如果能够找到对应的树形，那么原来的树形 IR 被分割为若干子树。

（2）重复这一覆盖过程直到所有的节点都被覆盖，算法终止。

（3）如果存在无法覆盖的子树，算法终止，报告错误。

Maximal Munch 算法指令生成过程与覆盖过程正好相反，覆盖过程从根节点开始，指令生成阶段需要从子节点开始逆序生成目标代码序列。根节点对应的指令需要等其子节点目标代码生成完毕。树形 IR 目标代码的逆序生成也符合中间代码的执行顺序。在图 5.3 中，虽然我们先生成了节点“-”的指令，但是只有当 `x`、`y` 操作数加载到寄存器才能执行减法运算。树形 IR 目标代码的逆序生成和中间代码执行顺序是一致的。

与最佳覆盖算法 Maximal Munch 不同，动态规划（Dynamic Programming）可以生成树形 IR 的最优覆盖。动态规划本身是一种根据每个子问题的最优解找到大问题的最优解的技术。因此，我们也可以将动态规划算法应用到树形 IR 覆盖。动态规划算法需要为树中每一个节点指定一个对应的代价，例如代价可以表示为以该节点为根的子树的最优目标代码序列代价之和。因此，动态规划算法是自底向上的，算法流程如下：

（1）对于给定的节点 *node*，动态规划算法递归求出 *node* 和子节点的代价 *cost*。然后，将每一种树形与 *node* 进行匹配。

（2）对每一个以代价 *cost* 与节点 *node* 匹配的树形 tp_j，tp_j 可能会有 0 个或者多个叶子节点，这些叶子节点不包含在树形中，可以用于连接子树。

（3）假设 tp_j 的每个叶子节点 *leaf* 的代价为 $cost_i$，我们可以计算出 tp_j 的代价是 $cost+\sum cost_i$。动态规划算法的目标就是找到代价最小的 tp_j。

当我们求出了根节点的代价之后，便开始生成与节点对应的目标代码，过程如下：

针对在树形 IR 中的节点 *node* 选择的树形，我们首先生成该树形的每一个叶节点 $leaf_i$ 所对应的目标代码，然后再生成与 *node* 节点匹配的目标代码，整个生成过程一直持续到根节点的目标代码生成完毕为止。此过程不是重复地作用于节点 *node* 的子节点，而是只作用

于与节点 *node* 相匹配的树形的叶子节点。Maximal Munch 和动态规划算法都要检查节点 *node* 可能匹配的所有树形。匹配成功的条件是树形的每一个非叶子节点上标记的操作符与树形 IR 中对应节点的操作符相同，此过程相对耗时。为了降低匹配过程的开销，我们可以选择一种简单的快速匹配算法。快速匹配算法考虑节点 *node* 种类，例如我们将树形 IR 中 *BINOP* 类型的节点标记为 *BINOP* 标号，后续的匹配过程只考虑以 *BINOP* 标号为根的树形，缩小搜索空间。我们可以将所有的标号实现为 switch-case 结构，标号作为 case 语句的标号，就可以快速查找匹配的树形。我们将在本章后续的实践技术部分介绍树形 IR 指令选择算法的实现。

5.1.5　寄存器分配算法

RISC 架构的一个显著的特点是，除了 load/store 型指令之外，其余所有指令的操作数都必须来自寄存器而非内存。除了数组和结构体必须放到内存之外，中间代码里的非空变量或临时变量，只要参与运算，其值就必须被载入寄存器中。在某个特定的程序点上如何选择合适并可用的寄存器来保存变量或者运算指令的操作数，这就是寄存器分配算法所要解决的问题。

现代计算机中，寄存器的访问性能远高于内存，因此寄存器分配算法的优劣对目标代码的运行效率影响非常大。对于单个基本块中包含的只有一种数据类型且访存代价固定的中间代码，可以在多项式时间内计算出生成代价最小的寄存器分配方案。但是，几乎添加任何假设（如多于一个基本块、多于一种数据类型、使用多级存储模型等）都会使得寻找最优寄存器分配方案变成 NP 难⊖问题 。因此，目前编译器使用的寄存器分配算法大都是近似最优分配方案。

本节将介绍三种不同的寄存器分配算法，包括朴素寄存器分配算法、局部寄存器分配算法以及图染色算法。它们的实现难度依次递增，但产生的目标代码的访存代价却依次递减。

1. 朴素寄存器分配算法

朴素寄存器分配算法是一种思想简单但效率较低的算法：将所有的变量或临时变量都放在内存里。当需要用到寄存器且可用寄存器数量不足时，将寄存器中已有的数据先压入到栈中，再将释放出来的寄存器另作他用。这种方法会导致每翻译一条中间代码都需要将所需的数据先加载到寄存器中，计算出结果后又需要立刻将结果写回内存。虽然这种方法可以将中间代码翻译成可以正常运行的目标代码，并且实现和调试都比较容易，但其最大的问题在于寄存器的利用率实在太低。在后续的实践技术部分中，我们将介绍朴素寄存器分配算法的具体实现方式。

2. 局部寄存器分配算法

寄存器分配是一项困难的任务，因为在实际情况下，可用寄存器数量是有限的，例如，MIPS 指令集架构只提供了 32 个寄存器，其中有些寄存器被保留，无法使用。同时，在目标代码中，可能有许多变量，这些变量因无法独占空闲的寄存器而被迫和其他变量共用同一个

⊖《Engineering a Compiler》，第 2 版，Keith D Cooper 和 Linda Torczon 著，Morgan Kaufmann 出版社，第 689 页，2011 年。

寄存器，导致在使用这些变量时需要在寄存器中频繁换入和换出，从而增加了访存开销。为了尽量减少寄存器内容换入和换出的代价，我们可以通过合理地安排变量对寄存器的共用关系来达到这一目的。局部寄存器分配算法是一种较好的解决方案，它在每个基本块内部为出现的变量分配寄存器。在基本块结束时，该算法需要将该基本块中所有修改过的变量都写回内存。

该算法的核心思想很简单：逐条扫描基本块内部的中间代码，如果当前代码中有变量需要使用寄存器并且当前有空闲的寄存器，就从当前空闲的寄存器中选一个分配出去。如果没有空闲的寄存器，则选择那个在本基本块内不使用或者最晚使用的变量的寄存器进行溢出（Spilling）操作，从而减少溢出代价。通过这种启发式规则，该算法期望可以最大化每次溢出操作的收益，从而减少访存所需要的次数。我们将在后续的实践技术部分介绍局部寄存器分配算法的实现。

局部寄存器分配算法在实际应用中对于单个基本块内的中间代码非常有效。但是，当我们尝试将其推广到多个基本块时，会遇到一个非常难以克服的困难：无法单看中间代码就确定程序的控制流走向。例如，假设当前的基本块运行结束时寄存器中有一个变量 x，而当前基本块的最后一条中间代码是条件转移。我们知道控制流既有可能跳转到一个不使用 x 的基本块中，又有可能跳转到一个使用 x 的基本块中，那么此时变量 x 的值究竟是应该溢出到内存里，还是应该继续保留在寄存器中呢？在这种情况下，我们需要借助其他的技术获知变量在其后基本块中是否被使用，比如我们接下来将要介绍的活跃变量分析。

局部寄存器分配算法的弱点使得我们需要去寻找一个适用于全局的寄存器分配算法，这种全局分配算法必须要能有效地从中间代码的控制流中获取变量的活跃信息，而活跃变量分析（Liveliness Analysis）恰好可以为我们提供这些信息。现在我们来讨论如何得到变量在中间代码中的活跃信息。首先我们需要定义活跃变量，我们认为变量 x 在某一特定的程序点是活跃变量当且仅当其满足如下条件：

（1）如果某条中间代码使用到了变量 x 的值，则 x 在这条代码运行之前是活跃的。

（2）如果变量 x 在某条中间代码中被赋值，并且 x 没有在该赋值表达式右部出现，则 x 在这条代码运行之前是不活跃的。

（3）如果变量 x 在某条中间代码运行之后是活跃的，而这条中间代码并没有给 x 赋值，则 x 在这条代码运行之前也是活跃的。

（4）如果变量 x 在某条中间代码运行之后是活跃的，则 x 在这条中间代码运行之后可能跳转到的所有的中间代码运行之前都是活跃的。

在上述的四条规则中，第一条规则指出了活跃变量是如何产生的，第二条规则指出了活跃变量是如何消亡的，第三条和第四条规则指出了活跃变量是如何传递的。

如果第 i 条指令通过转移指令跳转到第 j 条指令，那么第 j 条指令是第 i 条指令的后继指令。如果第 i 条指令不是转移指令或 RETURN 语句且与第 i+1 条指令相邻，第 i+1 条指令也是第 i 条指令的后继指令。因此，我们定义第 i 条中间代码的后继集合 $succ[i]$ 为：

（1）如果第 i 条中间代码为无条件转移语句 GOTO，并且跳转的目标是第 j 条中间代码，则 $succ[i]=\{j\}$。

（2）如果第 i 条中间代码为条件转移语句 IF，并且跳转的目标是第 j 条中间代码，则

$succ[i]=\{j, i+1\}$。

（3）如果第 i 条中间代码为返回语句 RETURN，则 $succ[i]=\varnothing$。

（4）如果第 i 条中间代码为其他类型的语句，则 $succ[i]=\{i+1\}$。

我们再定义 $def[i]$ 为被第 i 条中间代码赋值了的变量的集合，$use[i]$ 为被第 i 条中间代码使用到的变量的集合，$in[i]$ 为在第 i 条中间代码运行之前活跃的变量的集合，$out[i]$ 为在第 i 条中间代码运行之后活跃的变量的集合。活跃变量分析问题可以转化为解下述数据流方程的问题：

$in[i]=use[i]\cup(out[i]-def[i])$ 和 $out[i]=\cup_{j\in succ[i]}in[j]$。

我们可以遍历每一条中间代码指令，求解上述的数据流方程，获取中间代码中每一个程序点的活跃变量。我们将在 5.2.6 节介绍活跃变量分析算法实现所需的数据结构及数据流方程求解过程。

3. 图染色算法

基于活跃变量分析，我们了解到了在每个程序点上哪些变量在将来的控制流中可能还会被使用到。一个显而易见的寄存器分配原则是避免为同时活跃的两个变量分配相同的寄存器。这是因为这些变量可能在后续运行过程中仍然需要被使用，如果把它们分配到同一个寄存器，那么就需要进行频繁的寄存器内换入 / 换出操作，增加访存代价。但是在某些情况下，我们可以允许两个变量共用一个寄存器：

（1）在赋值操作 $x:=y$ 中，即使 x 和 y 在这条代码之后都活跃，因为二者的值是相等的，它们仍然可以共用寄存器。

（2）在类似于 $x:=y+z$ 这样的中间代码中，如果变量 x 在这条代码之后不再活跃，但变量 y 仍然活跃，那么此时虽然 x 和 y 不同时活跃，二者仍然要避免共用寄存器以防止之后对 x 的赋值会将活跃变量 y 在寄存器中的值覆盖掉。

据此我们定义，两个不同变量 x 和 y 相互干扰的条件为：

（1）存在一条中间代码 i，满足 $x\in out[i]$ 且 $y\in out[i]$。

（2）存在一条中间代码 i，这条代码不是赋值操作 $x:=y$ 或 $y:=x$，满足 $x\in def[i]$ 且 $y\in out[i]$。

其中 $out[i]$ 与 $def[i]$ 都是活跃变量分析所返回给我们的信息。在这种情况下，我们应该尽可能地为变量 x 和 y 分配不同的寄存器，以避免它们之间相互干扰。

如果我们将中间代码中出现的所有变量和临时变量都看作顶点，当两个变量相互干扰时，在它们所对应的顶点之间连一条边，就可以得到一张干涉图（Interference Graph）。如果此时我们为每个变量都分配一个固定的寄存器，而将处理器中的 K 个寄存器看成 K 种颜色，那么我们希望在干涉图中相邻两个顶点不能染同一种颜色。这样，寄存器分配问题就变成了一个图染色（Graph-coloring）问题。对于固定的颜色数 K，判断一张干涉图是否能被 K 着色是一个 NP 完全问题。然而，图染色问题存在一种能给出较好结果的线性时间近似算法，包含构造、简化、溢出和选择四个步骤。该算法的四个步骤具体如下。

构造：构造干涉图。对中间代码中每一个程序点，我们可以使用活跃变量分析方法计算在每个程序点处同时活跃的临时变量集合。该集合中每一对临时变量都相互干扰，形成一条边，我们将这些边加入干涉图中。

简化：为了在多项式时间内得到寄存器分配结果，我们只能使用启发式算法对干涉图进行着色。我们可以使用一个比较简单的启发式染色算法（称为 Kempe 算法）。如果干涉图中包含度小于或等于 $K-1$ 的顶点，就将该顶点压入一个栈中并从干涉图中删除。这样做的意义在于，如果我们能够为删除该顶点之后的那张图找到一个 K 着色的方案，那么原图也一定是 K 可着色的。删掉这类顶点可以简化原问题。重复执行上述操作，如果最后干涉图中只剩下少于 K 个顶点，那么此时就可以为剩下的每个顶点分配一个颜色，然后依次弹出栈中的顶点添加回干涉图中，并选择它的邻居都没有使用过的颜色对弹出的顶点进行染色。

溢出：在删除顶点的过程中，如果干涉图中所有的顶点都至少包含了 K 个邻居，能否断定原图不能被 K 着色呢？如果我们能证明这一点，就相当于构造性地证明 P=NP。如果出现了干涉图中所有的顶点至少为 K 度的情况，我们仍会选择一个顶点进行删除，并将其压入栈中。同时，将这样的顶点标记为待溢出的顶点，并在之后继续执行删除顶点操作。

选择：对于标记为待溢出的顶点，在其最后被弹出栈时，可能其邻居节点总共只被染了少于 K 种颜色。在这种情况下，我们可以为该顶点成功染色并清除其溢出标记。否则，我们将无法为该顶点分配颜色，其所代表的变量就必须被溢出到内存中。

现在，所有在中间代码中出现的变量要么被分配了寄存器，要么被标记为溢出。然而，被标记为溢出的变量在参与运算时仍然需要被临时载入到某个寄存器中，并在运算结束后也需要某个寄存器临时保存其要溢出到内存中的值。那么，这些临时使用的寄存器从哪里来呢？最简单的解决方法是在进行图染色算法之前预留出专门用来临时存放溢出变量的值的寄存器。然而，这种方法浪费了寄存器资源。如果想要追求更高效的分配方案，可以通过引入更多的临时变量，重写中间代码，重新进行活跃变量分析和图染色，以不断减少需要溢出的变量的个数，直到所有的溢出变量全部被消除掉。此外，对于干涉图中不相邻的顶点，还可以通过合并顶点的操作让它们显式地共用同一个寄存器，以减少寄存器的使用量。引入合并和溢出变量这两种机制会使全局寄存器分配算法更加复杂。如果想要了解具体细节，请自行查阅相关资料。我们将在本章实践技术部分介绍图染色算法的数据结构及其具体的算法实现。

5.1.6 窥孔优化

我们可以通过选择合适的指令集和寄存器分配算法来生成高效的目标代码。然而，随着指令集和寄存器分配算法的不断增加，我们很难选择最合适的目标代码生成策略。因此，实践中，一些编译器通常先生成最基本的目标代码，然后对其进行优化转换，最后输出高效的目标代码。然而，编译优化技术很难保证生成的目标代码是最优的，因为目前从理论上很难衡量目标代码的最优值。虽然编译器无法保证生成最优的目标代码，但是一些常用的优化技术可以降低目标代码的运行时间和空间开销。其中，窥孔优化是这些优化技术中最具代表性且相对简单高效的局部优化技术之一。窥孔指的是目标代码中的一个小的滑动窗口。窥孔优化会检查目标代码的一个滑动窗口，尝试用执行速度更快或者更简短的指令替换当前滑动窗口中的指令。尽管有些窥孔优化实现要求代码连续，但窥孔优化技术并不要求在窥孔中的目标代码一定是连续的。窥孔优化后，目标代码指令发生了改变，可能会产生新的优化机会。因此，我们可以对目标代码多次实施窥孔优化，以最大程度地提高目标代码的运行效率。除了优化目标代码指令，窥孔优化也可以优化中间代码指令。本节将简要介绍窥孔优化中的冗余指令消除、死代码消除和控制流优化三种主要优化技术。

1. 冗余指令消除

在目标代码中，可能存在一些指令是冗余的，这些冗余指令包含了重复的信息，可以通过优化来消除，例如重复的 load 和 store 指令。冗余指令消除可以删除冗余的目标代码指令，以减小目标代码规模并提升运行效率。下面给出一个中间代码的例子：

```
1  sub1 := x - y
2  a := sub1
3  sub2 := a - z
4  b := sub2
```

假设目标代码中只有 load 和 store 指令可以直接操作内存，其他指令的操作数需要借助寄存器传递。根据上述的中间代码，生成的目标代码可能如下所示（注释以 # 开头）：

```
1  load reg0, x             # 把变量 x 的值加载到 0 号寄存器中
2  load reg1, y             # 把变量 y 的值加载到 1 号寄存器中
3  sub reg2, reg0, reg1     # 把 x-y 的结果保存到 2 号寄存器中
4  store reg2, a            # 把结果保存到变量 a 中
5  load reg0, a             # 把变量 a 的结果加载到 0 号寄存器中
6  load reg1, z             # 把变量 z 的值加载到 1 号寄存器中
7  sub reg2, reg0, reg1     # 把 a-z 的结果保存到 2 号寄存器中
8  store reg2, b            # 把 2 号寄存器的值保存到变量 b 中
```

我们可以消除冗余的 load 和 store 指令。例如，对于上述目标代码，我们可以通过使用寄存器 reg2 来保存中间结果，从而消除第 4 条和第 5 条指令。消除冗余 load 和 store 指令后，目标代码将变为：

```
1  load reg0, x             # 把变量 x 的值加载到 0 号寄存器中
2  load reg1, y             # 把变量 y 的值加载到 1 号寄存器中
3  sub reg2, reg0, reg1     # 把 x-y 的结果保存到 2 号寄存器
4  load reg0, z             # 把变量 z 的值加载到 0 号寄存器中
5  sub reg1, reg2, reg0     # 把 a-z 的结果保存到 1 号寄存器中
6  store reg1, b            # 把 1 号寄存器的值保存到变量 b 中
```

2. 死代码消除

窥孔优化还可以用于消除目标代码中的不可达代码，即死代码消除。死代码消除可以用于删除无条件转移之后的不带标号的指令。重复执行这个删除过程，就可以保证将不可达的指令序列全部删除。例如，对于如下的中间代码[⊖]：

```
1  cond := #1
2  IF cond == #1 GOTO label1
3  GOTO label2
4  LABEL label1 :
5  x := 1
6  LABEL label2 :
```

⊖ 该例子来源于《编译原理》，Alfred V. Aho 等著，赵建华、郑滔和戴新宇译，机械工业出版社，第 354 页，2009 年。

```
7  y := 0
```

我们可以生成上述中间代码相应的目标代码：

```
 1    load reg0, 1            # 把常量 1 加载到 0 号寄存器中
 2    load reg1, 1            # 把常量 1 加载到 1 号寄存器中
 3    beq reg1, reg0, label1  # 判断 cond==#1 是否成立
 4    j label2                # cond==#1 不成立，无条件转移到 lable2
 5  label1:
 6    load reg0, 1            # 把常量 1 加载到 0 号寄存器
 7    store reg0, x           # 把 0 号寄存器的值保存到变量 x 中
 8  label2:
 9    load reg0, 0            # 把常量 0 加载到 0 号寄存器
10    store reg0, y           # 把 0 号寄存器的值保存到变量 y 中
```

我们发现上述目标代码中第 3 条语句条件值恒为真，可以将其替换为无条件跳转语句。替换之后，第 4 行指令不可达，因此我们可以将其删除。实施死代码消除后的目标代码如下所示：

```
1    load reg0, 1            # 把常量 1 加载到 0 号寄存器中
2    load reg1, 1            # 把常量 1 加载到 1 号寄存器中
3    j label1                # cond==#1 恒成立
4  label1:
5    load reg0, 1            # 把常量 1 加载到 0 号寄存器
6    store reg0, x           # 把 0 号寄存器的值保存到变量 x 中
7  label2:
8    load reg0, 0            # 把常量 0 加载到 0 号寄存器
9    store reg0, y           # 把 0 号寄存器的值保存到变量 y 中
```

3. 控制流优化

如果我们采用一些简单直观的目标代码生成策略，例如宏扩展，那么目标代码中经常存在一些转移指令，而这些指令转移的目的地址也是转移指令，比较常见的情况是无条件转移指令跳转到无条件转移指令、无条件转移指令跳转到有条件转移指令，以及有条件转移指令跳转到无条件转移指令。但是，并非所有指令间的多次转移都是必要的。因此，我们可以采用控制流优化技术来消除这些冗余的转移指令。例如，对于如下的中间代码：

```
1  IF cond == result GOTO label1
2  GOTO lable2
3  LABEL label1 :
4  GOTO label2
5  LABEL label2 :
6  x := 1
```

上述中间代码对应的目标代码是：

```
1    load reg0, cond          # 把变量 cond 的值加载到 0 号寄存器中
2    load reg1, result        # 把变量 result 的值加载到 1 号寄存器中
3    beq reg0, reg1, label1   # 判断 cond==result 是否成立
4    j label2                 # 跳转到 label2
5  label1:
6    j label2                 # 无条件转移到 label2
7  label2:
8    load reg0, 1             # 把常量 1 加载到 0 号寄存器
```

```
9    store reg0, x             # 把 0 号寄存器的值保存到变量 x 中
```

经过观察目标代码，我们可以发现第 4 行无条件转移指令的目的地址指向了另一条无条件转移指令，造成了冗余。为了减少不必要的跳转，我们可以直接将第 3 行条件转移指令的目的地址设置为第 7 行的 label2。这样我们就可以使用控制流优化技术，消除这些多余的转移指令。优化后的目标代码如下所示：

```
1    load reg0, cond           # 把变量 cond 的值加载到 0 号寄存器中
2    load reg1, result         # 把变量 result 的值加载到 1 号寄存器中
3    beq reg0, reg1, label2    # 判断 cond==result 是否成立
4  label2:
5    load reg0, 1              # 把常量 1 加载到 0 号寄存器
6    store reg0, x             # 把 0 号寄存器的值保存到变量 x 中
```

5.1.7　代码生成器构建

在目标代码生成过程中，我们已经介绍了指令选择、寄存器分配和窥孔优化等内容。接下来，我们将着重介绍中间代码到目标代码的转换细节。这些细节包括目标代码中的地址表示、寄存器使用等方面。在前面的章节中，我们已经了解了如何构建基本块和控制流图，并且结合控制流优化技术，删除了不必要的转移语句，提高了代码的性能。然而，在从中间代码到目标代码的转换过程中，我们还需要考虑更多的细节，例如变量的底层表示、函数入口地址、指令集中寄存器的表示和其使用场景等。因此，在接下来的小节中，我们将详细介绍目标代码中的地址、寄存器和地址描述符等内容，以构建完整的代码生成器。

1. 目标代码中的地址

中间代码表示了程序的执行流程和数据操作，但它还没有直接对硬件的操作，因此需要将其转换为目标代码。在中间代码中，包含了函数、局部变量和临时变量等符号信息，而在目标代码中这些符号信息需要转化为具体的地址。由于 C-- 语言是 C 语言的一个子集，我们可以直接将一些 C 语言程序保存为 C-- 语言程序，并将其翻译为目标代码。以 5.1.1 节代码生成概述中 C 语言程序代码 Increment.c 为例，我们可以直接将其保存为 Increment.cmm，它对应的中间代码如下所示：

```
1   FUNCTION inc :
2   PARAM a
3   addtemp1 := a + #1
4   b := addtemp1
5   RETURN b
6   FUNCTION main :
7   multemp1 := #2 * #2
8   lcVar := multemp1
9   ARG lcVar
10  calltemp1 := CALL inc
11  rtVar := calltemp1
12  RETURN #0
```

在中间代码中，我们使用临时变量存储运算的中间结果，而在将中间代码翻译为目标代码时，这些临时变量需要被存储到寄存器或内存中。因此，接下来我们将要介绍一些寄存器

相关的内容以及目标代码生成方法。

2. 寄存器和地址描述符

在 RISC 指令集架构中，单个基本块内的指令执行过程通常需要依赖寄存器。这些寄存器可以存储运算指令的操作数、表达式的中间结果以及多个基本块使用的全局变量值等。在函数调用时，寄存器还可以用于传递参数、保存函数返回结果和维护运行时的堆栈。然而，由于寄存器数量有限，因此必须使用寄存器分配算法来妥善分配寄存器。为了实现寄存器分配算法，我们需要在代码生成器中使用相应的数据结构来表示寄存器和变量。

对于每个可用的寄存器，我们可以使用一个寄存器描述符（Register Descriptor）来表示当前寄存器中存放了哪些变量值。在一个基本块内进行寄存器分配时，我们可以简单地考虑寄存器描述符的初始状态都为空，所有可用的寄存器都未被分配。随着指令的执行，寄存器会被分配 0 个或多个变量的值。为了记录已经分配的变量名称，我们的寄存器分配算法需要在指令执行过程中提供一个或者多个可用的寄存器，并在寄存器描述符中更新已经分配的变量的名称。如果没有可用的寄存器，我们的算法还需借助堆栈中的空间来保存已使用的寄存器描述符的内容，以便为后续的指令提供足够数目的寄存器。

除了寄存器，目标代码中还需要使用程序中定义的变量，例如局部变量、临时变量、函数返回值、数组以及结构体等复合变量。因此，我们需要为每个程序变量定义一个地址描述符（Address Descriptor）。地址描述符记录了变量的位置，我们可以通过地址描述符查询变量存储在寄存器还是堆栈的内存空间中。地址描述符通常存放在目标代码的符号表中，作为变量符号名所在的条目值。当我们完成对寄存器还有变量的抽象表示后，就可以开始设计代码生成器了。

3. 代码生成器框架

根据我们提及的代码生成相关理论，我们可以设计一个代码生成器的框架，以实现目标代码生成。针对中间代码中的一个基本块，代码生成器需要为每一条中间代码指令生成相应的目标代码指令，如分支、函数调用和表达式等。在生成目标代码指令时，需要使用寄存器来存储变量值和运算指令的操作数。由于寄存器数量有限，如果只为了生成可以运行的目标代码，那么我们可以频繁生成 load 和 store 指令，将寄存器描述符内容与内存交换。然而，这样生成的目标代码通常效率不高。

一旦选择了目标代码指令集（例如 MIPS 指令集），就可以遍历中间代码指令，选择相应中间代码指令种类的目标代码生成函数（例如函数名为“codegen”）。目标代码生成函数主要实现寄存器分配和指令生成。

（1）根据寄存器分配算法，实现一个函数 getReg(IR)，用于为中间代码 IR 中使用的变量选择寄存器。

（2）对于当前中间代码指令 IR，调用对应的目标代码生成函数，例如对于双目运算符，我们可以调用 binoop_codegen 函数生成目标代码。我们可以为每种中间代码类型生成对应的目标代码生成函数，并一次性翻译一行中间代码。除了单行翻译外，我们还可以调用对应的目标代码生成函数来缓存已经生成的目标代码，等所有代码翻译完毕优化后再生成目标代码文件。

4. 目标代码示例

为了帮助大家更好地理解目标代码生成过程，我们可以尝试生成与前面的 C-- 程序 Increment.cmm 对应的中间代码等价的目标代码。假设函数传递参数保存在寄存器 rega0，返回值保存在寄存器 regv0，函数调用指令为 jal，函数返回指令为 jr，函数返回地址保存在寄存器 regra 中，栈顶地址保存在寄存器 regsp 中。下面是 Increment.cmm 对应的中间代码可能翻译成的目标代码：

```
 1  inc:                        # inc 函数定义，参数保存到 rega0 中
 2    load reg0, 1              # 把常量 1 加载到 0 号寄存器中
 3    add reg1, rega0, reg0     # 把 a + 1 的结果保存到 1 号寄存器中
 4    store reg1, regv0         # 假设把返回结果保存到 regv0 寄存器中
 5    jr regra                  # 跳转到函数调用后的下一条指令
 6  main:
 7    load reg0, 2              # 把常量 2 加载到 0 号寄存器
 8    load reg1, 2              # 把常量 2 加载到 1 号寄存器
 9    mul reg2, reg0, reg1      # 把 2*2 结果保存到 2 号寄存器
10    store reg2, lcVar         # 把结果保存到 lcVar 变量
11    store lcVar, rega0        # 传递实参
12    store regra, regsp        # 把当前指令地址保存到 regra 中
13    jar inc                   # inc 函数调用
14    move regv0, reg0          # 把函数调用结果的值保存到 regv0 号寄存器中
15    store reg0, rtVar         # 把函数调用结果保存到 rtVar 中
16    load regv0, 0             # 把常量 0 加载到 regv0 号寄存器
17    jr regra                  # 函数返回
```

为了更加具体地阐述目标代码生成方法，我们选择一些典型的中间代码指令，并描述其生成过程。以中间代码中的第 7 行为例：

```
7  multemp1 := #2 * #2
```

为了生成目标代码，我们首先调用 getReg(*MUL*) 为 *MUL* 操作符分配三个寄存器，分别为 reg0、reg1 和 reg2。reg0 和 reg1 用于加载 *MUL* 运算符的操作数，而 reg2 用于存储 *MUL* 运算结果。接下来，我们调用 binop_codegen 函数，使用 *MUL* 操作符生成目标代码。该函数将生成 MIPS 指令 mul，并将其存储在目标代码中。mul 指令将 reg0 和 reg1 中的值相乘，然后将结果存储在 reg2 中。最后，生成的目标代码将被添加到目标代码序列中，以便在程序执行时使用。

```
7  load reg0, 2                # 把常量 2 加载到 0 号寄存器
8  load reg1, 2                # 把常量 2 加载到 1 号寄存器
9  mul reg2, reg0, reg1        # 把 2*2 的结果保存到 2 号寄存器
```

对于函数调用，例如中间代码第 8 ～ 10 行：

```
 8  lcVar := multemp1
 9  ARG lcVar
10  calltemp1 := CALL inc
```

首先，我们将寄存器的值保存到一个名为 lcVar 的变量中，然后使用 store 指令将参数传递到 rega0 中。通常情况下，指令集中有特定的寄存器用于参数传递和返回值，这些寄存器通常不会被分配给多个变量。为了处理函数递归，我们还需要提前保存 rega0 的值，并将

其保存到堆栈中，在函数调用结束后再恢复 rega0 的值。接着，我们将当前栈帧指令保存到 regra 中，最后使用 jar 指令完成函数调用。

```
10  store reg2, lcVar       # 把结果保存到 lcVar 变量
11  store lcVar, rega0      # 传递参数结果
12  store regra, regsp      # 把当前指令地址保存到 regra 中
13  jar inc                 # inc 函数调用
```

类似于函数调用，当函数有返回值时，我们需要将返回值保存到对应的寄存器或者内存中。通常情况下，指令集中会为返回值预留特定的寄存器，如 regv0。

```
14    move regv0, reg0      # 把函数调用结果的值保存到 regv0 号寄存器中
15    store reg0, rtVar     # 把函数调用结果保存到 rtVar 中
```

在目标代码生成的理论部分中，我们已经详细讨论了指令选择、寄存器分配、窥孔优化等过程。接下来，我们将主要关注目标代码生成的实践技术，包括 QtSpim 模拟器、MIPS 汇编代码编写、MIPS 指令集理解、寄存器分配算法实现等。当我们了解并掌握这些理论和实践技术后，结合本节的理论部分就可以实现编译器后端了。

5.2 目标代码生成的实践技术

在实践内容三中，我们已经将输入程序翻译为涉及相当多底层细节的中间代码。这些中间代码在很大程度上已经可以很容易地翻译成许多 RISC 的机器代码，不过仍然存在以下问题：

（1）中间代码与目标代码之间并不是严格一一对应的。有可能某条中间代码对应多条目标代码，也有可能多条中间代码对应一条目标代码。

（2）中间代码中我们使用了数目不受限的变量和临时变量，但处理器所拥有的寄存器数量是有限的。RISC 机器的一大特点就是运算指令的操作数总是从寄存器中获得。

（3）我们并没有在中间代码中处理有关函数调用的细节。函数调用在中间代码中被抽象为若干条 ARG 语句和一条 CALL 语句，但在目标机器上一般不会有专门的器件为我们进行参数传递，我们必须借助于寄存器或栈来完成这一点。

其中，第一个问题被称为指令选择问题，第二个问题被称为寄存器分配问题，第三个问题则需要考虑如何对栈进行管理。在本节中，我们的主要任务就是编写程序来处理这三个问题。

5.2.1 QtSpim 简介

“工欲善其事，必先利其器”，在着手解决前面所说的三个问题之前，让我们先来考察实践内容四所要用到的工具 SPIM Simulator。这是由原 Wisconsin-Madison 的 Jame Larus 教授领导编写的一个功能强大的 MIPS32 汇编语言的汇编器和模拟器，其最新的图形界面版本 QtSpim 由于使用了 Qt 组件因而可以在各大操作系统平台（如 Windows、Linux、Mac 等）上运行，推荐安装。我们会在后面介绍有关 SPIM Simulator 的使用方法。SPIM Simulator 有两种版本：命令行版和 GUI 版，这两个版本功能相似。命令行版使用更简洁，GUI 版使用更直观，我们可以根据自己的喜好进行选择。如果选择命令行版，则可以直接在终端键入

sudo apt-get install spim 命令进行安装（注意需要机器已经连接外网），如果选择 GUI 版，则需要访问 SPIM Simulator 的官方网址 http://pages.cs.wisc.edu/~larus/spim.html 来下载并安装 QtSpim 的 Linux 版本。命令行版的使用很简单，键入

```
spim -file [ 汇编代码文件名 ]
```

即可运行。其更详细的使用方法可以通过指令 man spim 进行学习，下面的介绍主要针对 GUI 版本。

成功安装并运行 QtSpim 之后，可以看到如图 5.4 所示的界面。其中中间面积最大的一片是代码区，里面显示了许多 MIPS 用户代码和内核代码，而左侧列出了 MIPS 中的各个寄存器以及这些寄存器中保存的内容。无论是代码还是寄存器内容，都可以通过上面的菜单选项切换二进制 / 十进制 / 十六进制的显示方式。

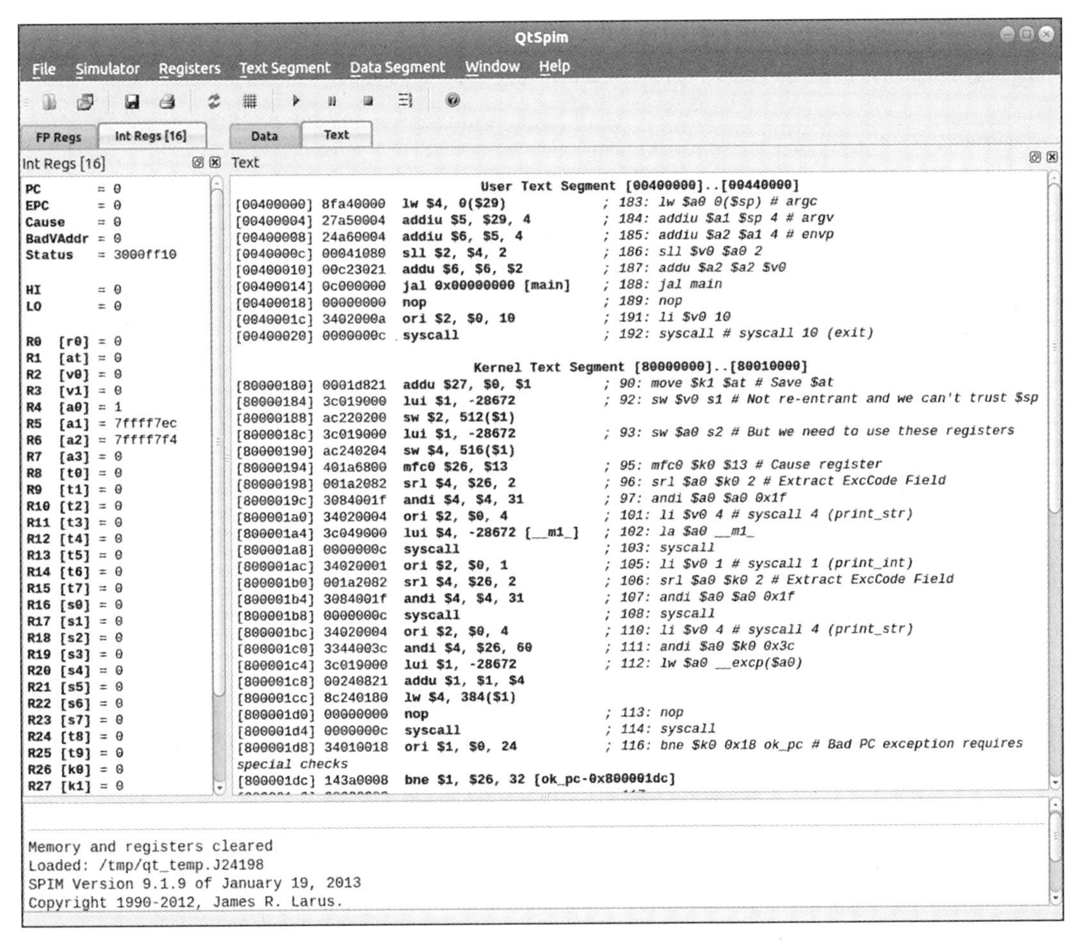

图 5.4　QtSpim 运行界面

从图中我们可以看到用户代码区已经存在一部分代码了，该代码的主要作用是布置初始运行环境并调用名为 main 的函数。此时由于我们没有载入任何包含 main 标签的代码，如果我们运行这段代码，会发现运行到 jal main 那一行就会出错。现在我们将一段包含 main 标签以及声明 main 标签为全局标签的“.globl main”语句的 MIPS32 代码（例如

实践内容小节样例 1 的输出）保存为后缀名为 .s 或者 .asm 的文件。单击 QtSpim 工具栏上的按钮来选择我们保存好的文件，此时就可以看到文件中的代码已经被载入到 QtSpim 的代码区，再运行这段代码就能在 Console 窗口观察到运行结果了。我们也可以使用 QtSpim 工具栏上的按钮或按 F10 快捷键来单步执行该代码段。

使用 SPIM Simulator 的一个好处就是我们不需要干预内存的分配，它会帮我们自动划分内存中的代码区、数据区和栈区。SPIM Simulator 具体采用大端（Big Endian，即数据从高位字节到低位字节在内存中按照从低地址到高地址的顺序依次存储）还是小端（Little Endian，即数据从低位字节到高位字节在内存中按照从低地址到高地址的顺序依次存储）的存储方式取决于目标机器的处理器的存储方式（由于大多数台式机或笔记本都使用了 Intel x86 体系结构的处理器，不出意外的话我们会发现自己的 SPIM Simulator 是小端机）。

在代码区上方的选项卡处切换到 Data 选项卡，就可以看到当前内存中的数据信息，如图 5.5 所示。单击菜单栏上的 Simulator Run Parameters，在弹出的对话框（如图 5.6 所示）中可以设置程序运行的起始地址以及传给 `main` 函数的命令行参数。

```
Data
User data segment [10000000]..[10040000]                    静态数据区
[10000000]..[1000ffff]  00000000
[10010000]      65746e45  6e612072  746e6920  72656765    E n t e r   a n   i n t e g e r
[10010010]      000a003a  00000000  00000000  00000000    : . . . . . . . . . . . . . . .
[10010020]..[1003ffff]  00000000

User Stack [7ffff908]..[80000000]                           用户栈
[7ffff908]      00000001  7ffff9ec                        . . . . . . . .
[7ffff910]      00000000  7fffffdf  7fffffcb  7fffffc2    . . . . . . . . . . . . . . . .
[7ffff920]      7fffffaf  7fffff9a  7fffff92  7fffff83    . . . . . . . . . . . . . . . .
[7ffff930]      7fffff6c  7fffff2b  7fffff0f  7ffffeef    1 . . . + . . . . . . . . . . .
[7ffff940]      7ffffed7  7ffffec7  7ffffe91  7ffffe6c    . . . . . . . . . . . . 1 . . .
[7ffff950]      7ffffe5a  7ffffe4e  7ffffe20  7ffffe09    Z . . . N . . . . . . . . . . .
[7ffff960]      7ffffdf2  7ffffde5  7ffffdb9  7ffffdac    . . . . . . . . . . . . . . . .
[7ffff970]      7ffffd44  7ffffcf8  7ffffcc9  7ffffcb2    D . . . . . . . . . . . . . . .
[7ffff980]      7ffffc93  7ffffc7c  7ffffc71  7ffffc60    . . . . | . . . q . . . ` . . .
[7ffff990]      7ffffc47  7ffffc26  7ffffbfd  7ffffbe2    G . . . & . . . . . . . . . . .
[7ffff9a0]      7ffffbce  7ffffba5  7ffffb91  7ffffb81    . . . . . . . . . . . . . . . .
[7ffff9b0]      7ffffb6e  7ffffb5c  7ffffb41  7ffffb23    n . . . \ . . . A . . . # . . .
[7ffff9c0]      7ffffaef  7ffffad7  7ffffac5  7ffffab7    . . . . . . . . . . . . . . . .
[7ffff9d0]      7ffffa62  7ffffa35  7ffffa1e  7ffffa09    b . . . 5 . . . . . . . . . . .
```

图 5.5 内存中的数据信息

```
Set Run Parameters

Address or label to start running program
0x00400000

Command-line arguments to pass to program


Cancel    OK
```

图 5.6 运行参数设置对话框

5.2.2　MIPS32 汇编代码简介

为实现存储程序的思想，冯·诺依曼将计算机分解为五大部件：存储器（memory）、运算器（Arithmetic Logic Unit，ALU）、控制器（control unit）、输入设备（input）和输出设备（output）。五个部件各司其职，并有效连接以实现整体功能。运算器是负责执行逻辑运算（如与、或、非等）和算术运算（如加、减、乘、除等）的部件。控制器是能读取指令、分析指令并执行指令，以调度运算器进行计算、调度存储器进行读写的部件，它能够控制程序（一组有序的操作命令）对数据进行输入、计算或变换，以及输出，它依据事先编制好的程序，来控制计算机各个部件有条不紊地工作，完成所期望的功能。存储器是负责数据和指令保存与自动读写的部件。输入设备负责将程序和指令输入到计算机中。输出设备负责将计算机处理的结果显示或打印出来。

SPIM Simulator 不仅是一个 MIPS32 的模拟器，也是一个 MIPS32 的汇编器。想要让 SPIM Simulator 正常模拟，我们首先需要为它准备符合格式的 MIPS32 汇编代码文本文件。非操作系统内核的汇编代码文件必须以 .s 或者 .asm 作为文件的后缀名。汇编代码由若干代码段和若干数据段组成，其中代码段以 .text 开头，数据段以 .data 开头。汇编代码中的注释以 # 开头。

数据段可以为汇编代码中所要用到的常量和全局变量申请空间，其格式为：

```
name: storage_type value(s)
```

其中 name 代表内存地址（标签）名，storage_type 代表数据类型，value 代表初始值。常见的 storage_type 有表 5. 3 所列的几类。

表 5.3　数据段中常见的 storage_type

storage_type	描述
.ascii str	存储 str 于内存中，但不以 null 结尾
.asciiz str	存储 str 于内存中，并以 null 结尾
.byte b1, b2, …, bn	连续存储 *n* 个字节（8 位）的值于内存中
.half h1, h2, …, hn	连续存储 *n* 个半字节（16 位）的值于内存中
.word w1, w2, …, wn	连续存储 *n* 个字节（32 位）的值于内存中
.space n	在当前段分配 *n* 个字节的空间

下面是三个例子：

```
1  var1: .word 3           # create a single integer variable with
2                          # an initial value of 3
3  array1: .byte 'a','b'   # create a 2-element character array with
4                          # its elements initialized to a and b
5  array2: .space 40       # allocate 40 consecutive bytes, with storage
6                          # uninitialized; could be used as a 40-element
7                          # character array, or a 10-element integer array
```

代码段由一条条 MIPS32 指令或者标签组成，标签后面要跟冒号，而指令与指令之间要以换行符分开。后面的样例输出中有很多像 la、li 这样的指令。这些指令不属于 MIPS32 指令集，它们叫伪指令（Pseudo Instruction）。每条伪指令对应一条或者多条 MIPS32 指令，便于汇编指令的书写和记忆。几条比较常用的伪指令如表 5. 4 所示。

表 5.4　QtSpim 常用的伪指令

伪指令	描述	对应的 MIPS32 指令
li Rdest, imm	把立即数 imm（小于等于 oxffff）加载到寄存器 Rdest 中	ori Rdest, $0, imm
	把立即数 imm（大于 oxffff）加载到寄存器 Rdest 中	lui Rdest, upper(imm)① ori Rdest, Rdest, lower(imm)
la Rdest, addr	把地址（而非其中的内容）加载到寄存器 Rdest 中	lui Rdest, upper(addr) ori Rdest, Rdest, lower(addr)
move Rdest, Rsrc	把寄存器 Rsrc 中的内容移至寄存器 Rdest 中	addu Rdest, Rsrc, $0
bgt Rsrc1, Rsrc2, label	各种条件分支指令	slt $1, Rsrc1, Rsrc2 bne $1, $0, label
bge Rsrc1, Rsrc2, label		sle $1, Rsrc1, Rsrc2 bne $1, $0, label
blt Rsrc1, Rsrc2, label		sgt $1, Rsrc1, Rsrc2 bne $1, $0, label
ble Rsrc1, Rsrc2, label		sge $1, Rsrc1, Rsrc2 bne $1, $0, label

① 表中包含的 upper 和 ower 指令并非真实的 MIPS32 指令，upper（num）表示取一个 32 位整数 num 的第 16 ~ 31 位，lower（num）表示取一个 32 位整数 num 的第 0 ~ 15 位。

MIPS 体系结构共有 32 个寄存器，在汇编代码中我们可以使用 $0 至 $31 来表示它们。为了便于表示和记忆，这 32 个寄存器也拥有各自的别名，如表 5.5 所示。

表 5.5　MIPS 体系结构中的寄存器及主要功能

寄存器编号	别名	描述
$0	$zero	常数 0
$1	$at	Assembler Temporary，汇编器保留
$2 - $3	$v0 - $v1	Values，表达式求值或函数结果
$4 - $7	$a0 - $a3	Arguments，函数的首四个参数（跨函数不保留）
$8 - $15	$t0 - $t7	Temporaries，函数调用者负责保存（跨函数不保留）
$16 - $23	$s0 - $s7	Saved Values，函数负责保存和恢复（跨函数不保留）
$24 - $25	$t8 - $t9	Temporaries，函数调用者负责保存（跨函数不保留）
$26 - $27	$k0 - $k1	中断处理保留
$28	$gp	Global Pointer，指向静态数据段 64K 内存空间的中部
$29	$sp	Stack Pointer，栈顶指针
$30	$s8 或 $fp	MIPS32 作为 $s8，GCC 作为帧指针
$31	$ra	Return Address，返回地址

最后，SPIM Simulator 也为我们提供了方便进行控制台交互的机制，这些机制通过系统调用 syscall 的形式体现。为了进行系统调用，我们首先需要向寄存器 $v0 中存入一个代码以指定具体要进行哪种系统调用。如有必要还需向其他寄存器中存入相关的参数，最后再写一句 syscall 即可。例如：

```
1  li $v0, 4
2  la $a0, _prompt
3  syscall
```

进行了系统调用 `print_string(_prompt)`。与实践内容四相关的系统调用类型如表 5.6 所示。

表 5.6　系统调用

服务	syscall 代码	参数	结果
print_int	1	\$a0 = integer	
print_string	4	\$a0 = string	
read_int	5		integer（在 \$v0 中）
read_string	8	\$a0 = buffer, \$a1 = length	
print_char	11	\$a0 = char	
read_char	12		char（在 \$a0 中）
exit	10		
exit2	17	\$a0 = result	

至此，如果对照后面的样例输出并仔细阅读本节的内容，我们便能基本了解在实践内容四中的程序需要输出什么。

5.2.3　指令选择算法实现

1. 翻译模式（线形 IR）

指令选择可以看成一种模式匹配问题。无论中间代码是线形还是树形的，我们都需要在其中找到特定的模式，然后将这些模式对应到目标代码上。指令选择过程的复杂度与中间代码本身所蕴含的信息量以及目标机器采用的指令集类型有关。我们采用的 MIPS32 指令集是一种相对简单的 RISC 指令集，因此在实践内容四中，指令选择属于比较简单的任务。

如果我们的程序使用了线形 IR，那么最简单的指令选择方式是逐条将中间代码对应到目标代码上，即使用我们的宏扩展方法。表 5.7 提供了一个将实践内容三的中间代码对应到 MIPS32 指令的示例，当然这个翻译方案并不唯一。

表 5.7　中间代码与 MIPS32 指令对应的一个示例

中间代码	MIPS32 指令
`LABEL x:`	`x:`
`x := #k`	`li reg(x),`[①] `k`
`x := y`	`move reg(x), reg(y)`
`x := y + #k`	`addi reg(x), reg(y), k`
`x := y + z`	`add reg(x), reg(y), reg(z)`
`x := y - #k`	`addi reg(x), reg(y), -k`
`x := y - z`	`sub reg(x), reg(y), reg(z)`
`x := y * z`[②]	`mul reg(x), reg(y), reg(z)`
`x := y / z`	`div reg(y), reg(z)` `mflo reg(x)`
`x := *y`	`lw reg(x), 0(reg(y))`
`*x = y`	`sw reg(y), 0(reg(x))`
`GOTO x`	`j x`
`x := CALL f`	`jal f` `move reg(x), $v0`

（续）

中间代码	MIPS32 指令
RETURN x	move $v0, reg(x) jr $ra
IF x == y GOTO z	beq reg(x), reg(y), z
IF x != y GOTO z	bne reg(x), reg(y), z
IF x > y GOTO z	bgt reg(x), reg(y), z
IF x < y GOTO z	blt reg(x), reg(y), z
IF x >= y GOTO z	bge reg(x), reg(y), z
IF x <= y GOTO z	ble reg(x), reg(y), z

① reg（x）表示变量 x 所分配的寄存器。

② 乘法、除法以及条件转移指令均不支持非零常数，所以如果中间代码包括类似于“x:=y*#7”的语句，其中的立即数 7 必须先加载到一个寄存器中。

很多时候，这种逐条翻译的方式往往得不到高效的目标代码。举个简单的例子：假设要访问某个数组元素 *a*[3]。变量 *a* 的首地址已经被保存到了寄存器 $t1 中，我们希望将保存在内存中的 *a*[3] 的值放到 $t2 里。如果按照表 5.7 使用的逐条翻译的方式，由于这段功能对应到我们的中间代码里至少需要两条，故翻译出来的 MIPS32 代码也需要两条指令：

```
1  addi $t3, $t1, 12
2  lw $t2, 0($t3)
```

但这两条指令可以利用 MIPS32 中的基址寻址机制合并成一条指令：

```
1  lw $t2, 12($t1)
```

这个例子启示我们，有的时候为了得到更高效的目标代码，我们需要一次考察多条中间代码，以期可以将多条中间代码翻译为一条 MIPS32 代码。这个过程可以看作一个多行的模式匹配，也可以看成用一个滑动窗口或一个窥孔滑过中间代码并查找可能的翻译方案的过程。

2. 翻译模式（树形 IR）

树形 IR 的翻译方式类似于线形 IR，也是一个模式匹配的过程。但是，我们需要寻找的模式不再是一条条线形代码，而是某种结构的子树。我们可以使用树形 IR 匹配和翻译算法——树重写——来简化匹配和翻译过程。我们仍用一个例子来说明这种方法。假设现有翻译模式，如图 5.7 所示。

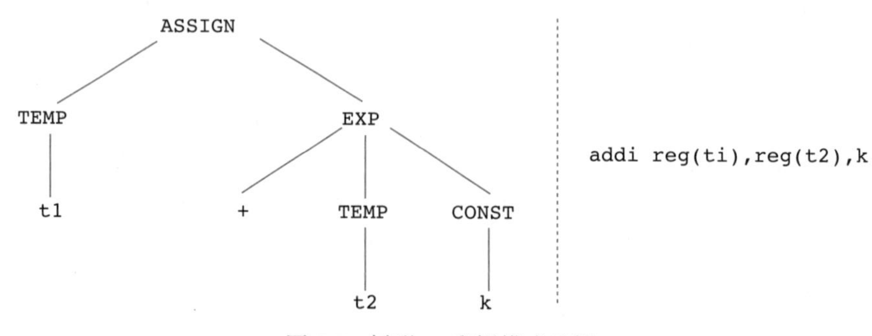

图 5.7　树形 IR 翻译模式示例

如何在中间代码中找到该图所对应的模式呢？答案是遍历。具体来说，我们可以按照深度优先的顺序遍历树形 IR 中的每个节点，并检查其他的类型是否符合我们所寻找的模式。例如，我们可以使用以下代码实现图 5.7 中的模式匹配。

```
1  if (current_node -> kind == ASSIGN)
2  {
3    left = current_node -> left;
4    right = current_node -> right;
5    if (left->kind == TEMP && right->kind == EXP)
6    {
7      op1 = right -> op1;
8      op2 = right -> op2;
9      if (right->op == '+' && op1->kind == TEMP && op2->kind == CONST)
10       emit_code("addi " + get_reg(left) + ", " + get_reg(op1) + ", "
11         + get_value(op2));
12   }
13 }
```

我们可以根据自己的树形 IR 编写翻译模式，并使用类似上述方法进行翻译。为了提高子树覆盖效率，我们还介绍了 Maximal Munch 算法、动态规划算法和快速匹配算法等，这些算法的实现可能会相对复杂。我们可以根据自己的需求选择相应的算法实现。使用简单的树重写规则就可以完成指令选择，结合窥孔优化技术可以提升目标代码性能。

5.2.4 朴素寄存器分配算法实现

朴素寄存器分配算法的思想简单，但是寄存器利用率较低。该算法的基本思想是将所有的变量或临时变量都放在内存里，而寄存器则只用来存放运算的操作数、函数调用参数以及返回值。由于 MIPS 寄存器数量已经能够满足目标代码指令的使用，所以我们可以使用这种简单的寄存器分配方法。为了方便说明，我们假设所有的中间代码都形如“`z = x op y`”，其中 `op` 代表一个任意的二元运算符（一元运算符或多元运算符的处理与二元运算符类似），`x` 和 `y` 是 `op` 运算符的两个操作数，`z` 保存运算结果。在基本块开始时，所有的寄存器都是闲置的。算法框架如图 5.8 所示。

其中，`Free(r)` 表示将寄存器 `r` 标记为空闲状态。该算法还用到另外一个辅助函数 `Allocate`，其实现如图 5.9 所示。

```
for ( 对于每一个操作 z = x op y)
{
  rx = Allocate (x);
  输出 MIPS32 代码 [lw rx, x];
  ry = Allocate (y);
  输出 MIPS32 代码 [lw ry, y];
  rz = Allocate (z);
  输出操作 rz = rx op ry 的 MIPS32 代码 ;
  输出 MIPS32 代码 [sw rz, z];
  Free (rx);
  Free (ry);
  Free (rz);
}
```

图 5.8　朴素寄存器分配算法伪代码

```
Allocate (x)
{
  if  ( 存在一个空闲的寄存器 r)
    result = r;
  else
  {
    把寄存器中值最晚使用的寄存器给 result;
    溢出 result;
  }
  return result;
}
```

图 5.9　Allocate 算法伪代码

Allocate 函数可以通过一次从基本块末尾向前的扫描，获取每个变量在不同程序点的使用情况。

5.2.5 局部寄存器分配算法实现

局部寄存器分配算法会将整个代码分解成多个基本块。在每个基本块内部，我们使用各种启发式原则为出现在基本块内的变量分配寄存器。当基本块结束时，我们需要将本块中所有被修改过的变量都写回内存。我们仍然假设所有的中间代码都形如“z = x op y”。在基本块开始时，所有的寄存器都是空闲的。算法框架如图 5.10 所示。

除了前面提到的 Allocate 函数之外，该算法还使用了另一个辅助函数 Ensure，其伪代码如图 5.11 所示。

```
for ( 对于每一个操作 z = x op y)
{
  rx = Ensure (x);
  ry = Ensure (y);
  if (x 后续不被使用 )
    Free (rx);
  if (y 后续不被使用 )
    Free (ry);
  rz = Allocate (z);
  输出操作 rz = rx op ry MIPS32 代码 ;
}
```

图 5.10 局部寄存器分配算法伪代码

```
Ensure (x)
{
  if (x 已经在寄存器 r 中 )
    result = r;
  else
  {
    result = Allocate (x);
    输出 MIPS32 代码 [lw result, x];
  }
  return result;
}
```

图 5.11 Ensure 算法伪代码

本书还介绍了一种功能类似于之前算法的局部寄存器分配函数 get_reg。这种方法引入了寄存器描述符和变量描述符这两种数据结构，完全消除了寄存器之间的数据移动，并且期望通过最小化溢出操作所产生的 store 指令数量来优化目标代码。

5.2.6 活跃变量分析算法实现

1. 数据结构设计

活跃变量分析问题可以被转化为求解数据流方程的问题。实现活跃变量分析算法时，遍历基本块中每条中间代码，计算它们的入口活跃集合 *in* 和出口活跃集合 *out*。为了更高效地计算这两个集合，通常采用位向量（Bit Vector）来表示。如果待处理的中间代码包含 10 个变量或临时变量，那么 *in*[*i*]（或 *out*[*i*]）可以分别由 10 个比特位组成，其中第 *j* 个比特位为 1 代表第 *j* 个变量属于 *in*[*i*]（或 *out*[*i*]）。集合的并集对应于位向量中的或运算，集合的交集对应于位向量中的与运算，集合的补集对应于位向量中的非运算。位向量的紧凑表示和快速运算使它成为几乎所有数据流方程算法中用于表示集合的理想数据结构。

2. 活跃性计算

我们可以通过迭代的方式来求解每条中间代码的活跃变量集合。在算法开始时，我们将所有的 in[i] 初始化为 ∅。接下来，我们对于每条中间代码对应的 in 和 out 集合进行运算，直到这两个集合的运算结果收敛为止。格理论告诉我们，in 和 out 集合的运算顺序不影响数据流方程解的收敛性，但会影响解的收敛速度。对于上述数据流方程而言，按照 i 从大到小的顺序计算 in 和 out 往往要比按照 *i* 从小到大的顺序进行计算快得多。

活跃性计算的迭代算法伪代码如图 5.12 所示。LivenessAnalysis 函数用于迭代计算中间代码中的活跃变量信息。当算法终止时，我们就已经求解了每条中间代码的入口活跃集合和出口活跃集合。

```
LivenessAnalysis (ir)
{
  for ( 对于 ir 中每一条中间码 i)
  {
    in[i] = Ø;
    out[i] = Ø;
  }
  loop:
  for ( 对于 ir 中每一条中间码 i)
  {
    in'[i] = in[i];
    out'[i] = out[i];
    in[i] = use[i] ∪ (out[i]-def[i]);
    out[i] = ∪ j∈succ[j]in[j];
  }
  for ( 对于 ir 中每一条中间码 i)
    if ( 不满足 (in'[i] == in[i] and out'[i] == out[i]))
      goto loop;
}
```

图 5.12　活跃性计算的迭代算法伪代码

实际上，数据流方程这一强大的工具不仅可以用于活跃变量分析，还可以用于到达定值（Reaching Definition）、可用表达式（Available Expression）等各种与代码优化有关的分析中。我们上面介绍的方法是以语句为单位进行分析的，类似的方法也适用于以基本块为单位的情况，而使用基本块进行分析的效率还会更高一些。

5.2.7　图染色算法实现

1. 数据结构设计

为了实现图染色算法，我们需要先构造冲突图。冲突图可以用邻接表或二维矩阵表示。在算法执行过程中，我们需要频繁地查询冲突图，通常包含两种操作：

（1）查询冲突图中与顶点 x 相邻的所有节点。

（2）判断图中任意两个节点 x 和 y 之间是否存在一条边。

如果我们使用邻接表表示冲突图，可以快速完成第一种查询。对于第二种查询，需要遍历 x 对应的相邻节点链表，这个过程通常比较慢。如果我们使用矩阵实现，那么正好与邻接表实现的效果相反。我们可以快速完成第二种查询，但第一种查询效率会降低。在实现图染色算法时，我们可以根据需要选择合适的数据结构来表示冲突图。

2. 算法实现

针对固定的颜色数 K，我们可以采用上述算法对干涉图进行构造和着色，算法如图 5.13 所示。具体而言，我们先使用 BuildGraph 函数构造干涉图，该函数接受中间代码 ir 作为参数。接下来，我们使用 ColorGraph 函数对干涉图进行着色。该函数接受中间代码 ir、保存顶点信息的栈 stack 以及可用的寄存器数目 K 作为参数，并判断当前干涉图是否可以被 K 着色。这两个函数的实现细节可以参考图 5.14 和图 5.15。

```
ColoringGraphAlgorithm (ir, K, stack)
{
  graph = BuildGraph (ir);
  allocation = ColorGraph (graph, stack, K);
  if (allocation == false)
  {
    cost = EstimateSpillCosts (ir);
    spilled = DecideSpills (graph, ir, K, cost);
    InsertSpillCode (ir, spilled);
    graph = ColoringGraphAlgorithm (ir, K, stack);
  }
  return graph;
}
```

图 5.13 图染色算法伪代码（颜色数 K 固定）

```
BuildGraph (ir)
{
  graph = Graph();
  LivenessAnalysis (ir);
  for ( 对于 ir 中每一条中间码 i)
    for ( 对于 def[i] 集合中每一个变量 d)
      for ( 对于 out[i] 集合中每一个变量 o)
      {
        AddEdge (graph, d, o);
        out 集合中的每一对变量加入 graph 中 ;
      }
  return graph;
}
```

图 5.14 干涉图构造算法伪代码

```
ColorGraph (graph, stack, K)
{
  if ( 节点 n 的度数小于 K)
  {
    RemoveNode (graph, n);
    Push (stack, n);
    allocation = ColorGraph (graph, stack, K);
    if (allocation == false)
      return false;
    for ( 对于 graph 中的每一个节点 n)
      从可用的寄存器集合选择一个合适的寄存器保存到 n.reg 中 ;
  }
  return false;
}
```

图 5.15 图染色算法伪代码

如果我们能够对干涉图进行染色，那么就无须将干涉图中的节点溢出到内存中。我们可以直接返回干涉图，并根据栈中保存的节点信息为程序中的变量分配寄存器。

但是当可用的寄存器数目小于变量数目时，我们需要将干涉图中的那些邻居节点数量大于可用寄存器数目的节点溢出到内存中。为此，我们定义了一个 `DecideSpills` 函数，用于确定待溢出的节点，具体实现如图 5.16 所示。其中，`EstimateSpillCosts` 函数用于评估溢出节点的代价，如图 5.17 所示。我们遍历每一个 label 内的程序点的 def 集合以及 use 集合中使用的变量，计算这些变量的邻居节点的数量。当 `DecideSpills` 函数确定需要溢出到内存的变量时，我们就从 cost 集合中选择溢出代价最小的顶点，并将其标记为溢出，且从干涉图中删除该节点。

```
DecideSpills (graph, ir, K, cost)
{
  初始化 spilled 为一个空集合；
  复制 graph 到 g 中；
  for （对于每一个 g 中的节点 n)
  {
    选择节点边数小于 K 的节点 n;
    if (n 不存在）
    {
      从 cost 集合中选择代价最小的节点 node;
      spilled.add(node);
    }
    RemoveNode (g, node);
  }
  return spilled;
}
```

图 5.16　DecideSpills 算法伪代码

```
EstimateSpillCosts (ir)
{
  初始化 spilled 为一个空集合；
  frequency = 1;
  for （对于每一条 ir i)
  {
    if (i 是一个 label)
      frequency = 1;
    else
    {
      初始化 neighbors 为一个空集合；
      for （对于每一个 def[i] 集合中的变量 d)
        neighbors.add(d);
      for （对于每一个 use[i] 集合中的变量 u)
        neighbors.add(u);
      for （对于 neighbors 中每一个节点 n)
        if (n 在 cost 集合中）
          cost[n] = cost[n] + frequency;
        else
          cost[n] = frequency;
    }
  }
return cost;
```

图 5.17　评估溢出代价算法伪代码

在 `DecideSpills` 函数调用之后，我们就确定了需要溢出到内存的节点。接下来，我们可以使用 `InsertSpillCode` 函数来插入变量溢出到内存的操作，并更新中间代码，具体实现如图 5.18 所示。

由于中间代码中主要包含函数或转移指令的目的地址所在的 label，因此在插入溢出节点的操作中，我们需要遍历每一条中间代码，并修改每个 label。然后，我们遍历 label 中的每一条中间代码指令中的 use 和 def 集合。如果 use 集合中的节点被标记为溢出，那么我们需要插入一条 `load` 指令来从内存中加载 use 中使用的变量。如果 def 集合中的节点被标记为溢出，那么我们需要插入一条 `store` 指令，用于将节点溢出到内存中。最后，我们更新当前的中间代码即可完成插入溢出代码的操作。

```
InsertSpillCode (ir, spilled)
{
  创建一个新的 ir 数组 new_ir;
  for ( 对于每一条 ir i)
  {
    if (i 是一个 label)
      添加 i 到 new_ir 中 ;
    else
    {
      before = [];
      after = [];
      newdef = [];
      newuse = [];
      for ( 对于每一个 use[i] 集合中的变量 u)
        if (u 在 spilled 集合中 )
        {
          newuse.append(u);
          before.append(load ir);
        }
        else
          newuse.append(u);
      for ( 对于每一个在 def[i] 集合中的变量 d)
      {
        if (d 在 spilled 集合中 )
        {
          newdef.append(d);
          after.append(store ir);
        }
        else
          newdef.append(d);
      }
      new_ir.extend(before + ir(opcode, newdef, newuse) + after);
  }
  使用 new_ir 覆盖 ir;
}
```

图 5.18 InsertSpillCode 算法伪代码

5.2.8 MIPS 寄存器的使用

在结束对寄存器分配问题的讨论之前，我们还需要了解 MIPS32 指令集对于寄存器的使用有哪些规范，从而明确哪些寄存器可以随便用、哪些不能用、哪些可以用但要小心。严格地讲，采用 MIPS 体系结构的处理器本身并没有强制规定其 32 个通用寄存器应该如何使用（除了 \$0 之外，其余 31 个寄存器在硬件上都是等价的），但 MIPS32 标准对于汇编代码的书写的确提出了一些约定。“约定”这个词有两层含义：其一，因为它是约定，所以我们不必强制遵守它，大可违反它却仍然使我们写出的汇编代码能够正常运行起来；其二，因为它是约定，所以除了我们之外的绝大部分人（还有包括 SPIM Simulator 在内的绝大多数汇编器）都在遵守它。如果我们不遵守它，那么我们的程序不仅在运行效率以及可移植性等方面会遇到各种问题，同时也可能无法被 SPIM Simulator 正常执行。

\$0 这个寄存器非常特殊，它在硬件上本身就是接地的，因此其中的值永远是 0，我们无法改变。$at、$k0、$k1 这三个寄存器是专门预留给汇编器使用的，如果我们尝试在汇编代码中访问或修改它们，则 SPIM Simulator 会报错。$v0 和 $v1 这两个寄存器专门用来存放函数的返回值。在函数内部也可以使用，不过要注意在当前函数返回或调用其他函数时应妥善处理这两个寄存器中原有的数据。$a0 至 $a3 四个寄存器专门用于存放函数参数，在函数内部它们可以视作与 $t0 至 $t9 等同。

$t0 至 $t9 这 10 个寄存器可以由我们任意使用，但要注意它们属于调用者保存的寄存器，在函数调用之前如果其中保存有任何有用的数据都要先溢出到内存中。$s0 至 $s7 也可以任意使用，不过它们是被调用者保存的寄存器，如果一个函数内要修改 $s0 至 $s7，则需要在函数的开头先将其中原有的数据压入栈，并在函数末尾恢复这些数据。关于调用者保存和被调用者保存这两种机制，我们会在后面详细介绍。

$gp 固定指向 64K 静态数据区的中央，$sp 固定指向栈的顶部。这两个寄存器都是具有特定功能的，对它们的使用和修改必须伴随明确的语义，不能随便将数据往里送。$30 这个寄存器比较特殊，有些汇编器将其作为 $s8 使用，也有一些汇编器将其作为栈帧指针 $fp 使用，我们可以在这两个方案里任选其一。$ra 专门用来保存函数的返回地址，MIPS32 中与函数转移有关的 jal 指令和 jr 指令都会对该寄存器进行操作，因此我们也不要随便去修改 $ra 的值。

总而言之，MIPS 的 32 个通用寄存器中能让我们随意使用的有 $t0 至 $t9 以及 $s0 至 $s8，不能随意使用的有 $at、$k0、$k1、$gp、$sp 和 $ra，可以使用但在某些情况下需要特殊处理的有 $v0 至 $v1 以及 $a0 至 $a3，最后 $0 可用但其值无法修改。

5.2.9　MIPS 栈管理

在过程式程序设计语言中，函数调用包括控制流转移和数据流转移两个部分。控制流转移指的是将程序计数器 PC 当前的值保存到 $ra 中然后跳转到目标函数的第一句处，这件事已经由硬件帮我们完成，我们可以直接使用 jal 指令实现。因此，我们在目标代码生成时所需要考虑的问题是如何在函数的调用者与被调用者之间进行数据流的转移。当一个函数被调用时，调用者需要为这个函数传递参数，然后将控制流转移到被调用函数的第一行代码处；当被调用函数返回时，被调用者需要将返回值保存到某个位置，然后将控制流转移回调用者处。在 MIPS32 中，函数调用使用 jal 指令，函数返回使用 jr 指令。参数传递采用寄存器与栈相结合的方式：如果参数少于 4 个，则使用 $a0 至 $a3 这四个寄存器传递参数；如果参数多于 4 个，则前 4 个参数保存在 $a0 至 $a3 中，剩下的参数依次压到栈里。返回值的处理方式则比较简单，由于我们约定 C-- 中所有函数只能返回一个整数，因此直接将返回值放到 $v0 中即可，$v1 可以挪作他用。

下面我们着重讨论在函数调用过程中至关重要的结构：栈。栈在本质上就是按照后进先出原则维护的一块内存区域。除了上面提到的参数传递之外，栈在程序运行过程中还具有如下功能：

（1）如果我们在一个函数中使用 jal 指令调用了另一个函数，寄存器 $ra 中的内容就会被覆盖掉。为了使另一个函数返回之后能将 $ra 中原来的内容恢复出来，调用者在进行函数调用之前需要负责把 $ra 暂存起来，而这暂存的位置自然是在栈中。

（2）对于那些在寄存器分配过程中需要溢出到内存中的变量来说，它们究竟要溢出到内存中的什么地方呢？如果是全局变量，则需要被溢出到静态数据区；如果是局部变量，则一般会被溢出到栈中。为了简化处理，实践内容四中的程序可以将所有需要被溢出的变量都安排到栈上。

（3）不管占用多大的空间，数组和结构体一定会被分配到内存中去。同溢出变量一样，这些内存空间实际上都在栈上。

每个函数在栈上都会占用一块单独的内存空间，这块空间被称为活动记录（Activation Record）或者栈帧（Stack Frame）。不同函数的活动记录虽然在占用内存大小上可能会有所不同，但基本结构都差不多。一个比较典型的函数的活动记录结构如图 5.19 所示。

在图 5.19 中，图上方是高地址区，下方是低地址区，栈是从高地址区往低地址区增长。栈指针 $sp 总指向最后一个压入栈的数据所在位置（栈顶)，帧指针 $fp 则指向当前活动记录的底部；在图中，$fp 之上是传给该函数的参数（只有多于 4 个参数时这里才会有内容)，而 $fp 之下则是返回地址、被调用者保存的寄存器内容以及局部数组、变量或临时变量等信息。

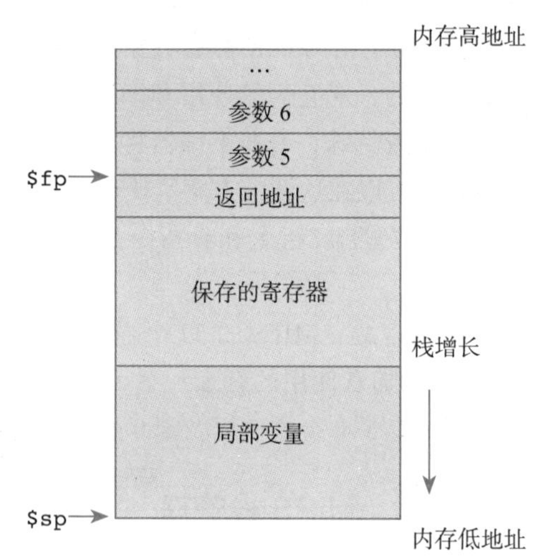

图 5.19 函数的活动记录结构

在栈的管理中，有一个栈指针 $sp 其实已经足够了，$fp 并不是必需的，前面也提到过某些编译器甚至将 $fp 挪用作 $s8。引入 $fp 主要是为了方便访问活动记录中的内容：在函数的运行过程中，$sp 是会经常发生变化的（例如，当压入新的临时变量、压入将要调用的另一个函数的参数，或者想在栈上保存动态大小的数组时)，根据 $sp 来访问栈帧里保存的局部变量比较麻烦，因为这些局部变量相对于 $sp 的偏移量会经常改变。而在函数内部 $fp 一旦确定就不再变化，所以根据 $fp 访问局部变量时并不需要考虑偏移量的变化问题。假如我们学过有关 x86 汇编的知识就会发现，MIPS32 中的 $sp 实际上相当于 x86 中的 %esp，而 MIPS32 中的 $fp 则相当于 x86 中的 %ebp。如果决定使用 $fp，那么为了使本函数返回之后能够恢复上层函数的 $fp，需要在活动记录中找地方把 $fp 中的旧值也存起来。

如果一个函数 f 调用了另一个函数 g，我们称函数 f 为调用者（Caller)，函数 g 为被调用者（Callee)。控制流从调用者转移到被调用者之后，由于被调用者使用到一些寄存器，而这些寄存器中有可能原先保存着有用的内容，故被调用者在使用这些寄存器之前需要先将其中的内容保存到栈中，等到被调用者返回之前再从栈中将这些内容恢复出来。现在的问题是：保存寄存器中原有数据这件事情究竟应由调用者完成还是被调用者完成？如果由调用者保存，由于调用者事先不知道被调用者会使用到哪些寄存器，它只能将所有的寄存器内容全部保存，于是会产生一些无用的压栈和弹栈操作；如果由被调用者保存，由于被调用者事先不知道调用者在调用自己之后有哪些寄存器不需要了，它同样也只能将所有的寄存器内容全部保存，于是同样会产生一些无用的压栈和弹栈操作。为了减少这些无用的访存操作，可以采用一种调用者和被调用者共同保存的策略：MIPS32 约定 \$t0 至 \$t9 由调用者负责保存，而 \$s0~\$s8 由被调用者负责保存。从调用关系的角度看，调用者负责保存的寄存器中的值在函数调用前后有可能会发生改变，被调用者负责保存的寄存器中的值在函数调用的前后则一定不会发生改变。这也就启示我们，\$t0 至 \$t9 应该尽量分配给那些短期使用的变量或临时变量，而 \$s0 至 \$s9 应当尽量分配给那些生存期比较长，尤其是生存期跨越了函数调用的变量或临时变量。

类似地，在 C 风格的 x86 汇编中，GCC 规定 %eax、%ecx 和 %edx 这三个寄存器由调用者保存，而 %ebx、%esi 和 %edi 这三个寄存器则由被调用者保存。不过由于存在使用方便的 pushad 和 popad 指令，在人工书写汇编代码时人们常常在 6 个通用寄存器的基础上添加 %ebp 和 %esp（共 8 个寄存器），并全部作为被调用者保存。

我们先考虑调用者的过程调用序列（Procedure Call Sequence）。首先，调用者 f 在调用函数 g 之前需要将保存着活跃变量的所有调用者保存寄存器 $live_1$、$live_2$、…、$live_k$ 写到栈中，之后将参数 arg_1、arg_2、…、arg_n 传入寄存器或者栈。在函数调用结束后，依次将之前保存的内容从栈中恢复出来。上述整个过程如下所示：

```
1  sw live1, offset_live1($sp)
2
3  sw livek, offset_livek($sp)
4  subu $sp, $sp, max{0, 4 * (n - 4)}
5  move $a_0, arg_1
6  ...
7  move $a_3, arg_4
8  sw arg_5, 0($sp)
9  ...
10 sw arg_n, (4 * (n - 5))($sp)
11 jal g
12 addi $sp, $sp, max{0, 4 * (n - 4)}
13 lw live_1, offset_live1($sp)
14 ...
15 lw live_k, offset_livek($sp)
```

上面这份代码假设所有参数在函数调用之前都已经保存在寄存器中。但在实际编译的过程中，如果函数 g 的参数很多，则可以逐个进行参数计算以及压栈。不过如果多个参数是被逐个压栈的，那么在一个参数压栈后再计算下一个参数时，由于 \$sp 已经发生了变化，当前活动记录内所有变量相对于 \$sp 的偏移量都会发生变化！如果想要避免这个问题，则应使用帧指针 \$fp 而不是栈指针 \$sp 来对当前活动记录中的内容进行访问。

我们再来看被调用者的过程调用序列。被调用者的调用序列分为两个部分，分别在函数的开头和结尾。我们将函数开头的那部分调用序列称为 Prologue，将函数结尾的那部分调用序列称为 Epilogue。在 Prologue 中，我们首先要负责布置好本函数的活动记录。如果本函数内部还要调用其他函数，则需要将 \$ra 压栈；如果用到了 \$fp，还要将 \$fp 压栈并设置好新的 \$fp。随后，将本函数内所要用到的所有被调用者保存的寄存器 reg_1、reg_2、…、reg_k 存入栈，最后将调用者由栈中传入的实参作为形参 p_5、p_6、…、p_n 取出。整个过程如下所示[⊖]：

⊖ 第 2 行代码只有在函数内部调用了其他函数才会用到，第 3、4 行代码只有在使用了 \$fp 时才会用到。

```
1  subu $sp, $sp, framesize_g
2  sw $ra, (framesize_g - 4)($sp)
3  sw $fp, (framesize_g - 8)($sp)
4  addi $fp, $sp, framesizeg
5  sw reg_1, offset_reg1($sp)
6  ...
7  sw reg_k, offset_regk($sp)
8  lw p_5, (framesize_g)($sp)
9  ...
10 lw p_n, (framesize_g + 4 * (n - 5))($sp)
```

在 Epilogue 中，我们需要将函数开头保存过的寄存器恢复出来，然后将栈恢复原样：

```
1  lw reg_1, offset_reg1($sp)
2  ...
3  lw reg_k, offset_regk($sp)
4  lw $ra, (framesize_g - 4)($sp)
5  lw $fp, (framesize_g -8)($sp)
6  addi $sp, $sp, framesize_g
7  jr $ra
```

与前面一样，在设置好 $fp 之后，对活动记录内部数据的访问也可以根据 $fp 以及这些数据相对于 $fp 的偏移量来进行，而不必去使用 $sp。

我们来简单讨论一下函数调用对寄存器分配算法有什么影响。由于被调用者保存的寄存器 $s0 至 $s8 在函数调用前后由被调用者保证其内容不会发生变化，因此我们不需要特殊考虑它们。而调用者保存的寄存器 $t0 至 $t9 在函数调用之后其中的内容会全部丢失，所以这些寄存器才是函数调用对于寄存器分配过程影响最大的地方。如果采用了局部寄存器分配算法，那么在处理到中间代码 CALL 时，如果 $t0 至 $t9 中保存有任何变量的值，我们就需要在调用序列中将这些变量全部溢出到内存中，等到调用结束再重新将溢出的变量的值读取回来。这样做比较麻烦，更简单的做法是将中间代码 CALL 单独作为一个基本块进行处理。由于将所有变量溢出到内存这件事在上一个基本块结束时已经做过了，故到了 CALL 语句这里我们几乎可以不做任何事。如果采用了全局寄存器分配算法，我们需要在图染色阶段避免为那些在 CALL 语句处活跃的变量染上代表 $t0 至 $t9 之中任何寄存器的颜色。这样一来，我们的算法会自动地为那些生存期跨越函数调用的变量去分配 $s0 至 $s8。如果这样的变量多于被调用者保存的寄存器个数，则算法会自动将多出来的变量溢出到内存。这样一来在调用者的调用序列中我们甚至都不需要专门将 $t0 至 $t9 压栈，因为里面保存的内容在函数调用之后一定是不活跃的。

最后简单解释一下为什么我们的目标代码不采用 Intel x86 ISA 而采用了 MIPS32。如果对 x86 足够了解，就会发现这个 ISA 对于汇编程序员可能是友好的，但对编译器的书写者来说则是极不友好的：凡是我们能想到的牵扯到目标代码生成与优化的问题，x86 基本上都会把本来就已经不容易的事情变得更糟。首先，它是一个 CISC 指令集，并且大部分指令中的操作数都是可以访问内存的，因此在指令选择这个问题上要比 RISC 指令集困难很多。其次，它只有 8 个通用寄存器（其中还有 1 个 %esp 作为栈指针和 1 个 %ebp 作为帧指针不能随便用），而实践表明采用图染色的全局寄存器分配算法只有在可用的通用寄存器数目达到或超过 16 个时，才能产生出令人满意的寄存器分配方案。再次，它的很多指令本身并不独立于通用寄存器，例如乘法指令 mul 的一个操作数必须是 %eax，而且乘积会同时覆盖掉 %eax 和 %edx 这两个寄存器的值，这迫使我们在编写编译器时必须对像 mul 这样的指令单独进行处理。最后，x86 对于浮点数的支持太差，其 x87 浮点数扩展指令更是糟糕，这一情况直到 SSE2 指令集出来以后才有所缓解。因此，对于我们的实践内容而言，x86 的复杂性有些过大了。

事实上，x86 是一个相当具有历史沧桑感的 ISA，Hennesy 教授称“ This instruction set architecture is one only its creators could love”。在其他现代 ISA 都已经采用分页机制时，x86 还在支持分段；在其他现代 ISA 都全面转向通用寄存器时，x86 还残留着累加器的一些特性；在其他现代 ISA 都放弃栈式体系结构时，x87 浮点数操作还是在栈上完成的。我们不由得反思，为什么沧桑到可以说有些落伍的 x86 还能在现在的桌面市场上占据着统治地位呢？我们只能说，在桌面甚至是服务器领域中一款处理器的性能高低并不完全取决于 ISA 的好坏，而这款处理器在市场上是否成功与 ISA 的关系则更少。不过在嵌入式领域中，x86 的某些糟糕设计所带来的影响已经开始凸显出来，ARM 之所以在今天能在嵌入式领域做得风生水起，一定程度上也归功于其 ISA 出现得更晚、而设计理念更先进的缘故。

5.2.10 目标代码生成实践的额外提示

实践内容四需要我们在实践内容三的基础上完成。在开始写代码之前，我们需要先熟悉 SPIM Simulator 的使用方法，然后自己写几个简单的 MIPS32 汇编程序送到 SPIM Simulator 中运行一下，以确定自己是否已经清楚 MIPS32 代码应该如何书写。

完成实践内容四的第一步是确定指令选择机制以及寄存器分配算法。指令选择算法比较简单，其功能甚至可以由中间代码的打印函数稍加修改而得到。寄存器分配算法则需要我们先定义一系列数据结构。如果采用了局部寄存器分配算法，我们可能需要考虑如何实现寄存器描述符和变量描述符。如果使用前面介绍的局部寄存器分配算法，我们只需要保存每个寄存器是否空闲、每个变量下次被使用到的位置是哪里即可；如果使用前面部分介绍的局部寄存器分配算法，我们需要记录每个寄存器中保存了哪些变量，以及每个变量的有效值位于哪个寄存器中，在这种情况下我们建议使用位向量作为寄存器描述符和变量描述符的数据结构。如果采用了全局寄存器分配算法，我们需要考虑如何实现位向量与干涉图。无符号的整型数组可以用来表示位向量，而邻接表则非常适合作为像干涉图这种需要经常访问某个顶点的所有邻居的图结构。

确定了算法之后就可以开始动手实现。开始的时候我们可以无视与函数调用有关的 ARG、PARAM、RETURN 和 CALL 语句，专心处理其他类型的中间代码。我们可以先假设寄存器有无限多个（编号为：$t0，$t1，…，$t99，$t100，…），试着完成指令选择，然后将经过指令选择之后的代码打印出来看一下是否正确。随后，完成寄存器分配算法，这时我们就会开始考虑如何向栈里溢出变量的问题。当寄存器分配也完成之后，我们可以试着写几个不带函数调用的 C-- 测试程序，将编译器输出的目标代码送入 SPIM Simulator 中运行以查看结果是否正确。

如果测试没有问题，请继续下面的内容。我们首先需要设计一个活动记录的布局方式，然后完成对 ARG、PARAM、RETURN 和 CALL 语句的翻译。对这些中间代码的翻译实际上就是一个输出过程调用序列的过程，调用者和被调用者的调用序列要互相配合着来做，这样不容易出现问题。处理 ARG 和 PARAM 时要注意不要搞错实参和形参的顺序，另外计算实参时如果我们没有使用 $fp 那么也要注意各临时变量相对于 $sp 偏移量的修改。如果调用序列出现问题，请善于利用 SPIM Simulator 的单步执行功能对编译器输出的代码进行调试。

5.3 目标代码生成的实践内容

5.3.1 实践要求

为了完成实践内容四，我们需要下载并安装 SPIM Simulator 用于对生成的目标代码进行检查和调试。 我们需要做的就是将实践内容三中得到的中间代码经过与具体体系结构相关的指令选择、寄存器选择以及栈管理之后，转换为 MIPS32 汇编代码。我们的程序需要输出正确的汇编代码。“正确”是指该汇编代码在 SPIM Simulator（命令行或 Qt 版本均可）上可正确运行。因此，以下几个方面不属于检查范围：

（1）寄存器的使用与指派可以不必遵循 MIPS32 的约定。只要不影响在 SPIM Simulator 中的正常运行，我们可以随意分配 MIPS 体系结构中的 32 个通用寄存器，而不必在意哪些寄存器应该存放参数、哪些存放返回值、哪些由调用者负责保存、哪些由被调用者负责保存，等等。

（2）栈的管理（包括栈帧中的内容及存放顺序）也不必遵循 MIPS32 的约定。我们甚至可以使用栈以外的方式对过程调用间各种数据的传递进行管理，前提是输出的目标代码（即 MIPS32 汇编代码）能正确运行。

当然，不检查并不代表不重要。我们可以试着去遵守 MIPS32 中的各种约定，否则代码生成器生成的目标代码在 SPIM Simulator 中运行时可能会出现一些意想不到的错误。

另外，实践内容四对作为输入的 C-- 源代码有如下的假设：

（1）假设 1：输入文件中不包含任何词法、语法或语义错误（函数必有 return 语句）。

（2）假设 2：不会出现注释、八进制或十六进制整型常数、浮点型常数或者变量。

（3）假设 3：整型常数都在 16 位的整数范围内，也就是说我们不必考虑如果某个整型常数无法在 addi 等包含立即数的指令中表示时该怎么办。

（4）假设 4：不会出现类型为结构体或高维数组（高于一维的数组）的变量。

（5）假设 5：不使用全局变量，并且所有变量均不重名，变量的存储空间都放到该变量所在的函数的活动记录中。

（6）假设 6：任何函数参数都只能是简单变量，也就是说数组和结构体不会作为参数传入某个函数中。

（7）假设 7：函数不会返回结构体或数组类型的值。

（8）假设 8：函数只会进行一次定义（没有函数声明）。

在进行实践内容四时，请仔细阅读前面的理论部分和实践内容指导部分，确保我们已经了解 MIPS32 汇编语言以及 SPIM Simulator 的使用方法，这些内容是我们能够顺利完成实践内容四的前提。

5.3.2　输入格式

程序的输入是一个包含 C-- 源代码的文本文件，我们的程序需要能够接收一个输入文件名和一个输出文件名作为参数。例如，假设我们的程序名为 cc、输入文件名为 test1.cmm、输出文件名为 out1.s，程序和输入文件都位于当前目录下，那么在 Linux 命令行下运行 `./cc test1.cmm out1.s` 即可将输出结果写入当前目录下名为 out1.s 的文件中。

5.3.3　输出格式

实践内容四要求我们的程序将运行结果输出到文件。对于每个输入文件，我们的程序应当输出相应的 MIPS32 汇编代码。我们可以使用 SPIM Simulator 对代码生成器输出的汇编代码的正确性进行测试，任何能被 SPIM Simulator 执行并且结果正确的输出都将被接受。

5.3.4　验证环境

我们的程序将在如下环境中被编译并运行：

- GNU Linux Release: Ubuntu 20.04, kernel version 5.13.0-44-generic
- GCC version 7.5.0
- GNU Flex version 2.6.4
- GNU Bison version 3.5.1
- QtSpim version 9.1.9

一般而言，只要避免使用过于冷门的特性，使用其他版本的 Linux 或者 GCC 等，也基本上不会出现兼容性方面的问题。注意，实践内容四的检查过程中不会去安装或尝试引用各类方便编程的函数库（如 glib 等），因此请不要在我们的程序中使用它们。

5.3.5　提交要求

实践内容四要求提交如下内容：

（1）Flex、Bison 以及 C 语言的可被正确编译运行的源程序。

（2）一份 PDF 格式的实验报告，内容包括：

1）**你的程序实现了哪些功能？**简要说明如何实现这些功能。清晰的说明有助于助教对你的程序所实现的功能进行合理的测试。

2）**你的程序应该如何被编译？**可以使用脚本、makefile 或逐条输入命令进行编译，请详细说明应该如何编译你的程序。无法顺利编译将导致助教无法对你的程序所实现的功能进行任何测试，从而丢失相应的分数。

3）**实验报告的长度不得超过三页！**所以报告中需要重点描述的是程序中的亮点，是开发人员认为最个性化、最具独创性的内容，而相对简单的、任何人都可以做的内容则可不提或简单地提一下，尤其要避免大段地向报告里贴代码。实验报告中所出现的最小字号不得小于 5 号字（或英文 11 号字）。

5.3.6 样例（必做部分）

实践内容四无选做要求，因此下面只列举必做内容样例。请仔细阅读样例，以加深对实践内容要求以及输出格式要求的理解。

【样例 1】

- 输入

```
 1  int main()
 2  {
 3    int a = 0, b = 1, i = 0, n;
 4    n = read();
 5    while (i < n)
 6    {
 7      int c = a + b;
 8      write(b);
 9      a = b;
10      b = c;
11      i = i + 1;
12    }
13    return 0;
14  }
```

- 输出

该样例程序读入一个整数 n，然后计算并输出前 n 个 Fibonacci 数的值。将其翻译为一段能在 SPIM Simulator 中执行的正确的目标代码，如下所示：

```
 1  .data
 2  _prompt: .asciiz "Enter an integer:"
 3  _ret: .asciiz "\n"
 4  .globl main
 5  .text
 6  read:
 7    li $v0, 4
 8    la $a0, _prompt
 9    syscall
10    li $v0, 5
11    syscall
12    jr $ra
13
14  write:
15    li $v0, 1
16    syscall
17    li $v0, 4
18    la $a0, _ret
19    syscall
20    move $v0, $0
21    jr $ra
22
23  main:
24    li $t5, 0
25    li $t4, 1
26    li $t3, 0
27    addi $sp, $sp, -4
```

```
28    sw $ra, 0($sp)
29    jal read
30    lw $ra, 0($sp)
31    addi $sp, $sp, 4
32    move $t1, $v0
33    move $t2, $t1
34  label1:
35    blt $t3, $t2, label2
36    j label3
37  label2:
38    add $t1, $t5, $t4
39    move $a0, $t4
40    addi $sp, $sp, -4
41    sw $ra, 0($sp)
42    jal write
43    lw $ra, 0($sp)
44    addi $sp, $sp, 4
45    move $t5, $t4
46    move $t4, $t1
47    addi $t1, $t3, 1
48    move $t3, $t1
49    j label1
50  label3:
51    move $v0, $0
52    jr $ra
```

该汇编代码在命令行 SPIM Simulator 中的运行结果如图 5.20 所示（输入 7，则输出前 7 个 Fibonacci 数）。

```
SPIM Version 8.0 of January 8, 2010
Copyright 1990-2010, James R. Larus.
All Rights Reserved.
See the file README for a full copyright notice.
Loaded: /usr/lib/spim/exceptions.s
Enter an integer:7
1
1
2
3
5
8
13
```

图 5.20　样例 1 汇编代码的运行结果

【样例 2】

- 输入

```
1  int fact(int n)
2  {
3    if (n == 1)
4      return n;
5    else
6      return (n * fact(n - 1));
7 }
8
9  int main()
```

```
10  {
11    int m, result;
12    m = read();
13    if (m > 1)
14      result = fact(m);
15    else
16      result = 1;
17    write(result);
18    return 0;
19  }
```

- 输出

该样例程序读入一个整数 n，然后计算并输出 $n!$ 的值。将其翻译为一段能在 SPIM Simulator 中执行的正确的目标代码，如下所示：

```
 1  .data
 2  _prompt: .asciiz "Enter an integer:"
 3  _ret: .asciiz "\n"
 4  .globl main
 5  .text
 6  read:
 7    li $v0, 4
 8    la $a0, _prompt
 9    syscall
10    li $v0, 5
11    syscall
12    jr $ra
13
14  write:
15    li $v0, 1
16    syscall
17    li $v0, 4
18    la $a0, _ret
19    syscall
20    move $v0, $0
21    jr $ra
22
23  main:
24    addi $sp, $sp, -4
25    sw $ra, 0($sp)
26    jal read
27    lw $ra, 0($sp)
28    addi $sp, $sp, 4
29    move $t1, $v0
30    li $t3, 1
31    bgt $t1, $t3, label6
32    j label7
33  label6:
34    move $a0, $t1
35    addi $sp, $sp, -4
36    sw $ra, 0($sp)
37    jal fact
38    lw $ra, 0($sp)
39    addi $sp, $sp, 4
40    move $t2, $v0
```

```
41    j label8
42  label7:
43    li $t2, 1
44  label8:
45    move $a0, $t2
46    addi $sp, $sp, -4
47    sw $ra, 0($sp)
48    jal write
49    lw $ra, 0($sp)
50    addi $sp, $sp, 4
51    move $v0, $0
52    jr $ra
53
54  fact:
55    li $t4, 1
56    beq $a0, $t4, label1
57    j label2
58  label1:
59    move $v0, $a0
60    jr $ra
61  label2:
62    addi $sp, $sp, -8
63    sw $a0, ($sp)
64    sw $ra, 4($sp)
65    sub $a0, $a0, 1
66    jal fact
67    lw $a0, ($sp)
68    lw $ra, 4($sp)
69    addi $sp, $sp, 8
70    mul $v0, $v0, $a0
71    jr $ra
```

该汇编程序在 QtSpim 中的运行结果，如图 5.21 所示（输入 7，输出 5040）。

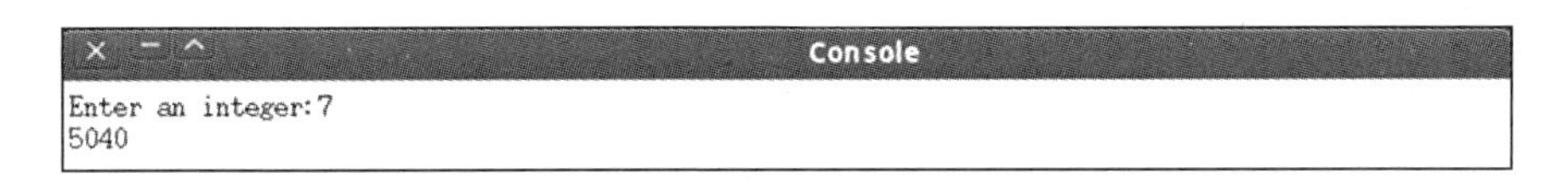

图 5.21　样例 2 汇编代码的运行结果

除了上面给出的两个样例以外，我们的程序要能够将其他符合假设的 C-- 源代码翻译为目标代码，我们将通过检查目标代码是否能在 SPIM Simulator 上运行并得到正确结果来判断程序的正确性。

5.4　本章小结

在本章中，我们已经详细讨论了目标代码生成的理论以及实践技术。目标代码生成的任务是在词法分析、语法分析、语义分析和中间代码生成程序的基础上，将 C-- 源代码翻译为 MIPS32 指令序列（可以包含伪指令），并在 SPIM Simulator 上运行。其中，我们着重分析了目标代码生成的线形 IR 和树形 IR 指令选择算法、寄存器分配算法和窥孔优化内容及关键算法设计与实现。在此基础上，我们实现了编译器后端——代码生成器，从而完整地实现了一个 C-- 的编译器。此外，我们还可以扩展编译器的功能，优化编译器各个阶段输出的结果，以提升目标代码的运行效率。

习题

5.1 有如下代码：

```
1  L1: temp = x + y
2  z = z - temp
3  u = z + v
4  if u > 0 goto L2
5  goto L3:
6  L2: v = u + 1
7  goto L4
8  L3: x = z + u
9  u = u – 1
10 L4: x = v + y
11 goto L1
```

试划分基本块，并构造流图。

5.2 根据第 1 题的流图，构造干涉图。

5.3 考察如下基本块，其中 u 是出口活跃变量，计算每个变量待用信息和活跃信息。

```
1 T1 := a + b
2 T2 := a – b
3 T3 := a * b
4 T4 := a / b
5 T5 := T1 + T4
6 T6 := T2 + T3
7 T7 := T1 * T6
8 u := T5 + T7
```

5.4 将以下中间代码生成为目标代码，假设寄存器 R0 ～ R3 可用。

```
1  if x<y goto 102
2  goto 107
3  if a<b goto 104
4  goto 107
5  T1 := y + z
6  x := T1
7  goto 109
8  T2 := y – z
9  x := T2
10 ......
```

5.5 将以下中间代码生成为目标代码，假设寄存器 R0 ～ R3 可用。

```
1 if x<y goto 102
2 goto 107
3 if a<b goto 104
4 goto 107
5 T1 := y + z
6 x := T1
```

```
7  goto 100
8  ......
```

5.6　在图 5.22 中，非局部变量 *b* 和 *d* 在循环出口处活跃，求各基本块入口和出口处的活跃变量。

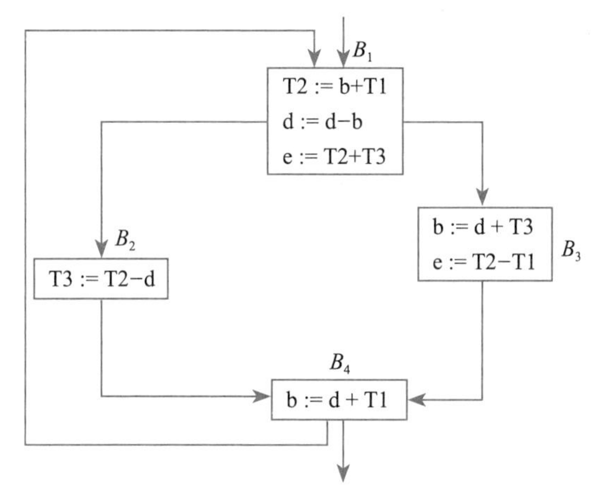

图 5.22　习题 5.6 的流图

5.7　由以下代码，写出窥孔优化消除冗余存取后的代码。

```
1  load   R0,  x
2  load   R1,  y
3  addi   R2,  R0,  R1
4  store  R2,  x
5  store  R1,  y
6  load   R2,  x
7  load   R1,  y
8  addi   R0,  R1,  R2
9  store  R0,  z
```

5.8　由以下代码，对控制流进行窥孔优化，写出优化后的代码。

```
1  if a < b goto L1
2  load R0, x
3  load R1, y
4  addi R2, R0, R1
5  store R2, z
6  L1: goto L2
7  ......
```

第 6 章　中间代码优化

【引言故事】

中间代码的优化是提升编译生成的代码的运行效率的重要途径之一，这类似将文言文翻译为普通话后对翻译内容进行的润色和加工。与文言文的翻译相比，中间代码优化还可以对原始代码进行进一步的处理，以改进代码的可维护性和执行效率等方面的表现。

文言文的用词习惯和现代汉语有很大差异[㊀]，通常，将文言文直接翻译成现代汉语需要进行润色，从而使翻译结果更符合现代汉语的表达习惯和语法规范，以提高读者的阅读体验和理解度。文言文和现代汉语在语法结构上有很大的差异，因此需要进行相应的调整。例如，在文言文中，“吾”“尔”等代词在现代汉语中可以用“我”“你”等代替；“者”“乎”等助词可以省略或者改为“的”“吗”等。

文言文发轫于诗，肇于史，经于骈，成熟定形于文言文[㊁]。文言文与现代汉语在句式、语法上也有很大差别，因此在翻译过程中需要对其句式和语法进行改写，使其更符合现代汉语的表达习惯。例如：“父亲年已八十有六，身居高位，子女纷多，忧劳难免，今为新法所逼，欲自缢，以绝后患。”润色后为“父亲已经 86 岁了，担任了较高的职位，有很多子女，日常不免有许多烦心事。现在受到新法规的压迫，想要自杀，以免日后带来麻烦。”

由于文言文的表达方式较为简洁，常常需要通过上下文来理解其含义。因此在翻译过程中，需要根据上下文信息，对文言文中未明确表达的意思进行补充，让读者更加容易理解。例如：“李白一生好饮，少有清名，每到一处，必先醉数日。”润色后为“李白喜欢喝酒，年少时就有很高的声望，每到一个地方，总是要先喝醉几天。”

文言文翻译时的润色过程和编译器的中间代码优化过程是非常相似的。具体来说，前者可以看作对原始文言文的语言、文化、历史等方面的理解和转化，以符合现代汉语的表达习惯和语法规则；后者可以看作对源代码进行语义分析、优化和转换，以提高代码的执行效率和性能。

在文言文翻译到普通话的润色过程中，译者需要根据读者的背景、理解能力、语言水平等因素，选择适当的词汇、语法、词序等，以使得翻译后的文本更加易懂、通顺、准确。同样地，在编译器的中间代码优化过程中，编译器需要分析源代码的数据依赖、控制流、内存使用等方面，应用各种优化手段，如常量折叠、循环展开、函数内联等，以提高代码的执行效率和性能。

此外，中间代码优化过程是在原始语言的基础上进行的，保留了原始语言的逻辑结构和功能实现。中间代码优化过程的目标是优化代码的表现，使其更加易懂、高效、优雅。

㊀ 吴小宁 . 论文言文中的词类活用现象 [J]. 现代商贸工业，2018，39(27)：167-168.DOI：10.19311/j.cnki.1672-3198.2018.27.083.

㊁ 王文元 . 论文言文与白话文的转型 [J]. 天中学刊，2007，No.147(06)：91-95.

【本章要点】

中间代码优化是编译器设计中的重点与难点。在该步骤中，编译器将生成的中间代码转换为更加简洁、高效且语义不变的中间代码。编译器设计优化管道与管道内的各个优化模块，通过依次执行优化管道里的每个模块，消除中间代码内部的冗余代码，改变代码执行的顺序，降低执行过程中的程序开销，并且将代码转化为更加便于目标代码相关优化的形式。本章内容主要涵盖了在编译过程中进行中间代码优化的理论和实现方法。为便于读者理解中间代码优化的相关理论，本章首先介绍用于中间代码优化的数据流分析框架，使用通俗易懂的方式形式化地推演数据流分析框架的单调性与有界性，及数据流分析结果的准确性。然后，本章介绍三种通用的数据流分析模式及其算法的构造方式，以便于读者针对不同优化场景实现优化模块。另外，本章也讨论了具体的实践技术内容。本章基于三元式中间代码表示形式进行优化，将中间代码优化分为三种情况：局部优化、全局优化与过程间优化，着重介绍全局优化中公共子表达式消除、常量传播、无用代码消除、循环不变代码外提与归纳变量强度削减等优化技术的实现方法，帮助读者在所提供的技术指导下，完成中间代码的优化工作。

需要注意的是，由于本次实践内容的代码会与之前实践内容中已经写好的代码进行对接，因此保持良好的代码风格、系统地设计代码结构和各模块之间的接口对于整个实践内容来说是相当重要的。

【思维导图】

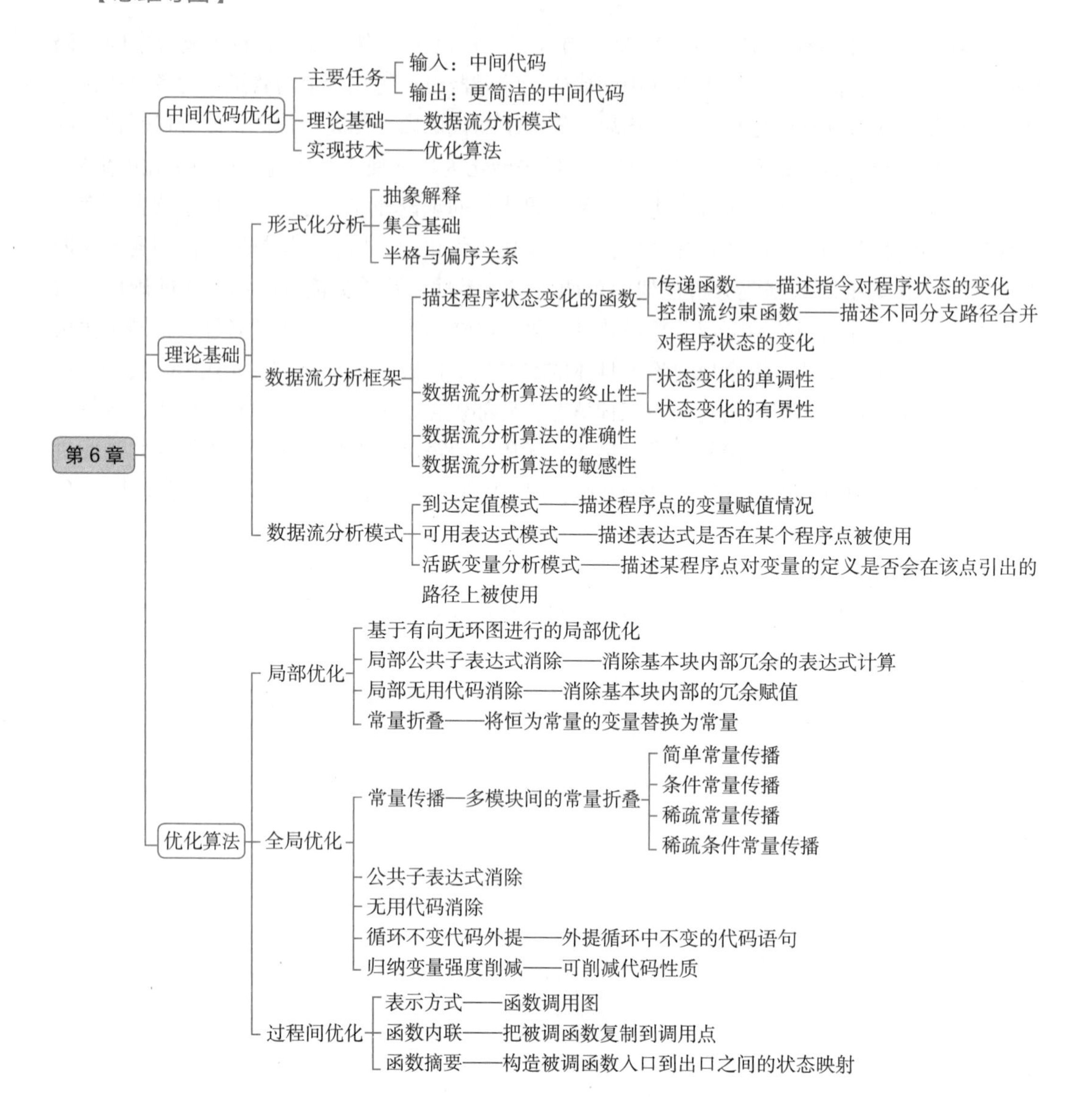
第6章
中间代码优化
主要任务
输入：中间代码
输出：更简洁的中间代码
理论基础——数据流分析模式
实现技术——优化算法
理论基础
形式化分析
抽象解释
集合基础
半格与偏序关系
数据流分析框架
描述程序状态变化的函数
传递函数——描述指令对程序状态的变化
控制流约束函数——描述不同分支路径合并对程序状态的变化
数据流分析算法的终止性
状态变化的单调性
状态变化的有界性
数据流分析算法的准确性
数据流分析算法的敏感性
数据流分析模式
到达定值模式——描述程序点的变量赋值情况
可用表达式模式——描述表达式是否在某个程序点被使用
活跃变量分析模式——描述某程序点对变量的定义是否会在该点引出的路径上被使用
优化算法
局部优化
基于有向无环图进行的局部优化
局部公共子表达式消除——消除基本块内部冗余的表达式计算
局部无用代码消除——消除基本块内部的冗余赋值
常量折叠——将恒为常量的变量替换为常量
全局优化
常量传播—多模块间的常量折叠
简单常量传播
条件常量传播
稀疏常量传播
稀疏条件常量传播
公共子表达式消除
无用代码消除
循环不变代码外提——外提循环中不变的代码语句
归纳变量强度削减——可削减代码性质
过程间优化
表示方式——函数调用图
函数内联——把被调函数复制到调用点
函数摘要——构造被调函数入口到出口之间的状态映射

6.1 中间代码优化的理论方法

经过词法分析、语法分析、语义分析后，编译器前端的工作告一段落。中端将源代码翻译成中间代码表示形式，并对中间代码进行机器无关的优化。出于安全性、可维护性或编程习惯的考量，程序开发者编写的源代码中通常有大量冗余代码，并且，一部分冗余可能来源于中间代码生成过程，例如添加了多余的中间变量，重复的多维数组访问的指针运算等。程序的冗余通常导致编译器执行效率低下，时空开销高昂等问题，并且最终导致生成的目标代码运行效率低下。区别于目标机器相关的优化，机器无关优化不考虑目标机器的寄存器与机器指令。基于中间代码的优化不需要考虑源语言与目标语言存在的差异，是独立于前端和后端进行优化的全部过程。有哪些程序片段需要被优化，应当运用哪些优化方法，应当以什么顺序进行代码优化？这些问题决定了优化的时空开销，及最终中间代码优化的效果。

由于程序语言的复杂性、程序性质的多样性，针对程序的分析往往具有相当大的难度。根据 Rice 定理：**对于程序行为的任何非平凡属性，都不存在可以检查该属性的通用算法。**因此，没有一种优化的方式能够宣称其优化结果最佳。但是，这一消极的结论在另一方面有着积极的影响：总能够提出更好的优化方式，使得代码更加简洁高效。

6.1.1 中间代码优化概述

在程序执行的任何位置，当前程序使用的数据在内存中的存储位置与该数据的内容（符号值或实际值）构成了程序状态。程序命令的顺序执行，本质上是对内存中存储的数据的定义与使用操作，操作的执行改变了程序状态。比如，我们声明了一个变量 x 并定义，就会开辟一段内存来存储 x 所代表的值。

中间代码优化的基础在于跟踪并分析程序状态的改变。比如，在执行某条指令时，当前的变量存储的值是否具有唯一的常量，如果是，那么我们就可以将这个变量替换成一个常量。又或许，在执行某条指令时，一个变量存储的值是否会在被使用之前就被覆盖掉，如果是，我们就不需要在内存或是寄存器里存储这个值。

一系列连续重写中间代码以消除效率低下和无法轻易转换为机器代码的代码片段的方法或函数构成了编译器的中间代码优化模块。这些方法或函数通常被称为**趟（Pass）**。机器无关优化模块排列趟的执行顺序，构成编译器的**优化管道（Pipeline）**。在某些编译器中，IR 格式在整个优化管道中保持固定，在另一些编译器中，格式在某些趟执行完毕后会发生改变。对于格式固定的优化管道，趟的顺序是相对灵活的，可以运行大量优化序列，并不会导致编译错误或是编译器崩溃。

根据处理粒度的不同，优化通常分为局部代码优化（基本块内部）、全局代码优化（多个基本块或函数内部）和过程间代码优化（跨越函数边界）三种。这三种优化在优化管道中按顺序执行。根据冗余原因的不同，优化通常分为子表达式削减、常量传播优化、循环相关优化、无用代码消除、别名相关优化、内存相关优化等。根据优化需求的不同，优化通常使用不同的数据流分析模式进行分析。常用的数据流分析模式有到达定值（针对循环优化、常量传播等），可用表达式（针对全局公共子表达式消除等），活跃变量分析（针对无用代码消除等）。

优化管道中趟的执行顺序由编译器开发人员设计，合理的优化顺序能够使优化模块在合理的时空开销下获得更好的优化效果，而不合理的顺序使得优化管道需要反复执行同一个优化方法。因此，编译器研究中一个重要的研究课题是构造更好的优化管道。

在实践中，应当生成与中间代码生成时格式相同但是更加简洁高效的中间代码。而本书讨论设计的优化管道中趟的构造与执行顺序、生成中间代码的语义一致性、代码运行时间、执行操作次数等，将作为代码优化的评估指标。

在中间代码的实践内容中，生成的中间代码包含了大量的跳转语句，程序的执行没有明显的顺序，使得阅读代码很难分辨其中的执行逻辑。为了更好地描述程序中的值被定义和使用的顺序，我们可以使用控制流图的形式，对程序代码进行划分。控制流图是一个有向图，其中节点表示一个基本块，有向边表示基本块之间的跳转。

图 6.1 中的代码贯穿局部优化与全局优化实例，其控制流图如图 6.2 所示。

前面的章节已经介绍过，程序执行过程中，只能从基本块的第一条指令进入该块，从最后一条指令离开该块。每次程序执行过程中访问基本块时，必须按顺序从头到尾执行其中每一条指令。

```
1   a = read();
2   b = read();
3   c = read();
4   d = a + b;
5   e = c * b;
6   f = a + b;
7   f = 5;
8   g = e + d;
9   h = c * f;
10  x = b - 3;
11  y = 2;
12  a = x - y;
13  b = e - h;
14  i = 0;
15  j = 10;
16  while(i < 10){
17      i = i + 1;
18      d = b - a * c;
19      e = 4 * i;
20      g = x + 4;
21      if(a > b){
22          f = f + d;
23          h = a + 3 * y;
24      }else{
25          while(j > 0){
26              j = j - 1;
27              g = e / (f - 1);
28              h = 4 * j;
29              if(y < d){
30                  g = f + h;
31                  x = a * c;
32              }
33          }
34      }
35  }
36  write(x);
37  write(h);
38  write(g);
```

图 6.1 源代码示例

基本块内部的每一条指令，都代表了一种程序操作或行为，程序在基本块代码的执行过程中，依次执行这些行为。我们可以使用程序状态图对程序内部行为进行抽象描述，状态图记录每一个指令所代表的程序行为和对程序状态变化造成的影响。基本块中代码按照顺序改变程序状态这种受限的形式，使得基本块非常易于分析。

例如，对于图 6.2 中的基本块 B2，当程序执行时，总是从基本块 B1 的出口跳转到基本块 B2 的入口，按照从头到尾的顺序依次执行基本块 B2 中的程序代码，然后从基本块 B2 的出口跳转到 B4 或 B5 的入口。

为了表示程序运行中可能会遍历到的所有路径，以及路径中基本块之间的跳转和执行的关系，研究者通常使用控制流图（Control-Flow Graph，CFG）来抽象表达代码执行的顺序，及代码执行时必然成立的性质。基于控制流图，我们可以分析程序的状态，从而根据程序状态进行优化与静态检查。

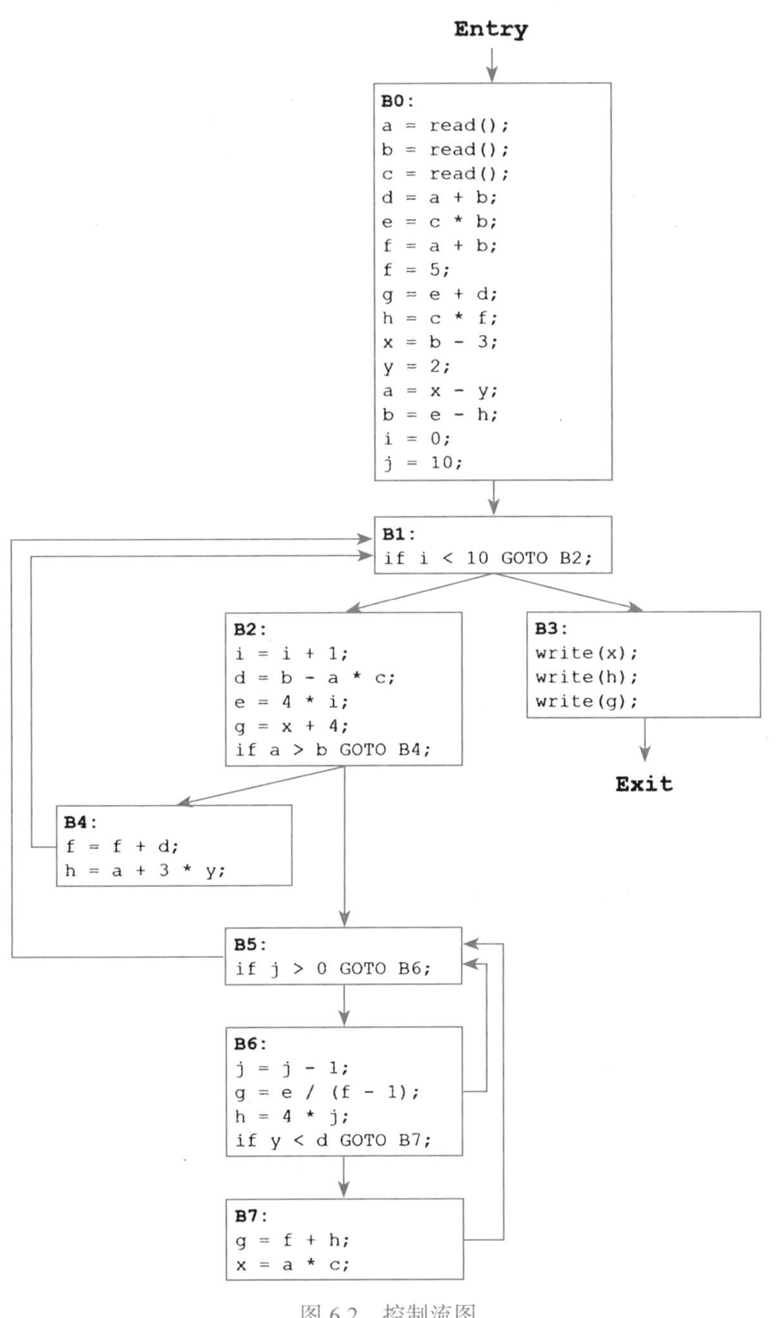

图 6.2　控制流图

基于控制流图，编译器设计者得以分析程序内部的数据流动，并且基于流图进行代码的转换。

6.1.2　数据流分析理论与框架

在基本块中，数据的流动是线性的，而全局的情况下，因存在循环、函数调用等情况，数据的流动变得复杂。比如，全局公共子表达式消除就需要确定在程序的任何可能执行路径上，是否都存在内容相同且值未改变的表达式。

因此，一个好的用于程序分析的框架是一切工作的基石。单调框架的诞生使得进行程序分析的人能够构造出一个精确的、数学形式化的分析，基于这个框架，我们能够有效地描述程序内部的状态变化。

为了在复杂的控制流中发掘这种数据流动的关系，编译器的设计者将数据流分析（Data-Flow Analysis）技术引入到全局优化工作之中。基于前文所述，我们可以将程序执行的过程看作是一系列程序状态的转换，而针对特定的问题，我们只需要进行抽象解释（Abstract Interpretation），从程序状态中抽取对应的信息，来解决特定的数据流分析问题。

抽象解释理论与框架，相对于具体解释（Concrete Interpretation），旨在通过对我们所感兴趣的问题进行近似的抽象，取出其中的关键部分进行分析，从而使得程序内部的状态是有限的。基于单调框架的抽象解释，使得我们的分析有两个特征：程序状态是有限的并且状态的变化是单调的。单调而有限的变化使得我们的分析总能在不动点停止，从而获取相对精确的分析结果。

我们用一个例子来比较抽象解释与具体解释之间的差距：数学中的考拉兹猜想，对于任意的正整数 n，($n \in N^{+}$)，若为偶数则除以 2，若为奇数则乘 3 再加 1，如此反复，其终将到达一个不动点，此时 n 的值为 1。虽其形式看似简单，但作为一个猜想，尚未被证实或者证伪。此时，若我们需要写一个程序寻找一个正整数，若能找到一个以上猜想的反例，则计算停止并且输出结果，那么此时，我们是不知道机器是否会停止的，事实上，计算机目前验证了 5×10^{18} 以内的正整数均能满足以上猜想。

具体解释即是记录在计算过程中所有可能获得的 n 的值，而在程序执行的过程中，有时我们并不需要获取这么多信息。抽象解释即是从程序中抽取我们所需要的信息，比如，如果将 n 的值用于条件判断，如 if ($n > 0$)，则此时我们只需要得知 n 是否大于 0。那么，对于以上的所有运算过程，虽然我们不知道 n 的所有可能的取值，但是我们可知，n 永远为一正整数，所以该跳转语句将永远跳转到 true 分支。所以，抽象解释在舍弃部分精度的情况下，使我们花费有限的时空开销获得所需的分析结果。

1. 集合论知识基础

（1）集合的定义。在《集合论初步》中，对集合进行了一个刻画：“吾人直观或思维之对象，如为相异而确定之物，其总括之全体即谓之集合，其组成此集合之物谓之集合之元素。”我们通常用大写字母表示集合，如 A、B、C 等；用小写字母表示集合中的元素，如 a、b、c 等。

（2）集合的描述方法。集合有两种描述方法，分别为外延法和概括法。

1）外延法。

$V=\{a,b,c,d,e\}$

用枚举的方式列举集合 V 中的所有元素。

2）概括法。

$\mathbb{Z}^{+}=\{x \in \mathbb{Z} \mid x>0\}$

描述正整数集 $\mathbb{Z}^{+}$ 中所有元素所包含的性质，对于所有 $\mathbb{Z}^{+}$ 中的元素 x，$x>0$。

（3）属于。对于集合 $\mathbb{Z}^+$，若一元素属于集合 $\mathbb{Z}^+$，如 1，则记为 $1 \in \mathbb{Z}^+$，若一元素不属于 $\mathbb{Z}^+$，如 -1，则记为 $-1 \notin \mathbb{Z}^+$。

（4）集合相等与子集关系。

集合相等当且仅当两个集合拥有同样的元素：

$A=B$ 当且仅当 $\forall x\,(x \in A \leftrightarrow x \in B)$

集合 A 是集合 B 的子集，即集合 A 包含于集合 B，记作 $A \subseteq B$：

$\forall x\,(x \in A \rightarrow x \in B)$

如果 $A \subseteq B$ 但是 $A \neq B$，则 A 是 B 的真子集。

（5）空集与幂集。

空集是没有任何元素的集合，表示为 Ø。空集是任何集合的子集。

对于集合 S，S 的幂集是 S 所有子集所构成的集合，记作 $P(S)$：

$P(S)=\{x \mid x \subseteq S\}$

例如，对于集合 $V=\{1, 2, 3\}$，其幂集为：

$P(V)=\{\emptyset,\{1\},\{2\},\{3\},\{1, 2\},\{1, 3\},\{2, 3\},\{1, 2, 3\}\}$

（6）集合运算。集合有多种运算，此处我们只关注其中的两种运算，并和交。

对于集合 $A=\{a,b\}$，$B=\{b,c\}$，有：

集合 A 与集合 B 的并，是集合 A 和集合 B 中所有元素的集合，记为 $A \cup B$。

$A \cup B=\{a,b,c\}$

集合 A 与集合 B 的交，是集合 A 和集合 B 中均包含的元素的集合，记为 $A \cap B$。

$A \cap B=\{b\}$

（7）最大下界与最小上界。

下界：对于集合 X，若集合 X 所包含的所有元素均包含于集合 A 和集合 B 中，则集合 X 被称为集合 A 和集合 B 的下界，即：

$\forall x\,(x \in X \rightarrow x \in A, x \in B)$

最大下界：设集合 X 是集合 A 和集合 B 的下界，即 $X \subseteq A$，$X \subseteq B$，若对于任何 X，有 A 和 B 的一个下界 Y，$X \subseteq Y$，则称 Y 为 A 和 B 的最大下界。

最大下界的唯一性：若存在集合 A 与集合 B 的两个最大下界 X 和 Y，则根据定义，$X \subseteq Y$ 且 $Y \subseteq X$，可知 $X=Y$。集合 A 与集合 B 的最大下界为 $A \cap B$。

上界：对于集合 X，若集合 A 和 B 中包含的所有元素均包含于集合 X 中，则集合 X 被称为集合 A 和集合 B 的上界，即：

$\forall a, b\,(a \in A, b \in B \rightarrow a \in X, b \in X)$

最小上界：设集合 X 是集合 A 和集合 B 的上界，即 $A \subseteq X$，$B \subseteq X$，若对于任何 X，有 A 和 B 的一个上界 Y，$Y \subseteq X$，则称 Y 为 A 和 B 的最小上界。

最小上界的唯一性：若存在集合 A 与集合 B 的两个最小上界 X 和 Y，则根据定义，$X \subseteq Y$ 且 $Y \subseteq X$，可知 $X=Y$。集合 A 与集合 B 的最小上界为 $A \cup B$。

（8）集合的关系。

有序对：有序对 (a, b) 表示由元素 a 和 b 按照一定顺序排列而成的二元组。

笛卡儿积：对于任意集合 A、B，笛卡儿积 $A \times B=\{(a, b) \mid a \in A, b \in B\}$

$\{1,2,3\} \times \{a,b\}=\{(1, a),(2, a),(3, a),(1, b),(2, b),(3, b)\}$

关系的定义：如果 A、B 是集合，由 A 到 B 的一个关系是笛卡儿积 $A \times B$ 的一个子集，即对于由 A 到 B 的一个关系 R，$R \subseteq A \times B$。若 $A=B$，则关系 R 称为集合 A 上的关系。

关系的性质：

1）自反性与反自反性。

自反的（Reflexive）：$\forall a \in A, (a, a) \in R$

反自反的（Irreflexive）：$\forall a \in A, (a, a) \notin R$

若 $A=\{a, b\}, R \subseteq A \times A$，则：

$R=\{(a, a), (a, b), (b, b)\}$ 是自反的；

$R=\{(a, b), (b, a)\}$ 是反自反的。

2）对称性与反对称性。

对称的（Symmetric）：$\forall (a, b) \in R, (b, a) \in R$

反对称的（Antisymmetric）：若 $(a, b) \in R, (b, a) \in R, a=b$

若 $A=\{a, b\}, R \subseteq A \times A$，则：

$R=\{(a, b), (b, a)\}$ 是对称的；

$R=\{(a, b), (a, a)\}$ 是反对称的。

3）传递性。

传递的（Transitive）：若 $(a, b) \in R, (b, c) \in R$，则 $(a, c) \in R$

若 $A=\{a, b, c\}, R \subseteq A \times A$，则：

$R=\{(a, b), (b, c), (a, c)\}$ 是传递的。

2. 偏序关系与半格

（1）偏序关系定义。非空集合 A 上具有自反性、反对称性和传递性的关系称为集合 A 上的偏序关系，记为≤。若非空集合 A 上有偏序关系 R，可知

自反性：若 $x \in A$，则 $(x, x) \in R$，即 $x \leqslant x$。

反对称性：若 $x, y \in A$，$(x, y) \in R$，则 $(y, x) \notin R$，即当 $x, y \in A$ 且 $x \leqslant y$，则 R 中不存在 $y \leqslant x$。

传递性：若 $x, y, z \in A$，$(x, y) \in R$ 且 $(y, z) \in R$，则 $(x, z) \in R$，即当 $x, y, z \in A$ 且 $x \leqslant y, y \leqslant z$，则 $x \leqslant z$。

我们看一个集合上的偏序关系的例子，设集合 $A=\{1,2,3,4,5,6\}$。

对于集合 A 上的整除关系 R，有：

$R=\{(1,1), (1,2), (1,3), (1,4), (1,5), (1,6), (2,2), (2,4), (2,6), (3,3), (3,6), (4,4), (5,5), (6,6)\}$

自反性：对于 A 中的元素 x，x 能够整除 x，故 R 中存在所有有序对 (x, x)。

反对称性：对于 A 中的元素 x, y，若 y 能整除 x 且 $x \neq y$，则 x 不能整除 y。

传递性：对于 A 中的元素 x, y, z，若 y 能整除 x 且 z 能整除 y，则 z 能整除 x。

（2）哈斯图。哈斯图是一种图形形式的对偏序集的传递简约。对于集合 A 上的偏序集合 $(R, \leqslant)$，把 R 的每个元素表示为平面上的顶点，省略其中所有的环（有序对中的两个元素相同）和能够以传递关系引出的边（当 R 中存在 (x, y)，(y, z) 与 (x, z)，省略其中用于代表 (x, z)

的边)，根据偏序关系将所有的节点由下而上排列。

比如，对于偏序关系 R，有哈斯图如图 6.3 所示。

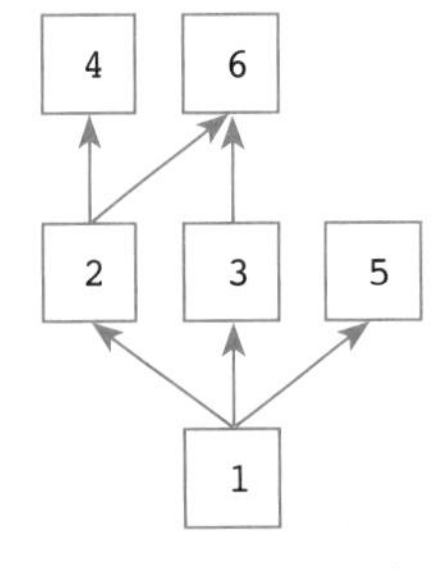

图 6.3　哈斯图示例

我们回忆一下在集合基础中提到的有关幂集的内容。对于集合 A，幂集 $P(A)$ 为 A 的所有子集所构成的集合。对于集合 $A=\{1,2,3\}$，其幂集为：

$P(A)=\{\varnothing,\{1\},\{2\},\{3\},\{1,2\},\{1,3\},\{2,3\},\{1,2,3\}\}$

对于集合 $P(A)$ 上的关系 ⊆，有

自反性：对于集合 $P(A)$ 中的元素 x，可知 x 是 x 的子集，即 $x\subseteq x$ 成立。

反对称性：若 $P(A)$ 中的元素 x 和 y，当且仅当 $x=y$ 时，$x\subseteq y$ 且 $y\subseteq x$。

传递性：若 $P(A)$ 中的元素 x，y 和 z，若 $x\subseteq y$，$y\subseteq z$，则 $x\subseteq z$。

因此，我们可知 ⊆ 是集合 $P(A)$ 上的偏序关系，我们构造其哈斯图如图 6.4 所示。

（3）偏序集。若在集合 A 上给定一个偏序关系 R，则将集合 A 中的元素按偏序关系 R 构成一个偏序集，记作 (A,R)。

（4）极大元与极小元。对于集合 A 中的元素 a，若不存在 (A,R) 中的元素 b（$a \neq b$），在偏序关系 R 下，$a \leqslant b$，则 a 被称为偏序集 (A, R) 中的极大元。同样地，对于集合 A 中的元素 a，若不存在 (A,R) 中的元素 $b(a \neq b)$，在偏序关系 R 下，$b \leqslant a$，则 a 被称为偏序集 (A,R) 中的极小元。如图 6.5 所示，a 和 b 是极大元，而 d 和 e 是极小元。

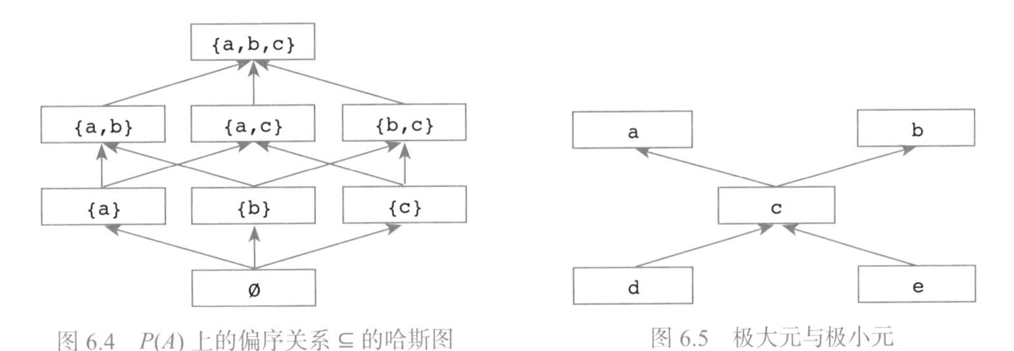

图 6.4　$P(A)$ 上的偏序关系 ⊆ 的哈斯图　　图 6.5　极大元与极小元

（5）最大元与最小元。对于集合 A 中的元素 a，若对于 (A,R) 中的任意元素 b（$a \neq b$），在偏序关系 R 下，均有 $b \leqslant a$，则 a 被称为偏序集 (A,R) 中的最大元。同样地，对于集合 A 中的元素 a，若对于 (A,R) 中的任意元素 b（$a \neq b$），在偏序关系 R 下，均有 $a \leqslant b$，则 a 被称为偏序集 (A,R) 中的最小元。

在图 6.4 中，对于 $P(A)$ 中的任意元素 x，在偏序关系 ⊆ 下，均有 $x\subseteq\{a,b,c\}$ 且 $\varnothing\subseteq x$，故 $\{a,b,c\}$ 是 $(P(A),\subseteq)$ 上的最大元，$\varnothing$ 是 $(P(A),\subseteq)$ 上的最小元。因偏序关系的反对称性可知，偏序集上的最大元与最小元是唯一的。

（6）偏序集的下界和上界。对于偏序集 (A,R) 中的一个子集 B，若存在元素 $a \in A$，对 B 中的所有元素 b，均有 $b \leqslant a$，则 a 称为 B 的一个上界。同样地，若存在元素 $a \in A$，对 B 中的所有元素 b，均有 $a \leqslant b$，则 a 称为 B 的一个下界。偏序集的子集不一定存在上界或者下界，例如，在图 6.4 中，对于偏序集 (A,R) 中的元素 a 和 b，不存在一个元素 $c \in (A,R)$，使得 c 是 (A,R) 的子集 $\{a,b\}$ 的上界。

（7）偏序集的最大下界与最小上界。对于偏序集 (A,R) 和其子集 B，B 的上界集合为 C，

若 C 不为空且对于 C 中的任何元素 y，存在 C 中的一个元素 x，$x \leqslant y$，则 x 称为集合 B 的最小上界。同样地，若存在 B 的下界集合 D，若 D 不为空且对于 D 中的任意元素 y，存在 D 中的一个元素 x，$y \leqslant x$，则 x 称为集合 B 的最大下界。根据前文所述，我们可知，若一个集合有最大下界或最小上界，最大下界或最小上界唯一。

（8）半格。如果一个偏序集的每对元素都有最大下界或最小上界，就称这个偏序集为半格。以图 6.3 为例，对于集合 A 及 A 上的整除关系 R（前文我们已知其为 A 上的偏序关系），有

A={1,2,3,4,5,6}

R={(1,1), (1,2), (1,3), (1,4), (1,5), (1,6), (2,2), (2,4), (2,6), (3,3), (3,6), (4,4), (5,5), (6,6)}

其中，A 中的每对元素均能在 A 中找到其最大下界，最大下界在此处的意义是均能被两个元素整除的最大的元素，例如，对于元素 4 和 6，其均能被 1 和 2 整除，而 2 是 4 和 6 的最大下界。

因元素 1 的存在，集合 A 中的每对元素均能找到最大下界，因此偏序集 (A,R) 构成半格。

在进行数据流分析时，我们需关注：在执行语句的前后，程序状态发生的变化；在不同执行路径的交汇处，程序状态的合并应采取什么样的方式。在抽象解释中，我们将程序状态的抽象表示为格中的元素，而每次进行数据流分析时，我们通常只使用其中的一半。为了说明程序状态的变化情况，此处举一个较为简单的例子（见图 6.6）。

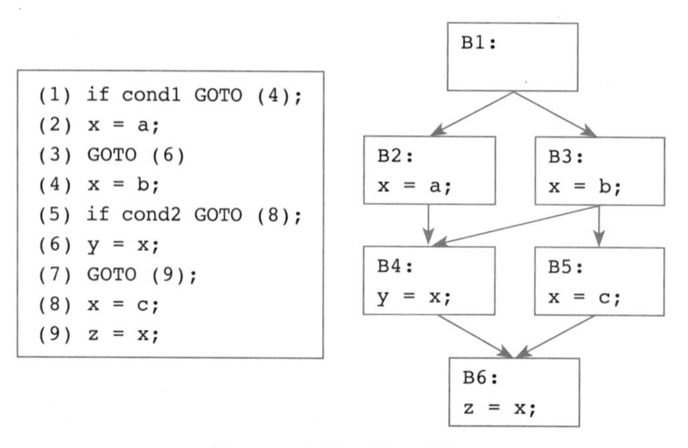

图 6.6　变量 x 的可能值

我们关注图 6.6 中执行每一条语句前后，变量 x 所有可能的取值及其变化。对 x 的赋值语句会导致其值的改变，如当执行 B5 中的赋值语句 x=c 后，x 的值（从 b）变为 c。执行不同的路径可能导致 x 取多种值，如执行路径 B1-B2-B4-B6 或 B1-B3-B5-B6，x 的值分别为 a 和 c。

除对 x 的赋值语句外，其他的语句均不可能改变 x 的取值（不考虑别名关系和指针等），如执行 B4 中的语句 y=x，x 的值不变。我们设 x 的可能取值构成的集合为 X，因程序内部存在三条对 x 的赋值语句 x=a、x=b 和 x=c，故 X 为幂集 $P(A)$ 的一个子集：

$X \subseteq \{\varnothing,\{a\},\{b\},\{c\},\{a,b\},\{a,c\},\{b,c\},\{a,b,c\}\}$

如果将执行每一条语句看成一次对程序状态的改变，程序内部的五条语句分别对状态产生了如下的改变：

B2 : x=a，X : Ø → {a}，对变量的初次赋值。

B3 : x=b，X : Ø → {b}，对变量的初次赋值。

B4 : y=x，X : {a, b} → {a, b}，未对变量 x 赋值，不改变程序状态。

B5 : x=c，X : {b} → {c}，覆盖先前的赋值。

B6 : z=x，X : {a, b, c} → {a, b, c}，未对变量 x 赋值，不改变程序状态。

我们还需关注在程序的不同执行路径的交互处，程序状态的合并应采取什么样的方式。因为这里我们关注的是变量 x 所有可能的取值，所以在交互处，我们把所有 x 的取值都添加到 X 里。

在基本块 B4 的入口处，由基本块 B2 传递过来的 x 的值集为 {a}，由基本块 B3 传递过来的 x 的值集为 {b}。程序可能执行路径 B1-B2-B4，也可能执行路径 B1-B3-B4，因此，在 B4 的入口处，需要合并两个值集，即 IN[B4]={a} ∪ {b}={a,b}，意为 x 可能为 a 或 b。

在进行数据流分析时，首先要保证正确性，然后尽量保证准确性，例如，在分析 B4 入口处 x 的取值时，如果得出的结论是 IN[B4]={a}，那么在后续的优化中可能会直接使用定值 a 替代变量 x（和 y），从而改变了程序语义（执行路径 B1-B3-B4 的结果产生变化），导致了错误的结果，违背了正确性。而如果我们将程序中所有位置上的 x 的可能取值均设为 {a,b,c}，在后续的优化中，优化器会因 x 均不能被定值所替代，不做任何改变，从而无功而返。虽然程序的优化结果“正确”了，但与优化的预期相去甚远。因此，此处我们使用并运算，寻找到值集的最小上界，以尽可能保证准确性。

我们须说明，在幂集 $P(A)$ 上的关系 ⊆ 是偏序关系。

自反性：对于集合 $P(A)$ 上的子集 p，p 是自己的子集，因此 $p \leqslant p$ 成立。

反对称性：对于集合 $P(A)$ 上的元素 p 和 q，若 $p \subseteq q$，$q \subseteq p$，可知 p=q。

传递性：对于集合 $P(A)$ 上的子集 p、q 和 r，若 $p \subseteq q$，$q \subseteq r$，可知 p 是 q 的子集，q 是 r 的子集（$p \leqslant q$，$q \leqslant r$），则 p 是 r 的子集（$p \leqslant r$）。

因此，⊆ 是集合 $P(A)$ 上的偏序关系。

然后，我们说明偏序集 ($P(A)$, ∪) 是半格。

因 $P(A)$ 是集合 A 的幂集，即 A 的所有子集构成的集合，故可知，对于其中的每对元素 p 和 q，均可找到 $r \in P(A)$，$r \subseteq p$，$r \subseteq q$，即其必定为集合 {a,b,c} 的一个子集，因此偏序集 ($P(A)$, ⊆) 是半格。

然后，我们须证明，a=$p \cup q$ 是 $P(A)$ 中任意元素 p 和 q 的最小上界。

集合运算具有结合性，可交换性与等幂性，因 $a \cup p$=$p \cup q \cup p$=$p \cup q$=a，可知 $a \cup p$=a，$p \leqslant a$。

同理可得 $q \leqslant a$。

若对任意 $P(A)$ 中的元素 b，$p \leqslant b$ 且 $q \leqslant b$，p 和 q 均为 b 的子集，$p \cup b$=$q \cup b$=b，则 $a \cup b$=($p \cup q$) ∪ b=($p \cup q \cup b$)=$p \cup b$=b，即 $a \cup b$=b，a 是 b 的子集。可知 a 是 p 和 q 的最小上界。

因对偏序集中元素的运算是并运算，我们也可称这样的半格为并半格。

对于集合的交运算，读者应自行进行证明。我们称这样的半格为交半格。如果一个偏序集的每对元素都同时具有最大下界和最小上界，我们称该偏序集为完备格（Complete Lattice）。

3. 数据流分析框架

在介绍了诸多概念之后，我们得以介绍数据流分析框架。在学习数据流分析框架之前，我们可能对程序中有多少状态缺乏直观的感受：程序执行会产生什么样的结果，程序在执行的过程中会有哪些中间结果。在此之前，我们只能通过执行一次程序，动态地获得我们想要的信息，而当学习了数据流分析框架之后，我们可以通过静态的方式，从框架中获取数据流信息，并进一步进行程序验证、优化与缺陷检测。

基于抽象解释理论构造的数据流分析框架有两个非常重要的性质：单调性与有界性，这能确保算法在有限的时空成本下计算出相对精确的结果。

为理解数据流分析框架下程序状态的有界性，我们首先关注图 6.6 中的例子。在图 6.6 中，我们初步地感受到，在不考虑别名和指针的情况下，变量 x 的可能取值和程序内部对 x 的赋值语句有着直接的联系：当程序内部存在 n 条不同的赋值语句时，x 的取值情况即存在 2^n 种。即，对于程序内部的任意位置，x 的可能取值情况为 2^n 中的一种，是有界的。

数据流分析框架会使用迭代算法，迭代地遍历控制流图，模拟程序执行过程，并记录程序状态的变化，则对于程序状态的单调性，我们用以下的例子说明。

我们首先考虑基本块内部程序状态的单调性。假设在基本块的入口处和出口处分别维护 x 的可能值的集合，记作 IN[B] 和 OUT[B]，在基本块的内部，程序状态的变化（x 的值集的改变）仅存在两种可能：

- 基本块内部没有对 x 的赋值语句，则 IN[B]=OUT[B]。
- 基本块内部存在多条对 x 的赋值语句，最后一条是 x=x_1，则无论 IN[B] 是什么，OUT[B]={x1}。

那么，在基本块内部，当 IN[B] 相同时，在依次执行基本块内部的语句之后，OUT[B] 也相同。

然后，我们关注数据流框架所使用的迭代算法中每次迭代后程序状态的单调性。图 6.7 中展示了每次迭代后每个基本块入口和出口处变量 x 的可能取值。根据前文所述，基本块内部程序状态的变化仅存在两种可能。那么，如果用下标来表示迭代的次数，如 $\mathrm{IN[B]}_i$ 代表基本块入口处在第 i 轮迭代时维护的 x 的值集结果，有：

基本块内部没有对 x 的赋值语句，即 $\mathrm{IN[B]}_i=\mathrm{OUT[B]}_i$，$\mathrm{IN[B]}_j=\mathrm{OUT[B]}_j$。

基本块内部存在多条对 x 的赋值语句，即 $\mathrm{OUT[B]}_i=\mathrm{OUT[B]}_j$。

则设 $i<j$，若 $\mathrm{IN[B]}_i \leqslant \mathrm{IN[B]}_j$ 成立，$\mathrm{OUT[B]}_i \leqslant \mathrm{OUT[B]}_j$ 也成立；若 $\mathrm{IN[B]}_j \leqslant \mathrm{IN[B]}_i$ 成立，$\mathrm{OUT[B]}_j \leqslant \mathrm{OUT[B]}_i$ 也成立。

最后，我们关注在程序内部，不同路径的交互处，进行程序状态合并时的单调性。设基本块 X 有两个前驱基本块 A 和 B（如 B2 的前驱基本块 B1 和 B3）。设第 i 轮后基本块 A 的出口处状态为 a，基本块 B 的出口处状态为 b，第 j 轮后基本块 A 的出口处状态为 a'，基本块 B 的出口处状态为 b'，$i<j$，则有：

$\mathrm{IN[X]}_i=a \cup b$，$\mathrm{IN[X]}_j=a' \cup b'$

又若 $a \leqslant a'$，$b \leqslant b'$，即 $a'=a \cup a_1$，$b'=b \cup b_1$，a_1 和 b_1 为满足条件的集合。

根据集合运算的性质，有 $a' \cup b'=a \cup a_1 \cup b \cup b_1=(a \cup b) \cup a_1 \cup b_1$。

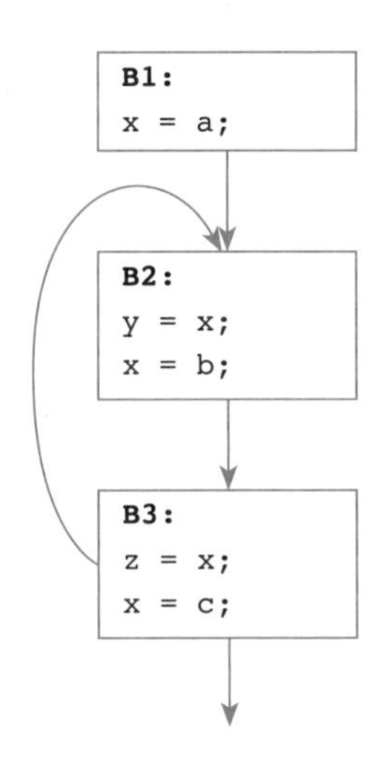

	Iteration 1	Iteration 2	Iteration 3
IN[B1]	{}	{}	{}
OUT[B1]	{a}	{a}	{a}
IN[B2]	{a}	{a,c}	{a,c}
OUT[B2]	{b}	{b}	{b}
IN[B3]	{b}	{b}	{b}
OUT[B3]	{c}	{c}	{c}

图 6.7　迭代算法中程序状态的单调性

即当 $a \leqslant a'$，$b \leqslant b'$ 时，$a \cup b \leqslant a' \cup b'$ 成立，满足单调性。

$a' \leqslant a$，$b' \leqslant b$ 时同理。

对以上三种情况的合并，我们可知：在迭代的过程中，程序状态的变化是单调的。

单调有界准则：

对于一数列 $\{X_n\}$，若其从第一项开始，满足 $X_i \leqslant X_{i+1} \leqslant X_{i+2} \cdots$，可称该数列是单调递增的。且若存在一项 T，使得 $X_i \leqslant T$ 恒成立，则称该数列是有上界的。单调递增且有上界，或是单调递减且有下界，则表明该数列是有极限的，即当 i 趋近于正无穷时，$X_i=X_{i+1}=X_{i+2}\cdots$。

那么，假设 x 有 n 种取值情况，其构成的集合 $A=\{x_1, x_2, \cdots, x_n\}$，对于基本块 X 入口处的程序状态 IN[X]_i，必为幂集 $P(A)$ 中的一个子集且 $\text{IN[X]}_i \leqslant \{x_1, x_2, \cdots, x_n\}$，从前文可知，$\text{IN[X]}_i$ 在迭代的过程中单调递增，故其必有一个极限 $\text{IN[X]}_N \leqslant \{x_1, x_2, \cdots, x_n\}$，在第 N 轮迭代之后，IN[X] 的结果不再改变。

基于迭代算法，程序内部各位置 x 的取值集合的结果将到达一个不动点，作为算法的输出，以便于我们进一步分析。

先前的理论较为晦涩，难以理解，我们基于图 6.7 进行直观的展示。

程序中 x 的赋值语句共有 3 条：$x=a$，$x=b$ 和 $x=c$，其构成的集合 $A=\{a, b, c\}$，集合 A 的幂集 $P(A)=\{\varnothing, \{a\}, \{b\}, \{c\}, \{a, b\}, \{a, c\}, \{b, c\}, \{a, b, c\}\}$。程序内部 x 的可能取值一定是幂集 $P(A)$ 的一个子集。

我们分析 x 的所有可能取值，使用并运算进行状态合并。如前文所述，$(P(A), \subseteq)$ 是偏序集，在其上的并运算构成并半格，且任意程序内部基本块 B 入口与出口处程序状态 X 的改变具有单调性，有如下的性质：

- 对于 $\forall a, b \in P(A)$，$a \cup b \in P(A)$。
- 对于 $\forall a \in \text{IN[B]}_i$ 且 $j \geqslant i$，$a \in \text{IN[B]}_j$（单调递增）。
- 迭代后程序状态到达不动点（值集不再改变）。

不动点指，在迭代到第 n 轮后，程序内部基本块入口与出口，变量 x 的可能值集不再改变，设基本块 B 有两个前驱 B1 和 B2，迭代第 i 轮时 B1 的出口处 x 的值集为 a，B2 的

出口处 x 的值集为 b，第 i+1 轮时 B1 的出口处 x 的值集为 a'，B2 的出口处 x 的值集为 b'，$i \geqslant n$，有：

$a=a'$，$b=b'$

则在基本块 B 的入口处程序状态 $a \cup b=a' \cup b'$，故程序状态在 B 入口处也不变。

在图 6.7 中，程序在迭代到第 2 轮后到达不动点，在获取了数据流分析的结果之后，我们可以基于结果进行一定的优化或者静态检查，如，在基本块 B3 的开头，x 的值集只有一个元素 $\{b\}$，即经过数据流分析计算后，x 在基本块 B3 的开头只可能是定值 b，那么，我们可以将对 z 的赋值语句 $z=x$ 替代为 $z=b$，并且对 x 的赋值 $x=b$ 也可以被消除。

基于上述格的理论，我们介绍本章所使用的数据流分析框架。

一个数据流分析框架 (D,V,R,F) 由下列元素组成。

（1）一个数据流方向 D，它的取值包括前向（Forward）和后向（Backward）。根据前文，我们知道，基本块内部的代码应当按顺序从头到尾执行一遍，因此，前向数据流分析即从头到尾分析执行每一条语句后程序状态的变化，后向数据流分析是前向数据流分析的逆向分析，即从尾到头分析程序状态的变化。后文中介绍的到达定值与可用表达式分析是前向分析，活跃变量分析是后向分析。

（2）一个半格 (V,R)，V 代表程序状态的集合，R 是集合的交运算或并运算，用于表示在基本块入口处对不同的前驱（或在出口处对不同的后继）的程序状态的合并。

（3）一个从 V 到 V 的传递函数族 F，用于刻画基本块内部每条语句对程序状态造成的变化。

程序状态的改变存在两种情况，即基本块内部的指令对程序状态的改变和控制流带来的程序状态的改变。用于描述基本块内部指令对程序状态的改变的函数即传递函数族 F：$V \to V$。

对于程序内部的一条指令 s 及其对应的传递函数 $f_s \in F$，有：

前向数据流分析：$\mathrm{OUT}[s]=f_s(\mathrm{IN}[s])$；

后向数据流分析：$\mathrm{IN}[s]=f_s(\mathrm{OUT}[s])$。

传递函数描述了在进行数据流分析的过程中，一条语句对程序状态产生的变化。通常，传递函数由三部分组成：

（1）传递前的程序状态 x，此处 x 代表前向分析的 IN[s] 或后向分析的 OUT[s]。

（2）因语句 s 生成的程序状态 gen。

（3）因语句 s 失效的程序状态 kill。

通过对传递函数的设计，能够描述不同的抽象情况下，我们所关注的程序状态的改变情况，如，当我们想知道变量的赋值变化的情况，我们构造的传递函数可以是这样的：

$f_s=\mathrm{gen}_s \cup (\mathrm{IN}[s]-\mathrm{kill}_s)$

其中，gen_s 表示当前语句生成的赋值关系（define），kill_s 表示因当前语句而失效的赋值关系。

在图 6.8 中，当进行到达定值分析时，进行的是前向数据流分析，那么，当分析到 s：$x=b$ 时，s 使得对 x 的赋值语句 $x=b$ 生效，gen_s：$x=b$，此时，对 x 的其他赋值均失效，因此，此时，对 x 的赋值语句 $x=a$ 失效，kill_s：$x=a$。

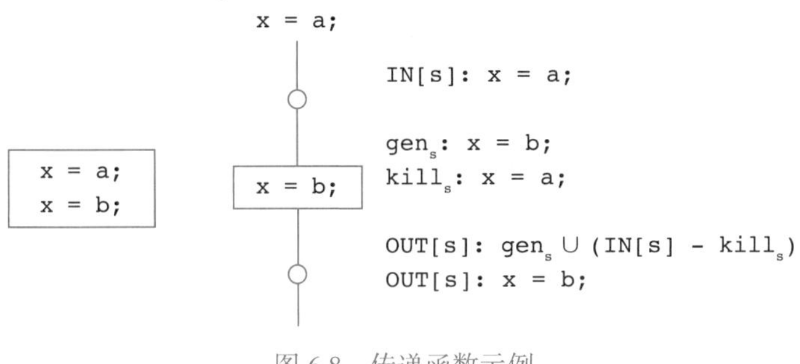

图 6.8　传递函数示例

传递函数族 F 有如下的性质：

（1）F 有一个单元函数 I，使得对于 V 中的所有元素 x，有 $I(x)=x$。

（2）F 对函数组合运算封闭，即，对于 $\forall f, g \in F$，若 $h(x)=g(f(x))$，则 $h \in F$。

对于单元函数 I，其实际表示的是执行一条语句不会对程序状态产生变化，如图 6.9 所示。

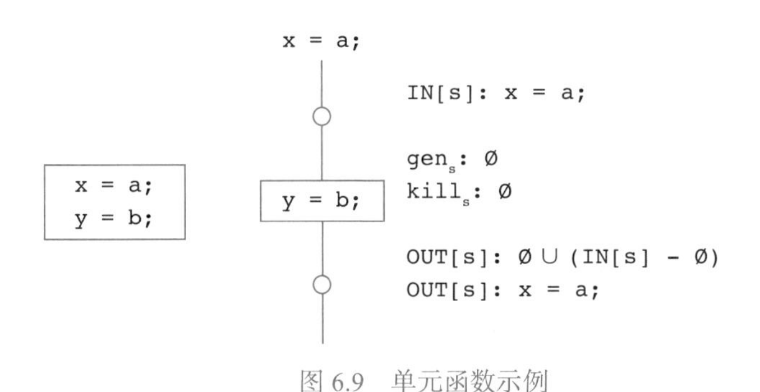

图 6.9　单元函数示例

若我们只需要分析 x 的赋值问题，则当我们执行 s: $y=b$ 时，指令 s 既没有使得某一个 x 的赋值关系生效，也没有使得某一个 x 的赋值关系失效，则 $f_s(\mathrm{IN}(s))=\varnothing \cup (\mathrm{IN}[s]-\varnothing)$，即只要 gen 和 kill 均为空集，就存在单元函数，使得 $I(x)=x$。

对于函数的封闭性，设我们有两个传递函数：

$f(x)=G_1 \cup (x-K_1)$

$g(x)=G_2 \cup (x-K_2)$

则：

$h(x)=g(f(x))=G_2 \cup (G_1 \cup (x-K_1)-K_2)$

其等价于：

$(G_2 \cup (G_1-K_2)) \cup (x-(K_1 \cup K_2))$

使 $G=G_2 \cup (G_1-K_2)$，$K=K_1 \cup K_2$，则 $h(x)=G \cup (x-K)$，$h(x) \in F$。

即基本块内部的传递函数，其可在框架下反映程序状态的 gen-kill 过程。

控制流带来的程序状态的改变被称为控制流约束函数，对于不同的数据流分析模式，我们需要设定不同的控制流约束函数，进行程序状态的合并。在状态合并时分为两种情况：

May 分析用于分析在某一程序点上所有可能存在的程序状态。例如，对于到达定值分析，我们想要知道在某一程序点 p 上变量的赋值情况，那么，我们使用 May 分析，对所有

包含程序点 p 的路径进行分析。

Must 分析用于分析在某一程序点上一定存在的程序状态。例如，对于可用表达式分析，我们想要知道在某一程序点 p 上，已被求值的表达式的情况，那么，对于经过程序点 p 上的所有路径，该表达式均已被求值，且构成表达式的变量均未被赋值，那么在该程序点上表达式才是可用的。

在幂集上并运算与交运算的单调性已在上文证明，故不再赘述。后文所述的数据流分析算法就是基于设计的传递函数与控制流约束函数，迭代地计算程序状态，直到程序状态不再改变为止。

在分析结束之后，我们需要关注数据流分析的一些性质。

4. 数据流分析敏感性

因现代软件代码规模的急剧增长，使用数据流分析技术进行程序状态的跟踪与计算时，常常需要进行精度与时空成本之间的博弈，在进行程序状态的分析时追求较小的时间与空间成本往往也意味着较低的分析精度。我们用对不同情况的敏感性来描述我们采取的分析方法的预期精度。

（1）流敏感与流不敏感（Flow-Sensitive/Insensitive）：程序内部数据随着程序的执行顺序流动，流敏感的分析会根据程序的执行顺序，跟踪程序状态的变化，而流不敏感的分析通过代码扫描报告所有可能出现的情况。

对于连续的语句 x=1; 和 x=2;，使用流敏感的分析方法，分析结果会告诉我们：在执行第一条语句后，x 被赋值为 1，在执行第二条语句之后，x 被赋值为 2。使用流不敏感的分析方法，分析结果会告诉我们：x 的值可能为 1 或 2。

（2）路径敏感与路径不敏感（Path-Sensitive/Insensitive）：路径敏感分析与路径不敏感分析的区别在于：路径敏感分析将构造的程序控制流图（Control-Flow Graph）扩展为扩展图（Exploded Graph），跟踪程序内部所有可能路径，分析程序状态变化，而路径不敏感分析通常只基于控制流图进行分析。

以图 6.10 为例，当使用路径不敏感的分析时，分析结果会告诉我们：x 的值可能为 b 或 c，而基于扩展图进行分析时，能够直观展现在不同的执行路径上对 x 的值的改变。虽然路径敏感的分析精度更高，但是可能存在路径爆炸（Path Explosion）的问题。例如，对于循环的分析，每次执行循环都会多出大量的可执行路径，极大地增加了分析成本。

（3）上下文敏感与上下文不敏感（Context-Sensitive/Insensitive）：上下文敏感性与函数调用相关。上下文敏感的分析方法关注在函数调用时调用点的程序状态，而上下文不敏感的分析方法不考虑函数调用点的信息。

以图 6.11 为例，在上下文不敏感分析中，输入值存在三种可能性：1、2、3，从而对于函数的返回值也有三种可能：2、3、4，于是 t 的最终取值可能为 6 到 12 中的任何值。对于上下文敏感分析，使用函数内联的形式进行体现，能够精准得出 t 值为 2+3+4=9。

本章中介绍的数据流分析模式是流敏感、路径不敏感且上下文不敏感的。路径敏感采取的符号执行技术与上下文敏感中采取的过程间数据流分析等内容，请读者自行查阅相关材料补充学习。

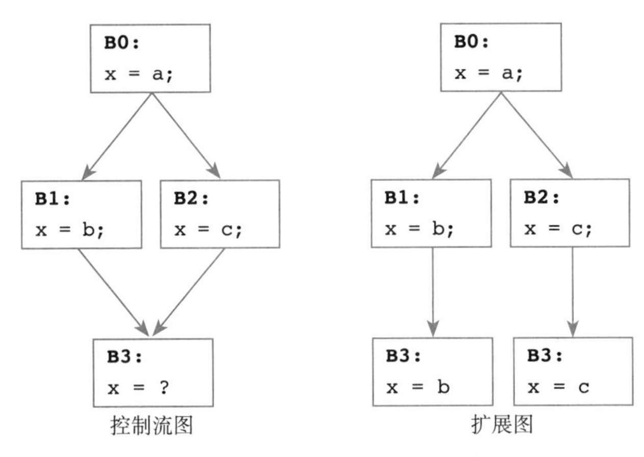

图 6.10 控制流图与扩展图示例

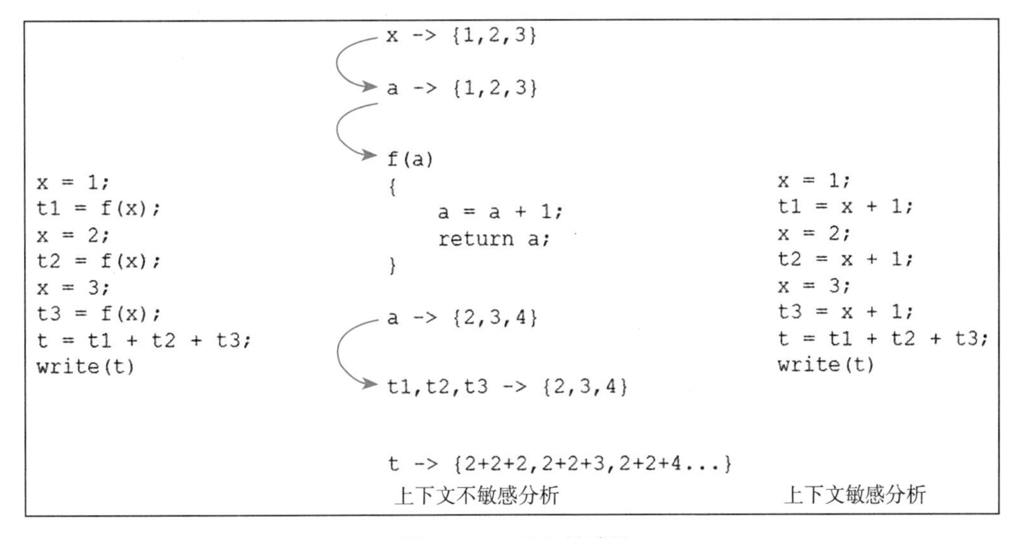

图 6.11 上下文敏感性

5. 数据流分析准确性

在进行数据流分析时，我们有时需要知道能否获得想要的结果。如果我们设计了一个优化算法，改变了代码的语义，消除了不应消除的语句，会直接改变程序执行的结果，使得执行不符合预期，这样就违反了我们优化的初衷。如果我们设计的优化算法，对程序没有进行任何优化，那么虽然程序语义没有改变，但我们的优化算法也失去了意义。

那么我们选择的分析方式能够精确地去除冗余代码（或尽可能去除冗余代码），降低程序开销，而不改变程序语义吗？

在后文所述的数据流分析模式中，我们使用迭代算法（Iterative Algorithm）或工作表算法（Worklist Algorithm）计算程序状态的变化。通过以下三种分析方式的比较，我们简单地衡量所使用的算法的准确性：

- IDEAL Solution= 合并所有可执行的路径上的程序状态
- MOP（Meet Over All Paths）= 合并所有路径上的程序状态

- MFP（Maximal Fixed Point）= 迭代算法的结果

我们定义优化结果的五种状态：

- safe optimization: 优化后不改变程序语义。
- unsafe optimization: 优化后改变程序语义。
- truth: 优化掉所有冗余代码，优化后程序开销最小且语义不变。
- optimize nothing: 不优化任何代码。
- optimize everything: 优化任何代码。

显而易见，IDEAL Solution 是理想化的分析解，是对实际运行过程中的可执行路径上的程序状态的分析，其分析结果为 truth，如图 6.12 所示。

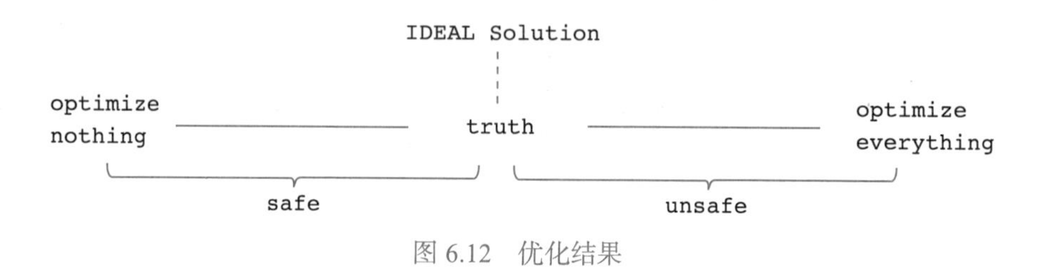

图 6.12 优化结果

那么，我们首先把 MOP 的结果与 IDEAL Solution 比较。图 6.13 使用公共子表达式消除举例，使用 Must 分析对其进行分析。

对于图 6.13 所示的这段代码，在程序实际执行的过程中，B2-B3-B5 这条路径是不可执行的。但是，如果我们在对代码进行常量传播分析之前，先进行公共子表达式消除，分析基本块 B5 中的表达式 $x-y$ 是否已被计算过，因不可执行路径（B2-B3-B5）上不存在对该表达式的计算，因此不认为 $x-y$ 在基本块 B5 中可以作为公共子表达式消除。

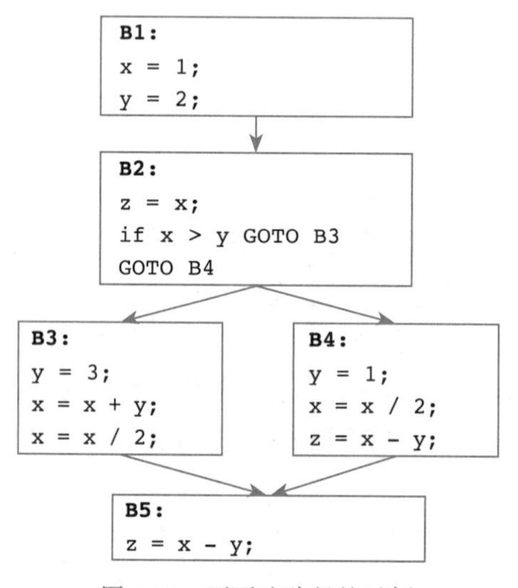

图 6.13 不可达路径的示例

因此，IDEAL Solution 中应当消除 $x-y$ 这一公共子表达式，而相比 IDEAL Solution 而言，MOP 分析了更多路径上的程序信息，使得 $x-y$ 没有被消除，因此 MOP 的分析结果比

IDEAL Solution 更为保守，如图 6.14 所示。

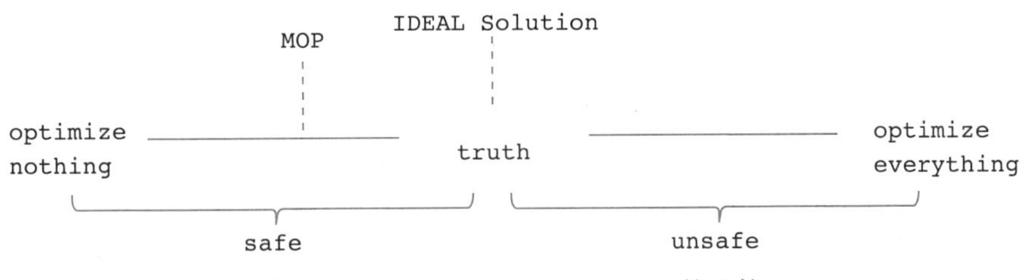

图 6.14　MOP 与 IDEAL Solution 的比较

然后，对于 MOP 与 MFP 的比较，我们使用一个常量传播的例子解释其中的差别。

对于图 6.15 所示的这段代码，MOP 跟踪不同的执行路径并进行计算，对于两条路径，z 均为一定值 10，因此可以使用常量进行替换，而 MFP 在基本块的入口使用控制流约束函数，合并不同前驱的程序状态，当判断 z 是否为常量时，x 的可能取值有两种，y 的可能取值也有两种，那么当进行常量传播分析时，不能将 z 转化为常量值 10。

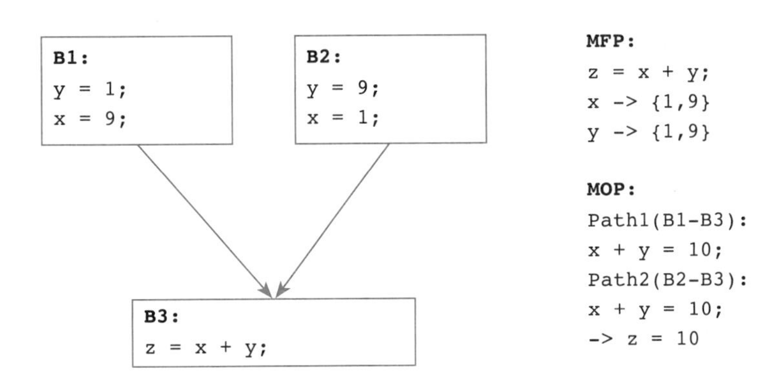

图 6.15　MOP 与 MFP 的差别比较的示例

使用前文所述的敏感性来表示两种方法的不同，MOP 是路径敏感的分析，而 MFP 是路径不敏感的，因此使用 MFP 的方式进行分析，其结果比 MOP 的更为保守，如图 6.16 所示。

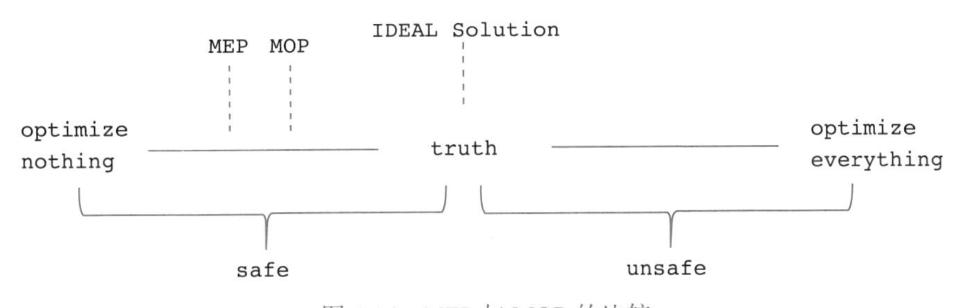

图 6.16　MFP 与 MOP 的比较

我们分析的目的就是一定要达到 IDEAL Solution。然而，任何路径敏感的分析，都无法避免地会遇到上文所述的路径爆炸问题。同时，进行路径敏感的分析，需要记录所有可能路径上程序状态，分析时的时空成本也极大，不适于在大规模的程序上分析程序状态。

我们将要学习的数据流分析模式是过近似（Over-Approximate）的、追求保守解

（Sound Static Analysis）的，这代表分析结果得出的优化策略，在优化之后不会改变程序的语义的同时，对于我们的分析模式，也不能确保分析的结果是最好的。

因此，我们使用的分析，无法保证所有可被消除的代码都已被消除。实际上，不存在通用、高效的算法，使得优化达到最好的结果，即没有任何一种优化的算法是最好的。

在实践中，我们需要针对不同的优化目的，对程序进行抽象，构造程序状态传递函数，描述并且记录程序状态的变化情况，基于获取的状态信息，完成优化工作。

6.1.3 到达定值分析

在数据流分析中，我们通常需要了解，数据在哪里被定义，在哪里被使用。在使用时，当前使用的变量是否已经被定义？使用未被定义的变量会诱发“未定义的引用”问题。当前使用的变量是否为一个定值？若是，那么在编译时就可以用一个定值代替这个变量。是否存在已被定义而从未被使用的情况？若有，则该定义是“无用”的。在局部优化中，我们已经在基本块内部探究了变量的 define-use 关系，而数据流分析则试图揭示多个基本块乃至多个函数之间变量的 define-use 关系。

到达定值（Reaching Definition）是最基础的数据流分析模式之一，描述了在程序内部的每个程序点上变量可能的赋值情况，是与程序内部的变量的 define-use 关系最相关且最简单的分析模式。

到达定值分析的主要用途有以下两项。

- 循环不变代码外提（Loop-Invariant Code Motion，LICM）：对于循环内部的赋值语句，若构成赋值表达式的变量均在循环外部定义，则可以将该语句移动到循环外侧，降低执行时的开销，如图 6.17 所示。

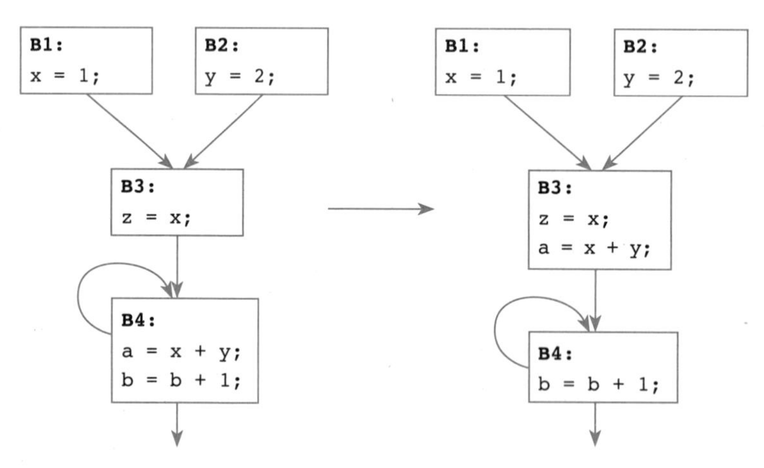

图 6.17 循环不变代码外提

- 常量折叠（Constant Folding）：我们可以迭代式地将程序内部可转变为常量的变量转化为常量，降低执行的开销，如图 6.18 所示。

对于这段代码中的变量 x、y 和 z，使用到达定值模式和数据流分析算法进行分析，可以将其中的所有变量都替换为常量。

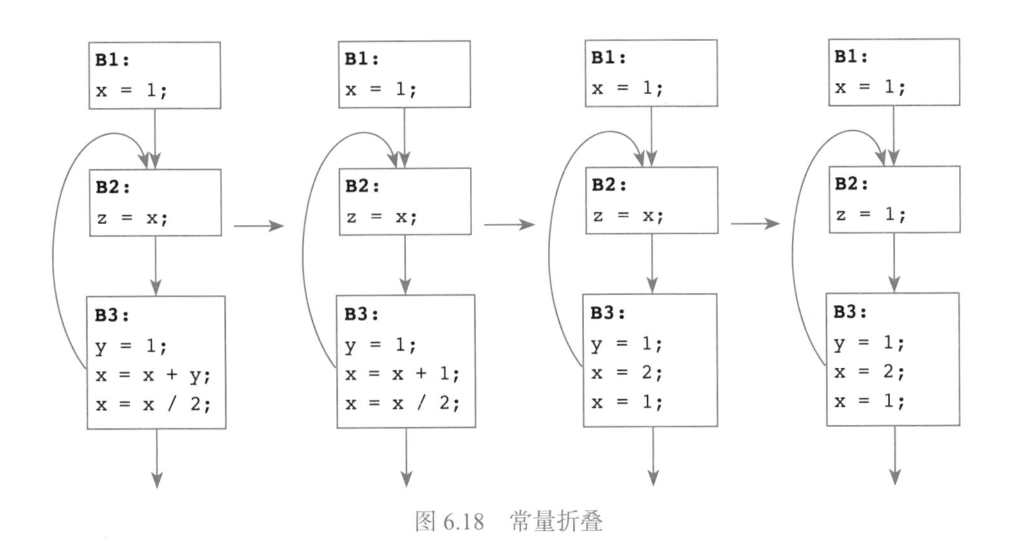

图 6.18　常量折叠

到达定值模式的算法

我们首先要选择应当使用 May 分析还是 Must 分析进行程序状态的分析。对于到达定值问题，为了分析在某一程序点 p 上的变量 v，对于所有经过程序点 p 的路径，变量 v 的值是否恒为一常量，即我们需先获取 v 在程序点 p 上所有可能的值的情况，再判断所有可能值是否均为一相同定值，为此，我们使用 May 分析的方式进行程序状态的分析。

然后，我们要构造针对到达定值问题的传递函数与控制流约束函数。前文我们简要地介绍了程序状态的传递函数，接下来我们深入地剖析一下传递函数各部分的语义，以便于加深对传递函数的理解。

传递函数用于描述程序内部的状态变化，那么，对于到达定值问题，我们只需要关注其中那些针对变量的赋值语句。对于程序内部的赋值语句 s，我们将其状态转换的传递函数定义为：

$f_s = \text{gen}_s \cup (\text{IN}[s] - \text{kill}_s)$

我们将该传递函数运用到如图 6.19 所示的程序中，描述程序状态的变化。

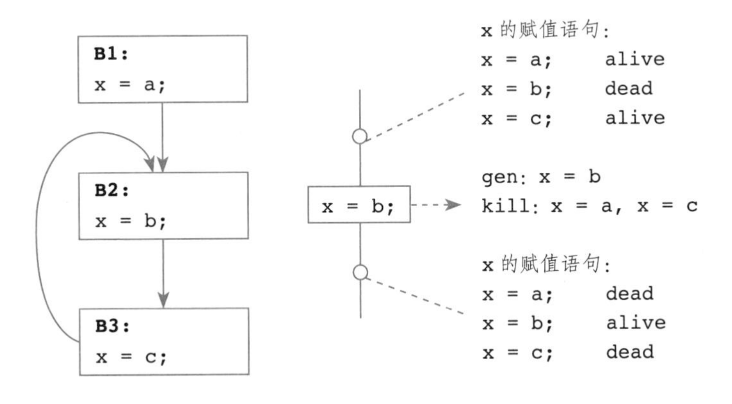

图 6.19　程序状态的变化

程序内部对变量 x 的赋值语句共有 3 条：$x=a$，$x=b$，$x=c$，在基本块 B2 的入口处，x 的取值有两种可能性：$x \to \{a, c\}$。待分析的基本块 B2 中的语句 s: x=b，因对变量 x 进行了重新赋值，之前对 x 的赋值全部失效了，于是，我们认为，对变量 x 的赋值语句 x=b，“生成”了赋值情况 $x \to b$，“杀死”了其他所有对 x 的赋值情况。

那么传递函数中 gen_s、IN[s] 和 kill_s 分别为：

- gen_s：在语句 x=b 中，对于被赋值的变量 x，生成了赋值情况 $x \to b$。
- IN[s]：执行语句之前，所有变量可能的赋值情况。
- kill_s：执行语句之后，对于被赋值的变量 x，杀死了 x 当前所有的赋值情况。

则传递函数 f_s=$\text{gen}_s \cup$ (IN[s] − kill_s) 的语义为，对于待分析的赋值语句 s，执行语句之前变量赋值关系记为 IN[s]，若其对变量 x 进行赋值，则先使得 x 的所有赋值关系失效 (IN[s]−kill_s)，然后生成当前赋值语句对应的赋值关系 gen_s，最后将 gen_s 加入程序状态中。

对于控制流约束函数而言，到达定值模式描述的是在某一程序点上的变量 x 是否可能恒为一定值，问题可被转化为：x 的所有可能存在的赋值情况是否相同。为此，我们通常将控制流约束函数构造为如下的形式：

IN[B] = $\cup_{\text{P是B的一个前驱}}$ OUT[P]

我们继续将该控制流约束函数运用到如图 6.20 所示的例子中，描述程序状态变化。

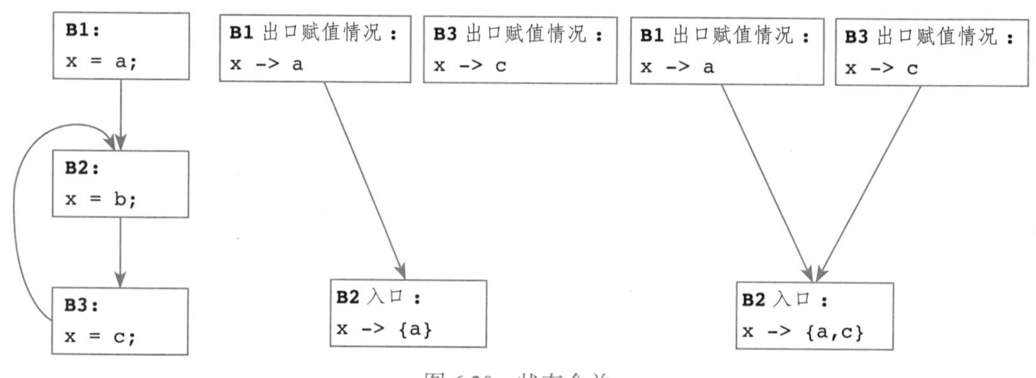

图 6.20 状态合并

基本块出口变量 x 的赋值情况集合的语义为：对于集合内的任一值 d，存在至少一条路径，该路径在基本块的出口位置，x 的赋值情况为 $x \to d$。

B2 的前驱基本块共有两个：基本块 B1 与 B3，那么，要分析在基本块 B2 入口处 x 可能的赋值情况，需要合并两个前驱基本块 B1 和 B3 在出口处的程序状态。程序内部路径的跳转，可能从 B1 跳转到 B2，也可能从 B3 跳转到 B2，因此 B2 入口处 x 的赋值集合，应当为 B2 所有前驱基本块出口位置 x 赋值的并集。

构造了传递函数与控制流约束函数，接下来我们应当基于函数构造算法，计算我们想要的分析结果。我们用一个简单的程序举例，对其进行到达定值分析。

迭代算法与不动点：

迭代算法是迭代式地进行程序状态计算，直到程序状态到达不动点的算法。先前我们进行了 MFP、MOP、IDEAL Solution 方法的比较，我们知道，较之 MOP 与 IDEAL Solution，迭代算法所获得的程序状态更为保守。

迭代算法的思路是：根据一定的顺序，对程序内部的基本块进行遍历，基于传递函数与控制流约束函数，进行程序状态的改变与记录，当程序状态到达不动点时，迭代算法结束，给出程序内部每个程序点上的程序状态情况。

描述到达定值的迭代算法如下：

```
OUT[ENTRY]=∅;
for( 除 ENTRY 之外的每个基本块 B) OUT[B]=∅;
while( 某个 OUT 值发生了改变 )
    for( 除 ENTRY 之外的每个基本块 B){
        IN[B]= ∪ P是B的一个前驱 OUT[P];
        OUT[B]=gen_B ∪ (IN[B]-kill_B);
}
```

其中，ENTRY 表示程序的入口，算法基于传递函数与控制流约束函数，对程序进行遍历，计算程序状态，直到程序内部的每个基本块在出口时的程序状态均不再改变时停止。

构造的迭代算法一定能到达一个不动点吗？这关乎算法能不能停止，并且得到想要的结果。

为了解释这一问题，我们使用计算到达定值的迭代算法作示例。在运用迭代算法计算到达定值之前，我们首先需要关注算法的几个性质。

程序状态的有界性：

图 6.21 中的这段代码，总共有 9 条赋值语句，与赋值语句相对应的赋值情况也有 9 条，每一条赋值情况有两种可能状态：alive 和 dead，如果用一个一维数组来表示每个赋值情况的状态，用 0 代表 dead，用 1 代表 alive，那么 (0,0,0,0,0,0,0,0,0) 表示 9 条赋值情况均失效，(1,1,1,1,1,1,1,1,1) 表示 9 条赋值情况均生效，每一个程序点上的状态，至多有 2^9 种情况，程序的状态数量是有界的。

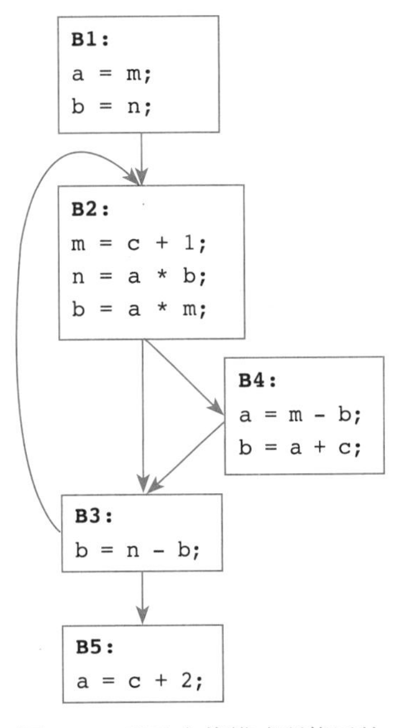

图 6.21　到达定值模式所使用的程序片段示例

程序状态的单调性：

对于到达定值问题，一程序点 p 上对应的程序状态中的一条赋值情况 $x \to a$，其语义为：存在至少一条路径，使得到达该程序点 p 时，x 的值为 a，使用上文所述的一维数组来表示，即在程序点 p 上，$x \to a$ 的状态为 1。那么，在迭代遍历的过程中，若当次分析完毕后，某一程序点 p 上该赋值情况的状态为 1，在之后的每一次迭代中，该赋值情况恒为 1（存在路径使得赋值情况生效），因此，对于每一条赋值情况，状态的改变仅可能由 0 变为 1，状态的变化是单调的。

因单调而有界，我们的迭代算法最终会到达一不动点，并给出分析结果。

迭代算法计算到达定值：

了解了迭代算法的相关性质，我们接下来用一个例子说明迭代算法进行程序状态计算的整个过程。我们使用上文所述的一维数组来表示程序状态的情况。因我们进行到达定值计算，每个程序点上的程序状态的语义为：对于状态为 1 的赋值情况，存在至少一条经过该程序点的路径，使得该赋值情况生效。因此，在进行分析之前，将程序内的赋值情况均初始化为 0，如图 6.22 所示。

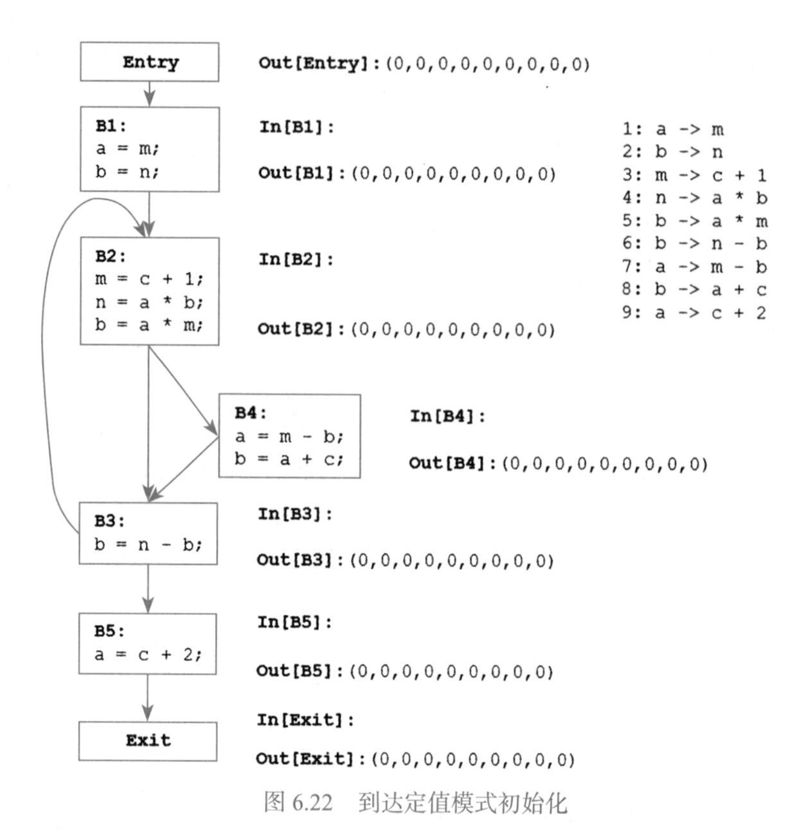

图 6.22 到达定值模式初始化

此处程序的遍历顺序为：B1，B2，B4，B3，B5。在遍历的过程中，使用传递函数与控制流约束函数进行程序状态的计算，以下是运用传递函数与控制流约束函数的示例。

图 6.23 中，IN[s1] 与 OUT[s1] 表示在执行语句 s1 之前和之后的程序状态。在执行 s1 之前，赋值情况 1、3、4、5 生效，s1 语句对变量 *a* 赋值，首先杀死所有变量 *a* 的赋值情况（1、9），然后生成 s1 对应的赋值情况 7，因此，在执行 s1 后，赋值情况 3、4、5、7 生效。

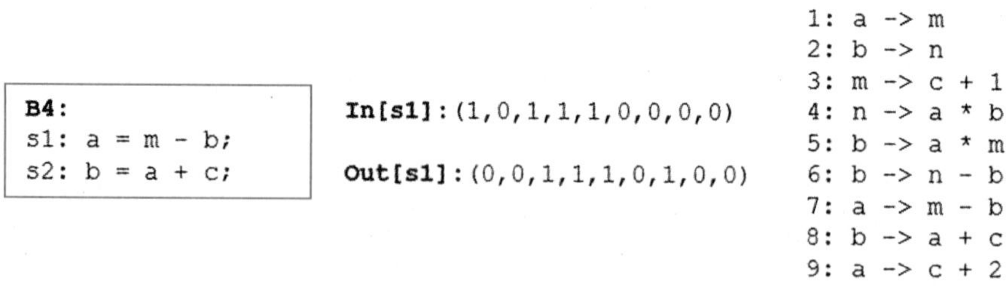

```
B4:
s1: a = m - b;
s2: b = a + c;

In[s1]:(1,0,1,1,1,0,0,0,0)
Out[s1]:(0,0,1,1,1,0,1,0,0)

1: a -> m
2: b -> n
3: m -> c + 1
4: n -> a * b
5: b -> a * m
6: b -> n - b
7: a -> m - b
8: b -> a + c
9: a -> c + 2
```

图 6.23 状态传递示例

IN[B3] 表示在基本块 B3 入口处的程序状态。到达定值模式需考察一个程序点上所有可能生效的赋值情况，所以在基本块入口处采用并运算合并程序状态。对于基本块 B3，其有两个前驱基本块 B2 和 B4，由 B2 向 B3 传递的程序状态为（1,0,1,1,1,0,0,0,0），由 B4 向 B3 传递的程序状态为（0,0,1,1,0,0,1,1,0），使用或运算合并程序状态，得出在 B3 入口处，程序状态为（1,0,1,1,1,0,1,1,0），如图 6.24 所示。

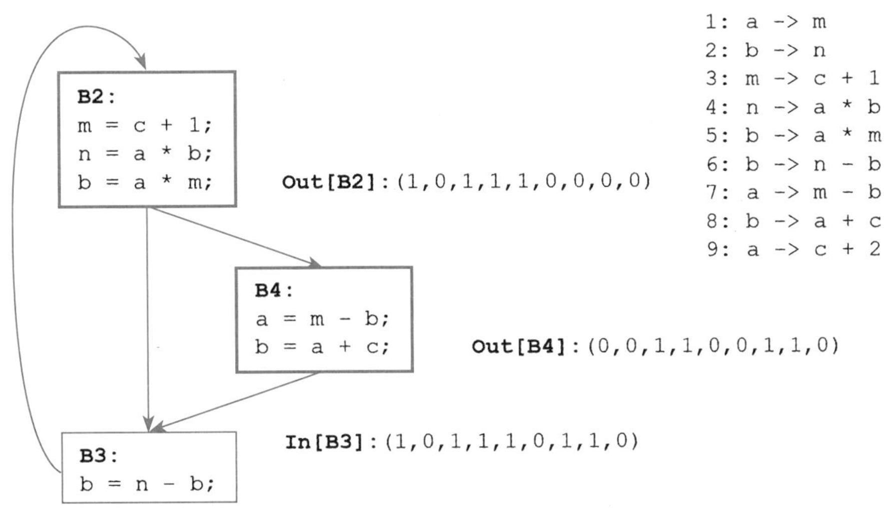

图 6.24　状态合并示例

那么，第一次迭代后记录的程序状态如图 6.25 所示。根据迭代算法，每一次迭代后若有基本块的 Out 发生了变化，则进行下一次迭代。

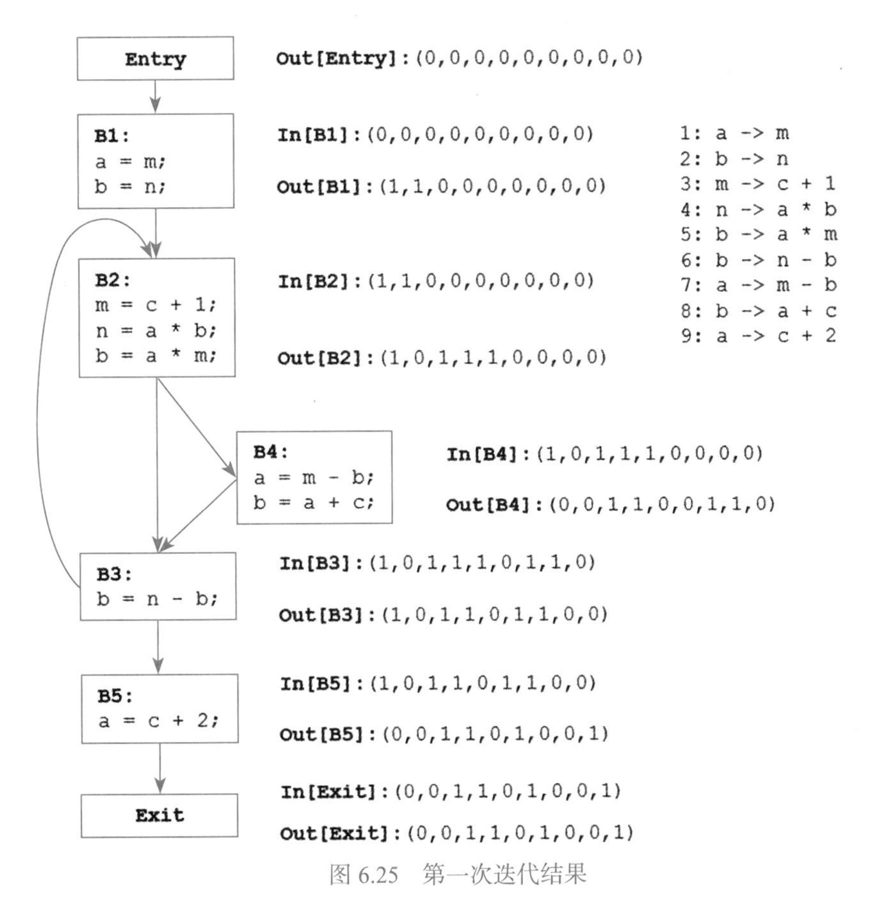

图 6.25　第一次迭代结果

第二次迭代如图 6.26 所示。第二次迭代后，仍有基本块的 OUT 发生了变化，因此进行第三次迭代。

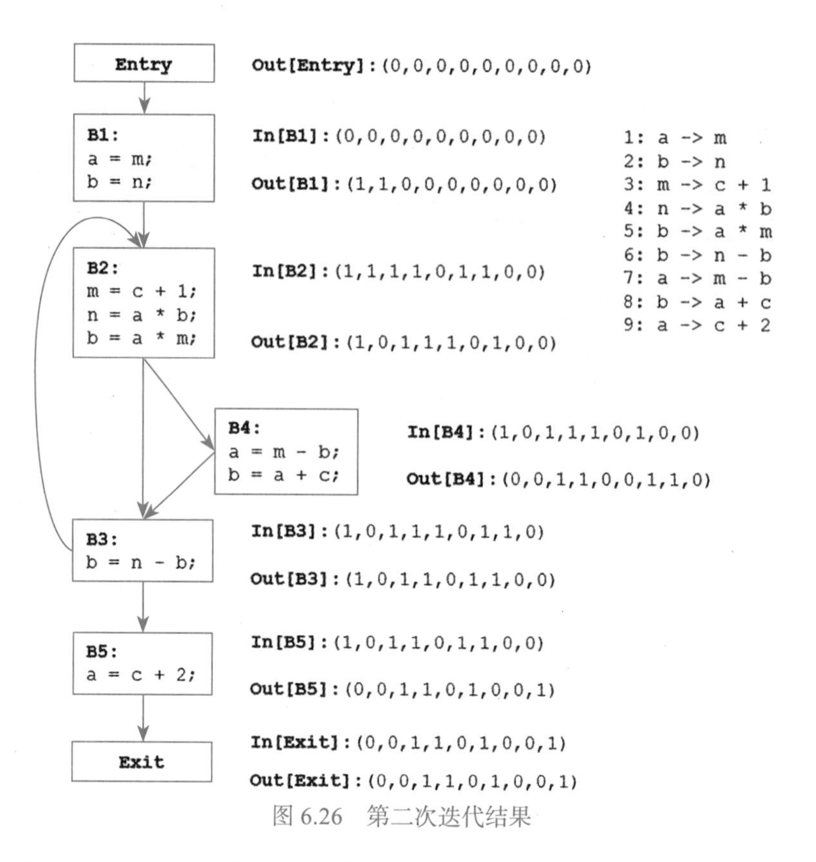

图 6.26　第二次迭代结果

在第三次迭代后，相较于第二次迭代的结果，没有任何基本块的 OUT 值发生了改变。因此，迭代算法结束，输出分析结果。从记录的程序状态中能够获取我们想要的程序性质，例如，对于基本块 B4 中的语句 a=m−b，赋值语句右侧的表达式由变量 m 与 b 构成，对于变量 m，生效的赋值关系为 $m \to c$+1，对于变量 b，生效的赋值关系为 $b \to a$*m，若均为常量，则可将变量 a 也用一常量替换。

为了去除算法内部的部分冗余计算，我们将迭代算法修改为工作表算法（Worklist Algorithm），使用一个 Worklist 记录需要进行状态计算的基本块，算法修改如下：

```
OUT[ENTRY]=Ø;
for( 除 ENTRY 之外的每个基本块 B) OUT[B]=Ø;
Worklist ←所有的基本块 ;
while(Worklist 非空 ){
     从 Worklist 中选择一个基本块 B
     OLD_OUT=OUT[B];
     IN[B]= ∪ P是B的一个前驱 OUT[P];
     OUT[B]=gen_B ∪ (IN[B]-kill_B);
     if (OLD_OUT ≠ OUT[B])
         把基本块 B 的所有后继加入 Worklist 中
}
```

相较于迭代算法，工作表算法多了添加基本块进入工作表的语句，当一个基本块的输出发生改变时，需要将其后继加入工作表中，进行程序状态的更新与计算，算法的停止条件是工作表为空。

相比迭代算法遍历程序的每个基本块，工作表算法第一次遍历计算了基本块 B1、B2、

B3、B4、B5，第二次计算了基本块 B2、B3、B4、B5，第三次仅需计算 B3 与 B4 之后，算法终止，输出结果。

在实践中，我们需要合理地使用到达定值模式，进行部分优化任务的分析与计算。

6.1.4　可用表达式分析

可用表达式模式（Available Expression）关注程序内部的表达式是否在某些程序点可用。表达式可能由多个变量构成，表达式的计算过程包含了变量的 use，表达式处于赋值语句右侧，包含了变量的 define，与程序内部的变量的 define-use 关系相关，较上文提到的到达定值问题更为复杂一些。

在程序优化的过程中，可用表达式模式通常用于进行公共子表达式消除（Common Subexpression Elimination）。通过可用表达式模式对函数内部进行分析，消除重复计算的公共子表达式，如图 6.27 所示。表达式 $m+n$ 与 $x+y$，在程序内部被多次计算，因此可以使用 $t1$ 与 $t2$ 代替其求值的结果，简化表达式的计算。

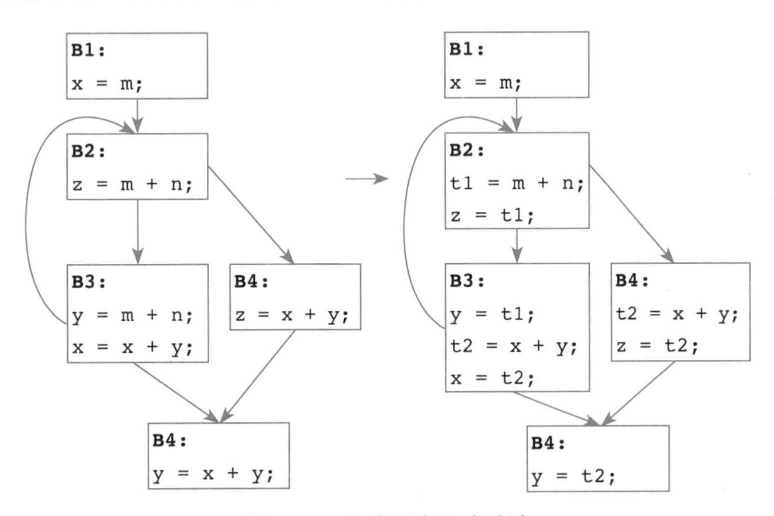

图 6.27　公共子表达式消除

可用表达式模式的算法

与到达定值模式相同，首先我们确定应当使用 May 分析还是 Must 分析进行程序状态的分析与计算。

可用表达式问题，用于分析在某一程序点 p 上的表达式 e，对于所有经过程序点 p 的路径，表达式是否均已被计算过，且构成表达式的变量在之后未被重新定义，即，我们需要判断所有经过 p 的路径，在程序点 p 上该表达式均存活。为此，我们使用 Must 分析的方式进行程序状态的分析。

例如，对于图 6.28 中的这段代码，在基本块 B3 中对 $x+y$ 进行了计算，但是之后对变量 x 的赋值使得表达式的计算结果失效，因此认为在 B3 出口处，该表达式不存活。

然后，我们要构造针对可用表达式问题的传递函数与控制流约束函数。

对于可用表达式问题，我们需要关注其中的表达式与构成表达式的变量的赋值语句。对于语句 s，其状态转换的传递函数定义为：

f_s=e_gen$_s$ ∪ (IN[s]−e_kill$_s$)

我们将该传递函数运用到图 6.29 的程序中，描述程序状态的变化。

在执行语句 x=n+y 之前，程序内部的可用子表达式共有两个：m+n 与 m+x，语句 x=n+y 生成了子表达式 n+y，同时对 x 重新进行赋值。因表达式 m+x 中存在对 x 的使用，对 x 的重新赋值使得 m+x 的求值失效。于是，我们认为，语句 x=n+y，“生成”了可用子表达式 n+y，“杀死”了可用子表达式 m+x。

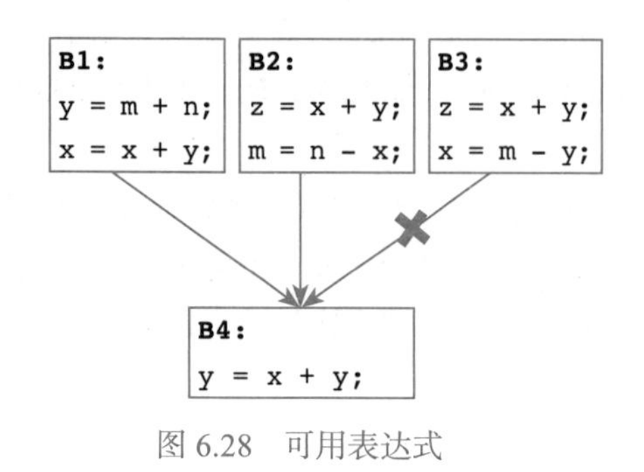

图 6.28　可用表达式

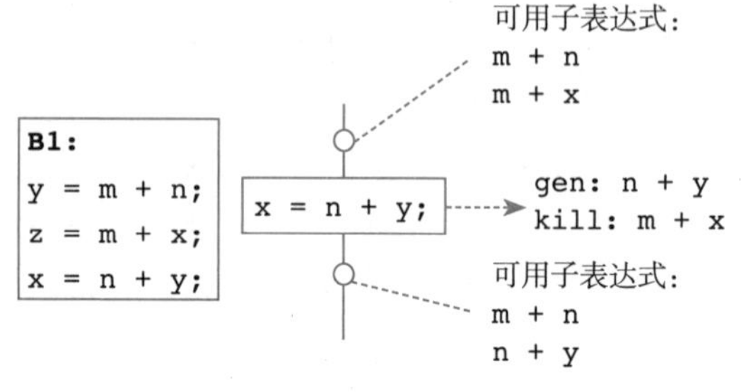

图 6.29　程序状态的变化

那么传递函数中 e_gen$_s$、IN[s] 和 e_kill$_s$ 分别为：

- e_gen$_s$：语句 x=n+y 中，生成了可用子表达式 n + y。
- IN[s]：执行语句之前，所有的可用子表达式。
- e_kill$_s$：执行语句之后，杀死的可用子表达式。

则传递函数 f_s=e_gen$_s$ ∪ (IN[s]−e_kill$_s$) 的语义为，对于待分析的赋值语句 s，执行语句之前存在的子表达式情况记为 IN[s]，若其对某变量 x 进行赋值，则先使得包含 x 的所有子表达式失效 (IN[s]−e_kill$_s$)，然后生成当前语句对应的子表达式 e_gen$_s$，最后将 e_gen$_s$ 加入程序状态中。

对于控制流约束函数而言，可用子表达式模式描述的是在某一程序点上是否在任何情况下某一子表达式 e 均生效。因其为 Must 分析，我们通常将控制流约束函数构造为如下的形式：

IN[B]= $\cap_{\text{P是B的一个前驱}}$ OUT[P]

我们将该控制流约束函数运用到图 6.30 所示的例子中，描述程序状态变化。

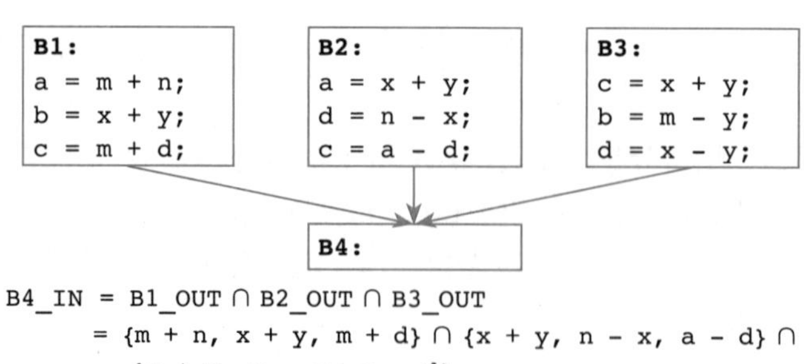

图 6.30　状态合并

B4 的前驱基本块共有三个：基本块 B1、B2 与 B3，那么，要分析在基本块 B4 入口处生效的子表达式，需要合并前驱基本块在出口处的程序状态。要保证子表达式在基本块 B4

入口仍生效，需确保所有的前驱基本块的出口处该子表达式生效。因此，可用表达式的控制流约束函数，使用交运算进行程序状态的合并。

构造完传递函数与控制流约束函数，接下来我们应当基于函数构造算法，计算我们想要的分析结果。

```
OUT[ENTRY]=∅;
for(除 ENTRY 之外的每个基本块 B) OUT[B]=U;
while(某个 OUT 值发生了改变){
    for(除 ENTRY 之外的每个基本块 B){
        IN[B]= ∩ P是B的一个前驱 OUT[P];
        OUT[B]=e_genB ∪ (IN[B]-e_killB);
    }
}
```

我们用一个简单的程序举例，对其进行可用表达式分析。

因使用 Must 分析方式，只要有一个前驱节点不包含子表达式，在基本块的入口该表达式即处于失效状态，因此我们在进行分析之前，将程序内基本块（除 Entry 外）出口处子表达式生效情况均初始化为 1，如图 6.31 所示。

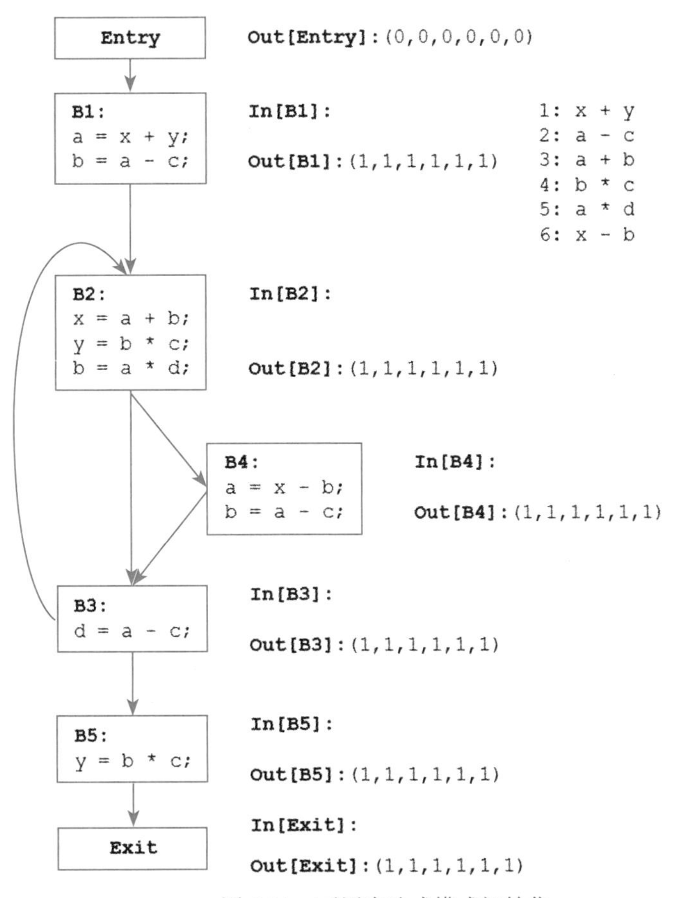

图 6.31　可用表达式模式初始化

因可用表达式的有效关系与程序执行顺序一致，因此为前向数据流分析。

那么，第一次迭代后记录的程序状态如图 6.32 所示。第一次迭代后，基本块的 OUT 值发生了变化，因此进行第二次迭代。第二次迭代结果如图 6.33 所示。

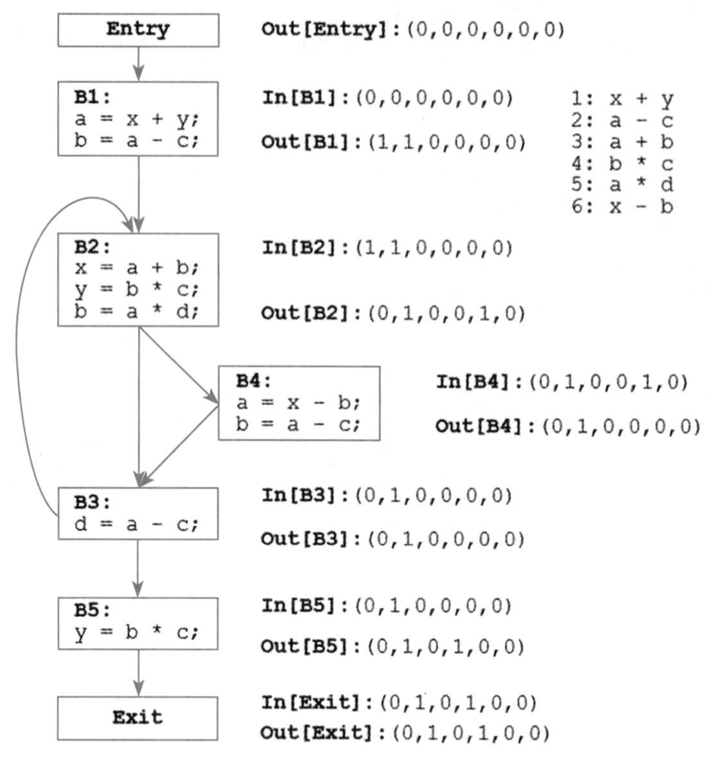

图 6.32　第一次迭代结果

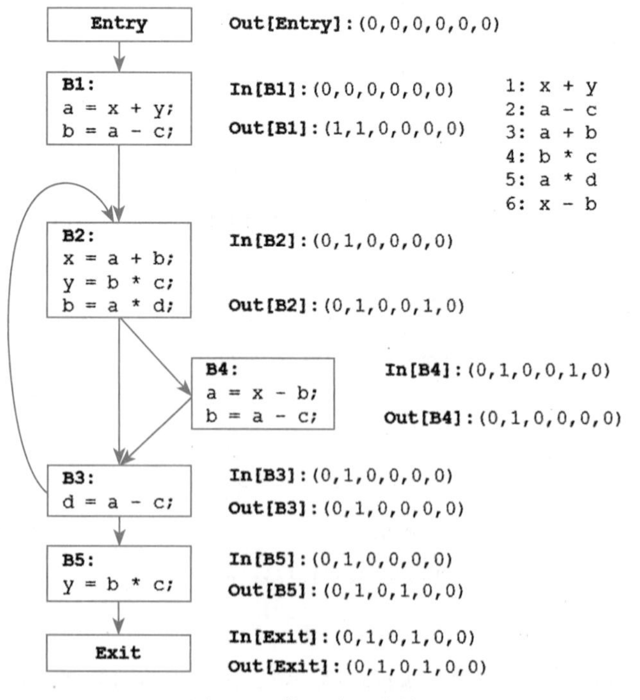

图 6.33　第二次迭代结果

在第三次迭代后，每个基本块的 OUT 值均没有改变，因此迭代算法就此终止。

在实践中，我们可以选用迭代算法，也可以使用 6.1.3 节中所示的工作流算法，实现优化算法。

6.1.5　活跃变量分析

活跃变量分析（Live-Variable Analysis）关注程序内部程序点 *p* 上对于某变量的定义，是否会在某条由 *p* 出发的路径上被使用。活跃变量分析与程序内部的变量的 define-use 关系相关，当变量被定义（define）后未被使用（use），该 define 语句被认为是无用的。

在程序优化的过程中，活跃变量模式通常用于进行无用代码消除（Dead Code Elimination）。通过活跃变量模式对函数内部进行分析，消除未被使用的赋值与未执行的程序代码，如图 6.34 的例子所示。

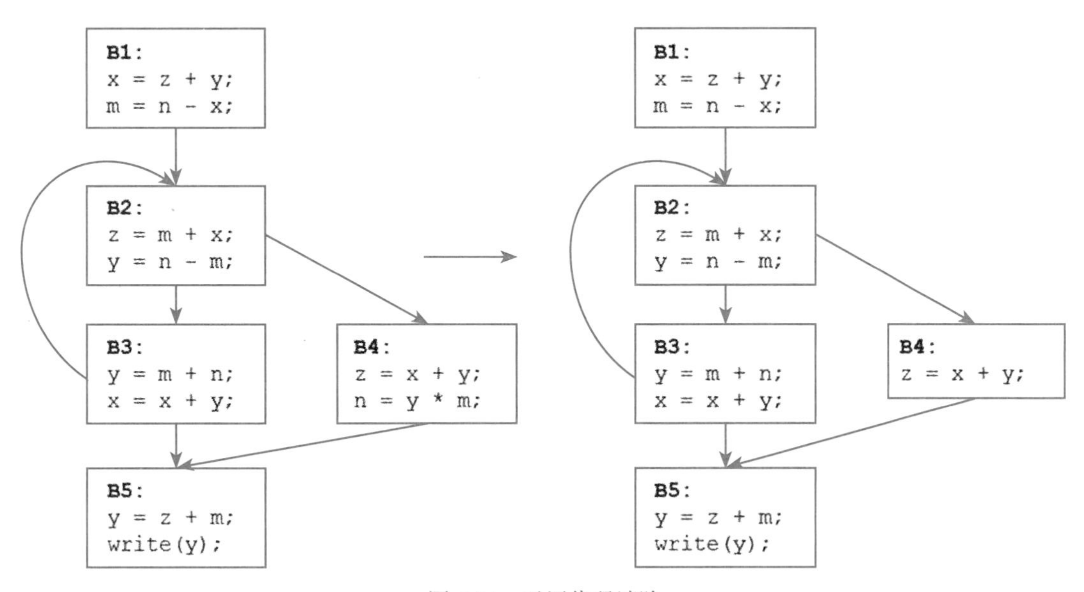

图 6.34　无用代码消除

基本块 B4 中的语句 $n=y*m$，由于变量 n 在定义之后未被使用，因此这个 define 语句是无用的，可消除此处对于变量 n 的赋值，优化程序代码。

活跃变量模式的算法

首先我们确定应当使用 May 分析还是 Must 分析进行程序状态的分析与计算。

活跃变量问题，用于分析在某一程序点 $p1$ 上对变量 v 的赋值，是否在之后的程序点 $p2$ 上被使用，且在 $p1$ 到 $p2$ 的路径上没有对该变量 v 的重定义，即，我们需判断所有经过 $p1$ 的路径，是否存在一条路径使得变量 v 在之后被使用。为此，我们使用 May 分析的方式进行程序状态的分析。

然后，我们要构造针对活跃变量问题的传递函数与控制流约束函数。

活跃变量的遍历方式与之前的到达定值与可用表达式的遍历有所不同：到达定值问题与可用表达式问题按程序执行的顺序进行遍历（前序遍历），而活跃变量问题按程序执行的逆向对程序进行遍历（后序遍历）。

到达定值模式分析某一程序点 p 上对某一变量 x 的所有可能赋值情况，对应多条经过 p 的路径上前驱基本块中对变量 x 的赋值语句，如图 6.35 所示。

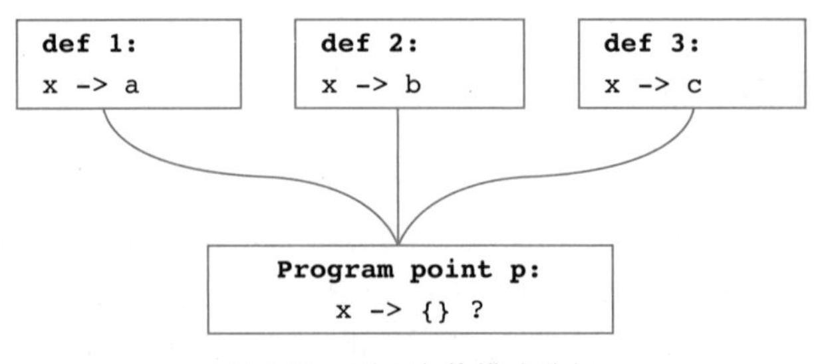

图 6.35 到达定值模式分析

与到达定值模式相同的是，可用子表达式模式分析在某一程序点 p 上是否存在可用的子表达式，子表达式在多条经过程序点 p 的前驱基本块内部被计算，算法分析在程序点 p 处被计算的子表达式是否仍生效，如图 6.36 所示。

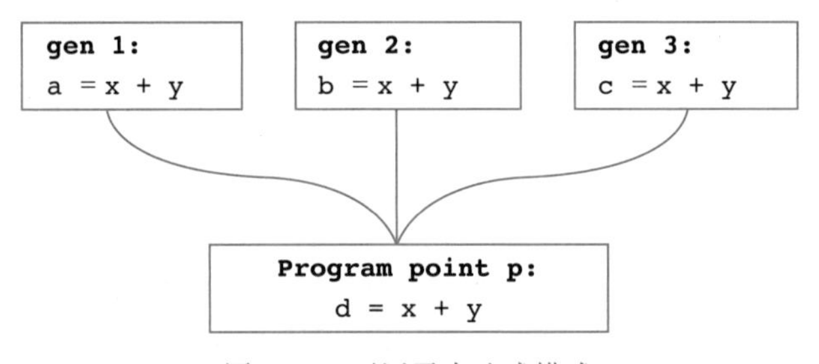

图 6.36 可用子表达式模式

然而，对于活跃变量分析，虽然也是与变量的 define-use 相关的分析，但其分析针对的是某次 define 是否在之后的某个程序点上被使用，如图 6.37 所示。

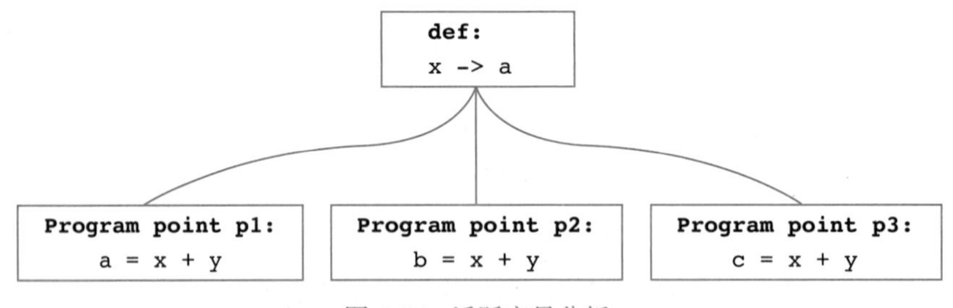

图 6.37 活跃变量分析

对变量 x 的一次定义 def: $x \rightarrow a$，可能在后继基本块中的多个程序点（$p1$、$p2$、$p3$ 等）被使用，而多个定义可能在同一个程序点上被使用，因此使用前序遍历较为复杂。所以，我们使用后序遍历的方式进行数据流分析，将问题转化为如图 6.38 所示的情况。

程序点 p 上的语句 $z=x+y$，等号右侧的表达式使用到了变量 x，这使得先前的某一次定义有了用武之地，我们分析这次 use 使得哪些前驱基本块内部对于变量 x 的 def 不是无用代码。由于使用了后序遍历的方式，因此我们构造的传递函数与控制流约束函数较之前两种分析模式也有一些不同。

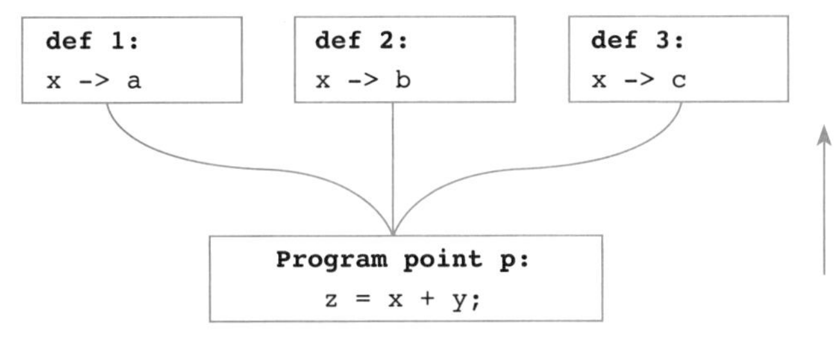

图 6.38 后向数据流分析

对于活跃变量问题，我们需要关注变量的定义（def）与使用（use）语句。对于程序内部的语句 s，其状态转换的传递函数定义为：

$f_s=\mathrm{use}_s \cup (\mathrm{OUT}[s]-\mathrm{def}_s)$

我们将该传递函数运用到图 6.39 的程序中，描述程序状态的变化。

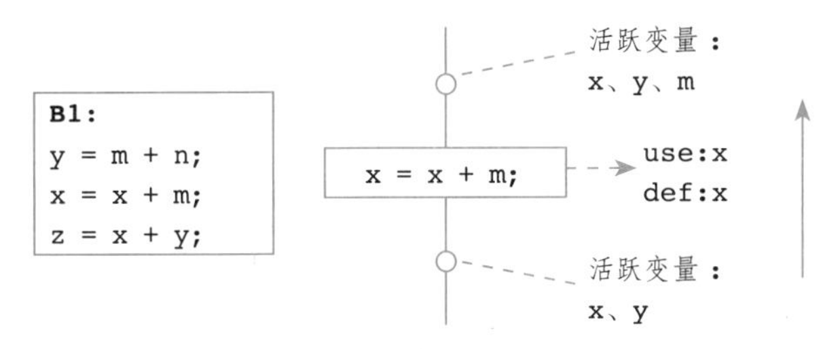

图 6.39 程序状态的变化

语句 $x=x+m$ 中对 x 进行了定义，并在语句 $z=x+y$ 中，该定义被使用。因此，$x=x+m$ 首先将变量 x 从活跃变量列表中移除，然后，对于 x 的赋值使用到了 x 和 m 两个变量，因此这两个变量将在上文被定义，所以将变量 x 与 m 加入活跃变量列表中。于是，我们认为，语句 $x=x+m$，从活跃列表中移除了变量 x，添加了变量 x 与 m。

那么传递函数中 use_s、$\mathrm{OUT}[s]$ 和 def_s 分别为：

- use_s：在语句 $x=x+m$ 中，使用了变量 x 与 m。
- $\mathrm{OUT}[s]$：执行语句后的程序状态。
- def_s：在语句 $x=x+m$ 中，定义的变量 x。

则传递函数 $f_s=\mathrm{use}_s \cup (\mathrm{OUT}[s]-\mathrm{def}_s)$ 的语义为，对于待分析的赋值语句 s，执行语句之后存在的赋值情况记为 $\mathrm{OUT}[s]$，若其对某变量 x 进行赋值，则先从赋值语句中去除该变量 x（$\mathrm{OUT}[s]-\mathrm{def}_s$），然后将当前语句使用的变量 use_s 加入程序状态中。

对于控制流约束函数而言，活跃变量模式描述的是在某一程序点上，其后继的基本块中是否可能存在对某变量的使用。因其为 May 分析，我们通常将控制流约束函数构造为如下的形式：

$\mathrm{OUT}[B]= \cup_{S\text{是}B\text{的一个后继}} \mathrm{IN}[S]$

我们将该控制流约束函数运用到图 6.40 所示的例子中，描述程序状态变化。

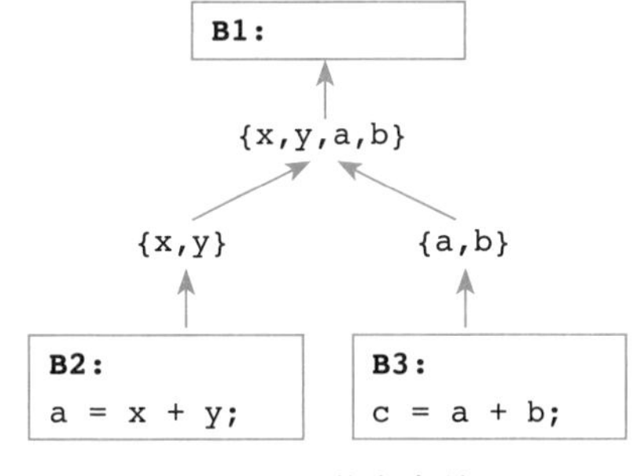

图 6.40 状态合并

B1 的后继基本块是 B2 和 B3，要分析在基本块 B1 出口处活跃的变量，需要合并后继基本块在入口处的程序状态。基本块 B2 和 B3 分别提供了活跃变量 x、y 和 a、b，因变量在后继基本块 B2 与 B3 中被使用，所以变量均可能在 B1 中存在定义语句。因此，活跃变量模式的控制流约束函数，使用并运算进行程序状态的合并。

构造了传递函数与控制流约束函数，接下来我们应当基于函数构造算法，计算我们想要的分析结果。我们用一个简单的程序举例，对其进行活跃变量分析。

因活跃变量分析使用后序分析的方式，因此构造的迭代算法与之前的有所不同：

```
IN[EXIT]=Ø;
for( 除 EXIT 之外的每个基本块 B) IN[B]=Ø;
while( 某个 IN 值发生了改变 )
    for( 除 EXIT 之外的每个基本块 B){
        OUT[B]= ∪ S是B的一个后继 IN[S];
        IN[B]=useB ∪ (OUT[B]-defB);
}
```

因使用 May 分析方式，我们在进行分析之前，将程序内的变量活跃情况初始化为 0（如图 6.41 所示）。那么，第一次遍历后记录的程序状态如图 6.42 所示。

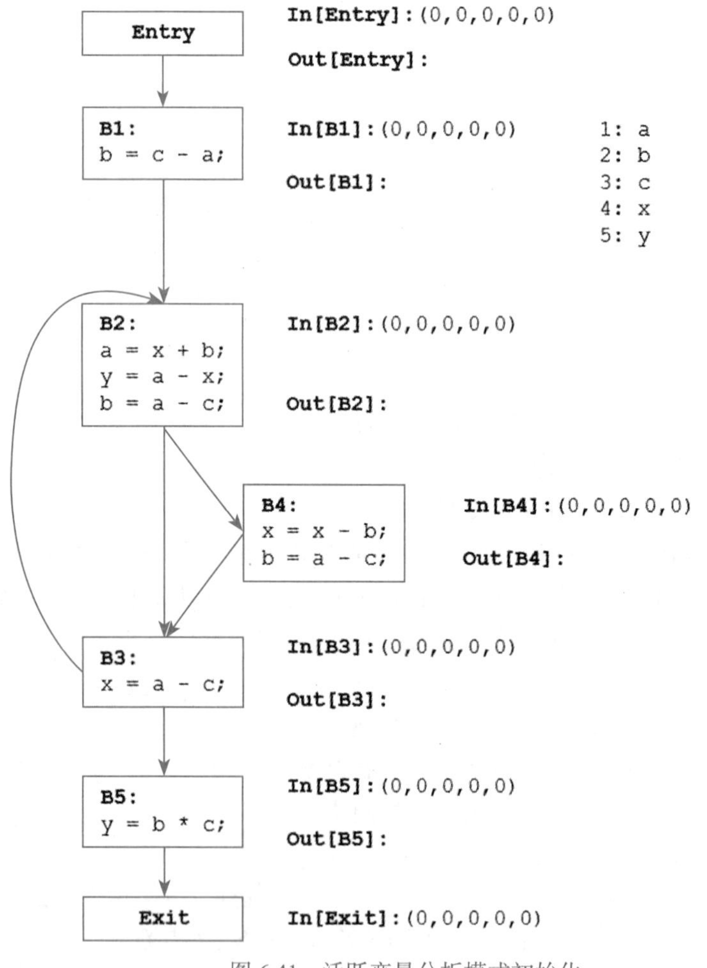

图 6.41 活跃变量分析模式初始化

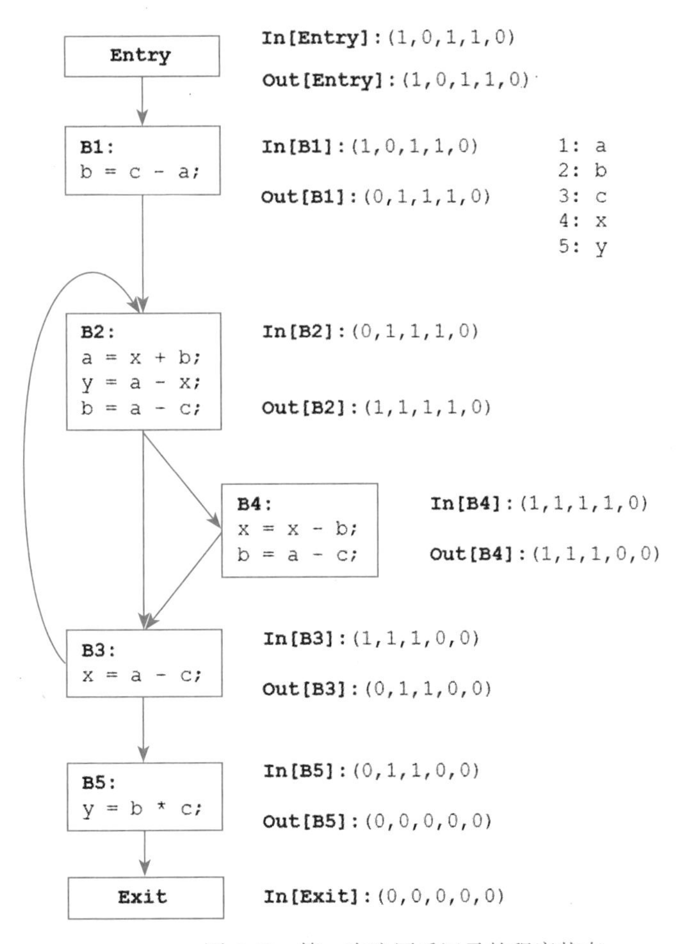

图 6.42　第一次遍历后记录的程序状态

在第二次遍历后，每个基本块的 IN 值均没有改变，因此迭代算法就此终止。

在中间代码优化模块的实现中，我们通常需要使用上述的三个数据流分析模式，实现不同的优化策略；一般情况下，我们可以选择实现其中的一个或多个，完成优化管道的构建。

6.2　中间代码优化的实践技术

6.2.1　局部优化

局部优化是对基本块内部进行优化。大量局部优化技术需要将基本块内部的指令转化为一个有向无环图（Directed Acyclic Graph，DAG）。通过生成的有向无环图，我们能够对中间代码进行语义不变的转换，从而提升目标代码的质量。

我们以生成的程序控制流图中的基本块 B0 为例，首先将源代码翻译为中间代码，然后生成如图 6.43 所示的有向无环图。

有向无环图中的节点分为三类：顶部节点、底部节点和其他节点。底部节点表示常量或是定值，顶部节点表示当前基本块内部赋值但未使用的变量，其他节点标号中的运算符及子节点构成了赋值。

于是，对于图 6.44 中的每一条中间代码，我们以如下的方式完成有向无环图的构造：

（1）基本块中的每一个变量均有一个 DAG 节点对应其值。

（2）基本块中的每一条语句 *s* 均有一个 DAG 节点 *N*，*N* 的子节点是 *s* 中用于定值的运算分量。

（3）节点 *N* 的标号是 *s* 中的运算符，若不存在则为变量本身（如 v5:=t3）。

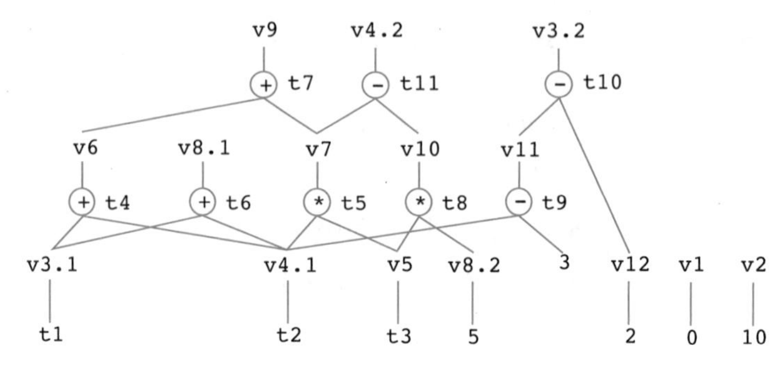

图 6.43 从中间代码生成的有向无环图

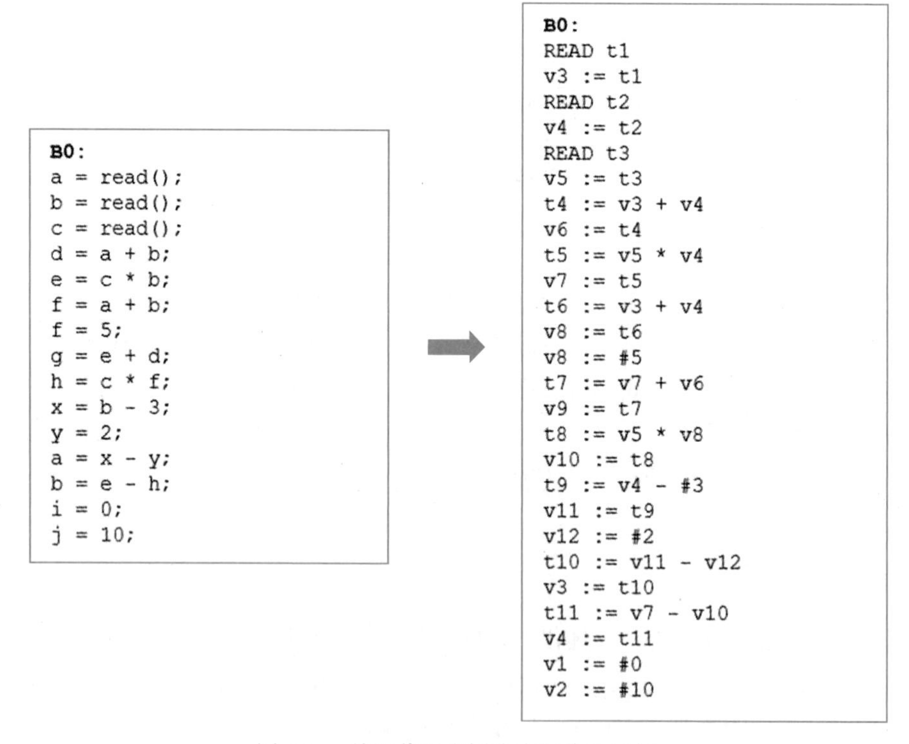

```
B0:
a = read();
b = read();
c = read();
d = a + b;
e = c * b;
f = a + b;
f = 5;
g = e + d;
h = c * f;
x = b - 3;
y = 2;
a = x - y;
b = e - h;
i = 0;
j = 10;
```

```
B0:
READ t1
v3 := t1
READ t2
v4 := t2
READ t3
v5 := t3
t4 := v3 + v4
v6 := t4
t5 := v5 * v4
v7 := t5
t6 := v3 + v4
v8 := t6
v8 := #5
t7 := v7 + v6
v9 := t7
t8 := v5 * v8
v10 := t8
t9 := v4 - #3
v11 := t9
v12 := #2
t10 := v11 - v12
v3 := t10
t11 := v7 - v10
v4 := t11
v1 := #0
v2 := #10
```

图 6.44 从源代码翻译为中间代码示例

基于构造的有向无环图，我们可以进行如下的优化：

（1）公共子表达式消除（Common Subexpression Elimination）：如果表达式 E 在某次出现之前已经被计算过，并且表达式中的操作数在计算后一直没被修改过，那么在操作数下次被修改之前，E 被称为公共子表达式。通过观察我们可以发现，有向无环图中标记为 t4 与 t6 的两个节点，运算符与所有子节点均相同，如图 6.45 所示。从图中可知，对于 t4 的求值结果可以直接用于对 t6 的求值中。因此可以使用 t4 代替 t6，完成对子表达式的消除。在进行子表达式消除后，有向无环图如图 6.46 所示。

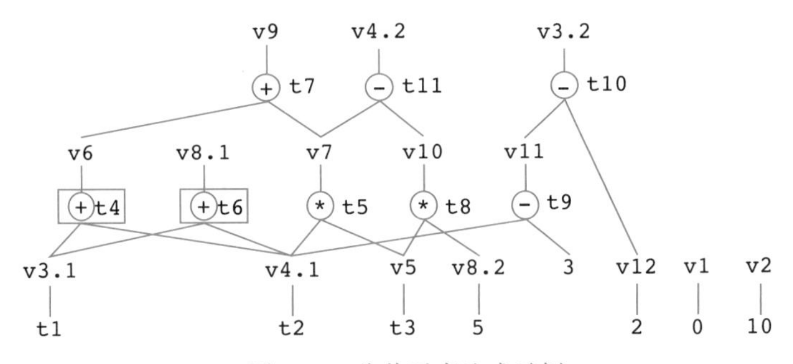

图 6.45　公共子表达式示例

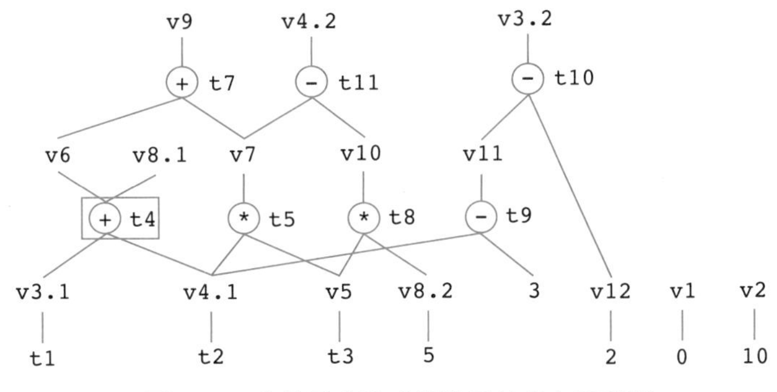

图 6.46　公共子表达式消除后的有向无环图

（2）无用代码消除（Dead Code Elimination）：我们可以看到，在基本块 B0 内部，存在对变量进行两次定义，并且之间没有使用该变量的情况。对于永远不会被使用的定义，为之开辟内存、进行计算是没有必要的。

如图 6.47 所示，有向无环图中的顶部节点表示在定义后未被使用，或两次定义之间未被使用的变量，图中共有 v1、v2、v3.2、v4.2、v8.1、v9 等，局部无用代码消除仅考虑消除基本块内部的冗余定义，因此可消除 v8.1 及其对应的赋值语句，转化后的有向无环图如图 6.48 所示。

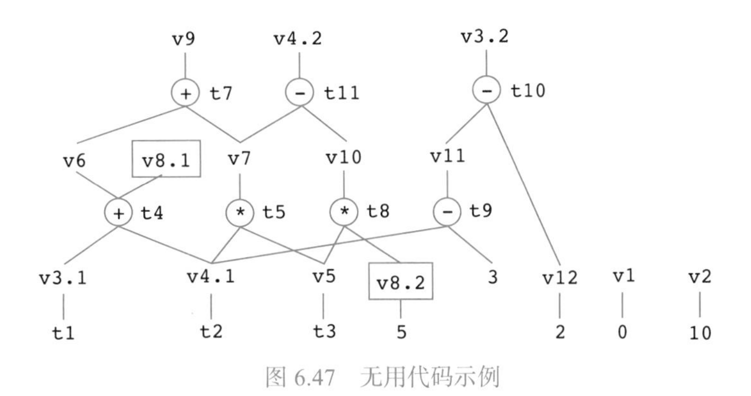

图 6.47　无用代码示例

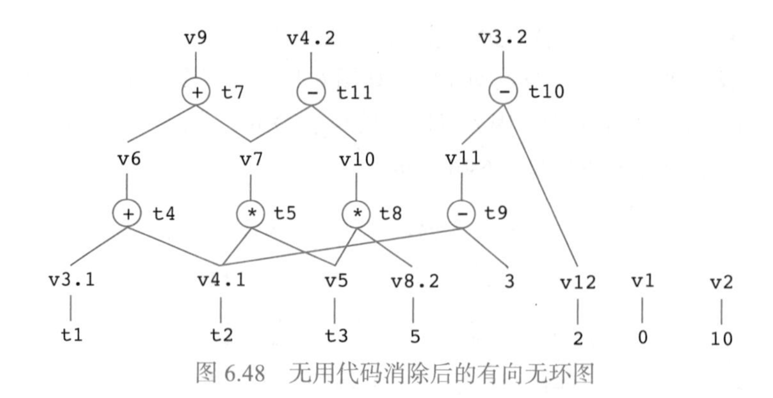

图 6.48 无用代码消除后的有向无环图

（3）常量折叠（Constant Folding）：我们可以发现，对于程序内部如 f=5，y=2，i=0，j=10 等将变量定义为一个常量的赋值语句，在该变量被再次定义之前，可将变量替换为一个常量，从而简化计算的过程，如图 6.49 所示。

从图 6.49 中的叶子节点，我们可看出，被定义为常量的变量有 v1、v2、v8.2、v12。在使用的过程中我们能够用常量值代替其参与运算，在进行常量折叠后，结果如图 6.50 所示。并且，我们可以基于代数恒等式计算，尽可能地简化与合并常量值。

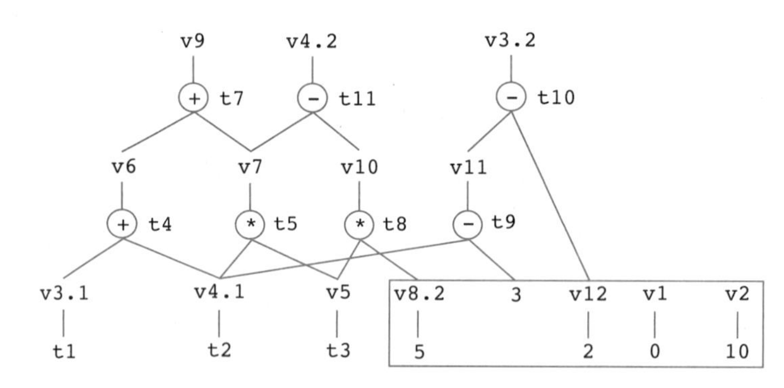

图 6.49 被赋值为常量的变量示例

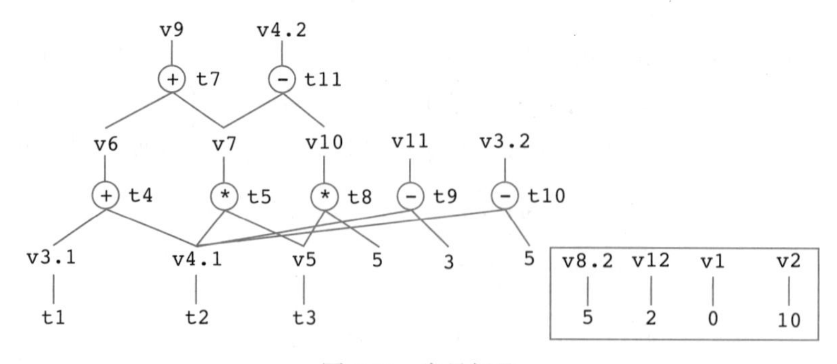

图 6.50 常量折叠

有向无环图进行常量折叠之后，有向无环图的结构发生改变，可能导致无用代码的暴露。同时，对于生成的有向无环图进行代数恒等式替换，能够发掘代码内部的公共子表达式，如图 6.51 所示。在图 6.51 中，我们发现代数恒等式 `t11=t2*t3-t3*5=t3*(t2-5)`，转化后能够发掘出 `v4.1-5` 这一公共子表达式，并简化生成的中间代码。

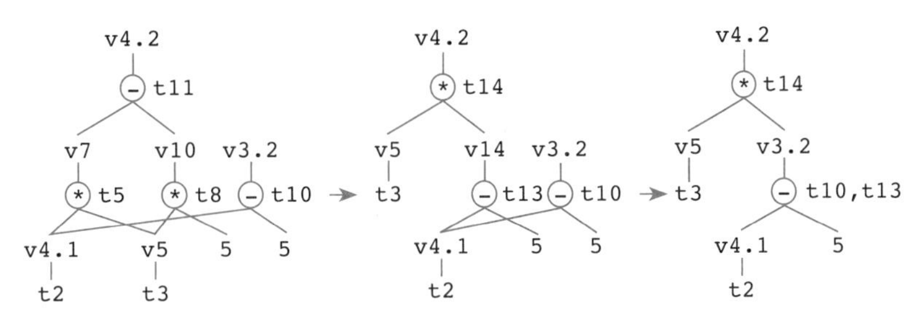

图 6.51　代数恒等式替换

经过以上优化后，我们需要将有向无环图还原为中间代码形式。同时，以上方法还可用于机器相关的优化，通过调整代码顺序，进行寄存器优化等，提升目标代码的质量。优化后的有向无环图如图 6.52 所示，优化后的中间代码如图 6.53 所示。

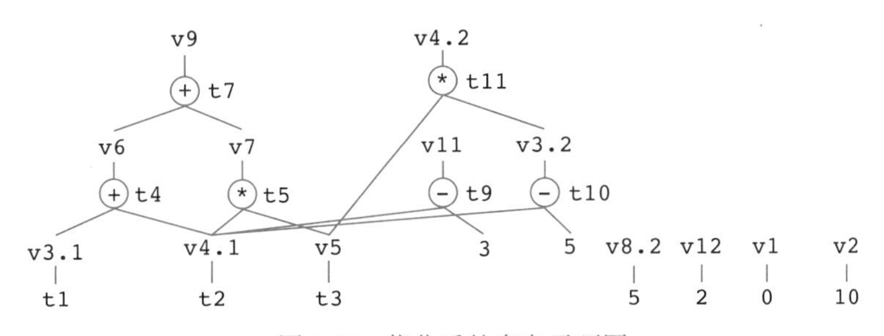

图 6.52　优化后的有向无环图

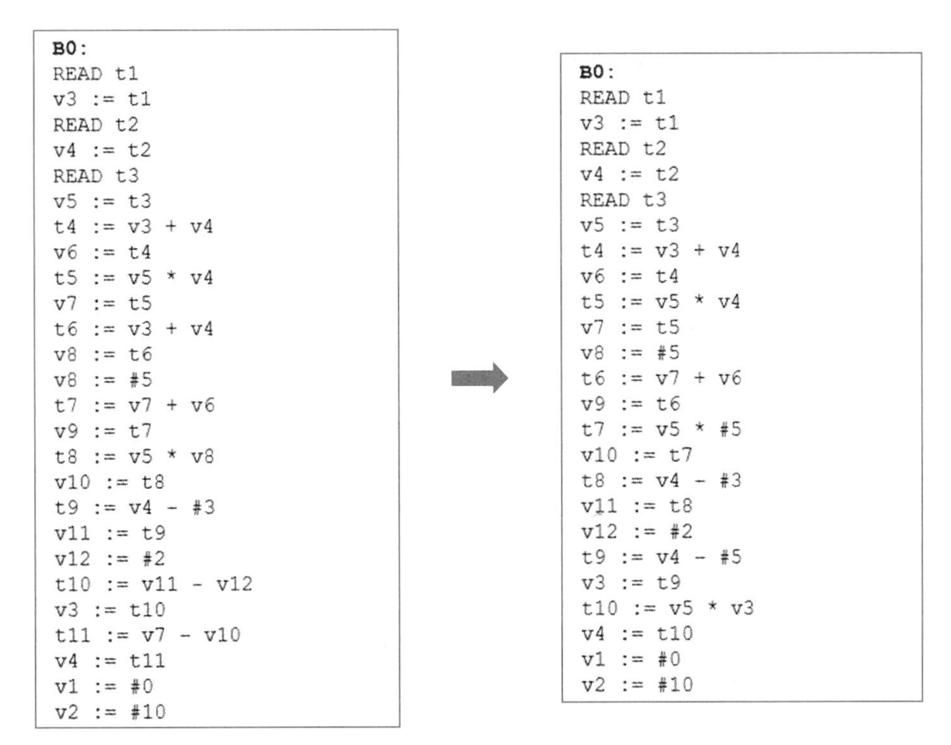

```
B0:
READ t1
v3 := t1
READ t2
v4 := t2
READ t3
v5 := t3
t4 := v3 + v4
v6 := t4
t5 := v5 * v4
v7 := t5
t6 := v3 + v4
v8 := t6
v8 := #5
t7 := v7 + v6
v9 := t7
t8 := v5 * v8
v10 := t8
t9 := v4 - #3
v11 := t9
v12 := #2
t10 := v11 - v12
v3 := t10
t11 := v7 - v10
v4 := t11
v1 := #0
v2 := #10
```

```
B0:
READ t1
v3 := t1
READ t2
v4 := t2
READ t3
v5 := t3
t4 := v3 + v4
v6 := t4
t5 := v5 * v4
v7 := t5
v8 := #5
t6 := v7 + v6
v9 := t6
t7 := v5 * #5
v10 := t7
t8 := v4 - #3
v11 := t8
v12 := #2
t9 := v4 - #5
v3 := t9
t10 := v5 * v3
v4 := t10
v1 := #0
v2 := #10
```

图 6.53　优化后的中间代码

完成了单个基本块的优化工作，我们将视野放大到整个函数，进行多个基本块的优化。

6.2.2 全局优化

前文提到，良好的优化顺序能够降低编译过程中的时空开销，针对生成的中间代码，进行了局部优化之后，我们构造全局优化管道：常量传播→公共子表达式消除→无用代码消除→循环不变代码外提→归纳变量强度削减，我们使用前文所示的程序与生成的控制流图（见图 6.54）进行全局优化。

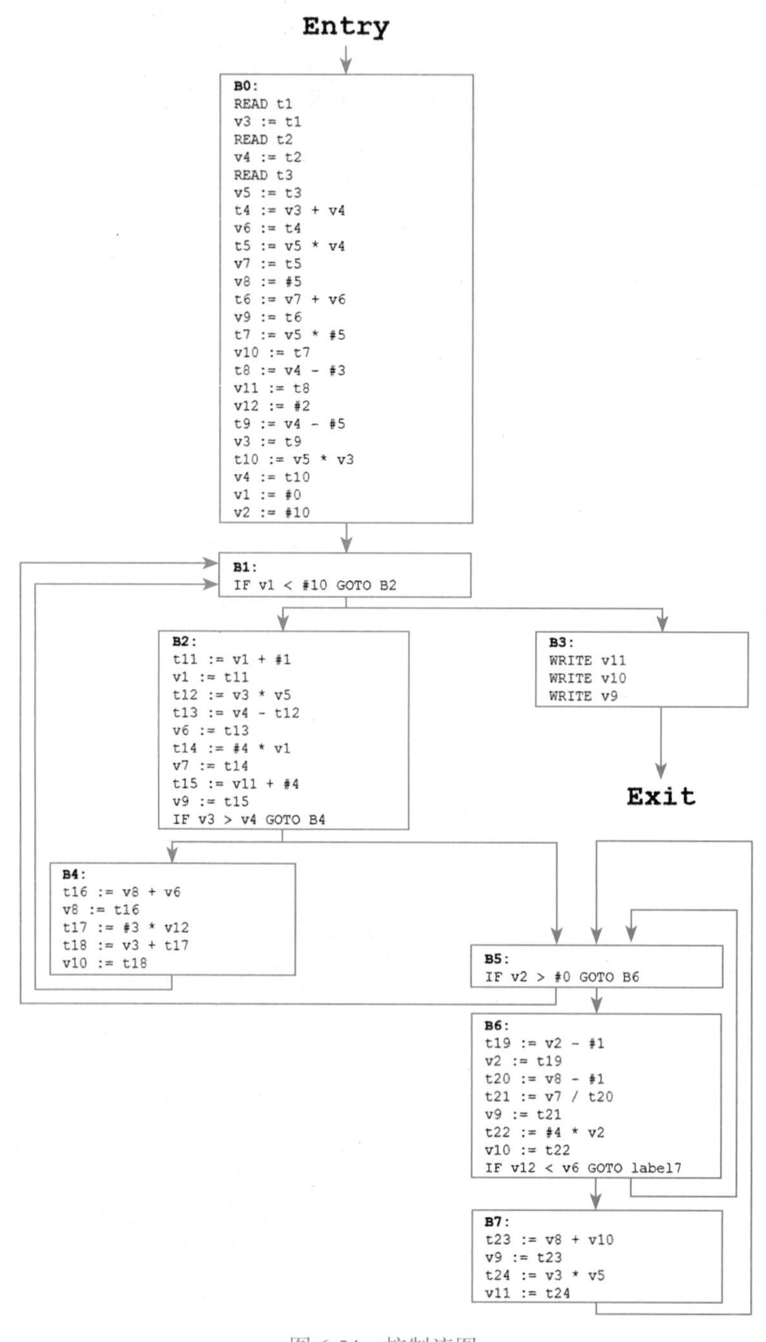

图 6.54 控制流图

1. 常量传播

我们之前在进行局部优化时，将恒为常量的变量转化为常量。基本块内部语句都按照从入口到出口的顺序依次执行，因此进行常量折叠并不困难。那么，对于在多个基本块之间乃至复杂的控制流图中进行常量传播的计算应当采取什么样的方法呢？

常量传播框架与到达定值模式较为接近，所不同的是，到达定值中对于变量的赋值情况只存在生效与失效两种状态，而对于常量传播框架而言，常量值的集合是无限的。

常量传播框架中的变量的状态分为三种：

- 所有符合该变量类型的常量值。
- NAC（Not-A-Constant），表示当前变量不是一个常量值。这代表该变量在到达程序点 p 的不同的路径上的值不同，或是被赋予了一个输入变量的值。
- UNDEF，表示未定义的值。在到达程序点 p 的不同路径上存在至少一条路径未对变量的值进行定义。

常量传播函数

三种状态分别对应三种情况：假设程序点上有变量 v，第一种状态表示该变量 v 唯一地对应一个定值 a，即在程序点 p 上 v 的可能取值集合为 $\{a\}$；第二种状态 NAC 表示，在经过程序点 p 的多条路径上分别对变量 v 进行赋值，且不同路径到达 p 时 v 的可能取值至少有 2 个且数量有限，即 v 的可能取值集合为 $\{a,b,c,\cdots,n\}$；第三种状态 UNDEF 表示在程序点 p 上存在至少一条从入口到程序点 p 的路径，在这条路径上，没有对变量 v 的赋值或已被赋空。

常量的传播主要通过变量的赋值语句进行，如 $z=x+y$ 等表达式。设 S_z、S_x、S_y 分别为执行该语句后变量 z、x、y 的状态，则 S_z 的求值存在 9 种情况，如表 6.1 所示。

表 6.1　常量传播状态

	UNDEF	c1	NAC
UNDEF			
c2			
NAC			

因其存在对称性，故我们只要讨论其中 4 种情况即可。

（1）x 与 y 中有至少一个变量状态为 UNDEF，这表示 x 与 y 中至少有一个值，存在一条从入口到程序点 p 的路径，使得该变量未被定义，故 S_z 为 UNDEF，如表 6.2 所示。

（2）x 为一个定值 c1，y 为一个定值 c2，那么 $z=x+y$ 可转化为 $z=\text{c1}+\text{c2}$，S_z 为 c3=c1+c2，如表 6.3 所示。

表 6.2　x 与 y 的状态至少有一个 UNDEF

	UNDEF	c1	NAC
UNDEF	UNDEF	UNDEF	UNDEF
c2	UNDEF		
NAC	UNDEF		

表 6.3　x 与 y 均为定值

	UNDEF	c1	NAC
UNDEF	UNDEF	UNDEF	UNDEF
c2	UNDEF	c3	
NAC	UNDEF		

（3）x 为一个定值 c1，y 为 NAC，即 y 的取值集合中存在多个值，$y1, y2,\cdots$，则 $x+y$ 可转化为 c1+y1, c1+y2,⋯，z 的取值集合也有多个值，因此 S_z 的状态为 NAC，如表 6.4 所示。

（4）x 和 y 的状态均为 NAC，则由（3）可知其状态为 NAC，如表 6.5 所示。

根据上述的四种情况可以看出，三种状态的转变具有单调性，状态转变的顺序只可能由 UNDEF 转化为常量再转化为 NAC，或直接由 UNDEF 转化为 NAC，而不可能反向转化。

通过常量传播框架，可构造相应的传递与控制流约束函数，进行程序状态的分析。

表 6.4　*x* 与 *y* 中有一个是 NAC

	UNDEF	c1	NAC
UNDEF	UNDEF	UNDEF	UNDEF
c2	UNDEF	c3	NAC
NAC	UNDEF	NAC	

表 6.5　*x* 与 *y* 均为 NAC

	UNDEF	c1	NAC
UNDEF	UNDEF	UNDEF	UNDEF
c2	UNDEF	c3	NAC
NAC	UNDEF	NAC	NAC

常量传播算法

（1）简单常量传播（Simple Constant Propagation）。简单常量传播框架由 Kildall 设计，基于数据流和传递函数进行常量传播优化。算法的设计与前文所介绍的数据流分析模式有些类似：对程序状态进行初始化，构造传递函数与控制流约束函数，使用迭代算法或工作列表算法进行数据流值的传递与计算，输出结果。

常量传播框架的传递函数较为复杂，因其存在三种状态与九种情况。根据上文的分析，我们现在能够将九种情况归纳如下：

对于一条针对变量 *v* 的赋值语句 *s*：

- *s* 的等号右侧为一常量 c，那么 *x* 的取值集合为 {c}，状态为常量 c。
- *s* 的等号右侧为二元运算表达式（例如 *x*+*y* 等），则根据上一节所述的四种情况进行计算。
- *s* 的等号右侧包含函数调用或其他语言特性，那么 *x* 的状态为 NAC。

控制流约束函数与传递函数略有不同：

UNDEF ∪ c=c　　　NAC ∪ c=NAC

c ∪ c=c　　　　　c1 ∪ c2=NAC

我们假设输入的中间代码不包含对未定义的变量的使用。程序内部的所有变量状态初始化为 UNDEF，因此控制流约束函数与传递函数的一个不同在于：UNDEF ∪ c=c，其原因如图 6.55 所示。

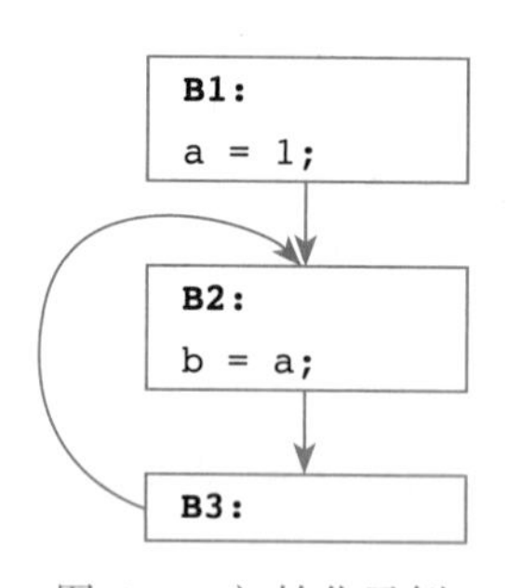

图 6.55　初始化示例

我们将程序内部的状态初始化为 UNDEF，那么，若 UNDEF ∪ c = UNDEF，B3 中无对变量 *a* 的赋值语句，则在 B2 的入口，*a* 的状态恒为 UNDEF，这显然与实际语义（执行 *b*=*a* 时，*a* 的值为常量 1 而不是未定义值）是不符的。

简单常量传播基于到达定值模式，我们可以基于前面章节介绍的到达定值模式和上文介绍的常量传播框架，基于数据流、传递函数、控制流约束函数与迭代算法，进行常量传播的计算。控制流图的简单常量传播计算结果如图 6.56 所示。

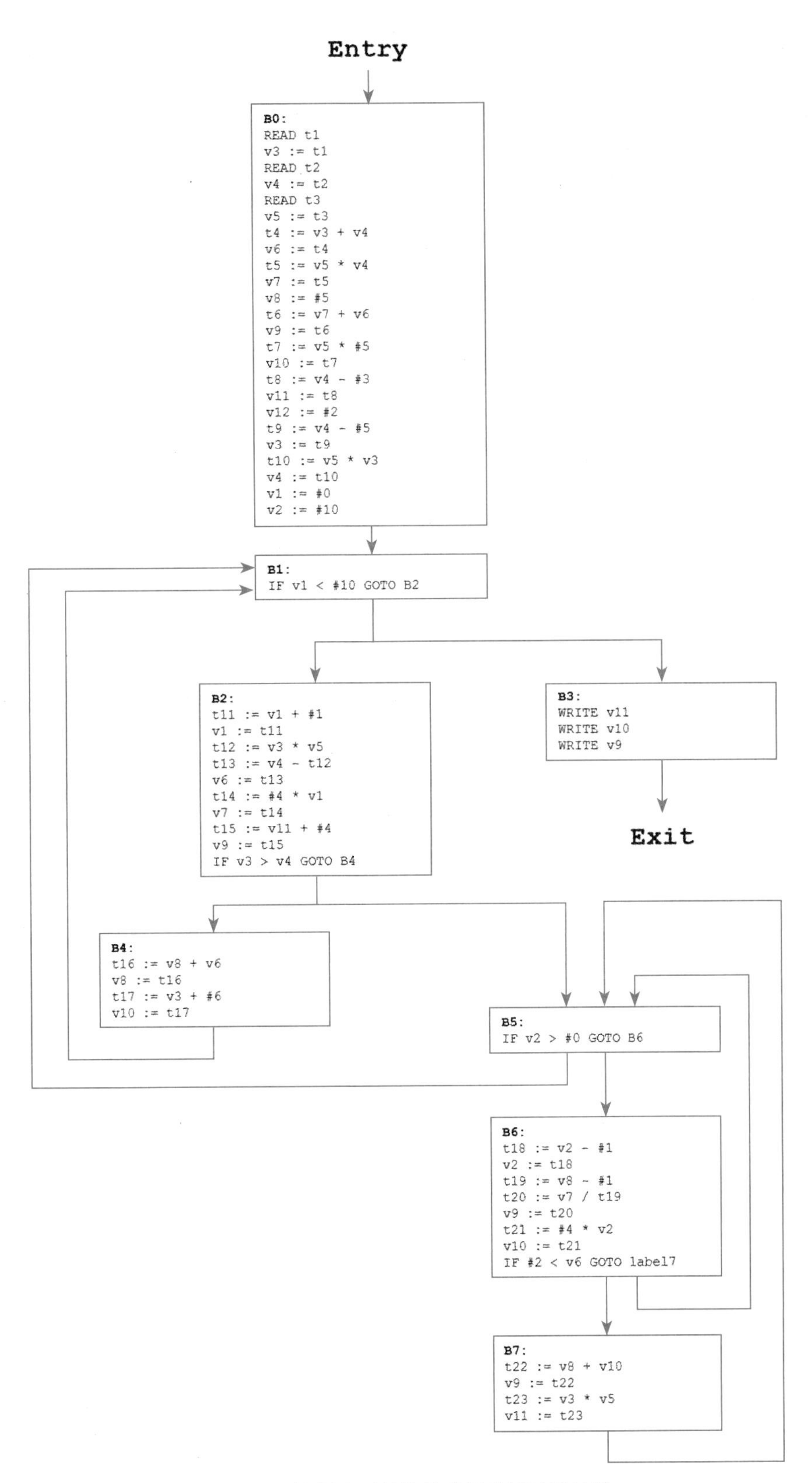

图 6.56　控制流图的简单常量传播计算结果

使用以上的常量传播框架进行计算之后，我们的算法应当能够发现，变量 v12 在循环内部的值为一常量 6，因此可以使用常量去替换它。如果框架足够优秀，或许能够发现，基本块 B2 中，定值 t12 的值为 0，且执行语句 v6 := t12 后变量 v6 的值也恒为 0，可进行大量常量替换，简化控制流图等，这需要我们进行一系列的优化，后文会进行详细叙述。

本书只要求读者掌握基于简单常量传播，使用数据流分析，设计传递函数与控制流约束函数构造常量传播优化模块，完成常量传播优化。

在简单常量传播的基础上，我们介绍另外三种常量传播框架。四种常量传播框架如图 6.57 所示。

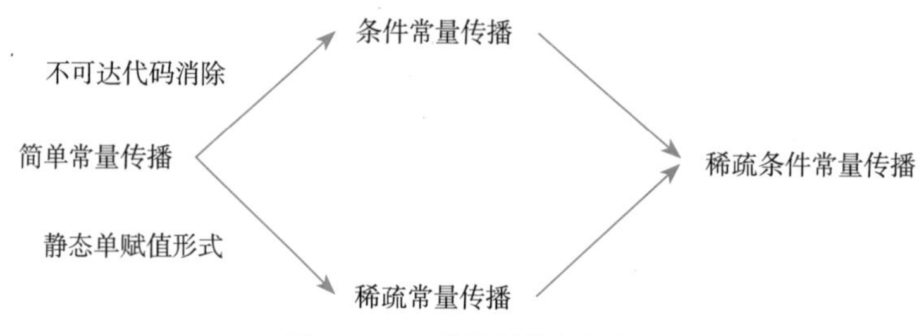

图 6.57　四种常量传播框架

（2）条件常量传播（Conditional Constant Propagation）。在某些情况下，数据流图上的部分基本块实际上是不可达的。这些不可达的基本块中，有一部分可以在编译阶段进行代码削减，它们属于无用代码中的一部分，这种优化被称为不可达代码消除（Unreachable Code Elimination）。不可达基本块中对变量的赋值关系，不应当加入常量传播的计算之中。

例如，对于图 6.58 中的控制流图，对它使用简单常量传播会分析 B1、B2、B3 三个基本块。然而，我们使用工作表算法进行计算时，默认除了 Entry 之外的基本块都处于“未被执行”状态，对于每次基本块跳转，先进行常量传播分析，将可跳转的基本块加入工作表中，消除未被执行的基本块。在图 6.58 中，基本块 B1 的跳转语句中的条件判断 x > 0，通过常量传播分析可以知道 x 为常量 1，条件判断表达式恒为真，因此在分析时只会将基本块 B2 加入到工作表中，消除未被执行的基本块 B3。

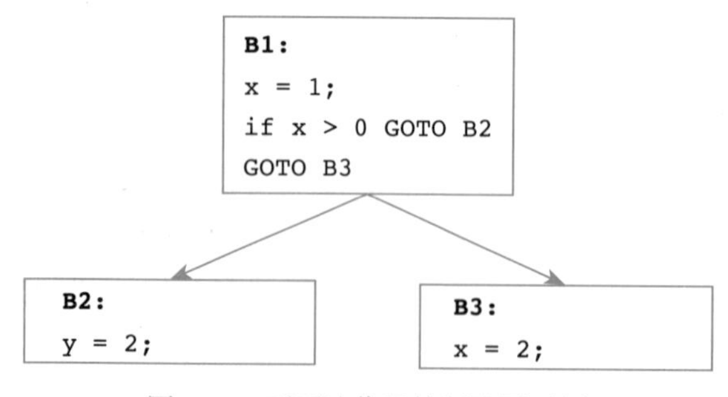

图 6.58　不可达代码控制流图示例

（3）稀疏常量传播（Sparse Constant Propagation）。在介绍稀疏常量传播之前，我们先要介绍一系列概念。

稀疏常量传播中的“稀疏”（Sparse）二字，指的是以静态单赋值形式（Static Single-

Assignment Form, SSA form）的中间表示形式为基础，分析变量的使用 – 定义关系。SSA form 中间代码如图 6.59 所示。静态单赋值形式的中间代码，其每个变量仅被赋值一次，且每次使用前必定已被赋值，变量的使用（Use）是作为表达式的一个运算分量或赋值语句等号右侧的值，变量的定义（Define）指该变量被赋值。静态单一赋值的中间代码，因每个变量仅被赋值一次，对于每次使用均可轻易找到其对应的赋值关系，被称为使用 – 定义关系；通常情况下，为了便于叙述，我们将使用 – 定义关系简称为 use-def 关系。通过 SSA 形式的中间代码，我们可以轻易地通过单次遍历完成基本块内部的局部优化：公共子表达式消除、常量折叠、无用代码消除的实现。

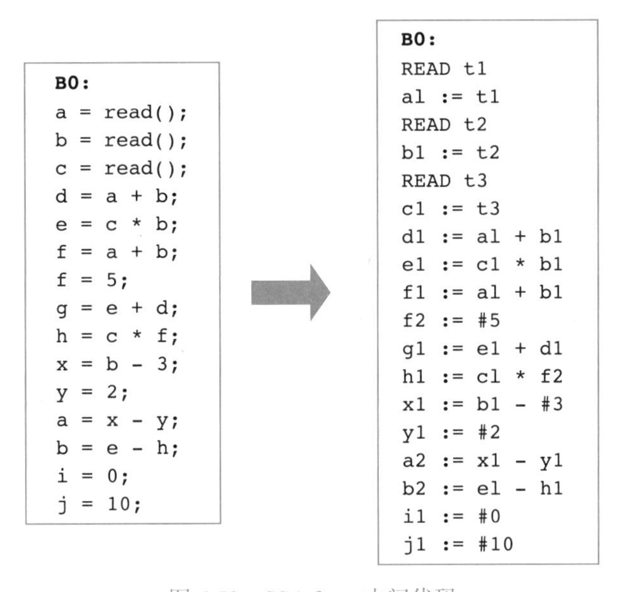

图 6.59　SSA form 中间代码

以基本块 B0 为例，例如，对于变量 a，其在基本块内部被定义了两次：a1 与 a2。

我们将 a1 与 a2 看作不同的变量，对于每一个变量，均只被赋值了一次，那么，对于变量的赋值与使用关系，我们可以构造如图 6.60 所示的 use-def 关系。

```
1  a1 := t1               a1 def: 1   use: 4 6
2  b1 := t2               b1 def: 2   use: 4 5 6
3  c1 := t3               c1 def: 3   use: 5 9
4  d1 := a1 + b1          d1 def: 4   use: 8
5  e1 := c1 * b1          e1 def: 5   use: 8 13
6  f1 := a1 + b1          f1 def: 6   use:
7  f2 := #5               f2 def: 7   use: 9
8  g1 := e1 + d1          g1 def: 8   use:
9  h1 := c1 * f2          h1 def: 9   use: 13
10 x1 := b1 - #3          x1 def: 10  use: 12
11 y1 := #2               y1 def: 11  use: 12
12 a2 := x1 - y1          a2 def: 12
13 b2 := e1 - h1          b2 def: 13
14 i1 :=#0                i1 def: 14
15 j1 := #10              j1 def: 15
```

图 6.60　use-def 关系

常量折叠：因每一变量仅被定义一次，因此若对变量的赋值为一常量，可直接使用常量替换该定值，如变量 f2 等。

公共子表达式消除：对于公共子表达式 a1+b1，变量 a1 与 b1 在第 4 行与第 6 行同时被 use，因此可以进行公共子表达式消除。同时，记录变量的值，然后使用局部变量优化中所提到的代数恒等式变换，能够暴露 b1−5 这一公共子表达式，并予以消除。

无用代码消除：在基本块出口不活跃的变量，若在基本块的内部仅被 def 而未被 use，可认为其是无用代码并予以消除，如 f1 := a1 + b1 等。

SSA 形式的中间代码，给优化带来了极大的便利，但是，构造 SSA 形式的中间代码的算法较为复杂，我们介绍一种基于支配树（Dominator Tree）的 SSA 形式的中间代码生成算法。

支配节点：对于某节点 n，如果从入口节点到 n 的每一条路径都必须经过节点 m，则节点 m 支配节点 n，记为 m dom n，每一个节点都支配自己。

支配关系满足自反性、反对称性和传递性：

- 自反性：a dom a。
- 反对称性：a dom b, b dom a => a=b。
- 传递性：a dom b, b dom c => a dom c。

例如，对于图 6.61 中的控制流图，包含支配关系为：B1 支配 B1、B2、B3、B4、B5，B2 支配 B2、B3、B4、B5，B3 支配 B3 和 B5 等。构造的支配树如图 6.62 所示。

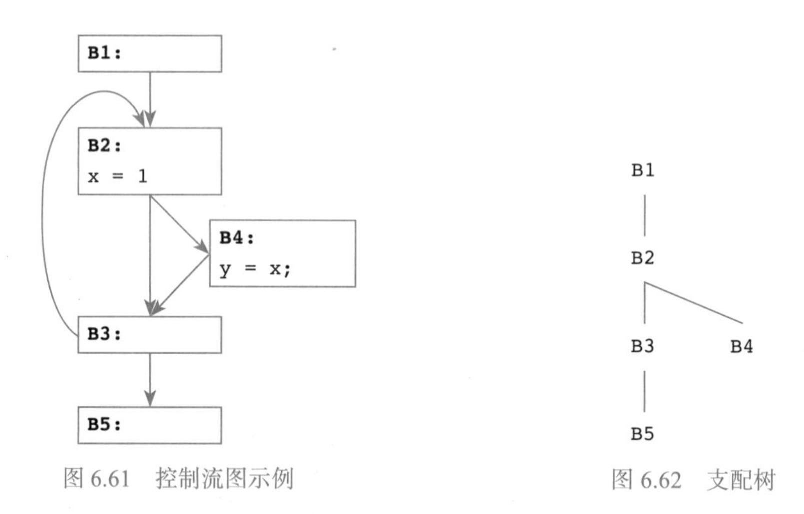

图 6.61　控制流图示例

图 6.62　支配树

利用支配树与支配关系，能够进行循环相关的优化，也可以帮助生成 SSA 形式的中间代码。为了生成 SSA 形式的中间代码，我们需基于支配树计算基本块的支配边界（Dominance Frontier），即 A 支配 B 的一个前驱节点但不严格支配 B。在此我们引入一个虚拟函数 phi 函数，进行程序状态的合并。phi 函数是在支配边界上用于合并不同路径上程序状态的函数，例如，图 6.63 中使用 phi 函数合并基本块 B3 的两个前驱节点 B1、B2 中对 x 的赋值关系，并且使用 x3=phi(x1,x2) 替代 x1 和 x2。

对于图 6.63 中的控制流 a，对变量 x 的赋值只存在于 B1 中，B1 支配 B2 与 B3，因此在 B2 中不需要添加 phi 函数。在控制流 b 中，对变量 x 的赋值存在于 B1 与 B2 中，B1 与 B2

均不支配 B3，因此需要添加 phi 函数。

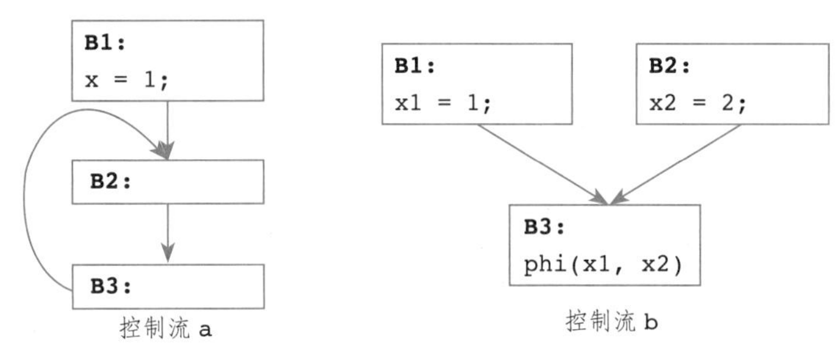

图 6.63　放置 phi 函数的示例

计算控制流图支配边界的算法较为复杂，我们将其分为以下的步骤：

1）计算支配关系。

基于迭代算法，我们可以计算基本块之间的支配关系。在上文中，我们能够得知，一个基本块 m 支配另一个基本块 n，这表示对于所有由入口到 n 的路径均经过 m，因此，对于基本块 n，若 m 支配其的所有前驱基本块，则 m 支配 n。因此，不同路径上的程序状态合并，与数据流分析模式中采用的 Must 分析类似。

于是，我们构造支配情况更新函数如下：

$D(n)=\bigcap_{p\text{是}n\text{的一个前驱}} D(p) \cup \{n\}$，$D(n)$ 为支配 n 的基本块。

根据支配的定义，支配节点 n 的基本块满足以下两个条件之一：

- 支配其所有前驱基本块 $\bigcap_{p\text{是}n\text{的一个前驱}} D(p)$；
- 支配节点是 n 本身 $\{n\}$。

我们将基本块的支配情况初始化为包含所有基本块的集合，然后使用数据流分析模式中的 Must 分析类似方法进行支配情况的迭代更新。

2）基于支配关系的控制流图（见图 6.64），我们构造支配树如图 6.65 所示。

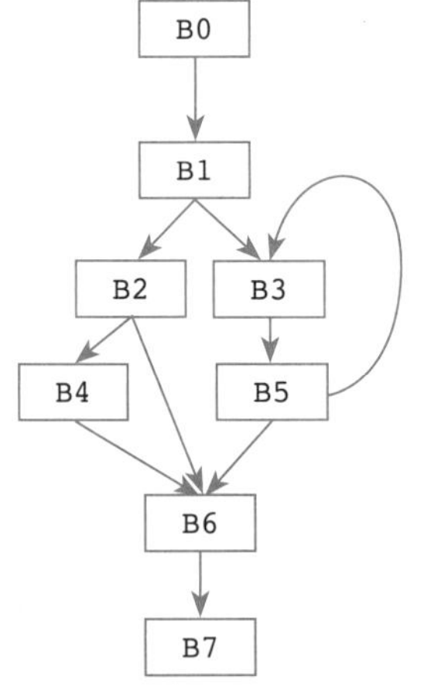

图 6.64　用于计算支配关系的控制流图

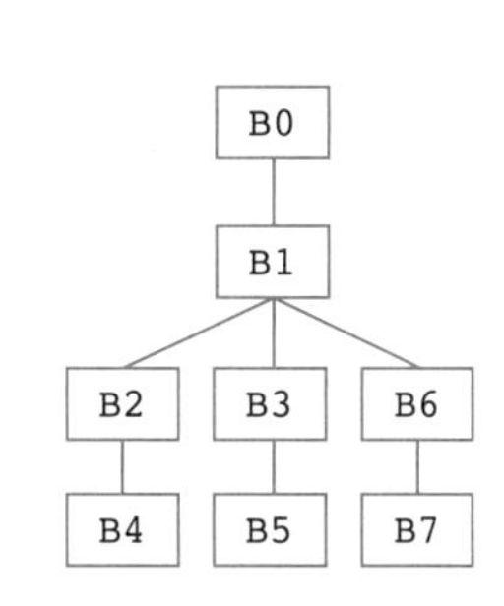

图 6.65　支配树

3）构造严格支配关系表（见图 6.66）。

block	D(n)
B0	{B0}
B1	{B0,B1,B2,B3,B4,B5,B6,B7}
B2	{B0,B1,B2,B3,B4,B5,B6,B7}
B3	{B0,B1,B2,B3,B4,B5,B6,B7}
B4	{B0,B1,B2,B3,B4,B5,B6,B7}
B5	{B0,B1,B2,B3,B4,B5,B6,B7}
B6	{B0,B1,B2,B3,B4,B5,B6,B7}
B7	{B0,B1,B2,B3,B4,B5,B6,B7}

➡

block	D(n)
B0	{B0}
B1	{B0,B1}
B2	{B0,B1,B2}
B3	{B0,B1,B3}
B4	{B0,B1,B2,B4}
B5	{B0,B1,B3,B5}
B6	{B0,B1,B6}
B7	{B0,B1,B6,B7}

图 6.66　严格支配关系表

我们引入严格支配（strictly dominate）的概念，记作 m sdom n，其中 $n \neq m$，基于支配树，我们可获得严格支配关系如下（见图 6.67），其中 sdom(n) 代表基本块 n 严格支配的基本块。

block	dom(n)
B0	{B0,B1,B2,B3,B4,B5,B6,B7}
B1	{B1,B2,B3,B4,B5,B6,B7}
B2	{B2,B4}
B3	{B3,B5}
B4	{B4}
B5	{B5}
B6	{B6,B7}
B7	{B7}

➡

block	sdom(n)
B0	{B1,B2,B3,B4,B5,B6,B7}
B1	{B2,B3,B4,B5,B6,B7}
B2	{B4}
B3	{B5}
B4	{}
B5	{}
B6	{B7}
B7	{}

图 6.67　严格支配关系

4）寻找支配边界。

基本块 n 的支配边界可以用例子来解释。

程序内部对变量 x 的赋值共有两处：基本块 B1 与 B5。基本块 B1 支配基本块 B2、B3 和 B4，而到达 B6 不必经过基本块 B1，因此 B6 为 B1 的支配边界，同理 B6 也是 B5 的支配边界，因此在基本块 B6 内添加 phi 函数，如图 6.68 所示。

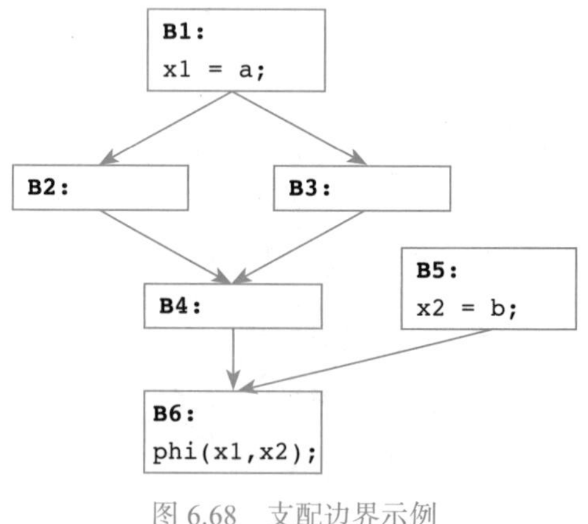

图 6.68　支配边界示例

要寻找支配边界，即寻找基本块 n 的后继中，第一个不被基本块 n 支配的基本块，要寻找具备这种性质的基本块，可以从被支配的基本块的后继基本块中寻找。对于图 6.68 中的控制流图及其中的基本块，B1 支配 B1、B2、B3、B4，而在 B1 的后继 B2 和 B3，B2 和 B3 的后继 B4，B4 的后继 B6 组成的后继集合 {B2、B3、B4、B6} 中，只有 B6 不被基本块 B1 支配，因此 B6 为 B1 的支配边界。

于是，我们用 succ(dom(n)) 表示基本块 n 支配的基本块的后继，如图 6.69 所示。对于这些后继集合，我们只要从中去除基本块 *n* 支配的基本块，即可计算出 *n* 的支配边界，如图 6.70 所示。

block	sdom(n)
B0	{B1,B2,B3,B4,B5,B6,B7}
B1	{B2,B3,B4,B5,B6,B7}
B2	{B4}
B3	{B5}
B4	{}
B5	{}
B6	{B7}
B7	{}

block	succ(dom(n))
B0	{B1,B2,B3,B4,B5,B6,B7}
B1	{B2,B3,B4,B5,B6,B7}
B2	{B4,B6}
B3	{B3,B5,B6}
B4	{B6}
B5	{B3,B6}
B6	{B7}
B7	{}

图 6.69 succ(dom(*n*))

block	
B0	{}
B1	{}
B2	{B6}
B3	{B3,B6}
B4	{B6}
B5	{B3,B6}
B6	{}
B7	{}

图 6.70 支配边界

计算出支配边界之后，我们就可基于支配边界来添加 phi 函数。

假设程序代码如图 6.71 所示。对变量 *x* 的赋值共有三处：B0、B3、B4，其中 B0 的支配边界集合为 {}，B3 的支配边界集合为 {B3,B6}，B4 的支配边界集合为 {B6}。

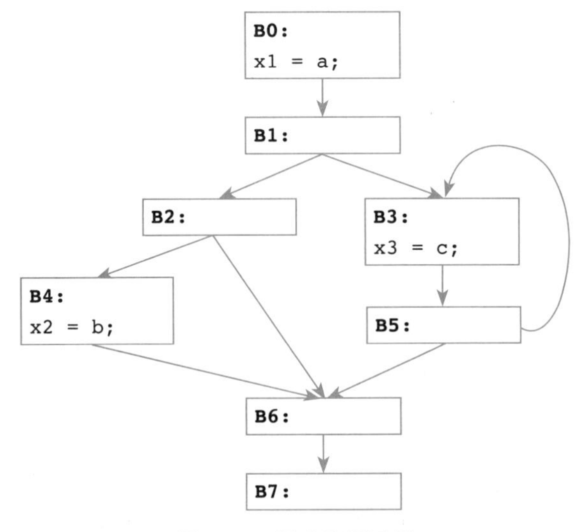

图 6.71 程序代码示例

首先，我们使用到达定值模式，计算在每个基本块入口处，*x* 的可能取值，如表 6.6 所示。

表 6.6 *x* 的取值情况

B0	B1	B2	B3	B4	B5	B6	B7
{x1}	{x1}	{x1}	{x1,x3}	{x1}	{x1,x3}	{x1,x2,x3}	{x1,x2,x3}

我们使用工作表算法，进行 phi 语句的植入。

工作表初始化为 w : {B0、B3、B4}

a）从 w 中取得基本块 B0，B0 的支配边界集合为 {}，不添加 phi 语句

w : {B3、B4}

b）从 w 中取得基本块 B3，B3 的支配边界集合为 {B3、B6}，在基本块 B3 和 B6 中添加 phi 语句，根据表 6.6 可知，B3 中添加的 phi 语句合并 x1 和 x2，B6 中添加的 phi 语句合并 x1、x2 和 x3，然后将 B3 和 B6 加入工作表中（因基本块 B3 已添加 phi 语句，因此只将 B6 加入工作表 w 中）。

w : {B4，B6}

c）从 w 中取得基本块 B4，B4 的支配边界集合为 {B6}，由于基本块 B6 已添加 phi 语句，因此不做操作。

w : {B6}

d）从 w 中取得基本块 B6，B6 的支配边界集合为 {}，因此不做操作。

综上所述，算法需要在基本块 B3 和 B6 中添加 phi 语句，并且将 x1、x2、x3 添加到 phi 语句中，获得的程序控制流图如图 6.72所示。

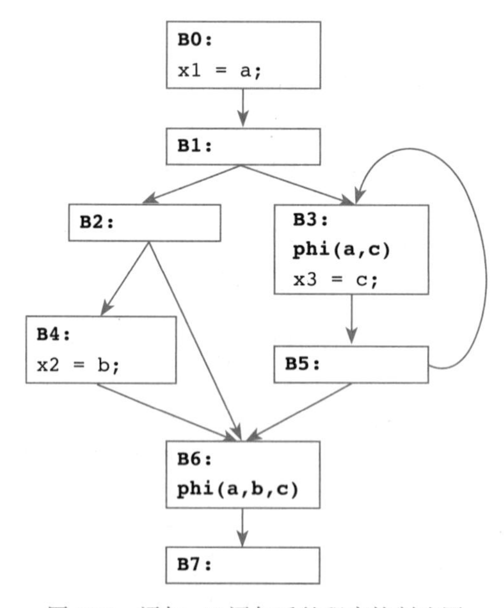

图 6.72 添加 phi 语句后的程序控制流图

添加了 phi 语句之后，便可构造 SSA 形式的中间代码。现在，我们回顾稀疏常量传播。在稀疏常量传播中，变量有 use 和 def 的关系。以图 6.72 中的代码为例，变量 x1 的 def 在

B0 中，而存在 phi(x1, x3)、phi(x1, x2, x3) 两处 use。相对于普通常量传播中在每个基本块的入口与出口进行变量状态的计算，在稀疏常量传播中仅需要在 def 和 use 处计算变量的状态，简化了大量的计算，这便是稀疏常量传播中“稀疏”两字的含义。

例如，假设 x4 = phi(x1, x2,x3)，则 x4 的取值集合为 {a, b, c}，状态为常量 a ∪常量 b ∪常量 c = NAC，而不需要在基本块入口处和出口处反复进行计算。

（4）稀疏条件常量传播（Sparse Conditional Constant Propagation）。将稀疏常量传播与条件常量传播相结合，就是当前主流的常量传播算法。稀疏条件常量传播算法，通常简写为 SCCP，而过程间稀疏条件常量传播则简写为 IPSCCP。

在优化模块的实现中，本书重点关注基于简单常量传播算法进行常量传播，当然我们也可以构造其他的常量传播算法，或将中间代码转化为 SSA 形式，并进行下一步的优化工作。

2. 公共子表达式消除

在实践中，只要求你能够使用前文所述的可用表达式模式进行公共子表达式消除，因此，我们基于简单常量传播后的优化结果，运用可用表达式模式进行公共子表达式的消除。

可用表达式模式已在前文叙述，优化后的程序应如图 6.73 所示。

在经过子表达式消除之后，我们可以发现，对于基本块 B2 中的语句 t12 := v4 − t9 和 v6 := t12，经过对后续语句的扫描（或使用复制传播），变量 v4 和 v6 的值未被改变，而 v4 − t9 的值为一定值 5，此处可以使用常量 5 替换变量的使用。

我们可以注意到，在进行子表达式消除时，使用的子表达式消除方法可能较为呆板，且只有在所有的前驱基本块中均存在该子表达式时，子表达式才可被消除。事实上，编译器在子表达式消除优化上通常采取另一种策略：部分冗余消除（Partial Redundancy Elimination, PRE），用于公共子表达式消除及循环不变代码外提。部分冗余消除使得表达式的求值满足以下性质：

- 不改变程序语义。
- 尽可能减少子表达式的求值。
- 尽可能延后子表达式求值。（便于目标代码生成时，寄存器的相关优化。）

部分冗余消除及相关的懒惰代码移动，此处囿于篇幅不予展开，请学有余力的读者自行查阅相关资料并进行算法的实现。

进行常量传播和子表达式消除之后，部分变量被常量替代，冗余表达式被消除或移动，因此需要重新进行常量折叠与控制流优化，去除不可达的基本块及代码（分支条件不可满足），优化后结果如图 6.74 所示。

3. 无用代码消除

全局无用代码消除关注被赋值但未被使用的变量，若对于变量的一次定义，在后续的程序中从未被使用，该定义可以被认为是无用的而被消除。通常，我们需要迭代式地删除程序内部的无用代码。在本书的实践中，要求能够使用前文所述的活跃变量模式进行无用代码消除，当然，我们也可基于生成的 SSA 形式的中间代码与 use-def 链，消除无用代码。

活跃变量分析模式已在前文叙述，此处不再赘述，优化后的程序应如图 6.75 所示。

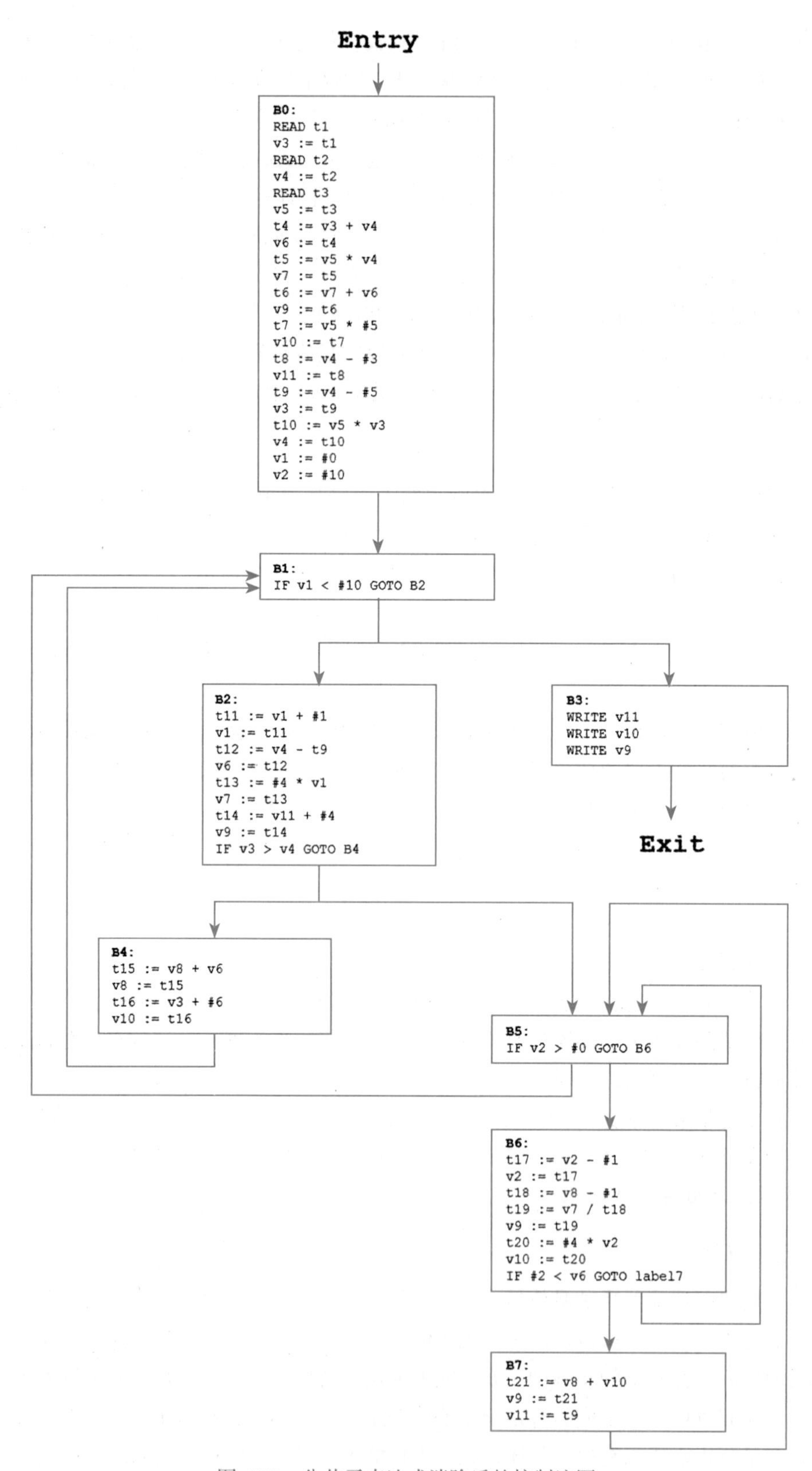

图 6.73 公共子表达式消除后的控制流图

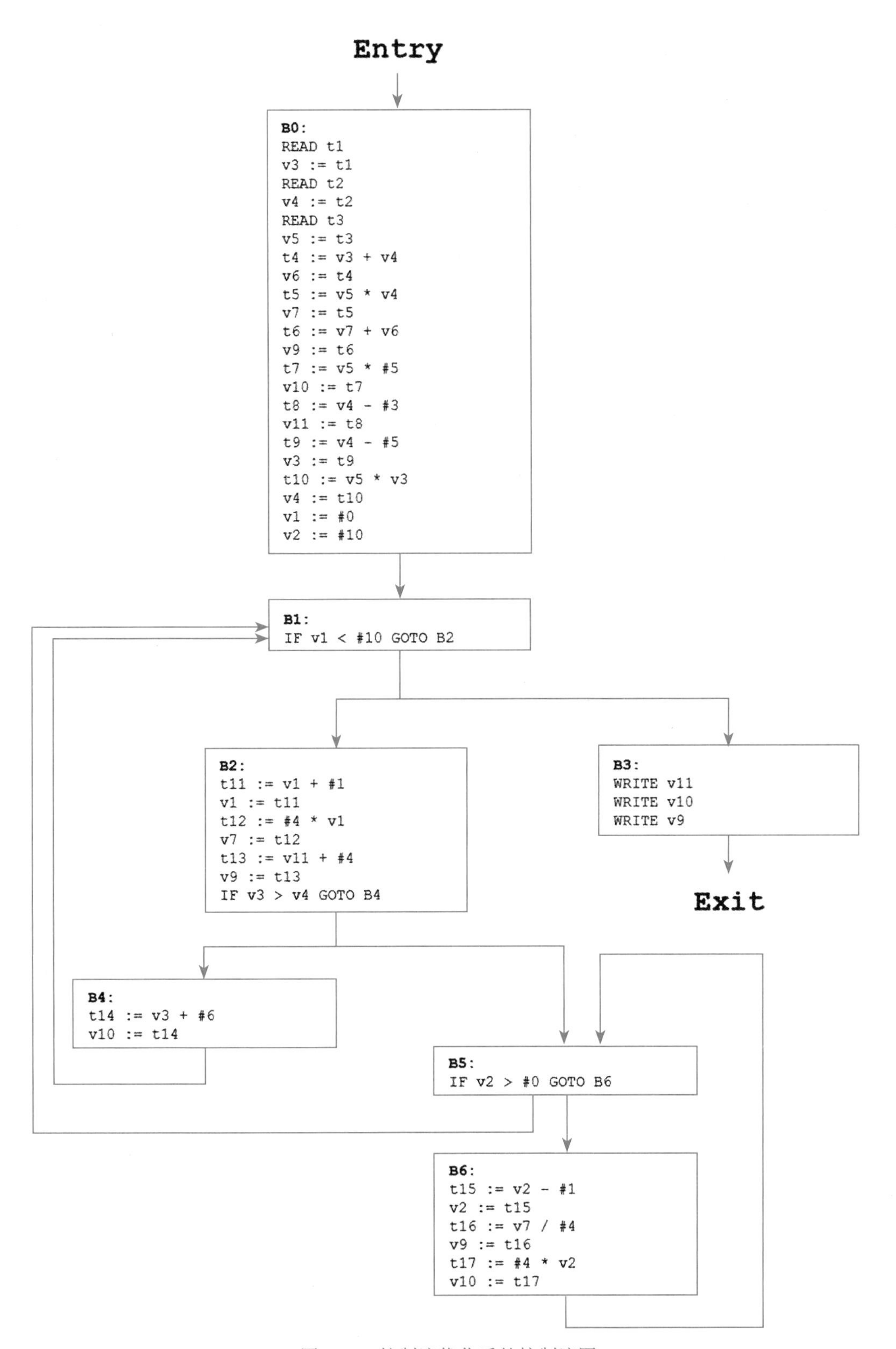

图 6.74　控制流优化后的控制流图

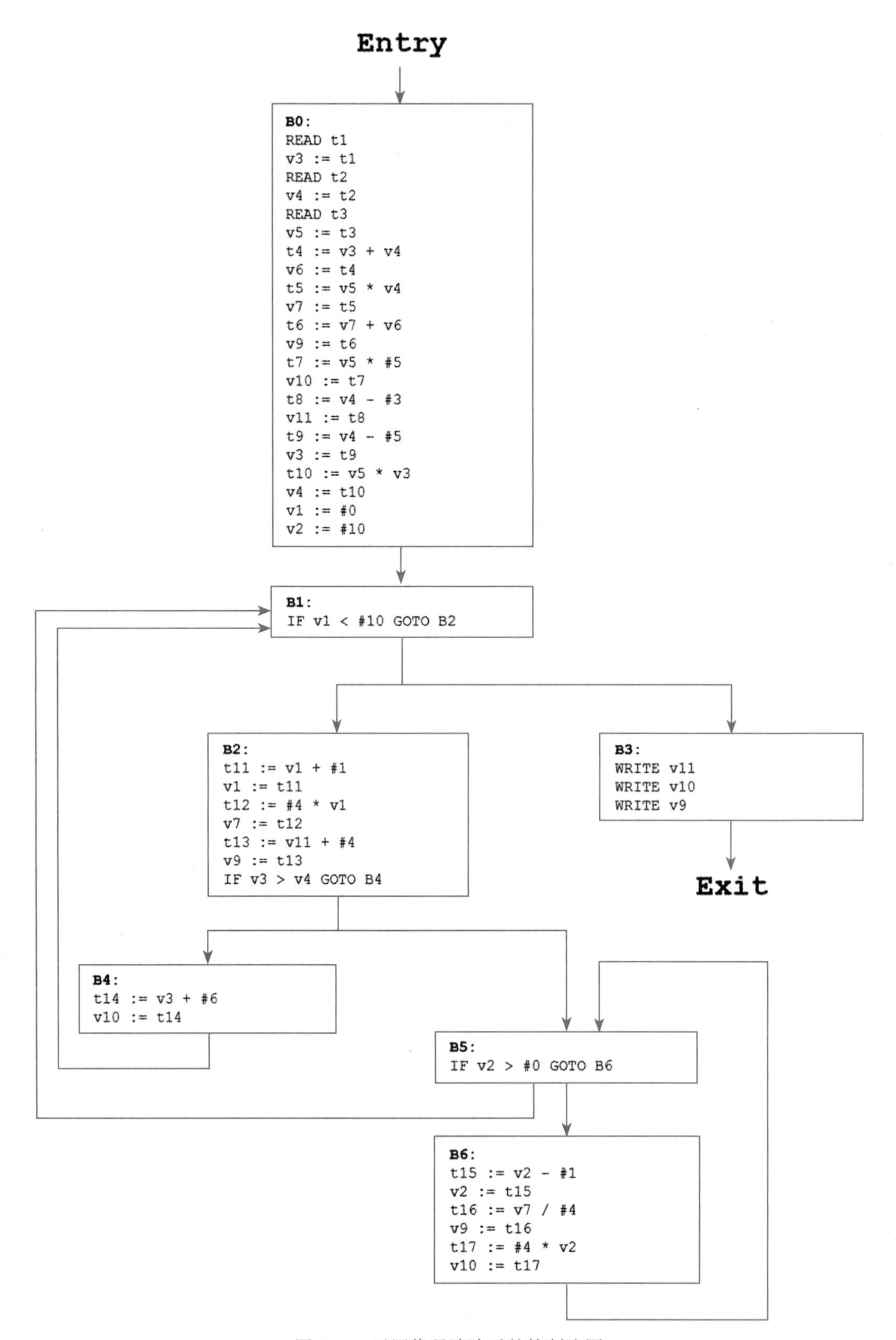

图 6.75 无用代码消除后的控制流图

4. 循环不变代码外提

在中间代码优化中，针对循环的优化是一个重要的课题。循环内部的语句通常比其他语句执行的次数更多，如果我们仅把不必出现在循环内部的语句移动到外部，也能起到较好的优化效果。循环不变代码外提（Loop Invariant Code Motion，LICM）关注那些每一次执行循环，得到的结果都不变的语句，对于这种语句，我们或许可以将它们移动到循环外部，从而完成优化过程。

本书讨论的循环为自然循环（Natural Loop），自然循环是满足以下性质的循环：

- 自然循环有唯一的入口节点，称为首节点（Header），首节点支配循环内部的所有节点。
- 循环内部至少存在一条指向首节点的回边（Back Edge），若存在两节点 m 和 n，m dom n，存在有向边 e：$n \rightarrow m$，则有向边 e 被称为回边。若不存在回边，则不构成循环。

在设计优化之前，我们首先要关注，有哪些语句被认为是可被移动的。循环不变的代码外提是一件较为简单的事情：对于一个赋值语句等号右边的表达式，构成该表达式的每一个变量，使用到达定值模式进行分析，如果这些变量都在循环外部被定义，那么这条语句就是可被移动的。

通常情况下，且不论在算法中是如何定义“循环”的，可移动代码有很多需要关注的性质。

（1）被移动前是不是不可达代码。

例如，图 6.76 中的基本块 B3 中的代码均为不可达代码，如果在不可达代码消除之前将语句移动到其他位置，反而增加了冗余代码，更可能导致程序语义的改变。因此，在我们的实践技术中设计的优化管道，在循环不变代码外提和无用代码消除之前，设计了常量折叠和控制流优化，进行不可达代码的消除。如果我们选择只完成这一部分的优化，也可设计一些简单的全局扫描与常量折叠算法，进行不可达代码的判断与消除。

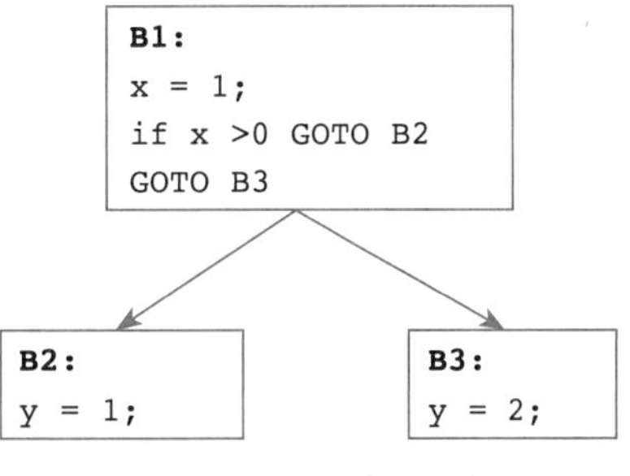

图 6.76　可达代码示例

（2）移动前，循环内部对该变量的赋值是唯一的。

在图 6.77 中，循环内部存在两条对 x 的赋值语句，无论将哪一条外提都会对语义产生影响。

（3）对变量赋值之前，循环内部不存在对该变量的使用。

在图 6.78 中，基本块中对 x 的赋值，在赋值之前存在对 x 的使用，若将其简单地外提到循环的外部，则会改变 x 的取值，从而改变语义。

（4）变量定义的基本块能够支配所有的循环出口。在图 6.79 中，循环存在两个出口基本块 B3 与 B6，虽然变量 y 与 z 均在循环的外部被定义，但是基本块 B6 中的语句 x=y+z 并不能被移动到 B1 或更前的基本块，否则会影响 B3-B5 路径上的结果（但该语句或许可被移动到基本块 B7）。在实践中，本书只要求将代码移动到基本块入口、入口的前驱基本块或在入口之前新构造的一个基本块中，而如果算法足够优秀，也可将其移动到后继的基本块中。

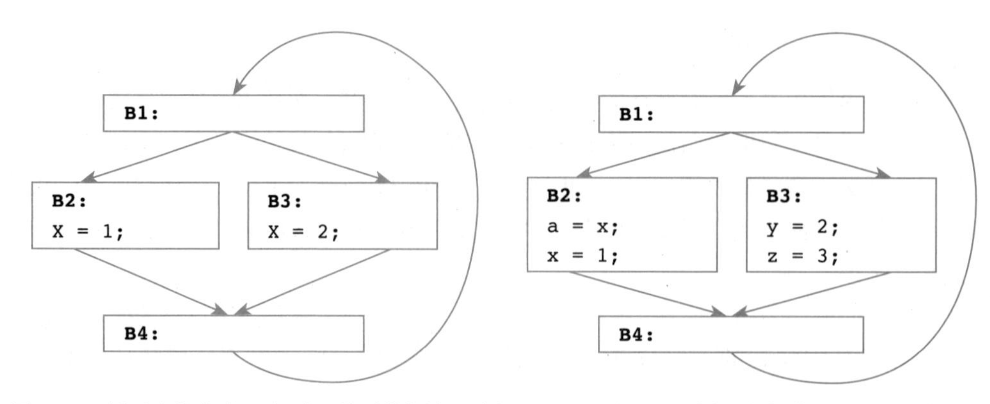

图 6.77 循环内部存在两条对 x 的赋值语句示例　　图 6.78 循环内部存在 use 的示例

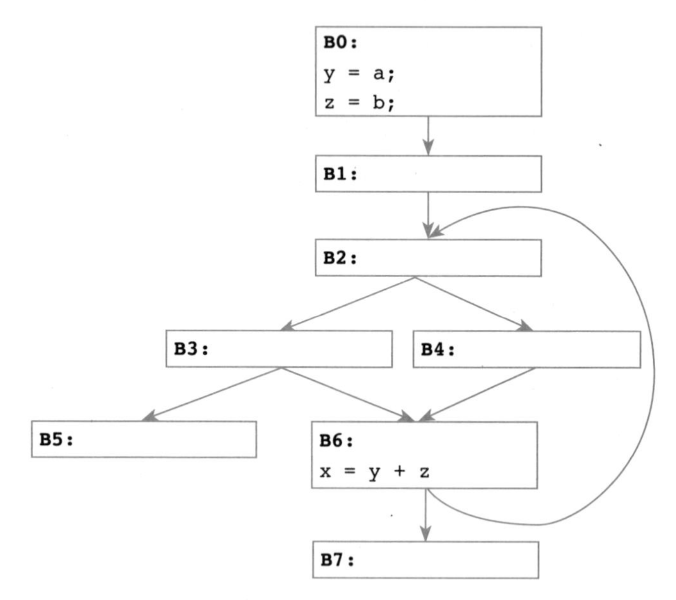

图 6.79 循环内部定义不能支配所有出口的示例

因此，可移动的代码需要满足以下的特性：

- 循环不变。
- 所处的基本块能够支配所有的出口基本块。
- 循环内部不存在其他对该变量的赋值。
- 所处的基本块能够支配所有存在该变量使用语句的基本块。

对于支配的相关概念，请翻阅本书常量传播中有关稀疏常量传播的部分。

同时，循环不变代码外提中，我们通常都是从最内层的循环进行代码外提，以下是一个由里到外进行循环不变代码外提的例子如图 6.80 所示（与图中语句无关的代码片段及跳转代码已省略）。

我们首先构造循环代码的支配树如图 6.81 所示。

图 6.80 中的这段代码，包含了两个循环：{B3,B4,B5,B7} 和 {B2,B3,B4,B5,B6,B7,B8}，我们将循环 {B3,B4,B5,B7} 标记为 L1，将循环 {B2,B3,B4,B5,B6,B7,B8} 标记为 L2，循环 L1 存在两个“出口”B4 与 B7，循环 L2 仅存在一个“出口”B8。

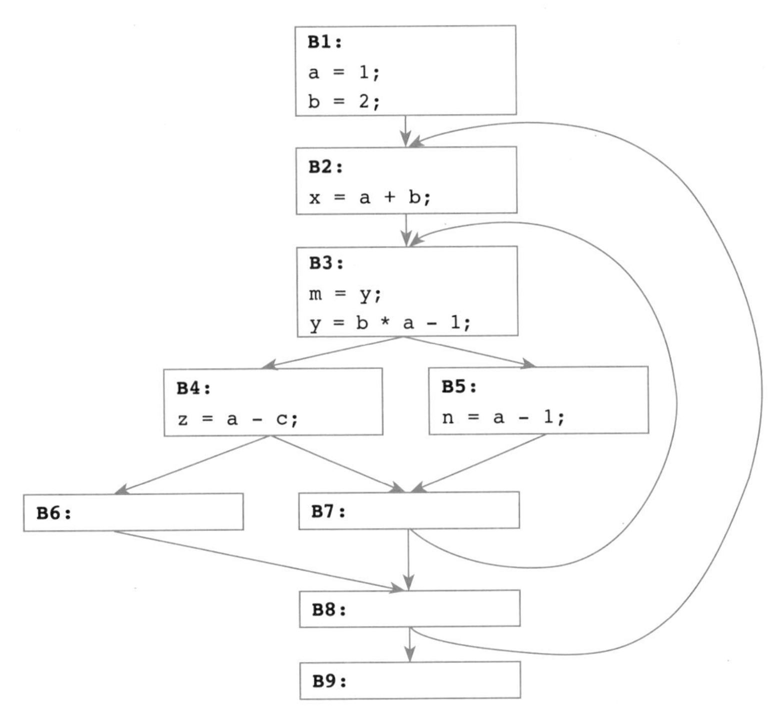

图 6.80　由里到外进行循环不变代码外提示例

我们基于从里到外的顺序，先处理内层循环 L1。

1）循环 L1 内部能够支配所有出口的基本块仅有 B3，其中存在的语句：

```
m = y;
y = b * a - 1;
```

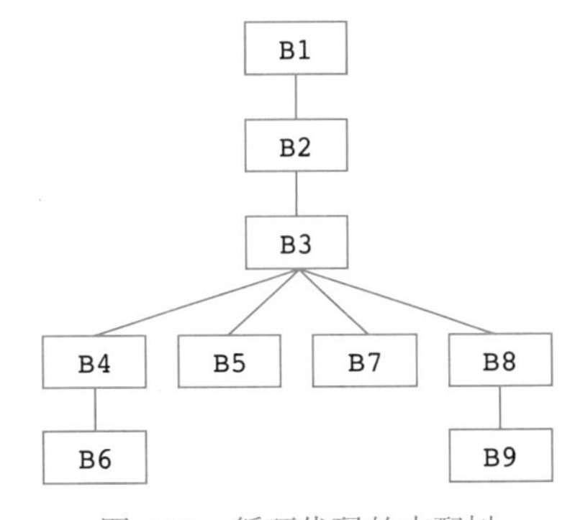

图 6.81　循环代码的支配树

基本块 B4 和 B5 中的语句不是可被外提的语句。

2）循环 L1 内部不存在其他对变量的赋值。

变量 y 和 m 在循环 L1 中均不存在其他的赋值。

3）循环 L1 内部赋值语句产生的变量的 def 关系能够支配所有对该变量的 use。

对变量 y 的赋值因不能支配所有的 use，故不能作为可被外提的语句。

4）对赋值语句等号右边的表达式中存在的变量使用到达定值模式进行分析。

m = y 中变量 y 的值不是定值，因此不可以作为循环不变的代码外提。

经过 4 个步骤，循环 L1 处理完毕，然后我们处理循环 L2。

1）循环 L2 内部能够支配所有出口的基本块有 B2 和 B3，其中存在的语句：

```
x = a + b;
m = y;
y = b * a - 1;
```

2）循环 L2 内部不存在其他对变量的赋值。

变量 x、y 和 m 在循环 L2 中均不存在其他的赋值。

3）循环 L2 内部赋值语句产生的变量的 def 关系能够支配所有对该变量的 use。

基本块 B3 中的变量已被分析过，而变量 x 在循环中不存在 use，因此满足条件。

4）对赋值语句等号右边的表达式中存在的变量使用到达定值模式进行分析。

赋值语句 x = a + b 等号右边的表达式 a+b 中存在的变量 a 与 b，使用到达定值模式分析后，其值均为定值，因此可作为循环不变的代码外提。

对循环的分析结束后，构成的控制流图如图 6.82 所示。

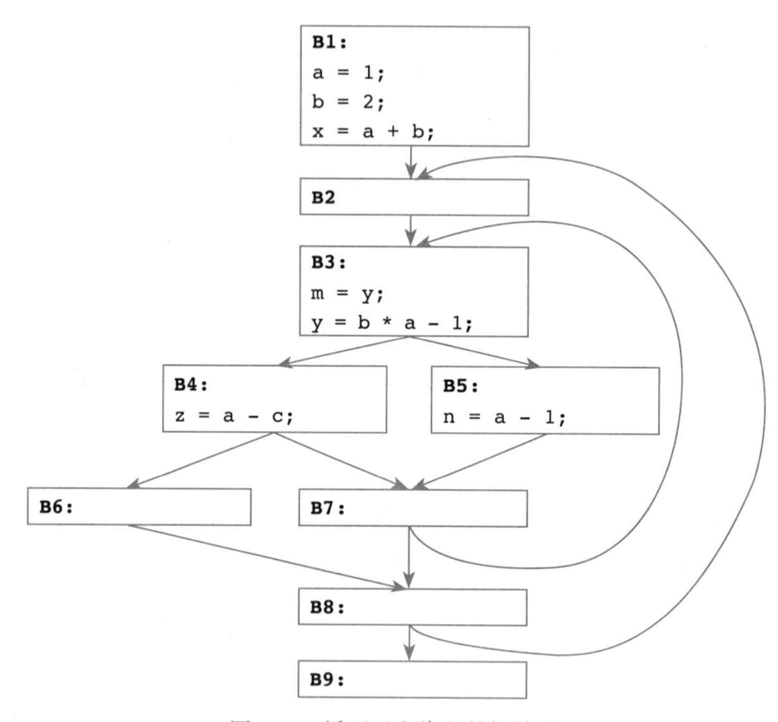

图 6.82 循环不变代码外提结果

我们将语句 x = a + b 从基本块 B2 移除，将其移动到循环“入口”的前驱基本块 B1 中，注意，此时因为存在跳转语句，B2 依然存在。有时，循环的入口存在多个前驱基本块，此时我们可额外增加一个基本块，并将语句置于其中，如图 6.83 所示。

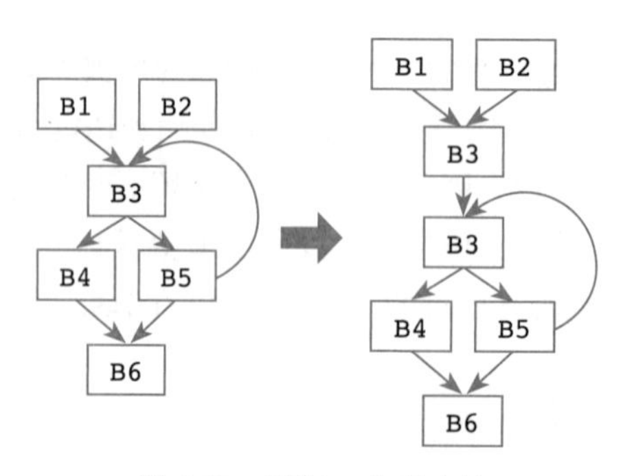

图 6.83 添加一个基本块

在实践中，我们需要基于到达定值模式及上述可移动代码的相关性质，迭代式地进行代码移动，生成的代码如图 6.84 所示。

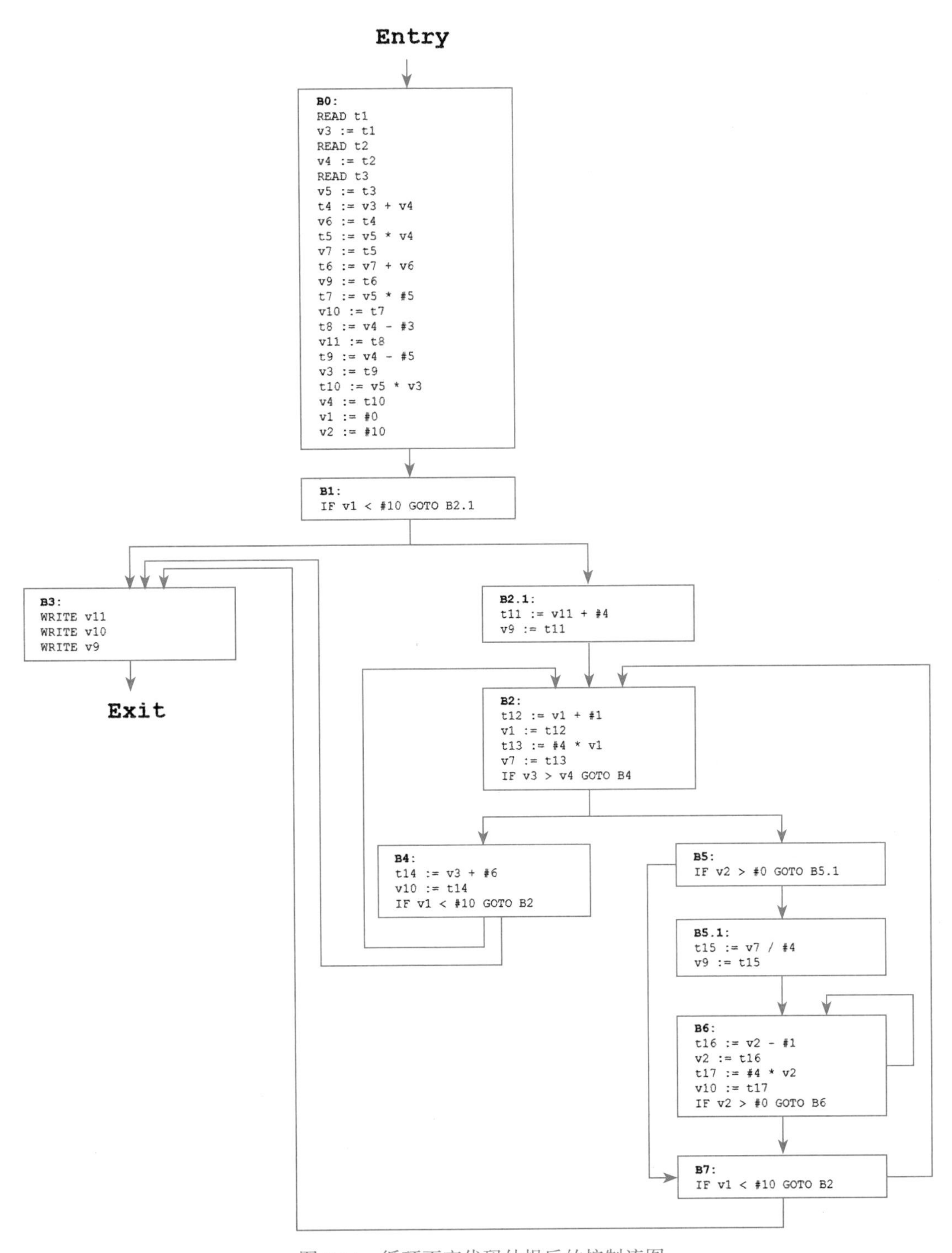

图 6.84　循环不变代码外提后的控制流图

相较于前三种优化，与循环相关的优化工作量较大，所需实现的算法也较多，存在一定难度。

5. 归纳变量强度削减

本书关注的另一个与循环相关的优化是归纳变量强度削减（Induction Variables Strength Reduction）。在优化管道的设计中，归纳变量强度削减通常跟随在循环不变代码外提之后。

基础归纳变量（Basic Induction Variable）是在循环内部每次赋值都加或减一个常数 c，并且该变量不能被替换成常数，且不是循环不变的变量，如：

x=x+c 或 x=x-c，c 为一常量。

则，归纳变量（Induction Variable）可能是：

- 一个基础归纳变量 x。
- 在循环中仅有一条针对该变量的赋值语句，且赋值语句等号右边的表达式为一个基础归纳变量的线性方程组，形如 y=x*c1+c2，其中 c1 与 c2 为常量，x 为一基础归纳变量。

构成基础归纳变量 a 的家族被定义为：一个变量构成的集合 A，对于 A 中的任意变量 b，在循环内部对 b 的赋值语句均为基础归纳变量 a 的线性方程组。

我们首先要关注，有哪些变量可被看作能够进行强度削减的变量。

对于基础归纳变量 a 的家族集合中的一个变量 b，b 能够被表示为：

```
b=a op c1+c2
```

其中 **op** 表示任何二元运算。

当程序内部存在如图 6.85 所示的语句时，我们可以使用 b' 代替 b，使用代数恒等式变化将代码转变为：

```
b' = b' + 3 * 1;
```

转化后的代码如图 6.86 所示。

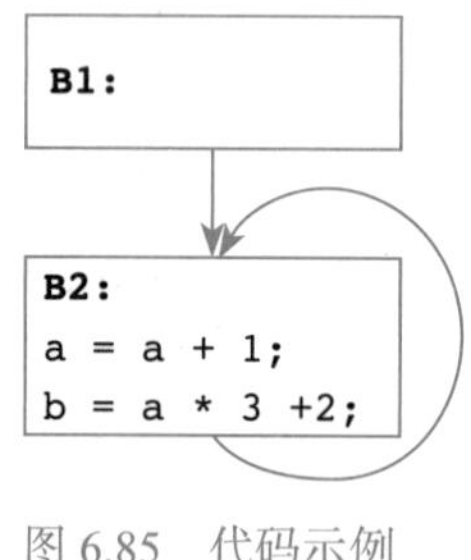

图 6.85 代码示例

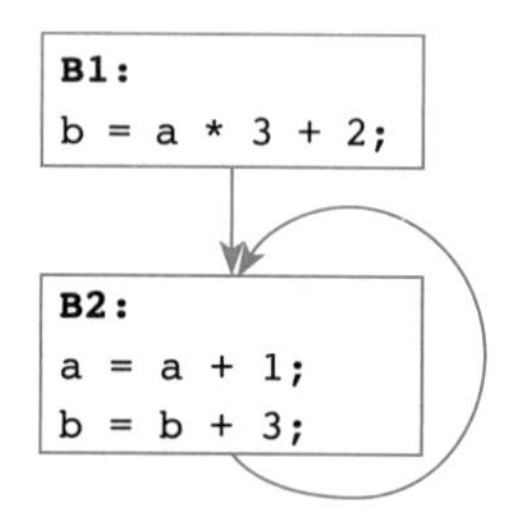

图 6.86 强度削减

对于可进行强度削减的变量，同样存在一些特性：

- 对变量的赋值能够支配所有的使用（与循环不变代码外提相同）。
- 对于基础归纳变量 a 与其家族成员 b，不存在循环外部的 a 对 b 的赋值产生影响。
- 循环内部不存在形如 a = a + c（c 为常量）之外对 a 的赋值语句，且对基础归纳变量的赋值语句能够支配所有对家族内部变量的赋值语句。

例如，对于图 6.87 所示的这段代码，B4 中对基础归纳变量 x 的赋值语句不支配 B5 中对 y 的赋值，因而不能进行归纳变量强度削减。

以下是一个归纳变量强度削减的例子：

1）对于图 6.88 中的代码，构造支配树如图 6.89 所示。

2）基于支配树，寻找基础归纳变量，寻找到变量 **x**。

3）迭代地构造基础归纳变量 **x** 的家族。

4）使用代数恒等式进行替换，实现强度削减（见图 6.90）。

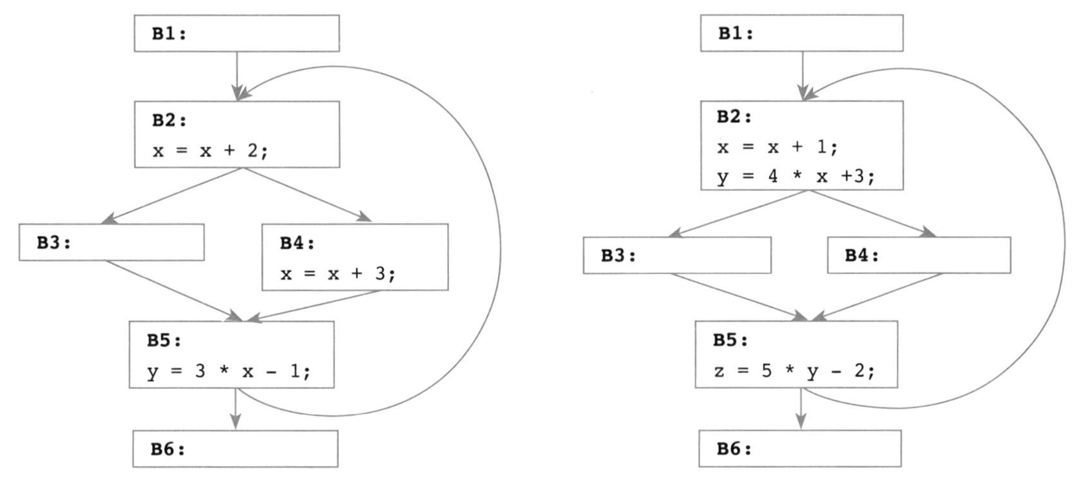

图 6.87　不能进行归纳变量强度削减的示例

图 6.88　归纳变量强度削减示例

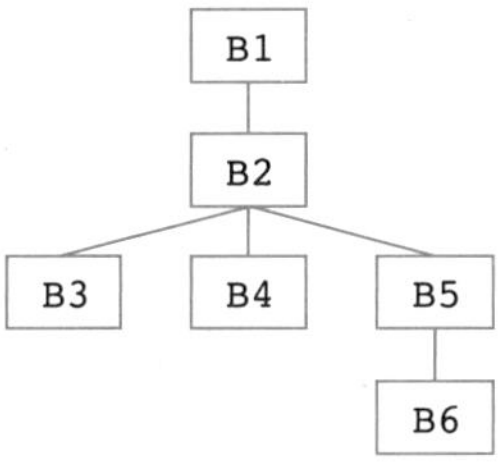

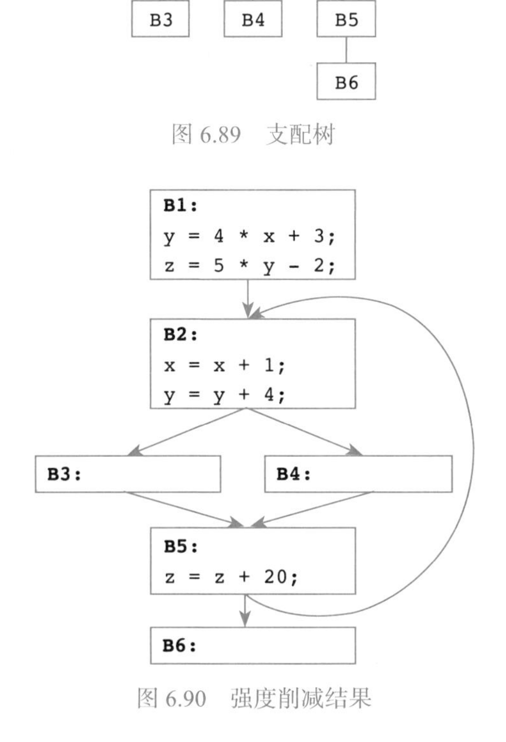

图 6.89　支配树

图 6.90　强度削减结果

在实践中，我们需要基于到达定值算法及上述归纳变量的相关性质，迭代式地进行强度削减，生成的代码如图 6.91 所示。

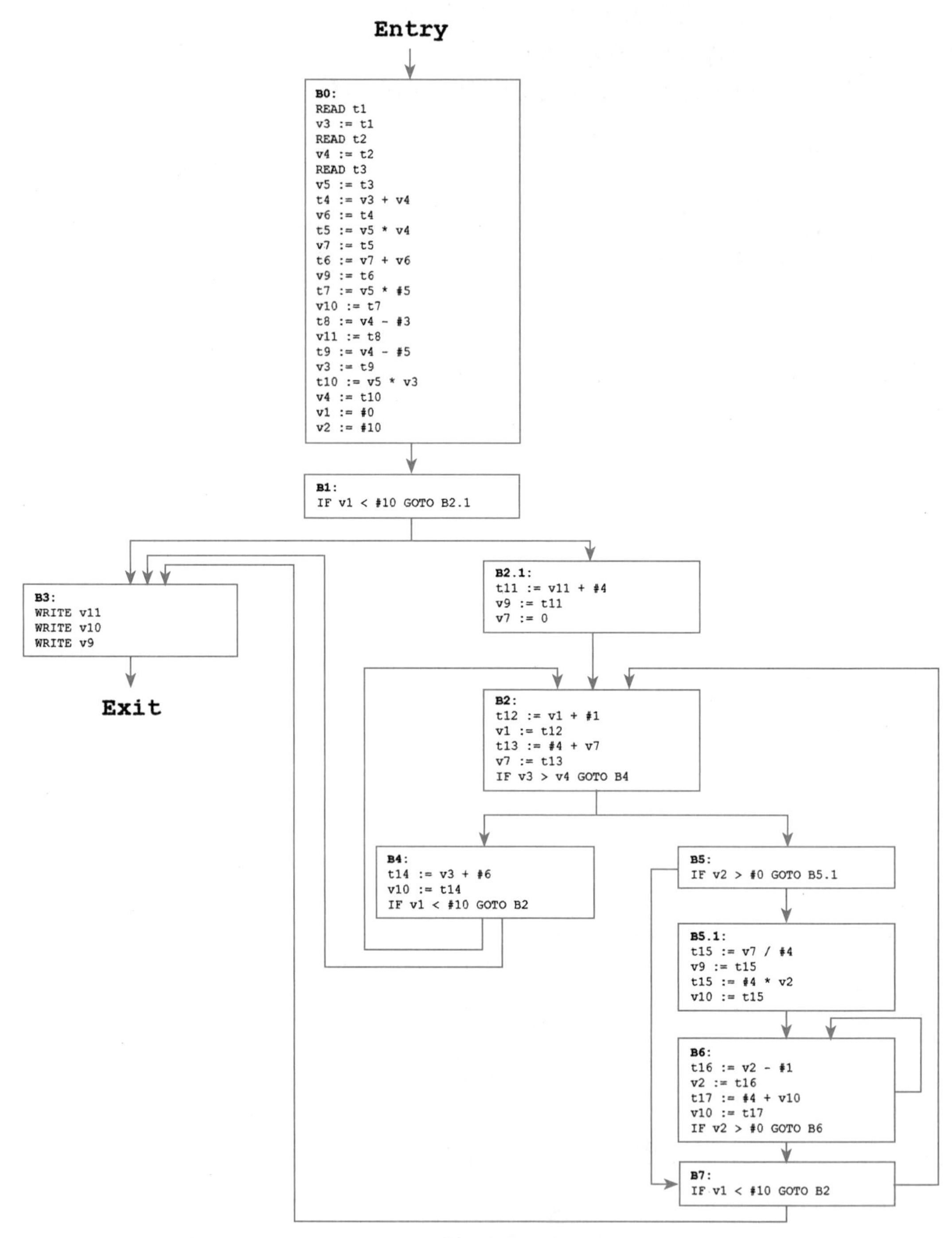

图 6.91　强度削减后的控制流图

我们可基于以上五个全局优化，尝试构造优化管道并实现优化算法。我们需要使得优化后的中间代码在执行时经过尽可能少且开销较少的语句，并且确保生成的中间代码的语义不发生改变。

6.2.3　过程间优化

至今为止，我们所提到的优化都为过程内优化（Intra-Procedural Optimization）。过程内优化只关注单个函数内部的程序优化，而相较于前文提到的局部优化（基本块内部）与全局优化（函数内部），过程间优化（Inter-Procedural Optimization）将优化范围扩大到多个函数，关注数据在调用者与被调用者之间的流动。过程间优化作为拓展阅读，不包含在本章实践中。

部分优化（如指针相关的优化）必须基于过程间优化进行。出于安全性的考虑，我们认为一次函数调用可能改变任何可被访问的指针变量所指向的内容，如果仅使用过程内分析进行程序优化，对指针相关的优化将极其保守，且十分低效。

```
int func (int x)
{
  void *p = (void*) x;
  int r = (int)p;
  return r;
}
```

C 语言中，int 类型的值可轻易与指针类型互转，若使用过程内分析的方式分析函数调用后的程序状态，会导致指针分析结果的全面失效。

1. 调用图（Call Graph）

进行过程间优化，我们首先需要了解，程序内部在哪些地方进行函数调用、调用者和被调用者分别是哪个函数及哪些数据在调用之间流动。为此，我们使用调用图（一个与过程内控制流图类似的图）来表示函数调用之间的关系（见图 6.92）。

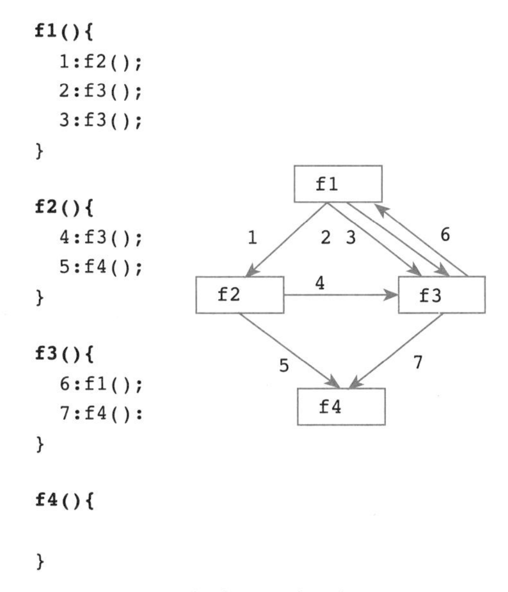

图 6.92　示例代码及其对应的调用图

图 6.92 中共有 7 个函数调用，有了调用图，我们就可以开始从事过程间的分析与优化。

2. 函数内联（Inlining）

进行过程间的分析，首先能被想到的，自然是将函数的调用与返回加入一个大的控制流图中，以“过程内”的方式进行过程间的分析，如图 6.93 所示。

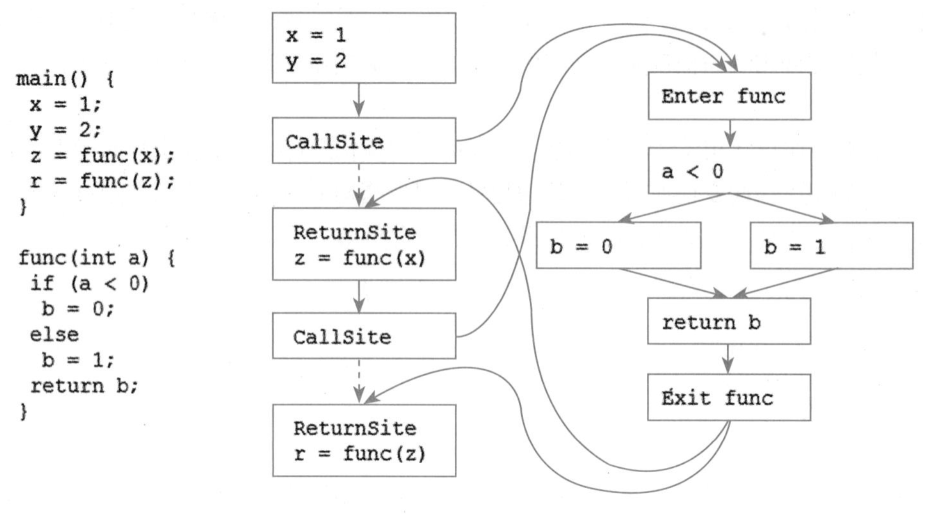

图 6.93　函数调用示例

在进行分析时，我们将被调用的函数内联进来：

```
main() {
    x = 1;
    y = 2;
    if (x < 0)
        b1 = 0;
    else
        b1 = 1;
    z = b1;
    if (z < 0)
        b2 = 0;
    else
        b2 = 1;
    r = b2;
}
```

这样的分析方式简单，易于理解，也是进行过程间分析的主要方式之一。然而，这种方法存在着开销昂贵的问题，且对于部分场景难以使用。因为，函数中存在着大量循环与函数的嵌套调用，使用内联进行分析时会使得代码规模呈现指数型增长，进行分析与优化时开销极大，如以下代码所示。

```
main() {
    while(a > 0){
        func1();
    }

    func1(){
        func2();
```

```
        }
        ...
    }

    func1(x){
        ...
        func1(x-1);
    }
```

函数的递归调用，难以使用函数内联的方式进行分析。

3. 函数摘要（Summary）

基于摘要的过程间分析是另一种进行分析的方式。在进行过程内的优化时，我们可以同步收集函数的各个输入参数从函数入口到出口之间的状态改变。对于不同的优化需求，我们构造相对应的抽象与内存模型，然后基于数据流分析或值流分析的方式，构造函数入口的程序状态与函数出口的程序状态之间的状态映射。函数摘要示例如图 6.94 所示。

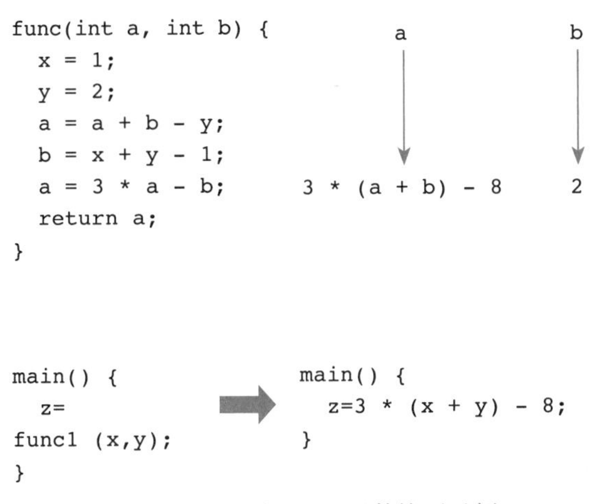

图 6.94　函数摘要示例

在进行优化时，采用由内到外的顺序，依次基于函数入口和出口的程序状态之间的映射关系，进行程序状态的更新与计算，进而实现程序的优化工作。

过程间优化广泛用于指针相关优化、Java 等面向对象的语言对虚方法的调用优化和并行代码的优化等，现有的过程间优化基于可达性分析、值流分析等理论，虽然在本章实践中没有要求，但是学有余力的同学可自行查阅资料进行进一步的学习与理解。

6.3　中间代码优化的实践内容

本节为实践内容五，任务是在词法分析、语法分析、语义分析和中间代码生成程序的基础上，使用数据流分析算法等消除效率低下和无法被轻易转化为机器代码的中间代码，从而将 C-- 源代码翻译成的中间代码转化为语义等价但是更加简洁高效的版本。本实践内容是实践内容三（中间代码生成）的延续，将重点检查所生成代码的语义一致性、简洁性和高效性。

需要注意的是，由于本次实践内容的代码会与之前实践内容中已经写好的代码进行对接，因此保持一个良好的代码风格、系统地设计代码结构和各模块之间的接口对于整个实践来讲相当重要。

6.3.1 实践要求

在本次实践中，对于给定的程序，在实践内容三生成的 IR 基础上，对 IR 进行中间代码优化。实践假设同实践内容三中间代码生成部分，输入的源程序不包含词法、语法及语义分析的错误，可以正常生成 IR。对于给定的 IR，程序要能够进行公共子表达式消除、无用代码消除、常量传播、循环不变表达式外提、强度削减、控制流图优化等中间代码优化。

（1）要求 6.1：完成基于数据流分析模式的优化。

1）公共子表达式消除：避免重复计算已经在先前计算过的表达式。

2）无用代码消除：删除执行不到的基本块和指令，删除仅存储但不使用的变量等。

3）常量传播：对于值恒为常量的表达式进行常量替换。

基于 6.1.3 节至 6.1.5 节所述的数据流分析模式和 6.2.2 节所述的全局优化的相关理论，完成三种优化模块设计和实现。程序需要输出与输入中间代码语义相同且更精炼的中间代码，并且优化的代码应只包含上述三种优化能够覆盖的中间代码。

（2）要求 6.2：完成循环不变代码外提优化，将每次执行结果都不变的表达式移动到循环外部。我们的程序应能够基于 6.2.2 节中所述循环不变代码外提的相关理论，进行循环不变代码外提优化。我们的程序需要输出与输入中间代码语义相同且更精炼的中间代码，并且优化的代码应只包含循环不变代码外提优化能够覆盖的中间代码。

（3）要求 6.3：完成归纳变量强度削减优化，将循环内部与归纳变量相关的高代价运算转换为低代价的运算。我们的程序应能够基于 6.2.2 节中所述归纳变量强度削减的相关理论，进行归纳变量强度削减优化。我们的程序需要输出与输入中间代码语义相同且更精炼的中间代码，并且优化的代码应只包含归纳变量强度削减优化能够覆盖的中间代码。

优化模块还需包含控制流图简化，去除空基本块，优化执行顺序。

实践内容五主要考察程序输出的中间代码的执行效率，因此需要考虑如何优化中间代码的生成，基于后文所述的中间代码优化方法进行代码优化。虚拟机将根据优化之后的代码行数与操作数量评估优化效果。

6.3.2 输入格式

我们的程序的输入是一个实践内容三输出的中间表达文本文件。输入文件每行对应一条中间代码，如果包含多个函数定义，则通过 FUNCTION 语句将这些函数隔开。程序需要能够接收一个输入文件名和一个输出文件名作为参数。例如，假设程序名为 cc、输入文件名为 input.ir、输出文件名为 output.ir，程序和输入文件都位于当前目录下，那么在 Linux 命令行下运行 ./cc input.ir output.ir 即可获得以 input.ir 作为输入文件的输出结果。

6.3.3 输出格式

实践内容五在实践内容三的基础上进行中间代码优化，输出格式与实践内容三相同。我们将使用虚拟机小程序统计优化后的中间代码所执行过的各种操作的次数，以此来估计程序生成的中间代码的效率。

6.3.4　验证环境

程序将在如下环境中被编译并运行：

- GNU Linux Release: Ubuntu 20.04, kernel version 5.4.0-28-generic
- GCC version 7.5.0
- GNU Flex version 2.6.4
- GNU Bison version 3.0.4
- 虚拟机（基于 Python3.8 实现）

一般而言，只要避免使用过于冷门的特性，使用其他版本的 Linux 或者 GCC 等，也基本上不会出现兼容性方面的问题。注意，实践内容五的检查过程中不会去安装或尝试引用各类方便编程的函数库（如 glib 等），因此请不要在你的程序中使用它们。在实验报告中，请标注所使用的版本。

6.3.5　提交要求

实践内容五要求提交如下内容：

（1）Flex、Bison 以及 C 语言的可被正确编译运行的源程序。

（2）一份 PDF 格式的实验报告，内容包括：

1）**你的程序实现了哪些功能？**简要说明如何实现这些功能。清晰的说明有助于助教对程序所实现的功能进行合理的测试。

2）**你的程序应该如何被编译？**可以使用脚本、makefile 或逐条输入命令进行编译，请详细说明应该如何编译程序。无法顺利编译将导致助教无法对程序所实现的功能进行任何测试，从而丢失相应的分数。

3）**实验报告的长度不得超过三页！**所以实验报告中需要重点描述的是程序中的亮点、最个性化、最具独创性的内容，而相对简单的、任何人都可以做的内容则可不提或简单地提一下，尤其要避免大段地向报告里贴代码。实验报告中所出现的最小字号不得小于 5 号字（或英文 11 号字）。

6.3.6　样例（必做部分）

实践内容五的样例包括**必做部分**与**选做部分**，分别对应于实践内容要求中的必做内容和选做要求。请仔细阅读样例，以加深对实践内容要求以及输出格式要求的理解。本节列举必做内容样例。

【样例 1】局部公共子表达式消除

- **输入**

```
1  FUNCTION main :
2  READ t1
```

```
3  v1 := t1
4  READ t2
5  v2 := t2
6  t3 := v1 + #2
7  v3 := t3
8  t4 := v3 + #1
9  v4 := t4
10 t5 := v1 + #3
11 v5 := t5
12 t6 := v1 + v2
13 v6 := t6
14 t7 := v1 + #2
15 v7 := t7
16 t8 := v1 + #2
17 v2 := t8
18 t9 := #0
19 RETURN t9
```

- 输出

对于这段只包含单个基本块的中间代码，对基本块中表达式构造有向无环图，并且运用代数恒等式转换。我们检查有向无环图中一个节点 N，是否与另一个节点 M 具有相同的运算符与子节点，若相同则消除公共子表达式，生成的中间代码可以是这样的：

```
1  FUNCTION main :
2  READ t1
3  v1 := t1
4  READ t2
5  v2 := t2
6  t3 := v1 + #2
7  v3 := t3
8  t4 := v3 + #1
9  v4 := t4
10 t5 := v1 + #3
11 v5 := t5
12 t6 := v1 + v2
13 v6 := t6
14 v7 := t3
15 v2 := t3
16 t9 := #0
17 RETURN t9
```

如果你的方法足够聪明，你会发现 t4 与 t5 也是相同的，通过设计合适的框架，能够使得公共子表达式的消除效果更好。

【样例 2】局部无用代码消除

- 输入

```
1  FUNCTION main :
2  READ t1
3  v1 := t1
4  READ t2
5  v2 := t2
6  v3 := #2
7  v4 := #3
8  t3 := v2 + v3
```

```
 9  v1 := t3
10  t4 := v1 - v4
11  v2 := t4
12  t5 := v2 + v3
13  v3 := t5
14  t6 := v1 - v4
15  v4 := t6
16  t7 := v1 + v3
17  v5 := t7
18  t8 := v1 - v4
19  v6 := t8
20  t9 := v4 + v6
21  v7 := t9
22  t10 := v2 + v1
23  v1 := t10
24  t11 := v7 + v6
25  v8 := t11
26  WRITE v8
27  t12 := v1 + v4
28  v9 := t12
29  WRITE v9
30  t13 := #0
31  RETURN t13
```

- 输出

对于 v1 ~ v7 七个变量，构造有向无环图。我们基于有向无环图，迭代地去除没有父节点且未被使用的根节点，消除无用代码，因此生成的中间代码可以是这样的：

```
 1  FUNCTION main :
 2  READ t1
 3  READ t2
 4  v2 := t2
 5  v3 := #2
 6  v4 := #3
 7  t3 := v2 + v3
 8  v1 := t3
 9  t4 := v1 - v4
10  v2 := t4
11  t5:= v2 + v3
12  v3 := t5
13  t6 := v1 - v4
14  v4 := t6
15  t7 := v1 - v4
16  v6 := t7
17  t8 := v4 + v6
18  v7 := t8
19  t9 := v2 + v1
20  v1 := t9
21  t10 := v7 + v6
22  v8 := t10
23  WRITE v8
24  t11 := v1 + v4
25  v9 := t11
26  WRITE v9
27  t12 := #0
28  RETURN t12
```

【样例 3】常量折叠

- 输入

```
1  FUNCTION main :
2  DEC v6 40
3  v1 := #30
4  t1 := v1 / #5
5  v2 := t1
6  t2 := #9 - v2
7  v2 := t2
8  t3 := v2 * #4
9  v3 := t3
10 t4 := #2 * v3
11 t5 := v1 - t4
12 v4 := t5
13 t6 := v4 * #4
14 t7 := &v6 + t6
15 t8 := *t7
16 v5 := t8
17 RETURN #0
```

- 输出

在编译时，我们使用常量折叠技术，识别并计算常量表达式，以避免在运行时计算它们的值。通常，我们迭代式地遍历中间代码，基于复制传播及常量传播技术，用常量代替一切识别为常量的变量或是表达式。对于以上的中间代码，优化后的中间代码可以是这样的：

```
1  FUNCTION main :
2  DEC v6 40
3  v1 := #30
4  t1 := #6
5  v2 := #6
6  t2 := #3
7  v2 := #3
8  t3 := #12
9  v3 := #12
10 t4 := #24
11 t5 := #6
12 v4 := #6
13 t6 := #24
14 t7 := &v6 + #24
15 t8 := *t7
16 v5 := t8
17 RETURN #0
```

6.3.7 样例（选做部分）

本节列举选做要求样例。

【样例 1】全局公共子表达式消除

- 输入

```
1  FUNCTION main :
2  READ t1
```

```
3   v1 := t1
4   READ t2
5   v2 := t2
6   t3 := v1 + #1
7   v3 := t3
8   t4 := v2 + #2
9   v4 := t4
10  t5 := v1 + v2
11  v5 := t5
12  t6 := v5 - v3
13  v6 := t6
14  t7 := v1 + v3
15  v7 := t7
16  t8 := v1 + v6
17  v4 := t8
18  v8 := #0
19  LABEL label1 :
20  IF v8 < v1 GOTO label2
21  GOTO label3
22  LABEL label2 :
23  t9 := v8 + #1
24  v8 := t9
25  IF v1 < v2 GOTO label4
26  GOTO label5
27  LABEL label4 :
28  t10 := v1 + v2
29  v8 := t10
30  t11 := v1 + #1
31  v6 := t11
32  GOTO label6
33  LABEL label5 :
34  t12 := v2 + v3
35  v1 := t12
36  t13 := v1 + v2
37  v5 := t13
38  LABEL label6 :
39  GOTO label1
40  LABEL label3 :
41  RETURN #0
```

- 输出

对于全局的公共子表达式的消除，通常我们采用可用表达式模式，分析到达某一程序点 p 的所有路径上，是否存在可用的表达式。全局公共子表达式消除后，中间代码可以是这样的：

```
1   FUNCTION main :
2   READ t1
3   v1 := t1
4   READ t2
5   v2 := t2
6   t3 := v1 + #1
7   v3 := t3
8   t4 := v2 + #2
9   v4 := t4
10  t5 := v1 + v2
11  v5 := t5
```

```
12  t6 := v5 - v3
13  v6 := t6
14  t7 := v1 + v3
15  v7 := t7
16  t8 := v1 + v6
17  v4 := t8
18  v8 := #0
19  LABEL label1 :
20  IF v8 < v1 GOTO label2
21  GOTO label3
22  LABEL label2 :
23  t9 := v8 + #1
24  v8 := t9
25  IF v1 < v2 GOTO label4
26  GOTO label5
27  LABEL label4 :
28  v8 := v5
29  t10 := v1 + #1
30  v6 := t10
31  GOTO label6
32  LABEL label5 :
33  t11 := v2 + v3
34  v1 := t11
35  t12 := v1 + v2
36  v5 := t12
37  LABEL label6 :
38  GOTO label1
39  LABEL label3 :
40  RETURN #0
```

【样例 2】常量传播

- 输入

```
 1  FUNCTION main :
 2  READ t1
 3  v1 := t1
 4  READ t2
 5  v2 := t2
 6  t3 := v1 + #1
 7  v3 := t3
 8  v4 := #2
 9  t4 := v3 * v4
10  v5 := t4
11  t5 := #2 + v3
12  v8 := t5
13  t6 := v3 * #2
14  v7 := t6
15  t7 := #2 * v3
16  t8 := t7 + #4
17  v9 := t8
18  IF v9 == v7 GOTO label2
19  LABEL label1 :
20  v3 := #3
21  t9 := v4 + #5
22  v5 := t9
23  t10 := #2 * v8
```

```
24  v1 := t10
25  t11 := v9 - v1
26  v2 := t11
27  GOTO label3
28  LABEL label2 :
29  v2 := v3
30  t12 := v5 + v2
31  v1 := t12
32  t13 := v7 * v3
33  v9 := t13
34  LABEL label3 :
35  t14 := v1 + v2
36  v8 := t14
37  v7 := v3
38  t15 := v5 - v2
39  v9 := t15
40  RETURN #0
```

- 输出

对于全局常量传播的计算，在实践中，我们仅要求读者能够熟练使用简单常量传播算法。在常量替换后，中间代码可以是这样的：

```
1   FUNCTION main :
2   READ t1
3   v1 := t1
4   READ t2
5   v2 := t2
6   t3 := v1 + #1
7   v3 := t3
8   v4 := #2
9   t4 := v3 * #2
10  v5 := t4
11  t5 := #2 + v3
12  v8 := t5
13  t6 := v3 * #2
14  v7 := t6
15  t7 := #2 * v3
16  t8 := t7 + #4
17  v9 := t8
18  IF v9 == v7 GOTO label2
19  LABEL label1 :
20  v3 := #3
21  v5 := #7
22  t9 := #2 * v8
23  v1 := t9
24  t10 := v9 - v1
25  v2 := t10
26  GOTO label3
27  LABEL label2 :
28  v2 := v3
29  t11 := v5 + v2
30  v1 := t11
31  t12 := v7 * v3
32  v9 := t12
33  LABEL label3 :
```

```
34  t13 := v1 + v2
35  v8 := t13
36  v7 := v3
37  t14 := v5 - v2
38  v9 := t14
39  RETURN #0
```

如果我们使用本书介绍的条件常量传播算法，并且采取更加智能的常量传播框架，可以发现，以上的中间代码中，v9 != v7 恒成立，程序只会执行 label1 分支的语句。因此你可以将中间代码优化为如下的形式。(包含变量的表达式存在不同的情况，在简化时需注意。)

```
1   FUNCTION main :
2   READ t1
3   v1 := t1
4   READ t2
5   v2 := t2
6   t3 := v1 + #1
7   v3 := t3
8   v4 := #2
9   t4 := v3 * #2
10  v5 := t4
11  t5 := #2 + v3
12  v8 := t5
13  t6 := v3 * #2
14  v7 := t6
15  t7 := #2 * v3
16  t8 := t7 + #4
17  v9 := t8
18  v3 := #3
19  v5 := #7
20  t9 := #2 * v8
21  v1 := t9
22  v2 := #0
23  v8 := v1
24  v7 := v3
25  v9 := #7
26  RETURN #0
```

【样例 3】全局无用代码消除

- 输入

```
1   FUNCTION main :
2   READ t1
3   v1 := t1
4   READ t2
5   v2 := t2
6   t3 := v1 + #1
7   v3 := t3
8   t4 := v2 + #2
9   v4 := t4
10  t5 := v1 + v2
11  v5 := t5
12  v6 := #0
13  LABEL label1 :
14  IF v6 < v1 GOTO label2
```

```
15  GOTO label3
16  LABEL label2 :
17  v1 := v5
18  t6 := v1 - #1
19  v4 := t6
20  IF v3 < v4 GOTO label4
21  GOTO label5
22  LABEL label4 :
23  v3 := #4
24  v2 := v4
25  t7 := v1 + v2
26  v6 := t7
27  GOTO label6
28  LABEL label5 :
29  t8 := v3 + #3
30  v3 := t8
31  v6 := v1
32  t9 := v1 + #1
33  v6 := t9
34  LABEL label6 :
35  t10 := v6 + #3
36  v6 := t10
37  GOTO label1
38  LABEL label3 :
39  t11 := #2 * v1
40  v5 := t11
41  t12 := v2 + v5
42  v6 := t12
43  RETURN #0
```

- 输出

对于一个变量在某个程序点上定义的值，若在之后的程序执行过程中未被使用，该定义语句是无用代码，可被削减。同时，对于不被执行的条件分支中的语句，也被认为是无用代码。对于无用代码消除，我们通常采取活跃变量分析的模式。生成的中间代码可以是这样的：

```
1  FUNCTION main :
2  READ t1
3  v1 := t1
4  READ t2
5  v2 := t2
6  t3 := v1 + #1
7  v3 := t3
8  t4 := v1 + v2
9  v5 := t4
10 v6 := #0
11 LABEL label1 :
12 IF v6 < v1 GOTO label2
13 GOTO label3
14 LABEL label2 :
15 v1 := v5
16 t5 := v1 - #1
17 v4 := t5
18 IF v3 < v4 GOTO label4
19 GOTO label5
20 LABEL label4 :
```

```
21  v3 := #4
22  v2 := v4
23  GOTO label6
24  LABEL label5 :
25  t6 := v3 + #3
26  v3 := t6
27  t7 := v1 + #1
28  v6 := t7
29  LABEL label6 :
30  t8 := v6 + #3
31  v6 := t8
32  GOTO label1
33  LABEL label3 :
34  t9 := #2 * v1
35  v5 := t9
36  t10 := v2 + v5
37  v6 := t10
38  RETURN #0
```

【样例 4】循环不变代码外提

- 输入

```
 1  FUNCTION main :
 2  READ t1
 3  v1 := t1
 4  READ t2
 5  v2 := t2
 6  t3 := v1 + #1
 7  v3 := t3
 8  t4 := v2 * #2
 9  v4 := t5
10  t5 := v3 * v4
11  v5 := t5
12  t6 := v5 * v4
13  t7 := v1 + t6
14  v6 := t7
15  t8 := v3 - v1
16  v7 := t8
17  LABEL label1 :
18  v1 := v7
19  t9 := v7 * v4
20  v2 := t9
21  IF v3 > v4 GOTO label2
22  GOTO label3
23  LABEL label2 :
24  v3 := #4
25  t10 := v1 * #5
26  v4 := t10
27  GOTO label4
28  LABEL label3 :
29  t11 := v1 - #3
30  v8 := t11
31  LABEL label4 :
32  IF v1 > v2 GOTO label1
33  GOTO label5
34  LABEL label5 :
```

```
35  t12 := #2 * v4
36  v9 := t12
37  RETURN #0
```

- 输出

程序执行的过程中，大部分的执行时间都花在循环上，因此，研究人员针对循环设计了许多编译优化技术。对于循环内部不管执行了多少次，都能得到相同结果的表达式，我们可以将其移动到循环外部，以避免循环过程中反复执行该表达式。经过循环不变代码外提后，中间代码可以是这样的：

```
 1  FUNCTION main :
 2  READ t1
 3  v1 := t1
 4  READ t2
 5  v2 := t2
 6  t3 := v1 + #1
 7  v3 := t3
 8  t4 := v2 * #2
 9  v4 := t4
10  t5 := v3 * v4
11  v5 := t5
12  t6 := v5 * v4
13  t7 := v1 + t6
14  v6 := t7
15  t8 := v3 - v1
16  v7 := t8
17  v1 := v7
18  LABEL label1 :
19  t9 := v7 * v4
20  v2 := t9
21  IF v3 > v4 GOTO label2
22  GOTO label3
23  LABEL label2 :
24  v3 := #4
25  t10 := v1 * #5
26  v4 := t10
27  GOTO label4
28  LABEL label3 :
29  t11 := v1 - #3
30  v8 := t11
31  LABEL label4 :
32  IF v1 > v2 GOTO label1
33  GOTO label5
34  LABEL label5 :
35  t12 := #2 * v4
36  v9 := t12
37  RETURN #0
```

【样例 5】强度削减

- 输入

```
 1  FUNCTION main :
 2  READ t1
 3  v1 := t1
```

```
4   READ t2
5   v2 := t2
6   t3 := #4 * v1
7   v3 := t3
8   t4 := #4 * v2
9   v4 := t4
10  t5 := v1 - #1
11  v5 := t5
12  t6 := v2 * #2
13  v6 := t6
14  t7 := v1 + v2
15  v7 := t7
16  t8 := v3 * v5
17  v8 := t8
18  t9 := v7 - v4
19  v9 := t9
20  LABEL label1 :
21  IF v3 < v9 GOTO label2
22  GOTO label3
23  LABEL label2 :
24  t10 := v1 + #1
25  v1 := t10
26  t11 := #4 * v1
27  v3 := t11
28  t12 := v3 * v4
29  V5 := t12
30  LABEL label4 :
31  IF v4 > v5 GOTO label5
32  GOTO label6
33  LABEL label5 :
34  t13 := v2 - #1
35  v2 := t13
36  t14 := #4 * v2
37  v4 := t14
38  GOTO label4
39  LABEL label6 :
40  GOTO label1
41  LABEL label3 :
42  RETURN #0
```

- 输出

对于循环内部的昂贵操作，我们可以对其做一些语义相同的转化，将“昂贵”的操作转化为相对便宜的操作。我们运用强度削减，将其中可以简化的乘法操作转化为加法或减法操作，生成的中间代码可以是这样的：

```
1   FUNCTION main :
2   READ t1
3   v1 := t1
4   READ t2
5   v2 := t2
6   t3 := #4 * v1
7   v3 := t3
8   t4 := #4 * v2
9   v4 := t4
10  t5 := v1 - #1
```

```
11  v5 := t5
12  t6 := v2 * #2
13  v6 := t6
14  t7 := v1 + v2
15  v7 := t7
16  t8 := v3 * v5
17  v8 := t8
18  t9 := v7 - v4
19  v9 := t9
20  LABEL label1 :
21  IF v3 < v9 GOTO label2
22  GOTO label3
23  LABEL label2 :
24  t10 := v1 + #1
25  v1 := t10
26  t11 := v3 + #4
27  v3 := t11
28  t12 := v3 * v4
29  V5 := t12
30  LABEL label4 :
31  IF v4 > v5 GOTO label5
32  GOTO label6
33  LABEL label5 :
34  t13 := v2 - #1
35  v2 := t13
36  t14 := v4 - #4
37  v4 := t14
38  GOTO label4
39  LABEL label6 :
40  GOTO label1
41  LABEL label3 :
42  RETURN #0
```

6.4　本章小结

本章介绍了编译器中间代码优化的关键原理与算法，中间代码优化是本书前面章节中间代码生成内容的后续。在该步骤中，主要是采用数据流分析技术对中间代码进行常量传播、公共子表达式消除、无用代码消除、循环不变代码外提等优化，以期生成性能更高的目标代码。在本章中，我们提供了中间代码优化的基础理论和实践指导，包括数据流分析理论与框架、到达定值分析、可用表达式分析、活跃变量分析、局部优化、全局优化，以及过程间优化等内容。通过本章的学习，读者可以了解到基本的程序分析技术，并掌握中间代码优化的完整流程和方法。

习题

6.1　指出下列偏序集是否为半格或格。

（1）$(A, |)$，其中 | 表示正整数上的整除关系，A 是集合 $\{1,3,5,9,15,25,45,75\}$。

（2）$(E, >)$，其中 $>$ 表示大于关系，E 表示所有偶数组成的集合。

（3）哈斯图如图 6.95 所示。

6.2　对于图 6.96 中的控制流图，结合到达定值分析算法（见 6.1.3 节），计算下列值：

（1）每个基本块的 gen 和 kill 集合。

（2）每个基本块的 IN 和 OUT 集合。

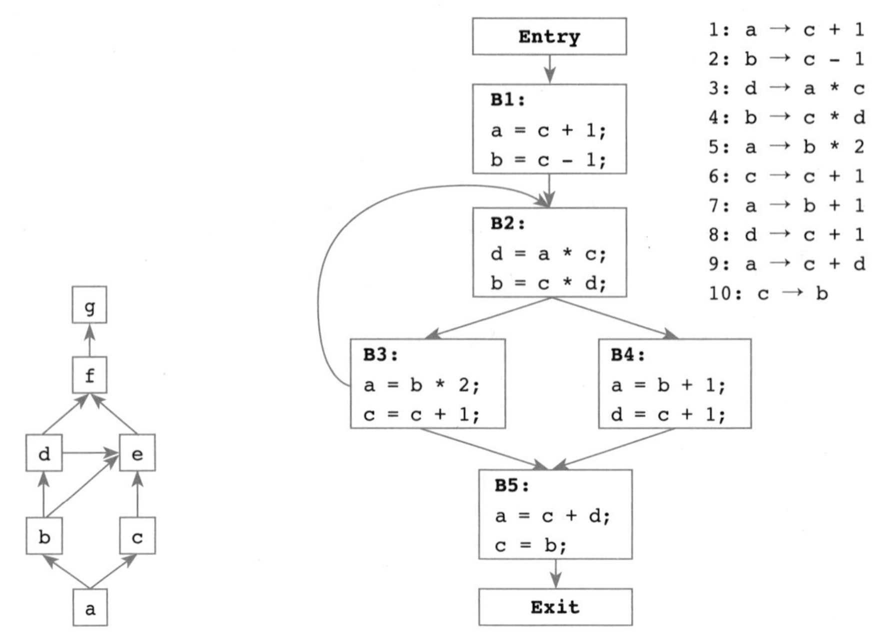

图 6.95　习题 6.1 的哈斯图

图 6.96　习题 6.2 的控制流图

6.3　对于图 6.97 中的控制流图，结合可用表达式分析算法（见 6.1.4 节），计算下列值：

（1）每个基本块的 e_gen 和 e_kill 集合。

（2）每个基本块的 IN 和 OUT 集合。

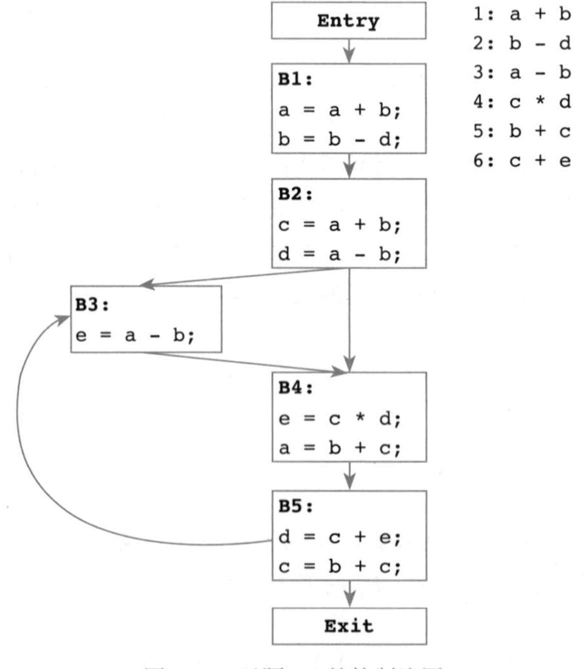

图 6.97　习题 6.3 的控制流图

6.4　对于图 6.98 中的控制流图，结合活跃变量分析算法（见 6.1.5 节），计算下列值：

（1）每个基本块的 def 和 use 集合。

（2）每个基本块的 IN 和 OUT 集合。

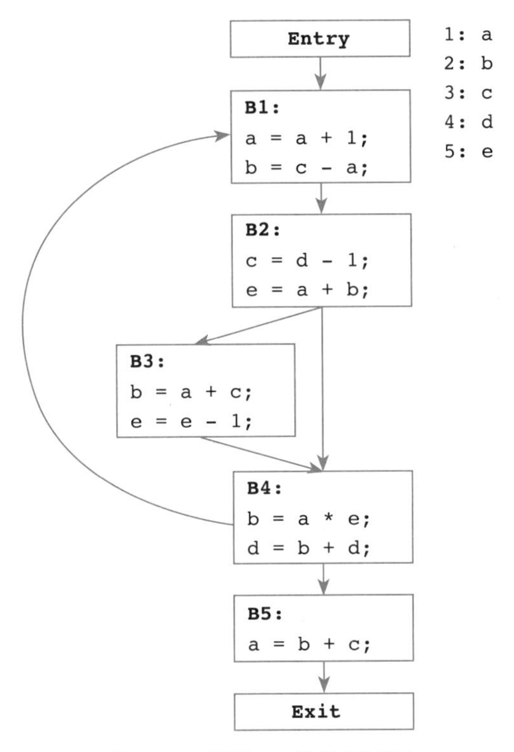

图 6.98　习题 6.4 的控制流图

6.5　为图 6.99 中的两个基本块构造 DAG。

6.6　对图 6.100 中的基本块进行局部优化。

（1）构造基本块的有向无环图。

（2）对（1）中构造的有向无环图，进行局部公共子表达式消除优化。

（3）对（2）中构造的有向无环图，进行常量折叠优化。

```
B1:
READ t1
v1 := t1
v2 := #1
t2 := v1 + v2
v3 := t2
v4 := #2
t3 := v3 + v4
v5 := t3
```

```
B2:
v1 := #5
v2 := #10
t1 := v1 + v2
v3 := t1
v4 := #15
t2 := v3 - v4
v5 := t2
v6 := #0
```

图 6.99　习题 6.5 的基本块

```
B0:
v1 := #1
v2 := #2
READ t1
v3 := t1
t2 := v1 + v2
v4 := t2
t3 := v4 + v1
v5 := t3
t4 := v3 + v5
v3 := t4
t5 := v1 + v4
v2 := t5
t6 := v3 - v2
v6 := t6
```

图 6.100　习题 6.6 的基本块

6.7 对图 6.101 中的程序控制流图运行简单常量传播算法，并在每个基本块的出口处指出所有变量的状态（UNDEF，常量 c 或 NAC）。

6.8 对于图 6.102 中的控制流图进行全局优化。

（1）尽可能地消除该控制流图中的全局公共子表达式。

（2）在前一小问的基础上，尽可能地对该控制流图进行复制传播优化。

（3）在前一小问的基础上，尽可能地消除该控制流图中的所有死代码。

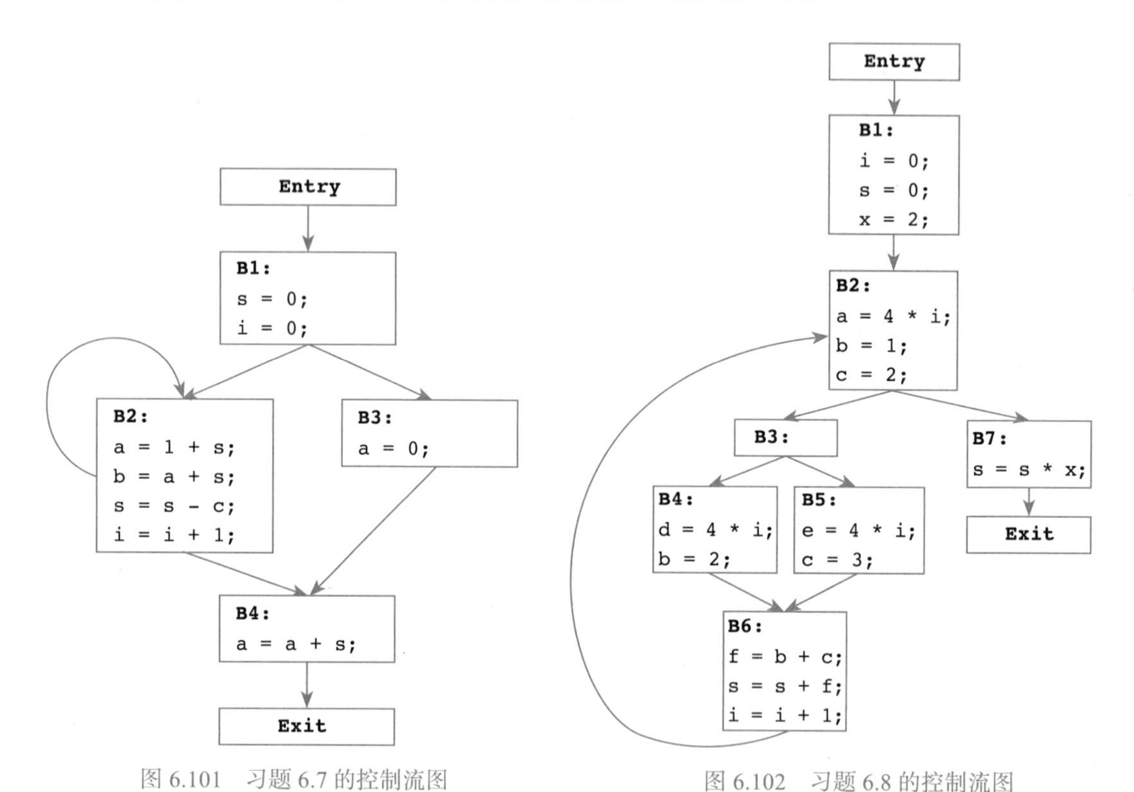

图 6.101　习题 6.7 的控制流图

图 6.102　习题 6.8 的控制流图

6.9 图 6.103 中的中间代码是用来计算两个向量 ***A*** 和 ***B*** 的欧氏距离的平方。按照以下全局优化管道对它尽可能地进行优化：消除公共子表达式，对归纳变量进行强度消减，消除归纳变量。

```
(1)  sum = 0
(2)  i = 0
(3)  a = i * 8
(4)  b = A[a]
(5)  c = i * 8
(6)  d = B[c]
(7)  e = b - c
(8)  f = b - c
(9)  g = e * f
(10) sum = sum + g
(11) i = i + 1
(12) if i < n goto (3)
```

图 6.103　习题 6.9 的中间代码

6.10 对下面两段代码分别进行过程间优化。

（1）对下面的 C 代码进行函数内联优化。

```
int func1(int t2) {
  int c = -t2;
  return c;
}

int func2(int t1) {
  if (t1 > 0) {
    int a = t1 + 1;
    return a;
  } else {
    int b = func1(t1);
    return b;
  }
}

int main() {
  int x = 1;
  int y = func2(x);
  return 0;
}
```

（2）对下面的 C 代码进行函数摘要优化。

```
int hypot2(int x, int y) {
  int a = x * x;
  int b = y * y;
  int c = a + b;
  return a + b;
}
int main() {
  int x = ...;
  int y = ...;
  int z = hypot2(x, y);
  return 0;
}
```

第 7 章　结束语

至此，我们已经从理论方法到实践技术全面介绍了一个支持 C-- 语言的编译器的完整实现过程。整个过程包括了词法分析和语法分析、语义分析、中间代码生成、目标代码生成以及中间代码优化五个部分。在每个部分中，我们提供了较为详细的理论知识、实践技术、实践内容和对应的习题，以帮助读者深入理解并进行实际操作。这些内容涵盖了编译过程中相关的理论基础、编译器实现当中的技术教程、实现后的测试环境和样例，以及加强理解的巩固练习等方面。在完成这些内容后，我们还提供了三个附录，分别为 C-- 语言文法、虚拟机小程序使用说明，以及资源下载和安装说明，请读者按照编译原理实践的需要进行参考和应用。

附　　录

附录 A　C-- 语言文法

在本附录中，我们给出 C-- 语言的文法定义和补充说明。

文法定义

Tokens

```
INT → /* A sequence of digits without spaces㊀*/
FLOAT → /* A real number consisting of digits and one decimal point. The
  decimal point must be surrounded by at least one digit㊁ */
ID → /* A character string consisting of 52 upper- or lower-case alphabetic,
  10 numeric and one underscore characters. Besides, an identifier must not start
  with a digit㊂ */
SEMI → ;
COMMA → ,
ASSIGNOP → =
RELOP → > | < | >= | <= | == | !=
PLUS → +
MINUS → -
STAR → *
DIV → /
AND → &&
OR → ||
DOT → .
NOT → !
TYPE → int | float
LP → (
RP → )
LB → [
RB → ]
LC → {
RC → }
STRUCT → struct
RETURN → return
IF → if
ELSE → else
WHILE → while
```

㊀ 你需要自行考虑如何用正则表达式表示整型数，可以假设每个整型数不超过 32 位。

㊁ 你需要自行考虑如何用正则表达式表示浮点数，可以只考虑符合 C 语言规范的浮点常数。

㊂ 你需要自行考虑如何用正则表达式表示标识符，可以假设每个标识符长度不超过 32 个字符。

High-level Definitions

```
Program → ExtDefList
ExtDefList → ExtDef ExtDefList
  | ε
ExtDef → Specifier ExtDecList SEMI
  | Specifier SEMI
  | Specifier FunDec CompSt
ExtDecList → VarDec
  | VarDec COMMA ExtDecList
```

Specifiers

```
Specifier → TYPE
  | StructSpecifier
StructSpecifier → STRUCT OptTag LC DefList RC
  | STRUCT Tag
OptTag → ID
  | ε
Tag → ID
```

Declarators

```
VarDec → ID
  | VarDec LB INT RB
FunDec → ID LP VarList RP
  | ID LP RP
VarList → ParamDec COMMA VarList
  | ParamDec
ParamDec → Specifier VarDec
```

Statements

```
CompSt → LC DefList StmtList RC
StmtList → Stmt StmtList
  | ε
Stmt → Exp SEMI
  | CompSt
  | RETURN Exp SEMI
  | IF LP Exp RP Stmt
  | IF LP Exp RP Stmt ELSE Stmt
  | WHILE LP Exp RP Stmt
```

Local Definitions

```
DefList → Def DefList
  | ε
Def → Specifier DecList SEMI
DecList → Dec
  | Dec COMMA DecList
Dec → VarDec
  | VarDec ASSIGNOP Exp
```

Expressions

```
Exp → Exp ASSIGNOP Exp
   | Exp AND Exp
   | Exp OR Exp
   | Exp RELOP Exp
   | Exp PLUS Exp
   | Exp MINUS Exp
   | Exp STAR Exp
   | Exp DIV Exp
   | LP Exp RP
   | MINUS Exp
   | NOT Exp
   | ID LP Args RP
   | ID LP RP
   | Exp LB Exp RB
   | Exp DOT ID
   | ID
   | INT
   | FLOAT
Args → Exp COMMA Args
   | Exp
```

补充说明

Tokens

这一部分的产生式主要与词法有关：

（1）词法单元 INT 表示的是所有（无符号）整型常数。一个十进制整数由 0~9 十个数字组成，数字与数字中间没有如空格之类的分隔符。除“0”之外，十进制整数的首位数字不为 0。例如，0、234、10000 都表示十进制整数。为方便起见，你可以假设（或者只接受）输入的整数都在 32 位之内。

（2）整型常数还可以以八进制或十六进制的形式出现。八进制整数由 0~7 八个数字组成并以数字 0 开头，十六进制整数由 0~9、A~F（或 a~f）十六个数字组成并以 0x 或者 0X 开头。例如，0237（表示十进制的 159）、0xFF32（表示十进制的 65330）。

（3）词法单元 FLOAT 表示的是所有（无符号）浮点型常数。一个浮点数由一串数字与一个小数点组成，小数点的前后必须有数字出现。例如，0.7、12.43、9.00 都是浮点数。为方便起见，你可以假设（或者只接受）输入的浮点数都符合 IEEE754 单精度标准（即都可以转换成 C 语言中的 float 类型）。

（4）浮点型常数还可以以指数形式（即科学记数法）表示。指数形式的浮点数必须包括基数、指数符号和指数三个部分，且三部分依次出现。基数部分由一串数字（0~9）和一个小数点组成，小数点可以出现在数字串的任何位置；指数符号为“E”或“e”；指数部分由可带“+”或“-”（也可不带）的一串数字（0~9）组成，“+”或“-”（如果有）必须出现在数字串之前。例如，01.23E12（表示 1.23×10^{12}）、43.e-4（表示 43.0×10^{-4}）、.5E03（表示 0.5×10^{3}）。

（5）词法单元 ID 表示的是除去保留字以外的所有标识符。标识符可以由大小写字母、数字以及下划线组成，但必须以字母或者下划线开头。为方便起见，你可以假设（或者只接受）标识符的长度小于 32 个字符。

（6）除了 INT、FLOAT 和 ID 这三个词法单元以外，其他产生式中箭头右边都表示具体的字符串。例如，产生式 TYPE → int | float 表示：输入文件中的字符串“int”和“float”都将被识别为词法单元 TYPE。

High-level Definitions

这一部分的产生式包含了 C-- 语言中所有的高层（全局变量以及函数定义）语法。

（1）语法单元 Program 是初始语法单元，表示整个程序。

（2）每个 Program 可以产生一个 ExtDefList，这里的 ExtDefList 表示 0 个或多个 ExtDef（如 xxList 表示 0 个或多个 xx 的定义，要习惯这种定义风格）。

（3）每个 ExtDef 表示一个全局变量、结构体或函数的定义。其中：

（a）产生式 ExtDef → Specifier ExtDecList SEMI 表示全局变量的定义，例如“int global1, global2;”。其中 Specifier 表示类型，ExtDecList 表示 0 个或多个对一个变量的定义 VarDec。

（b）产生式 ExtDef → Specifier SEMI 专门为结构体的定义而准备，例如“struct {…};”。这条产生式也会允许出现像“int;”这样没有意义的语句，但实际上在标准 C 语言中这样的语句也是合法的。所以这种情况不作为错误的语法（即不需要报错）。

（c）产生式 ExtDef → Specifier FunDec CompSt 表示函数的定义，其中 Specifier 是返回类型，FunDec 是函数头，CompSt 表示函数体。

Specifiers

这一部分的产生式主要与变量的类型有关。

（1）Specifier 是类型描述符，它有两种取值，一种是 Specifier → TYPE，直接变成基本类型 int 或 float，另一种是 Specifier → StructSpecifier，变成结构体类型。

（2）对于结构体类型来说：

1）产生式 StructSpecifier → STRUCT OptTag LC DefList RC：这是定义结构体的基本格式，例如 struct Complex { int real, image; }。其中 OptTag 可有可无，因此也可以这样写：struct { int real, image; }。

2）产生式 StructSpecifier → STRUCT Tag：如果之前已经定义过某个结构体，比如 struct Complex {…}，那么之后可以直接使用该结构体来定义变量，例如 struct Complex a, b;，而不需要重新定义这个结构体。

Declarators

这一部分的产生式主要与变量和函数的定义有关。

（1）VarDec 表示对一个变量的定义。该变量可以是一个标识符（例如 int a 中的 a），也可以是一个标识符后面跟着若干对方括号括起来的数字（例如 int a[10][2] 中的 a[10][2]，在这种情况下 a 是一个数组)。

（2）FunDec 表示对一个函数头的定义。它包括一个表示函数名的标识符以及由一对圆括号括起来的一个形参列表，该列表由 VarList 表示（也可以为空)。VarList 包括一个或多个 ParamDec，其中每个 ParamDec 都是对一个形参的定义，该定义由类型描述符 Specifier 和变量定义 VarDec 组成。例如一个完整的函数头为：foo(int x, float y[10])。

Statements

这一部分的产生式主要与语句有关。

（1）CompSt 表示一个由一对花括号括起来的语句块。该语句块内部先是一系列的变量定义 DefList，然后是一系列的语句 StmtList。可以发现，对 CompSt 这样的定义，是不允许在程序的任意位置定义变量的，必须在每一个语句块的开头才可以定义。

（2）StmtList 就是 0 个或多个 Stmt 的组合。每个 Stmt 都表示一条语句，该语句可以是一个在末尾添了分号的表达式（Exp SEMI），可以是另一个语句块（CompSt），可以是一条返回语句（RETURN Exp SEMI），可以是一条 if 语句（IF LP Exp RP Stmt），可以是一条 if-else 语句（IF LP Exp RP Stmt ELSE Stmt），也可以是一条 while 语句（WHILE LP Exp RP Stmt）。

Local Definitions

这一部分的产生式主要与局部变量的定义有关。

（1）DefList 这个语法单元前面曾出现在 CompSt 以及 StructSpecifier 产生式的右边，它就是一串像 int a; float b, c; int d[10]; 这样的变量定义。一个 DefList 可以由 0 个或者多个 Def 组成。

（2）每个 Def 就是一条变量定义，它包括一个类型描述符 Specifier 以及一个 DecList，例如 int a, b, c;。由于 DecList 中的每个 Dec 又可以变成 VarDec ASSIGNOP Exp，这允许我们对局部变量在定义时进行初始化，例如 int a = 5;。

Expressions

这一部分的产生式主要与表达式有关。

（1）表达式可以演化出的形式多种多样，但总体上看不外乎下面几种：

1）包含二元运算符的表达式：赋值表达式（Exp ASSIGNOP Exp)、逻辑与（Exp AND Exp)、逻辑或（Exp OR Exp)、关系表达式（Exp RELOP Exp）以及四则运算表达式（Exp PLUS Exp 等)。

2）包含一元运算符的表达式：括号表达式（LP Exp RP)、取负（MINUS Exp）以及逻辑非（NOT Exp)。

3）不包含运算符但又比较特殊的表达式：函数调用表达式（带参数的 ID LP Args RP 以及不带参数的 ID LP RP)、数组访问表达式（Exp LB Exp RB）以及结构体访问表达式（Exp DOT ID)。

4）最基本的表达式：整型常数（INT)、浮点型常数（FLOAT）以及普通变量（ID)。

（2）语法单元 Args 表示实参列表，每个实参都可以变成一个表达式 Exp。

（3）由于表达式中可以包含各种各样的运算符，为了消除潜在的二义性问题，我们需要给出这些运算符的优先级（precedence）以及结合性（associativity），如表 A.1 所示。

表 A.1　C-- 语言中运算符的优先级和结合性

优先级①	运算符	结合性	描述
1	(,)	左结合	括号或函数调用
	[,]		数组访问
	.		结构体访问
2	−	右结合	取负
	!		逻辑非
3	*	左结合	乘
	/		除
4	+		加
	−		减
5②	<		小于
	<=		小于或等于
	>		大于
	>=		大于或等于
	==		等于
	!=		不等于
6	&&		逻辑与
7	||		逻辑或
8	=	右结合	赋值

① 数值越小表示代表优先级越高。

② 在标准 C 语言中，“>”“<”“>=”和“<=”四个关系运算符的优先级要比“==”和“!=”两个运算符的优先级高；在这里，我们为了方便处理而将它们的优先级统一了。

Comments

C-- 源代码可以使用两种风格的注释。一种是使用双斜线“//”进行单行注释，在这种情况下，该行在“//”符号之后的所有字符都将作为注释内容而直接被词法分析程序丢弃掉；另一种是使用“/*”以及“*/”进行多行注释，在这种情况下，在“/*”与之后最先遇到的“*/”之间的所有字符都被视作注释内容。需要注意的是，“/*”与“*/”是不允许嵌套的：即在任意一对“/*”和“*/”之间不能再包含成对的“/*”和“*/”，否则编译器会报错。

附录 B 虚拟机小程序使用说明

我们提供的虚拟机小程序叫作 IR Simulator，它本质上就是一个中间代码解释器。这个程序使用 Python 写成，图形界面部分则借助了跨平台的诺基亚 Qt 库。由于实验环境为 Linux，因此该程序只在 Linux 下发布。注意，运行虚拟机小程序之前要确保本机装有 Qt 运行环境。你可以在 Linux 终端下使用“pip install sip PyQt5 PyQt5-tools”命令以获取 Qt 运行环境（也可参考附录 C 中的离线安装方式），然后通过我们的课程网站下载虚拟机小程序（请参考附录 C 中的资源下载和安装介绍）。如果出现了 qt.qpa.plugin:xcb 插件问题，可以使用“sudo apt install libxcb-xinerama0”命令下载依赖库。

IR Simulator 的运行界面如图 B.1 所示。整个界面分为三个部分：左侧的代码区、右上方的监视区和右下方的控制台区。代码区显示已经载入的中间代码，监视区显示中间代码中当前执行函数的参数与局部变量的值，控制台区供 WRITE 函数进行输出。我们可以点击上方工具栏中的第一个按钮或通过菜单 File → Open 来打开一个保存了中间代码的文本文件（注意该文件的后缀名必须是 ir）。如果中间代码中包含语法错误，则 IR Simulator 会弹出对话框提示出错位置并拒绝继续载入代码；如果中间代码中没有错误，那么你将看到类似于图 B.2 所示的内容。

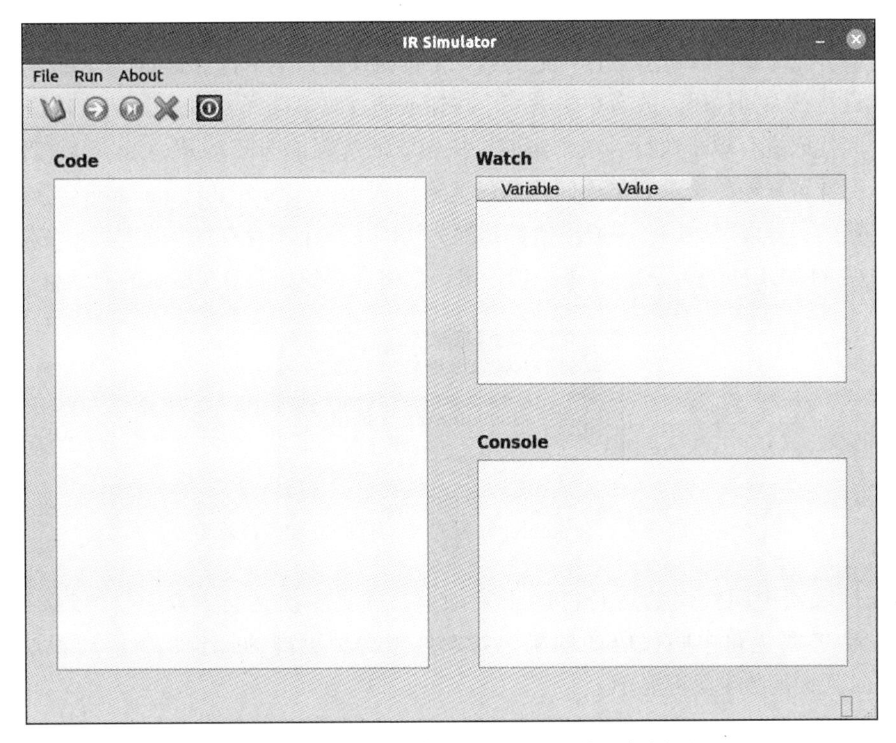

图 B.1 虚拟机小程序 IR Simulator 的运行界面

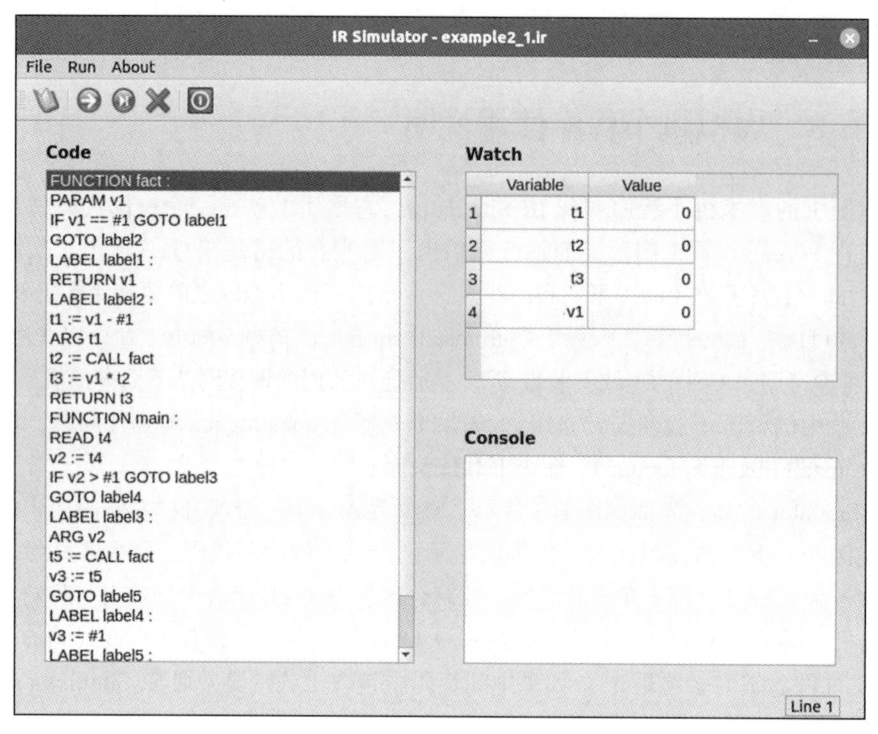

图 B.2 IR Simulator 载入中间代码成功的界面

此时中间代码已被完全载入到左侧的代码区，因为中间代码尚未执行，所以右侧监视区的显示为空。此时你可以单击工具栏上的第二个按钮或通过菜单选择 Run → Run（快捷键为 F5）直接运行该中间代码，或者单击第三个按钮或通过菜单选择 Run → Step（快捷键为 F8）来对该中间代码进行单步执行。单击第四个按钮或通过菜单选择 Run → Stop 可以停止中间代码的运行并重新初始化。如果中间代码的运行出现错误，那么 IR Simulator 会弹出对话框以提示出错的行号以及原因（一般出错都是因为访问了一个不存在的内存地址，或者在某个函数中缺少 RETURN 语句等）；如果一切正常，你将会看到如图 B.3 所示的对话框。

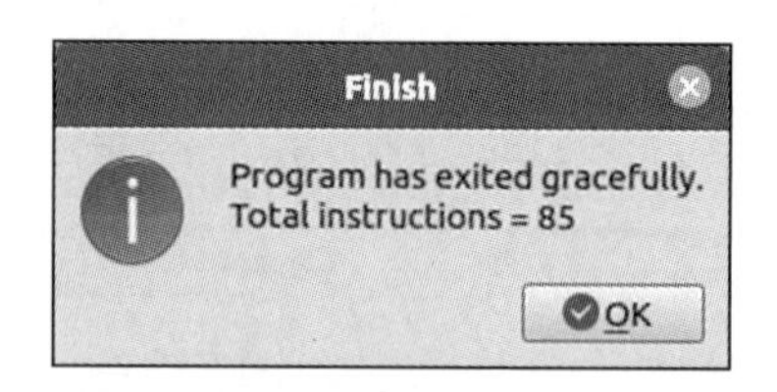

图 B.3 IR Simulator 运行中间代码成功的提示

该提示表明中间代码的运行已经正常结束，并且本次运行共执行了 85 条指令。由于实验三会考察优化中间代码的效果，如果你想得到更高的评价，就需要设法使 Total instructions 后面的数字尽可能小。

另外，关于 IR Simulator 有几点需要注意：

（1）在运行之前请确保你的中间代码不会陷入死循环或无穷递归中。IR Simulator 不会对这类情况进行判断，因此一旦当它执行了包含死循环或无穷递归的中间代码，你就需要强制退出 IR Simulator。

（2）互相对应的 ARG 语句和 PARAM 语句数量一定要相等，否则可能出现无法预知的错误。

（3）由于 IR Simulator 实现上的原因，单步执行时它并不会在 GOTO、IF、RETURN 等与跳转相关的语句上停留，而是会将控制直接转移到跳转目标那里，这是正常的情况。

（4）在中间代码的执行过程中，右侧监视区始终显示当前正在执行函数的中间代码中的变量及其值。如图 B-4 所示，当执行到函数“f”的第一条代码时，右侧监视区中会显示此函数对应的中间代码中使用的变量，且变量的初始值默认为 0。

（5）使用 DEC 语句定义的变量在监视区中的显示与普通的变量的区别如图 B.4 所示。注意监视区中变量 array 的值：与其他变量不同，array 中的内容被一对中括号“[”和“]”包裹起来。有时候，因为 DEC 出来的变量内容较多，Value 一栏可能无法完整显示，你可以用鼠标调整 Value 栏的宽度使所有内容都能被显示出来。

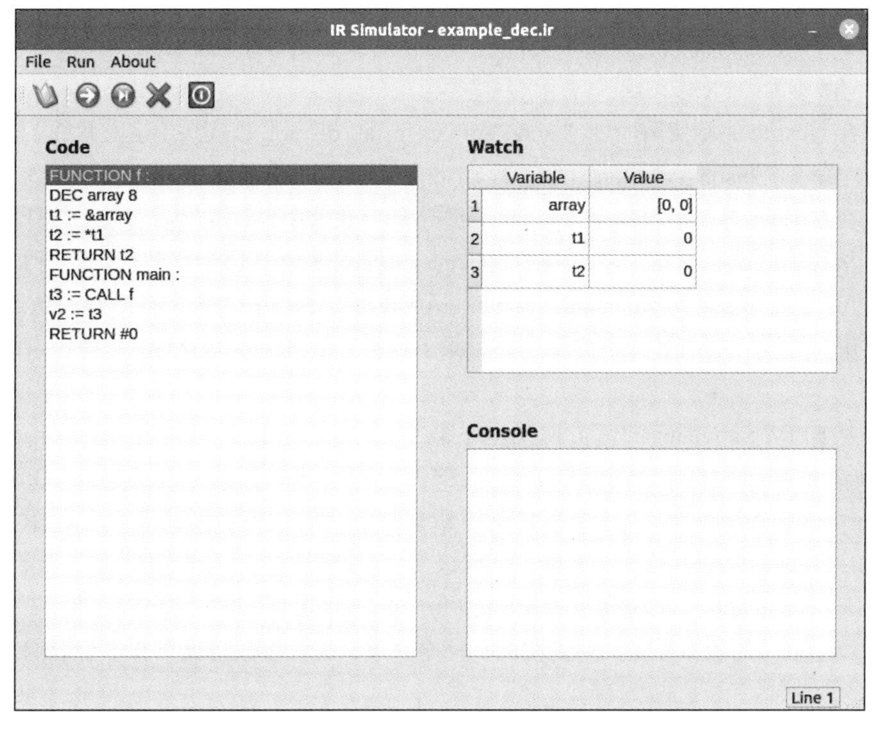

图 B.4　DEC 定义的变量与普通变量之间的显示区别

（6）所有函数的参数与局部变量都只在运行到该函数之后才会去为其分配存储空间并在监视区显示。存储空间采用由低地址到高地址的栈式分配方式，递归调用的局部变量将不会影响到上层函数的相应变量的值。如果想修改上层函数中变量的值，则需要向被调用的函数传递该变量的地址作为参数，也就是我们常说的引用调用。不过，监视区中显示的变量总是当前这一层变量的值，只要不退回到上一层，我们就无法看到上层函数局部变量的值是多少。

附录 C 资源下载和安装说明

在本附录中，我们介绍编译实验环境的搭设。本书是教育部推出的“101 计划”在“编译原理”课程方面组织编写的理论教材之一，旨在为我国师生提供更好的编译原理及相关技术的学习资源。本书中用到的环境依赖与软件均是开源免费软件，因此我们推荐读者进行在线软件安装。如果安装遇到问题，请联系本书作者。具体安装的步骤如下：

（1）在 Ubuntu 官方网站上下载 Ubuntu 20.04 操作系统并进行安装。首先访问 Ubuntu 官网，地址为 https://releases.ubuntu.com；然后点击 Ubuntu 20.04.6 LTS，在跳转到的页面中，选择 desktop image 版本下载，得到文件 ubuntu-20.04.6-desktop-amd64.iso；在得到 iso 文件后，既可以安装到虚拟机上，又可以直接安装到硬件上，读者可以根据软硬件情况进行选择。

（2）在安装完毕后，在 Ubuntu 桌面版中，打开终端，在终端中输入命令“ sudo apt-get install flex”以安装 Flex 软件。安装完成后，可使用命令“ flex --version”来查看 Flex 的版本号（目前版本为“Flex 2.6.4”）。

（3）在 Ubuntu 终端使用命令“ sudo apt-get install bison”以安装 Bison 软件。安装完成后，可使用命令“bison --version”来查看 Bison 的版本号（目前版本为“Bison 3.5.1”）。

（4）在 Ubuntu 终端使用命令“pip install sip PyQt5 PyQt5-tools”以安装 Qt 运行环境。

（5）从我们的课程网站上下载我们提供的虚拟机小程序（用于中间代码执行），其下载地址为 https://cs.nju.edu.cn/changxu/2_compiler/projects/irsim.zip。将下载得到的压缩包中的三个文件解压到同一用户目录下，并在该目录下执行“ python3 irsim.pyc”即可启动虚拟机小程序。

（6）从 SPIM Simulator 的官方网站上下载 QtSpim 软件（用于目标代码执行），其地址为 http://pages.cs.wisc.edu/~larus/spim.html，然后点击 Downloading and Installing QtSpim，选择 Unix or Linux system Mac OS X 对应的下载地址，之后在跳转到的页面中选择文件名为 qtspim_9.1.23_linux64.deb 的安装文件。下载该文件以进行安装，在安装过程中会弹出“ The package is of bad quality”的提示框，这时选择“Ignore and install”可继续安装。

如果以上软件的版本号与我们说明的不完全一致，在大多数情况下并不会影响编译实验的进行。

额外测试用例资源

此外，对使用本书的讲授编译原理课程的教师，我们还提供额外的测试用例资源，以支持更好地对学生实验进行评估。请有需要的教师与我们联系，联系方式为：江苏省南京市栖霞区仙林大道 163 号南京大学仙林校区计算机科学技术楼 807 室，邮编为 210023。也可以通过 Email 联系，邮箱为：changxu@nju.edu.cn。联系时请合理地表明您的教师身份。

参 考 文 献

[1] COOPER K D, TORCZON L. 编译器设计：第 2 版 [M]. 郭旭，译 . 北京：人民邮电出版社，2012.

[2] LEVINE J. flex 与 bison[M]. 陆军，译 . 南京：东南大学出版社，2011.

[3] AHO A V，LAM M S，SETHI R，等 . 编译原理：原书第 2 版 [M]. 赵建华，郑滔，戴新宇，译 . 北京：机械工业出版社，2009.

[4] KNUTH D E. 计算机程序设计艺术：第 3 卷：排序与查找 [M]. 苏运霖，译 . 北京：国防工业出版社，2002.

[5] WEISS M A. 数据结构与算法分析：C 语言描述 [M]. 冯舜玺，译 . 北京：机械工业出版社，2004.

[6] CORMEN T H，LEISERSON C E，RIVEST R L，等 . 算法导论：原书第 2 版 [M]. 潘金贵，顾铁成，李成法，等译 . 北京：机械工业出版社，2007.

[7] HOPCROFT J E，MOTWANI R，ULLMAN J D. 自动机理论、语言和计算导论 [M]. 刘田，姜晖，王捍贫，译 . 北京：机械工业出版社，2004.

推荐阅读

计算机系统：基于x86+Linux平台

作者：袁春风 朱光辉 余子濠 书号：978-7-111-73882-4

本书从程序员视角出发，基于单处理器计算机系统各抽象层之间的关联关系，以可执行文件的生成和加载、进程的正常执行和异常/中断处理、应用程序中I/O操作的底层实现机制、硬件与操作系统之间的协同关系、程序的调试和性能优化、网络编程、多线程并发编程为主要内容，重点构建高级语言程序和指令集体系结构、编译器、汇编器、链接器、操作系统、底层微架构等位于计算机系统各抽象层之间的系统级关联知识体系。本书共12章，主要包括数据的表示和运算、程序的转换及机器级表示、程序的链接和加载执行、存储器层次结构、虚拟存储器、进程控制和异常控制流、I/O操作的实现、程序性能的优化、网络编程和并发编程等内容。本书适合作为高校计算机类专业“计算机系统基础”或相关课程的教材，也可供IT技术人员作为参考读物。